"十二五"国家重点出版规划项目

国家出版基金项目

/现代激光技术及应用丛书/

半导体材料和器件的激光辐照效应

陆启生　江　天　江厚满
许中杰　赵国民　程湘爱　编著

国防工业出版社

·北京·

内 容 简 介

半导体材料与器件的激光辐照效应是高能激光技术的重要应用基础。本书共分七章,介绍了半导体材料的基本特性,激光在半导体材料中的激发状态、耦合形式、光谱特性和传输特性等,激光在半导体材料中各种吸收的类型和机理,以及吸收的能量在材料中的弛豫和转换的机理及规律,激光辐照下载流子在半导体材料中的输运,单元光电探测器的基本特性和激光辐照效应。讨论了阵列光电探测器对于激光的光学和电学响应及损伤机理。最后着重讨论了半导体材料对于激光辐照的热学和力学的响应及损伤机理等问题。

本书针对的读者群体是在相应领域里从事科学技术研究的研究生和相关的科研工作者。

图书在版编目(CIP)数据

半导体材料和器件的激光辐照效应／陆启生等编著.
—北京:国防工业出版社,2015. 12
ISBN 978 - 7 - 118 - 10184 - 3

Ⅰ. ①半… Ⅱ. ①陆… Ⅲ. ①半导体材料—激光辐照—光电效应—研究 ②半导体器件—激光辐照—光电效应—研究 Ⅳ. ①TN304 ②TN303

中国版本图书馆 CIP 数据核字(2015)第 283935 号

※

*国防工业出版社*出版发行

(北京市海淀区紫竹院南路23号 邮政编码100048)
北京嘉恒彩色印刷有限责任公司印刷
新华书店经售
*
开本710×1000 1/16 印张22 字数400千字
2015 年 12 月第 1 版第 1 次印刷 印数1—2500册 定价98.00元

(本书如有印装错误,我社负责调换)

国防书店:(010)88540777 发行邮购:(010)88540776
发行传真:(010)88540755 发行业务:(010)88540717

序

　　世界上第一台激光器于 1960 年诞生在美国,紧接着我国也于 1961 年研制出第一台国产激光器。激光的重要特性(亮度高、方向性强、单色性好、相干性好)决定了它五十多年来在技术与应用方面迅猛发展,并与多个学科相结合形成多个应用技术领域,比如光电技术、激光医疗与光子生物学、激光制造技术、激光检测与计量技术、激光全息技术、激光光谱分析技术、非线性光学、超快激光学、激光化学、量子光学、激光雷达、激光制导、激光同位素分离、激光可控核聚变、激光武器等。这些交叉技术与新的学科的出现,大大推动了传统产业和新兴产业的发展。可以说,激光技术是 20 世纪最具革命性的科技成果之一。我国也非常重视激光技术的发展,在《国家中长期科学与技术发展规划纲要(2006—2020 年)》中,激光技术被列为八大前沿技术之一。

　　近些年来,我国在激光技术理论创新和学科发展方面取得了很多进展,在激光技术相关前沿领域取得了丰硕的科研成果,在激光技术应用方面取得了长足的进步。为了更好地推动激光技术的进一步发展,促进激光技术的应用,国防工业出版社策划组织编写出版了这套丛书。策划伊始,定位即非常明确,要"凝聚原创成果,体现国家水平"。为此,专门组织成立了丛书的编辑委员会,为确保丛书的学术质量,又成立了丛书的学术委员会,这两个委员会的成员有所交叉,一部分人是几十年在激光技术领域从事研究与教学的老专家,一部分是长期在一线从事激光技术与应用研究的中年专家;编辑委员会成员主要以丛书各分册的第一作者为主。周寿桓院士为编辑委员会主任,我们两位被聘为学术委员会主任。为达到丛书的出版目的,2012 年 2 月 23 日两个委员会一起在成都召开了工作会议,绝大部分委员都参加了会议。会上大家进行了充分讨论,确定丛书书目、丛书特色、丛书架构、内容选取、作者选定、写作与出版计划等等,丛书的编写工作从那时就正式地开展起来了。

　　历时四年至今日,丛书已大部分编写完成。其间两个委员会做了大量的工作,又召开了多次会议,对部分书目及作者进行了调整。组织两个委员会的委员对编写大纲和书稿进行了多次审查,聘请专家对每一本书稿进行了审稿。

　　总体来说,丛书达到了预期的目的。丛书先后被评为国家"十二五"重点出版规划项目和国家出版基金资助项目。丛书本身具有鲜明特色：一）丛书在内容上分三个部分，激光器、激光传输与控制、激光技术的应用，整体内容的选取侧重高功率高能激光技术及其应用；二）丛书的写法注重了系统性，为方便读者阅读，采用了理论—技术—应用的编写体系；三）丛书的成书基础好，是相关专家研究成果的总结和提炼，包括国家的各类基金项目，如973项目、863项目、国家自然科学基金项目、国防重点工程和预研项目等，书中介绍的很多理论成果、仪器设备、技术应用获得了国家发明奖和国家科技进步奖等众多奖项；四）丛书作者均来自于国内具有代表性的从事激光技术研究的科研院所和高等院校，包括国家、中科院、教育部的重点实验室以及创新团队等，这些单位承担了我国激光技术研究领域的绝大部分重大的科研项目，取得了丰硕的成果，有的成果创造了多项国际纪录，有的属国际首创，发表了大量高水平的具有国际影响力的学术论文，代表了国内激光技术研究的最高水平。特别是这些作者本身大都从事研究工作几十年，积累了丰富的研究经验，丛书中不仅有科研成果的凝练升华，还有着大量作者科研工作的方法、思路和心得体会。

综上所述，相信丛书的出版会对今后激光技术的研究和应用产生积极的重要作用。

感谢丛书两个委员会的各位委员、各位作者对丛书出版所做的奉献，同时也感谢多位院士在丛书策划、立项、审稿过程中给予的支持和帮助！

丛书起点高、内容新、覆盖面广、写作要求严，编写及组织工作难度大，作为丛书的学术委员会主任，很高兴看到丛书的出版，欣然写下这段文字，是为序，亦为总的前言。

2015 年 3 月

前言

    20 世纪起,半导体科学与技术得到了蓬勃的发展,到目前为止,已形成了如 IT、光伏和照明等产业群,现在半导体材料和半导体器件已非常普遍地应用于国民经济、科学研究、国防技术和人们的日常生活等方方面面。半导体科学与技术仍在迅猛向前发展,技术水平越来越高,应用越来越广泛。半导体材料的一项重要应用是光电检测,对于光电检测而言,激光虽然是强光,但因激光可以衰减以后再检测,所以光电器件设计者们主要研究光电探测器的弱光探测性能。现在,在半导体的激光加工和光电对抗等应用领域里,涉及强激光与半导体材料和器件的相互作用,人们对于该领域所涉及的基础理论、基础知识和具体应用的需求也越来越紧迫。周寿桓院士建议,让我们写一本以"半导体材料和器件的激光辐照效应"为内容的科学专著,并且为我们制定了"起点高、质量好、指导性强"的指导思想。半导体材料和器件的基础是半导体物理,半导体物理是固体物理的一个分支。半导体材料和器件的方方面面均与固体物理的基础理论、基本概念等密切相关。根据周院士的指导思想,从科研与教学的实际出发,本书内容围绕着半导体材料和光电探测器的激光辐照效应的范围,追求局部的系统性和完整性,力求达到基础理论、基本概念与半导体材料和器件的激光辐照效应之间的有机结合,既要介绍当前国内外的研究成果和前沿热点研究课题,又要让本书在学术上达到一定的水平,对读者起指导作用。我们接受了该任务,把它当成荣誉、信任和责任。虽然我们在该领域曾经做过一些研究,也承担了相关的研究生课程的教学任务,但是要系统地写成一本专著,却显得力不从心。我们要学习很多新知识,将在科研和教学中获得的零散的知识融合在一起,形成一个较为完整和系统的认识,我们深知这是一项非常艰巨和高难度的任务。本书针对的读者群体是在相应领域里从事科学技术研究的研究生和相关的科研工作者。在基础理论方面,本书突出介绍半导体材料和器件的基本特性及原理,对于激光与半导体材料和探测器相互作用问题,突出介绍普遍原理和效应,以认识和理解效应中出现的各种现象及规律作为本书的主要内容,而认为读者在光学特别是激光方面已有相当强的基础。对于激光与半导体材料和探测器相互作用中的纯基础问题的进一步学习及研究,可进一步研读本书提供的相关参考文献,也期望读者在这方面有更大作为。

    本书紧紧围绕半导体材料和器件的激光或强激光辐照效应展开。第 1 章介绍半导体材料的基本特性,然后针对激光与半导体材料和器件相互作用期间的热力学参数的激光影响问题进行了讨论。第2章介绍激光在半导体材料中的激发状态、耦合形式、光谱特性和传输特性等。第3章介绍激光在半导体材料中各种吸收的类型和机理,以及吸收的能量在材料中的弛豫和转换的机理及规律。第4章介绍载流子在半导体材料中的输运问题,特别是存在激光激发的载流子输运问题等。第5章介绍单元光电探测器的基本工作原理和热学、电学和光学方面的基本特性,然后讨论了它在激光辐照下的各种效应。第6章介绍阵列光电探测器的基本工作原理,然后讨论激光辐照下的各种响应及损伤机理等问题。第7章着重讨论半导体材料对于激光辐照的热学和力学的响应及损伤机理等问题。其中第1章、第2章和第3章由陆启生执笔,第4章由江厚满和许中杰执笔,第5章由江天、程湘爱和许中杰执笔,第6章由程湘爱执笔,第7章由赵国民执笔,全书由陆启生组织、管理和协调,许中杰负责全书的统稿和整理。书中的每一章都是共同讨论的结果,是集体的贡献,封面署名除陆启生为第一作者外,其他为并列第二作者(按姓氏笔画排序)。我们要感谢曾经在我们这里学习过的许多研究生,他们是曾雄文、郭少锋、王睿、马丽芹、李修乾、邓少永、贺元兴、周萍、濮俊艳、李莉、朱永祥、刘亮、张震和朱志武等,虽然他们没有参与本书的写作,但他们的研究工作和论文为我们提供了大量的素材,为本书增添了许多亮点。

半导体材料与探测器的激光辐照效应的特殊性问题我们研究得还不够深刻,有的地方仅提出了问题,有的地方摆出了观点,还没有时间和条件开展深入的验证和研究。全书采用了国际单位制,对于原来使用高斯单位制的素材,我们采用时做了转换处理。在写作中力求全书在概念、内容和数学符号上做到系统一致,由于各章的执笔人不相同,我们在统稿时虽然做到了概念和内容的系统一致,但数学符号未能完全一致,不过在正文中均做了必要的交待。为了提高书的质量,力求不犯或少犯错误,写作组在写作过程中经常展开讨论,对所写的内容多次做了认真的相互审查,每次审查都会发现一些错误和论述不到位的问题,对此均做了认真的修改。由于我们的水平和能力有限,书中的错误和论述不到位的问题还是不可避免的,诚恳地希望读者提出批评意见或者及时与我们联系,开展必要的讨论,共同提高该领域的研究和发展水平。

在写作本书的过程中,我们还与同事们展开了许多讨论,得到了许多建设性的意见和帮助,我们对他们的建议和帮助表示感谢。最后我们还要感谢支持我们工作的领导和亲属们。

作 者
2015 年 10 月

目录

第 3 章 激光在半导体材料中的吸收与弛豫

第1章
半导体材料的基本特性

本书的范围限制在激光对半导体材料和器件的辐照效应,顾名思义,本书应涉及激光、半导体材料和器件以及它们之间的相互作用。本书的重点是激光与半导体材料和器件的相互作用,必然会涉及参与相互作用的两个方面的基本特性,每一个特性都会对相互作用过程产生影响。在书的前言中已阐明,本书面向的读者应该对激光比较熟悉,因此本书不再系统介绍激光方面的知识。但是熟悉激光的读者不一定均熟悉半导体材料和器件,本章介绍半导体材料和器件与激光相互作用相关的一些半导体材料的基本特性,为读者很好地理解本书的内容提供一些方便。

1.1 半导体内电子能态

半导体内的能带结构可在相关文献和教科书中查到,非常详细,有时也非常复杂。本书要说清楚,光在半导体材料中传播时,光与半导体材料中各种准粒子与元激发耦合的规律。说清规律,没有必要使用复杂的物理模型,我们以最简单,又最重要而且能说明问题的周期性晶格为例。假定在一个周期性晶格中的一个电子的势能 V 满足周期性条件:

$$V(\boldsymbol{r}) = V(\boldsymbol{r} + \boldsymbol{R}) \tag{1-1}$$

式中:$\boldsymbol{R}$ 为晶格格点的位置矢量;$\boldsymbol{r}$ 为一个电子在原胞中的位置矢量,它以 $\boldsymbol{R}$ 为原点。

一个真空中自由电子(无周期性势场)的能量 $E(\boldsymbol{k})$,利用量子力学由下式表示:

$$E(\boldsymbol{k}) = \frac{\hbar^2 \boldsymbol{k}^2}{2m} \tag{1-2}$$

式中:$\boldsymbol{k}$ 为波矢;m 为电子质量;$\hbar$ 为约化普朗克常数。这就是真空中自由电子的色散关系,能量随 $\boldsymbol{k}$ 连续分布。

为了说明原理,使用最简单的一维模型,将真空中自由电子的色散关系用图 1-1(a)[1]中虚线表示。对于周期性晶格中的电子,引进一个弱的周期性势

1

场后,在晶格常数为 a 的一维晶格布里渊区的边界处,在 $\frac{\pi}{a}$ 的整数倍处出现能量的不连续,即带隙,如图 1-1(a) 中实线所示,这是弱周期性势场中的近自由电子模型的色散关系。量子力学还告诉我们,单个原子势场中的电子的能量按不连续的能级分布,如图 1-1(d) 所示。若采用紧束缚近似,在周期性晶格离子势场中,电子的能量按带有带隙的具有分离能级的能带分布,如图 1-1(c) 所示。由于倒格矢空间的周期性,图 1-1(a) 的实线部分可用图 1-1(b) 的简约形式表示。图 1-1(b) 和图 1-1(c) 从不同的模型出发,实际上描述了同一件事。设一维晶体中有 N 个粒子,当 N 很大时,图 1-1(b) 中的色散曲线可以近似为连续的,当 N 不大时,k 应是不连续的,图 1-1(b) 中的每一个 k 值就对应一个 E 值,图 1-1(b) 中 $k = \frac{n}{N}\frac{2\pi}{a}$,其中 $n = 0,\ \pm 1,\ \pm 2,\ \cdots,\ \pm\frac{N}{2}$,应与图 1-1(c) 的紧束缚近似能带中的分离状态一一对应。图 1-1 说明了它们的对应关系。详细推导已由文献[2]和其他书籍给出,因不是本书的重点,不再重复其推导,但其内涵和结论对本书所涉及内容的理解很有帮助。

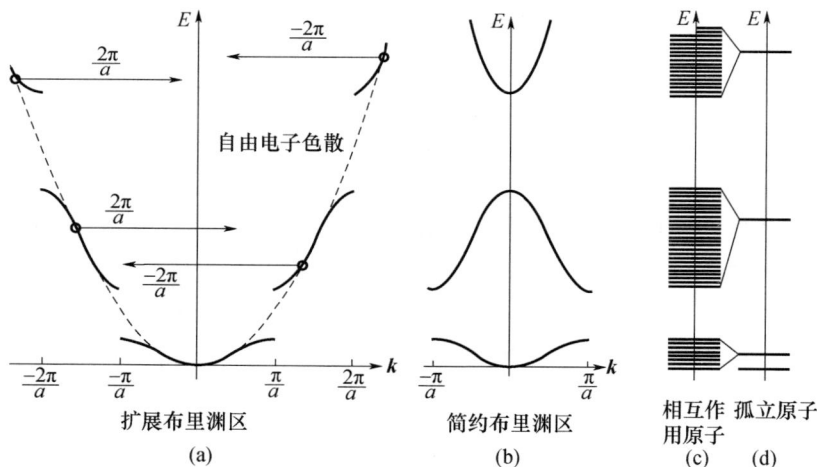

图 1-1　(a)晶体中电子能带扩展布里渊区;(b)简约布里渊区;
(c)相互作用原子;(d)孤立原子

在周期性晶格离子势场中,电子的本征态由布洛赫态描述,它的波函数的具体形式如下:

$$\psi_{k,j} = e^{ik \cdot r} u_{k,j}(\boldsymbol{r}) \tag{1-3}$$

其中

$$u_{k,j}(\boldsymbol{r}) = u_{k,j}(\boldsymbol{r} + \boldsymbol{R}) \tag{1-4}$$

式中:$\boldsymbol{k}$ 为电子态的波矢;j 为能带的指标;$\boldsymbol{R}$ 为晶体中某格点的空间坐标,它具有周期性。在 k 空间中能量的周期性由下式表示：

$$E(k,j) = E(k+G,j) \qquad (1-5)$$

式中：G 为 R 的倒格矢,是波矢空间的周期。对应的波函数在波矢空间的周期性表示为

$$\psi_{k,j}(r) = \psi_{k+G,j}(r) \qquad (1-6)$$

作如下运算 $\int_r |\psi_{k,j}(r)|^2 dr$,便可得到图 1-1(b) 或图 1-1(c) 中第 j 能带动量 k 处电子占据的概率。能带中的状态是允许电子占据的状态,其占据概率不等于零,能带外电子占据的概率为零,称为禁带。作如下运算 $\sum_j \int_k |\psi_{k,j}(r)|^2 dk$ 即可得到空间 r 方向,距离晶格格点为 $|r|$ 的概率分布函数。以上我们给出了适用于半导体晶体的关于能带、状态和概率等基本概念,并没有针对具体的实例,但是它们是分析和认识具体实例的基础。

1.2 金属、半导体和绝缘体的能带结构

金属(导体)、半导体和绝缘体的区分主要看物质导电的性能,电导率是区分它们的指标。金属的电导率一般都在 $10^6 \sim 10^4 (\Omega \cdot cm)^{-1}$ 之间,而典型的绝缘体的电导率则小于 $10^{-10}(\Omega \cdot cm)^{-1}$,电导率在 $10^{-10} \sim 10^4 (\Omega \cdot cm)^{-1}$ 之间的固体材料称为半导体。当光与物质相互作用时,可能在物质中产生光学、电子学、热学和力学等各种效应,仅用电导率来理解是不够的。为了说明激光与半导体材料和器件相互作用的原理,从电子占据能带的结构来理解什么是导体、半导体和绝缘体更简捷,更能揭示它们的物理本质。

从图 1-1 我们得到了固体,特别是晶体能带的概念。电子是费米子,它服从费米统计,其统计分布函数与温度有关(见 1.4 节)。理论上,当温度 $T = 0K$ 时,电子占满能带中底部的状态,没有一个在激发态。此时,被电子完全占据的能带称为价带,而完全空着或部分被电子占据的能带称为导带。一般情况下,半导体材料可以有多个价带和多个导带。在图 1-2[1]中,用 $T = 0K$ 电子占据能带的情况来区分什么是导体、什么是半导体和什么是绝缘体。图 1-2(a) 和图 1-2(b) 表示导体,VB 和 CB 分别表示价带和导带,它们的特点是都具有未被电子充满的导带。有的金属,如碱金属锂和钠,外层轨道允许两个电子占据,可是它们的外层轨道只有一个电子,因此它们的导带中有 1/2 是空的,导带中的电子均为可传导电子,如图 1-2(a) 所示。还有一种金属,如钙、镁等,外层均有两个电子,充满了外层轨道,这种轨道对应的能带应是满带,可是它与另一个完全空着的轨道相对应的导带部分地重叠,使得空着的导带中也有了可传导的电子,所以钙和镁也是导体,如图 1-2(b) 所示。以上仅仅是理论叙述,技术上不

可能实现 $T=0\mathrm{K}$,也不存在导带中没有电子的绝缘体。

如果没有电子占据的最低空导带与占满电子的最高价带之间的带隙 E_g 满足

$$0 < E_\mathrm{g} \leqslant 4\mathrm{eV} \tag{1-7}$$

该物质称为半导体,如图1-2(c)所示。在室温下,由于热激发导带中具有少量的导电载流子,具有一定的导电性能。当 E_g 很小时,称为窄带隙半导体,特别当 E_g 接近于零时,该材料可称为半金属。当 E_g 处于2eV和4eV之间时,称为宽带隙半导体。当 $E_\mathrm{g} > 4\mathrm{eV}$ 时,该物质称为绝缘体,如图1-2(d)所示。

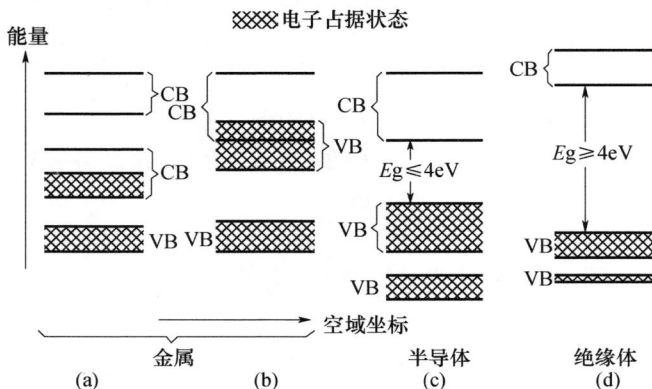

图1-2 金属(a)、(b),半导体(c)和绝缘体(d)电子占据原理($T=0\mathrm{K}$)

半导体的禁带宽度还与温度相关。例如,当温度 $T \geqslant 250\mathrm{K}$(对Si)和 $T \geqslant 200\mathrm{K}$(对Ge)时,$E_\mathrm{g}$ 随温度线性变化,即

$$E_\mathrm{g}(T) = E_\mathrm{g}(0) - \beta T \tag{1-8}$$

对于Si而言,$\beta = 2.84 \times 10^{-4}/\mathrm{K}$;对于Ge而言,$\beta = 3.90 \times 10^{-4}/\mathrm{K}$。当 $T = 300\mathrm{K}$ 时,Si的 $E_\mathrm{g} = 1.12\mathrm{eV}$,而Ge的 $E_\mathrm{g} = 0.665\mathrm{eV}$。不仅禁带宽度与温度密切相关,而且电导率也与温度密切相关。

以上叙述的半导体仅指本征半导体,掺杂半导体的相关概念和性能可参考本书的后面章节。

1.3 半导体内载流子的有(等)效质量与迁移率

在图1-1(a)中的虚线表示了式(1-2)描述的自由电子的色散关系,周期晶格势场中电子的色散关系由图1-1(a)中的实线表示,式(1-2)不能描述周期晶格势场中电子的色散关系。为了方便,定义了电子的有效质量 m_e^*:

$$\frac{1}{m_\mathrm{e}^*} = \frac{1}{\hbar^2}\frac{\mathrm{d}^2 E}{\mathrm{d}\boldsymbol{k}^2} \tag{1-9}$$

和空穴的有效质量 m_h^*:

$$\frac{1}{m_{h}^{*}} = -\frac{1}{\hbar^2}\frac{d^2 E}{d\,\boldsymbol{k}^2} \tag{1-10}$$

根据以上定义,可以将周期晶格势场中电子和空穴的色散关系写成

$$E(\boldsymbol{k}) = E_{C} + \frac{\hbar^2 \boldsymbol{k}^2}{2m_{e}^{*}}$$

$$E(\boldsymbol{k}) = E_{V} - \frac{\hbar^2 \boldsymbol{k}^2}{2m_{h}^{*}} \tag{1-11}$$

式(1-11)描述的色散关系形式上与式(1-2)相同,实质上还是不同的。式(1-2)中的质量是真实的质量,是常数;而式(1-11)描述的色散关系中的有效质量是虚拟的质量,它们不是常数。根据简谐近似,电子和空穴的有效质量可以设为常量,且符号相反。根据载流子的统计规律和弛豫特性,一般情况下,电子首先占满导带底部的状态,空穴首先占满价带顶部的状态,此时电子的有效质量具有真空中质量的含义,但是由于受到晶格场的作用,表现出的质量值和真空中的质量值是不同的。空穴没有真空状态,它仍然有自己的以真空中电子质量为基数的有效质量值。

定义了有效质量后,晶格中的载流子可以看作自由粒子,当有外力作用在该粒子上时,不再考虑晶格场对该粒子作用,可以直接利用牛顿力学研究载流子的动力学问题。例如,有效质量为 m^* 和电荷为 e 的载流子在电场 $\boldsymbol{E}$ 中满足如下运动方程:

$$\frac{d}{dt}m^*\boldsymbol{v} + \frac{m^*\boldsymbol{v}}{\bar{\tau}_m} = e\boldsymbol{E} \tag{1-12}$$

式中:$\boldsymbol{v}$ 为载流子的平均运动速度;$\bar{\tau}_m$ 为平均动量弛豫时间,它与平均自由运动时间(两次碰撞的时间间隔)长短相近,数量级相同。$\bar{\tau}_m$ 是统计平均的结果,当然,它与材料的性能、状态和结构等因素有关,特别是与温度密切相关,详见本书式(3-71)。

稳态时,式(1-12)左边第一项为零,则有

$$|\boldsymbol{v}| = \mu|\boldsymbol{E}| \tag{1-13}$$

式(1-13)说明载流子的运动速度与电场强度成正比,其比例常数称为迁移率,它由下式表示:

$$\mu = \frac{|e|}{m^*}\bar{\tau}_m \tag{1-14}$$

迁移率与平均动量弛豫(运动)时间成正比,因此它也是温度的函数。电流密度 $\boldsymbol{J}$ 写成

$$\boldsymbol{J} = ne\boldsymbol{v} = \sigma\boldsymbol{E} \tag{1-15}$$

式中:n 为载流子密度;σ 为电导率,它由下式表示:

$$\sigma = ne\mu = \frac{ne^2}{m^*}\bar{\tau}_m \tag{1-16}$$

5

表 1-1[3] 给出了某些材料的电子和空穴的有效质量及温度为 300K 时的迁移率值。

表 1-1　某些材料中的电子和空穴的有效质量、迁移率值

材料	m_e^*/m_0	m_h^*/m_0	$\mu_e/(cm^2/V \cdot s)$	$\mu_h/(cm^2/V \cdot s)$
GaAs	0.068	0.5	8500	400
InSb	0.013	0.6	78000	750
InAs	0.02	0.41	33000	460

注：m_0 为电子的静止质量，μ_e 和 μ_h 分别为电子和空穴的迁移率

1.4　半导体材料内电子和声子的统计特性

1.4.1　电子和声子的统计分布函数

电子和声子都是微观粒子，它们的动量和位置，以及能量和时间之间均满足测不准关系。描述它们的运动，首先要知道它们的分布函数。描述半导体内电子和声子的统计分布函数主要有以下三种：

（1）经典统计。在相空间中具有确定速度的原子、分子服从宏观粒子的麦克斯韦速度分布，原子、分子中电子能态的热统计分布符合玻耳兹曼统计，这些均属于经典统计。这些粒子不是速度可分辨，就是能级可分辨，粒子是独立的，忽略粒子之间的相互作用才能有确定的速度和能级，分布函数由下式表示：

$$f_B = e^{-(E_i-\mu)/k_BT} \tag{1-17}$$

式中：E_i 为粒子能量；$\mu = -k_BT\ln(\sum_i e^{-E_i/k_BT})$ 为化学势；k_B 为玻耳兹曼常数；T 为温度。

（2）玻色-爱因斯坦统计。它适用于不可分辨的具有整数自旋或具有对称波函数的粒子系统，即两个粒子相互交换，它们的总波函数不变，可以描述光子、声子和激子等统计规律，其分布函数由下式表示：

$$f_{BE} = \{e^{(E-\mu)/k_BT} - 1\}^{-1} \tag{1-18}$$

（3）费米-迪拉克统计。它适用于不可分辨的具有半整数自旋或具有反对称波函数的粒子系统，即两个粒子相互交换，它们的总波函数的符号改变，可以描述电子、质子等统计规律，其分布函数为

$$f_{FD} = \{e^{(E-\mu)/k_BT} + 1\}^{-1} \tag{1-19}$$

以 $(E-\mu)/k_BT$ 作为自变量，将以上三种分布函数画在同一个图上（图 1-3[1]）当 $e^{(E-\mu)/k_BT} \gg 1$ 时，式（1-18）和式（1-19）均可近似为玻耳兹曼分布 $f = e^{(\mu-E)/k_BT}$。在统计物理中，化学势 μ 的定义：一个热平衡粒子系统中改变一个

粒子数而系统仍保持热平衡所必须做的功,它必然与体系的温度和粒子数等参数有关。

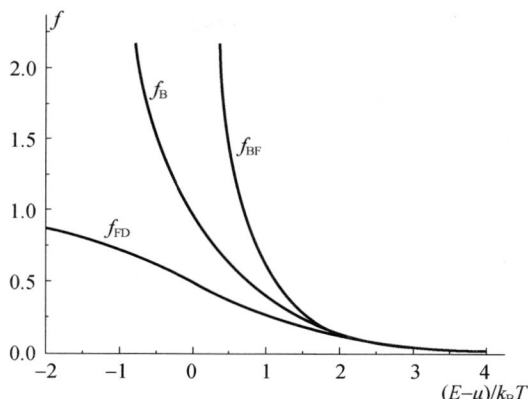

图 1 - 3　玻耳兹曼、玻色 - 爱因斯坦和费米 - 迪拉克统计分布函数与 $(E-\mu)/k_{\mathrm{B}}T$ 的关系

1.4.2　费米子的统计特性

凡是自旋量子数为 $\frac{1}{2}$ 的奇数倍的带电粒子统称为费米子,电子是其中的一种。在半导体中,有意义的是电子和空穴,先以电子为例,然后类推至空穴。

由许多电子组成的气体系统服从泡利原理,该系统由费米分布函数描写,半导体中的电子能量往往用分离能级 ε_k 表示,为了方便,将式(1 - 19)改用下式表示:

$$\bar{n}_k = \frac{1}{\mathrm{e}^{(\varepsilon_k - E_{\mathrm{F}})/k_{\mathrm{B}}T} + 1} \qquad (1-20)$$

它是每个量子态上的平均粒子占据数,总的电子数密度(单位体积内电子数)为

$$n = \frac{1}{V} \sum_k \bar{n}_k \qquad (1-21)$$

在费米分布中,化学势 μ 具有特殊的含义,将其改写为 E_{F},并定义为电子气的费米能级,当 $\varepsilon_k = E_{\mathrm{F}}$ 时,$\bar{n}_k = \frac{1}{2}$。式(1 - 20)一般描写简并半导体载流子的统计特性,即一个能态上电子占据的概率,式(1 - 21)在分离能级的概念上叠加得到了总的电子数密度。

一般认为[4],费米能级在禁带内,且与价带(对于空穴)或导带(对于电子)的边缘间距大于 $4k_{\mathrm{B}}T$ 的半导体称为"非简并"半导体,它的行为与玻耳兹曼分布没有区别(图 1 - 3),对于非简并半导体,式(1 - 20)可改写为

$$\bar{n}_k \approx \mathrm{e}^{-(\varepsilon_k - E_{\mathrm{F}})/k_{\mathrm{B}}T} \qquad (1-22)$$

当粒子数很多时,式(1 - 21)可用积分表示,积分的计算需要单位能量间隔

的状态分布函数。整个晶体的状态数可在晶体的三维倒格矢 $\boldsymbol{k}$ 空间中计算，在一个半径为 k 的圆球内的状态数为

$$Z = 2\left(\frac{4}{3}\pi k^3\right)\frac{V}{(2\pi)^3} \qquad (1-23)$$

式中：数字"2"计算了电子的两个自旋态；V 为体积；$\frac{(2\pi)^3}{V}$ 为一个状态在三维倒格矢 k 空间所占的体积。$\boldsymbol{k} \sim \boldsymbol{k} + \mathrm{d}\boldsymbol{k}$ 球壳内的状态数为

$$\mathrm{d}Z = \frac{V}{\pi^2}\boldsymbol{k}^2\mathrm{d}\boldsymbol{k} \qquad (1-24)$$

再利用式（1-11）中电子的色散关系，得

$$\mathrm{d}Z = 4\pi V\left(\frac{2m_e^*}{h^2}\right)^{3/2}(E-E_C)^{1/2}\mathrm{d}E \qquad (1-25)$$

整块晶体的状态数密度为

$$D(E) = \frac{\mathrm{d}Z}{\mathrm{d}E} = 4\pi V\left(\frac{2m_e^*}{h^2}\right)^{3/2}(E-E_C)^{1/2} \qquad (1-26)$$

于是在非简并半导体中，单位体积内的电子数为

$$n = \int\frac{D(E)}{V}\bar{n}_k\mathrm{d}E = 4\pi\left(\frac{2m_e^*}{h^2}\right)^{3/2}\int_{E_C}^{\infty}(E-E_C)^{1/2}\mathrm{e}^{-(E-E_F)/k_BT}\mathrm{d}E \qquad (1-27)$$

积分后得[5]

$$n = N_C\mathrm{e}^{-(E_C-E_F)/k_BT} \qquad (1-28)$$

式中：

$$N_C = \frac{2\,(2\pi m_e^* k_B T)^{3/2}}{h^3} \qquad (1-29)$$

完全类似的推导，得非简并半导体中单位体积内的空穴数为

$$p = N_V\mathrm{e}^{(E_V-E_F)/k_BT} \qquad (1-30)$$

式中：

$$N_V = \frac{2\,(2\pi m_h^* k_B T)^{3/2}}{h^3} \qquad (1-31)$$

将式（1-28）和式（1-30）相乘，得

$$np = N_C N_V\mathrm{e}^{-(E_C-E_V)/k_BT} = N_C N_V\mathrm{e}^{-E_g/k_BT} \qquad (1-32)$$

式中：$E_g(=E_C-E_V)$ 为 1.2 节中所说的禁带宽度。进而定义本征载流子浓度：

$$n_i = (np)^{1/2} = (N_C N_V)^{\frac{1}{2}}\mathrm{e}^{-E_g/2k_BT} \qquad (1-33)$$

利用式（1-11）和式（1-28）~式（1-33），可以针对非简并半导体材料计算费米能的数值，利用式（1-28）和式（1-30），得费米能的一般表达式，即

$$E_F = \frac{1}{2}(E_C+E_V) + \frac{3}{4}k_B T\ln\frac{m_h^*}{m_e^*} + \frac{k_B T}{2}\ln\frac{n}{p} \qquad (1-34)$$

对于本征半导体,自由电子浓度与自由空穴浓度相等,意味着式(1-34)右边第三项等于零。在半导体的工作温度范围内,式(1-34)右边第二项值一般是毫电子伏量级,而禁带宽度是电子伏量级,所以本征半导体的费米能级一般处于禁带中间附近。

利用式(1-33),并略去式(1-34)右边第二项,对于 P 型半导体,其费米能由下式近似:

$$E_F \approx \frac{1}{2}(E_C + E_V) + k_B T \ln \frac{n_i}{p} \qquad (1-35)$$

对于 N 型半导体,其费米能由下式近似:

$$E_F \approx \frac{1}{2}(E_C + E_V) + k_B T \ln \frac{n}{n_i} \qquad (1-36)$$

在式(1-34)~式(1-36)的三个公式中,E_C 和 E_V 分别表示导带底和价带顶的能量;m_e^* 和 m_h^* 分别由式(1-9)和式(1-10)定义;n_i 为本征载流子浓度;n 为电子浓度;p 为空穴浓度。式(1-35)和式(1-36)在推导的过程中使用了式(1-28)~式(1-33),因此式(1-35)和式(1-36)仅适用于非简并半导体。对于 P 型半导体,空穴的浓度远大于电子浓度,根据式(1-33)推断 $\frac{n_i}{p} \ll 1$,由式(1-35)看出 P 型半导体的费米能级靠近价带顶,同理,由式(1-36)看出 N 型半导体的费米能级靠近导带底。如果费米能 E_F 与 P 型半导体的价带顶和 N 型半导体的导带底十分靠近,甚至进入了价带或导带,此时电子或空穴的密度高得使相互之间的泡利排斥不可忽略,这种情况与金属中的电子气类似,称为载流子简并。费米能级的相对位置决定了半导体的一系列性能,它是表征半导体性能的一个关键参数。

1.4.3 玻色子的统计特性

凡是自旋等于整数,或者不带电的微观粒子统称为玻色子。在激光与半导体相互作用的研究中,人们关心的是声子和光子,它们均属于玻色子。玻色子的波函数是对称分布的,它服从玻色统计,光子和声子仅有能量,没有静止质量,不带电,可以认为粒子间相互不相关,在热平衡系统内,增减一个声子或一个光子不需要做功仍可使该系统处于热平衡,因此这样的系统化学势 $\mu = 0$。每个量子态上的平均粒子占据数根据式(1-18)可以写成

$$\bar{n}_k = \frac{1}{e^{\hbar \Omega_k / k_B T} - 1} \qquad (1-37)$$

式中:Ω_k 为第 k 阶声子模的频率。为了计算晶格声子气体的宏观参数,与上节费米子的情况一样需要状态密度分布函数,计算方法也很类似,先在倒格矢 $\boldsymbol{k}$ 空间计算状态数,然后利用色散关系转换到能量空间,便可得到单位能量间隔的状

态数,不同点在于二者的色散关系不相同,半导体中的光子比较复杂,它的色散关系与介质的耦合相关,因此光子的统计特性放在后面专门讨论,本节仅计算声子的状态密度。下面根据晶格声子的情况简单推导它的状态密度分布函数。

将周期性边界条件应用于边长为 L 立方体所包含的 N^3 个原胞,k 的取值只能为

$$k_x, k_y, k_z = 0, \pm\frac{2\pi}{L}, \pm\frac{4\pi}{L}, \cdots, \pm\frac{N\pi}{L} \tag{1-38}$$

因此,对于每一支振动的每一种偏振,在 k 空间的一个体积元为 $(2\pi/L)^3$,在此体积元内有一个允许的 k 值,所以对于每种偏振类型,波矢值比 k 小的模式总数 N 为半径为 k 的球体积与 k 空间的一个体积元之比,即

$$N = \frac{4\pi k^3}{3} \Big/ \left(\frac{2\pi}{L}\right)^3 \tag{1-39}$$

对于每种偏振类型的态密度由下式计算:

$$D(\Omega) = \frac{\mathrm{d}N}{\mathrm{d}\Omega} = \frac{Vk^2}{2\pi^2}\frac{\mathrm{d}k}{\mathrm{d}\Omega} \tag{1-40}$$

式中:V 为半导体晶体的体积;$\frac{\mathrm{d}k}{\mathrm{d}\Omega}$ 应由色散关系确定。在德拜模型中,每一种偏振,声速 v 是常数,即其色散关系为

$$\Omega = vk \tag{1-41}$$

将式(1-41)代入式(1-40)得到每种偏振类型的态密度为

$$D(\Omega) = \frac{V\Omega^2}{2\pi^2 v^3} \tag{1-42}$$

如果认为声子能级是分离的,粒子数浓度为

$$n = \frac{N}{V} = \frac{1}{V}\sum_k n_k \tag{1-43}$$

如果认为声子能级是连续分布的,粒子数浓度为

$$n = \int \frac{\Omega^2}{2\pi^2 v^3}\frac{1}{\mathrm{e}^{\hbar\Omega/k_B T}-1}\mathrm{d}\Omega \tag{1-44}$$

1.5 热容

热容的一般定义是,物质吸收的热量与温升之比,即物质每升高1℃所需要的热量,也称为总热容;每单位质量的物质升高1℃所需的热量又称为比热容,它是材料容热能力的体现。对于具体材料而言,由于承载热能的载体和承载的方式不同,其热容有不同的测量和计算方法。在热力学中,可以用两套独立变量(温度 T、体积 V 和温度 T、压力 p)来表示其他的热力学量,因此热容有两种定义方法:比定压热容 C_p 和比定容热容 C_V。在固体中,它们之间存在一个简单的关

系[6]，即 $C_p - C_V = -T\left(\frac{\partial V}{\partial T}\right)_p^2 / \left(\frac{\partial V}{\partial P}\right)_T = -\beta^2 BVT$，其中 β 为体膨胀系数；B 为体弹性模量；V 为体积；T 为温度。对于固体而言，它们之间差别很小，通常可以忽略不计。但是比定容热容更为基本和常用。对于半导体材料而言，它的电子和声子是热容的主要载体。下面分别介绍电子和声子对热容的贡献。

1.5.1 声子对热容的贡献

声子对晶体比热容的贡献称为晶格比热容，记为 C_{lat}。

1. 计算声子热容的德拜模型

固体中温度为 T、频率为 Ω 的声子数满足式（1-37）的声子热平衡统计分布，声子的总能量可以表示为所有声子模能量的总和，即

$$U_{lat} = \sum_{q,P} n_{q,P} \hbar\Omega_{q,P} \tag{1-45}$$

式中：$n_{q,P}$ 为热平衡情况下波矢为 q、偏振模为 P 的声子占据数。将式（1-37）代入式（1-45），得

$$U_{lat} = \sum_{q,P} \frac{\hbar\Omega_{q,P}}{e^{\hbar\Omega_{q,P}/k_BT} - 1} \tag{1-46}$$

用积分代替对 q 的求和是在大块固体中通常的做法，于是式（1-46）又可改写为

$$U_{lat} = \sum_P \int d\Omega D_P(\Omega) \frac{\hbar\Omega}{e^{\hbar\Omega/k_BT} - 1} \tag{1-47}$$

式中：$D_P(\Omega)$ 为 P 偏振方向的声子态密度（单位频率间隔内的状态数）。式（1-47）对温度求导就得到晶格比热容：

$$C_{lat} = \frac{\partial U_{lat}}{\partial T} = U_{lat} = k_B \sum_P \int d\Omega D_P(\Omega) \frac{\left(\frac{\hbar\Omega}{k_BT}\right)^2 e^{\hbar\Omega/k_BT}}{[e^{\hbar\Omega/k_BT} - 1]^2} \tag{1-48}$$

将式（1-42）代入式（1-48），并设 $x = \frac{\hbar\Omega}{k_BT}$，得

$$C_{lat} = 9Nk_B\left(\frac{T}{\theta}\right)^3 \int_0^{\theta/T} dx \frac{x^4 e^x}{(e^x - 1)^2} \tag{1-49}$$

式中：N 为原胞数；V 为晶体的体积；θ 为德拜温度，它定义为

$$\theta = \frac{\hbar v}{k_B}\left(\frac{6\pi^2 N}{V}\right)^{1/3} = \frac{\hbar\Omega_D}{k_B} \tag{1-50}$$

式（1-50）中已定义了德拜频率 $\Omega_D = v\left(\frac{6\pi^2 N}{V}\right)^{1/3}$。在计算式（1-50）时，认为声速 v 与偏振无关，这在立方晶体中成立，因此对三个方向的叠加运算简单地乘了一个 3 倍因子。在高温极限下，由于 $\theta/T \ll 1$ 和 $x \ll 1$，所以式（1-49）可近似

写为

$$C_{\text{lat}} \approx 9Nk_B \left(\frac{T}{\theta}\right)^3 \int_0^{\theta/T} x^2 \mathrm{d}x \approx 3Nk_B \qquad (1-51)$$

在低温极限下,由于 $\theta/T \gg 1$,将式(1-49)近似为

$$C_{\text{lat}} \approx 9Nk_B \left(\frac{T}{\theta}\right)^3 \int_0^{\infty} \mathrm{d}x \frac{x^4 \mathrm{e}^x}{(\mathrm{e}^x - 1)^2} = \frac{12Nk_B \pi^4}{5} \left(\frac{T}{\theta}\right)^3 \qquad (1-52)$$

式(1-52)给出了德拜模型的 T^3 定律。

2. 计算声子热容的爱因斯坦模型

爱因斯坦模型和德拜模型的差别是,将式(1-48)中对状态密度 $D_P(\Omega)$ 的加权叠加改成了利用 δ 函数作为状态密度的加权叠加。对于一个频率均为 Ω 的 N 个同一个方向偏振的谐振子系统,改写式(1-48)为

$$U = \int_0^{\infty} N\delta(\widetilde{\Omega} - \Omega) \frac{\hbar\Omega}{\mathrm{e}^{\hbar\widetilde{\Omega}/k_B T} - 1} \mathrm{d}\widetilde{\Omega} = \frac{N\hbar\Omega}{\mathrm{e}^{\hbar\Omega/k_B T} - 1} \qquad (1-53)$$

对三个偏振方向叠加,简单地乘了一个 3 倍因子后,得到爱因斯坦模型的热容表达式:

$$C_{\text{lat}} = \left(\frac{\partial U}{\partial T}\right)_V = 3Nk_B \left(\frac{\hbar\Omega}{k_B T}\right)^2 \frac{\mathrm{e}^{\frac{\hbar\Omega}{k_B T}}}{(\mathrm{e}^{\frac{\hbar\Omega}{k_B T}} - 1)^2} \qquad (1-54)$$

爱因斯坦模型热容的高温极限(当 $\hbar\Omega \ll k_B T$ 时)就是 $3Nk_B$,与式(1-51)相同。低温下,它按 $\mathrm{e}^{-\frac{\hbar\Omega}{k_B T}}$ 的规律变化。

3. 声子热容的近似性讨论

图 1-4[7] 给出了铜的热容与温度关系的实验结果(图中黑点所示),并且分别给出了德拜(图中的实线)和爱因斯坦(图中的虚线)两种模型的曲线。由曲线可以看出,德拜模型与实验结果吻合得更好,爱因斯坦模型只能在高温时与实验结果相近,德拜模型的 T^3 定律仅在低温下成立。

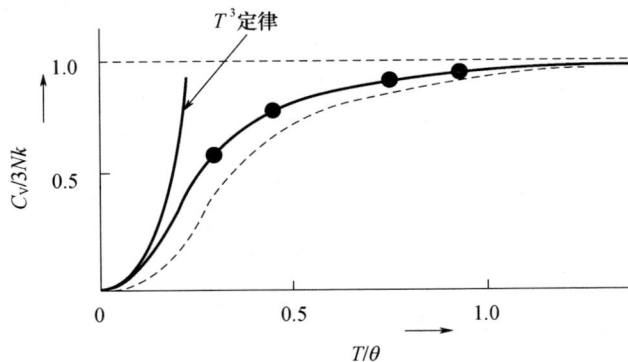

图 1-4　铜的热容与温度的关系的实验结果与理论曲线的比较

上面对于晶格比热容的叙述,表面上看仅对声学声子有效,是否已包含了光学声子的贡献,一般的文献中均未交待。文献[8]对此问题从物理概念上做了合理的论述,对于晶格比热容的概念需要强调以下三点:

(1)德拜和爱因斯坦两种模型都有缺陷,爱因斯坦认为所有状态频率都相等,这不符合事实;德拜虽然建立了状态密度分布函数,认为不同的状态具有不同的频率,但是在计算状态密度时利用的是弹性假设,振子振动都是简谐振动,振子之间都是相互独立的,这也不符合事实,但比爱因斯坦模型更接近事实。虽然这两种模型假设了完全不同的而且都不很完善的态密度分布,但是两种模型得到的热容与温度的关系却很接近,只是爱因斯坦模型在低温段其热容值低于实际值,说明固体的热学性质对态密度分布不敏感。

(2)在弹性理论适用的范围内,认为声速是常数,即 $|\nabla_k \Omega| = |\boldsymbol{v}|$ 是常数(见式(1-41))。根据晶格动力学中最简单的一维简谐振子模型,固体中声学声子的色散关系为[2]

$$\Omega = (4C/M)^{\frac{1}{2}} \left| \sin \frac{1}{2} ka \right| \qquad (1-55)$$

式中:Ω 为声子频率;C 为力常数;M 为晶格粒子质量;k 为声子波矢;a 为晶格常数。可以看出,声速在低频段近似为常数,在高频段它是频率或者波矢的函数,但是由于有了弹性假设,对状态求和运算时是沿着声速是常数的直线进行的。积分截断的最大频率值是由式(1-50)中定义的德拜频率决定,德拜频率的值由原胞数 N 决定。假设一个原胞由 n 个粒子组成。既然固体的热学性质与频率分布不敏感,只要将式(1-50)中定义的德拜频率中的 N 改为 Nn,积分后得到的热容中就包含了光学声子的贡献。在式(1-52)和式(1-53)的积分中将积分的上限作了无穷大近似,才有解析结果,从这种近似来看,计算中肯定已包含了光学声子的贡献。

(3)由于德拜模型对状态求和运算时是沿着声速是常数的直线进行的,声学声子的色散曲线在低频段其声速确实非常接近常数,计算得到的热容与温度的关系对于描述低频段比较精确;假设一个原胞由两个粒子组成,且假设两个粒子的质量差很大,光学声子的振荡就在大小粒子之间进行,甚至可以认为大质量的粒子基本不动,只有小质量的粒子在大粒子间振荡,由于振荡的约束条件相同,所有小粒子按同一个模式振荡,这与爱因斯坦模型假设一致,所以爱因斯坦模型能较为精确地描述高频段的热容与温度的关系。

1.5.2 半导体中传导电子对热容的贡献

半导体导带中的电子基本没有束缚势能,价带中的电子基本上处于束缚状态,它们的热运动需要克服束缚势能,价带中空穴的热运动实际上就是价带中电子的热运动,所以在 N 型半导体中,空穴对热容的贡献与导带电子相比是次要的,甚至可以忽略不计;但是在 P 型半导体中,空穴对热容的贡献相对于电子而言是否可以忽略,在后面做了必要的讨论。激子中的电子处于束缚状态,电子相对于空穴的相对运动对热容无贡献,激子是玻色子,它的统计行为应与声子相同,激子中电子和空穴的整体运动应对热容做贡献,但是只有当构成激子的电子与空穴波矢均为零时比较稳定,在半导体器件的一般工作范围内不稳定等原因,一般的文献中均未讨论它对热容的贡献。在半导体的工作范围内,导带中的电子大部分由杂质电离,导电电子的数量远小于声子的数量。当有激光激发或高温产生的热激发时,导电电子会大量增加,电子对热容的贡献也随之增加。

在金属中,每一个被热激发的电子,按照经典理论,它具有热运动速度 v,具有热平均动能 $\frac{1}{2}m\overline{v^2}$;根据量子理论,一个被热激发的电子具有热能 $\frac{3}{2}k_BT$。从不同的角度描写了同一个问题,因此它们是相等的,即 $\frac{1}{2}m\overline{v^2} = \frac{3}{2}k_BT$。所有的导带电子在外电场的作用下均可以沿电场的反方向移动,但是导带中的电子是否均对热容有贡献就不一定了。虽然电子对热容的贡献无论是高温还是低温均与导电电子的数量 N 成正比,但是导带底部的电子由于泡利不相容原理和费米热统计分布,决定了处于导带底部的电子被热激发的概率极小。对于热运动而言,导带底部的电子基本上被冻结(图 1-5[2])。图中的实线是不考虑热激发时的电子状态密度分布,虚线表示考虑了热激发后的电子状态密度分布,由于热激发区域 1 中的电子激发到了区域 2,定性地认为仅有导带顶部在宽度仅为 k_BT 的范围内的电子被热激发才有了热能,从而对热容有了贡献。在金属中,由于费米能级的位置处在导带内离导带底较高的位置,所以在金属中仅有处于导带顶部在宽度仅为 k_BT 的范围内的电子对热容有贡献。根据图 1-5,可以作近似的估算,在室温或高温下,导电电子的热容为

$$C_{el} = \frac{dU}{dT} \approx nk_BT/T_F \qquad (1-56)$$

在低温下,电子的热容(推导过程可参考文献[2])为

$$C_{el} = \frac{dU}{dT} = \frac{1}{2}\pi^2 nk_BT/T_F \qquad (1-57)$$

式中:n 为金属内导带电子数密度;T_F 为费米温度,它由自由电子气费米能 E_F 定义,即 $T_F = E_F/k_B$,对于金属而言,在室温下的典型值约为 $5 \times 10^4 K$[2]。根据图 1-5,在金属中,自由电子气费米能 E_F 可近似看成对热容有贡献的电子的平均动能,它对应的速度就是对热容有贡献的电子平均速度 $\overline{v}_e$,可以进一步将费米温度表示为 $T_F = m\overline{v}_e^2/2k_B$。根据电子气的费米统计分布函数,电子占据能量为 $E = E_F$ 的概率为 $\frac{1}{2}$,而与温度 T 无关,所以 T_F 没有实际温度的意义。

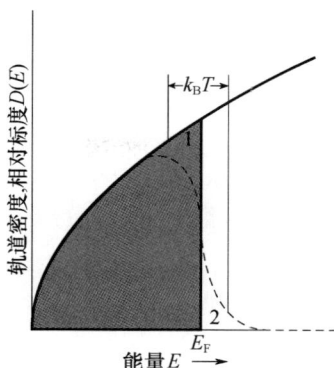

图 1 - 5 三维情况下自由电子气的单粒子态与能量的关系

在半导体内,非简并半导体内导带电子的费米能级位置在禁带中,简并半导体内导带电子的费米能级位置在导带中靠近导带底,所以可以认为半导体导带中的电子均处在费米能级附近 $k_B T$ 的范围内,近似地认为导带中的全部电子都对热容有贡献。设每个电子的热能为 $\frac{3}{2} k_B T$,对于简并半导体,根据式(1 - 20),其内能为

$$U_{el} = \sum_k \frac{3}{2} k_B T \frac{1}{e^{(\varepsilon_k - E_F)/k_B T} + 1} \qquad (1 - 58)$$

对于非简并半导体,根据式(1 - 29),其内能为

$$U_{el} = \frac{3}{2} k_B T N_C e^{-(E_C - E_F)/k_B T} \qquad (1 - 59)$$

1.5.3 半导体材料的总热容

半导体中的总热能主要应包含晶格的振动能、电子的平移动能。总热容 C 也主要是这两部分热容之和,即

$$C = C_{lat} + C_{el} \qquad (1 - 60)$$

在高温或室温近似下,将式(1 - 58)对温度求导,得简并半导体中电子热容为 $\frac{3}{2} n k_B$,其总热容为

$$C \approx 3 N_P k_B + \frac{3}{2} n k_B \qquad (1 - 61)$$

在高温或室温近似下,将式(1 - 29)代入式(1 - 59)并对温度求导,得非简并半导体总热容为

$$C \approx 3 N_P k_B + \frac{15}{4} N_C k_B \qquad (1 - 62)$$

式中:n 为电子数密度;N_P 为声子数密度;N_C 为导带底有效态密度,由式(1 - 29)

15

表示。在一般情况下,由于 $n \ll N_P$ 和 $N_C \ll N_P$,即使在激光激发的条件下,导带中的电子数也不太可能大幅度地超过声子数,所以在高温下,无论是简并还是非简并半导体,电子对热容的贡献基本上可以忽略不计。

半导体与金属不一样,温度越低,导带中的电子和价带中的空穴越少,当 $T = 0K$ 时,它们为零。从式(1-58)和式(1-59)看出,在低温下,无论是简并还是非简并,电子对热容的贡献也可忽略不计,所以声子和电子对热容的总贡献可近似为

$$C \approx \frac{12 N_P k_B \pi^4}{5} \left(\frac{T}{\theta} \right)^3 \qquad (1-63)$$

式中:德拜温度 θ 的值(对于锗来说 430K,对于 GaAs 来说 417K[4])一般小于费米温度 T_F(室温下约为 5×10^4 K),但是又高于半导体工作时的晶格温度;T^3 定律一般在 $T/\theta < 0.1$ 的范围内成立[2]。

热容是平衡态的参数,在激光与半导体相互作用时,电子和空穴的浓度,可能变得很大,在半导体材料中,电子对热容的贡献是否还可以忽略不计? 光激发时,半导体本身处于非平衡态,非平衡状态下能否使用热容的概念,式(1-62)和式(1-63)在非平衡状态下是否需要修改,如何处理这些问题值得思考。

1.6 热膨胀

热膨胀的实质是晶体中相邻两个格点之间的距离(晶格常数)随着温度的增加而增加,导致整个晶体的热膨胀。为方便分析,选用一维模型,由于晶格具有周期性,选用其中相邻的两个原子来讨论热膨胀的物理概念。任何一个原子均围绕其平衡位置振动,图 1-6 中将坐标原点固定在其中的一个原子上,然后给出另外一个原子的势能曲线(图中的实线),其平衡位置处于 r_0,这里仅示意,实际曲线可能复杂得多。如果将晶格振动作简谐近似,那么,它的势能曲线就是抛物线(图中的点画线)。我们采用文献[9]的方法来讨论热膨胀的物理原理。设 δ 是由于热膨胀产生的平衡位置的增量。把原子在 $r_0 + \delta$ 处的势能 $U(r_0 + \delta)$ 对平衡位置 r_0 作泰勒级数展开,得

$$U(r_0 + \delta) = U(r_0) + \left(\frac{\partial U}{\partial r} \right)_{r_0} \delta + \frac{1}{2!} \left(\frac{\partial^2 U}{\partial r^2} \right)_{r_0} \delta^2 + \frac{1}{3!} \left(\frac{\partial^3 U}{\partial r^3} \right)_{r_0} \delta^3 + \cdots \quad (1-64)$$

式(1-64)中第一项为常数,势能是相对的,为方便取为零,第二项中平衡位置处的导数为零,并且设 $\frac{1}{2!} \left(\frac{\partial^2 U}{\partial r^2} \right)_{r_0} = f$;$\frac{1}{3!} \left(\frac{\partial^3 U}{\partial r^3} \right)_{r_0} = g$。略去四次方以后的项,式(1-64)改写为

$$U(r_0 + \delta) = f\delta^2 + g\delta^3 + \cdots \qquad (1-65)$$

利用玻耳兹曼统计求平均位移量 $\bar{\delta}$,即

$$\bar{\delta} = \frac{\int_{-\infty}^{\infty} \delta e^{-\frac{U}{k_B T}}\mathrm{d}\delta}{\int_{-\infty}^{\infty} e^{-\frac{U}{k_B T}}\mathrm{d}\delta} \approx \frac{3}{4}\frac{g}{f^2}k_B T \tag{1-66}$$

在式(1-66)的计算中,仅计算到势能的三次方项。如果在势能的展开式中仅考虑晶格常数增量的平方项,即认为晶格中的粒子仅作简谐振动,忽略三次方及高于三次方的项,式(1-66)的结果为零。认为晶格中的粒子仅作简谐振动不能证明晶体具有热膨胀的事实,只有当考虑非谐项后,才能在理论上得到晶体热膨胀的结论,得到的线膨胀系数 β 为

$$\beta = \frac{1}{r_0}\frac{\mathrm{d}\bar{\delta}}{\mathrm{d}T} = \frac{3}{4}\frac{g}{r_0 f^2}k_B \tag{1-67}$$

式(1-67)表示线膨胀系数是一个与温度无关的常数,如果将略去的高次方项考虑进来,它必定与温度相关,并且更接近实际情况。针对具体的半导体结构,线膨胀系数的表达式中的 f 和 g 都可以描述得更具体,例如 f 是谐振项的系数,根据弹性力学 $f = \frac{m}{2}\Omega^2$,式中 m 为约化质量;Ω 为晶格粒子在抛物线势阱中的谐振频率。由于实际情况相当复杂,即使具体描述了也不可能与真实情况完全一致,最终还得依据实验测量值。以上的理论分析可以让人们相信,热膨胀确实是由声子间的非谐相互作用造成的。

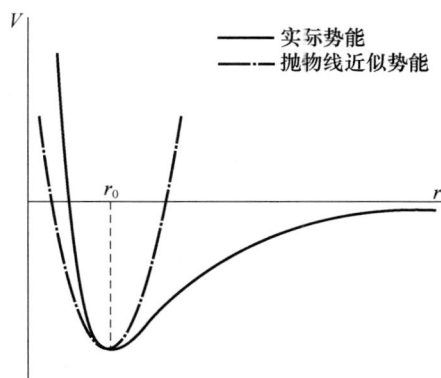

图1-6 一维晶体中原子的势能曲线

在激光的作用下,由于声子的直接吸收,正负离子间的振幅会增大。当振幅增大到必须考虑非谐效应时,图1-6中平衡点位置 r_0 会增大,也会产生膨胀效应,但不是热膨胀。当激光光斑大于半导体材料和器件时,它们会产生自由膨胀;当激光光斑小于半导体材料和器件时,会产生受约束的膨胀,产生激光诱发的膨胀应力,但不是热应力。当理论模拟力学破坏时,仅用热膨胀应力时,可能

会低估其破坏效应,特别是在激光作用期间,一方面由于晶格吸收的激光能量会快速地转变为热能产生热膨胀,另一方面激光电场对晶格离子的瞬时作用产生的位移会叠加到热膨胀产生的位移中。

1.7　热传递

介质中,热由高温端向低温端传递通常包含三种机制:热传导、热对流和热辐射。热传导依靠介质内粒子之间的碰撞传递热能,它的载能粒子是电子与晶格粒子等;热对流是依靠载能粒子组成的集团的流动将热能从一处带往另一处,粒子集团内粒子之间还会有相互碰撞传热;热辐射是依靠电磁场传输热能,它的载能粒子是光子。在半导体材料或器件中研究热传递时,通常以热传导为主,但是在某些情况下,热对流和热辐射也对热传递有贡献。下面分析一下这些传热机制在半导体内是如何体现的,特别要讨论在激光作用下有什么特殊性,对热传递有什么影响。

1.7.1　热传导

热传导系数的定义是单位时间在单位面积上介质的两端温差每增加1℃所传递的热量,它定义了材料传导热量的能力,经典的傅里叶(Fourier)热传导认为,一种材料在确定的状态下热传导系数是一个固定的常数。关于非傅里叶热传导的问题,本书安排在第7章中讨论,也可参考文献[10]等著作。下面根据傅里叶热传导模型讨论热传导的问题。在存在温度梯度∇T的介质中,单位时间流过单位面积的热量Q与温度梯度的关系为$Q = -K \cdot \nabla T$,制作探测器的半导体材料大部分采用正立方结构材料,它们的热传导性质和各向同性介质相同,即$K_{xx} = K_{yy} = K_{zz} = K$,其一维表达式为

$$Q_x = -K_{xx} \frac{\mathrm{d}T}{\mathrm{d}x} \qquad (1-68)$$

式中:K_{xx}为一维热传导系数值。

在半导体材料中,碰撞传热的载体主要是传导电子和声子,它们可以用自由电子气体和声子气体近似,气体动力学理论推导的热传导系数应适用于自由电子气体和声子气体的热传导。由于电子气体和声子气体共处同一个半导体材料内,它们之间的相互作用必须考虑,而在气体动力学的推导中是没有考虑的。由于半导体材料的特殊性,我们采用唯象理论[8]推导碰撞传递热传导系数,并且讨论半导体材料总的碰撞热传导系数、电子气体和声子气体的碰撞热传导系数间的耦合关系等。

根据热流密度的定义,x方向的热流密度Q_x应该有下式成立:

$$Q_x = -C\Delta T v_x \qquad (1-69)$$

式中:C 为热容;$C\Delta T$ 为温度改变 ΔT 在单位体积内改变的热能;v_x 为传热载体(电子或声子)的运动速度。

如果半导体材料内存在温度梯度 $\dfrac{dT}{dx}$,则相距为 l_x 的两个位置处,其温差为

$$\Delta T = \frac{dT}{dx} l_x \tag{1-70}$$

把式(1-69)代入式(1-68),得

$$Q_x = -Cv_x l_x \frac{dT}{dx} \tag{1-71}$$

式(1-71)成立的条件是 l_x 要充分小,才能使式(1-70)成立;但 l_x 也不能太小,在同一个热平衡区域内,热平衡温度是相同的,就不存在温度梯度。碰撞的产生将会改变碰撞处的热平衡,将式(1-70)中的 l_x 定义为碰撞平均自由程在 x 方向的分量,超过这个距离有可能存在不同温度的两个平衡态,温度的梯度才不为零。比较式(1-71)和式(1-68)得 x 方向的热传导系数为

$$K_{xx} = Cv_x l_x \tag{1-72}$$

载能粒子的相邻两次碰撞的平均时间 τ 没有方向性,但速度有方向性,因此有 x 方向的平均自由程 $l_x = v_x \tau$。式(1-71)又可以改写为

$$Q_x = -Cv_x^2 \tau \frac{dT}{dx} \tag{1-73}$$

对于正立方结构的半导体材料,其载能粒子速度与各向同性介质相同,这里的 v_x^2 应对所有方向运动的粒子平均,利用能量均分定理,应有下式成立:

$$\overline{v_x^2} = \frac{1}{3}\overline{v^2} \tag{1-74}$$

于是式(1-73)又可改写为

$$Q_x = -\frac{1}{3}C\,\overline{v}l\,\frac{dT}{dx} \tag{1-75}$$

此时有下列关系式成立:

$$K_{xx} = K_{yy} = K_{zz} = K = \frac{1}{3}C\,\overline{v}l \tag{1-76}$$

式(1-76)对于电子和声子均适用。不过,其中的热容、速度和平均自由程在规律和数值上各不相同。半导体的热导率主要由两部分组成:电子热传导率 K_e 和声子热传导率 K_p,总的热传导率为

$$K = K_e + K_p = \frac{1}{3}C_{el}\overline{v}_e l_e + \frac{1}{3}C_{lat}\overline{v}_p l_p \tag{1-77}$$

式中:C_{el}、C_{lat} 分别为电子和声子的热容,它们与温度相关的差别是很大的,一般而言,电子的热容比声子小很多,特别是半导体中电子的数量也不多;虽然电子热容与声子相比几乎可以忽略,但是电子的平均速度 $\overline{v}_e$ 比声子的平均速

度(声速)$\bar{v}_p$大很多,电子的平均自由程l_e也比声子的平均自由程l_p大很多,电子的热传导在总的热传导系数中的作用不能轻易忽略,在式(1-77)中保留了电子的热传导。绝缘体的热传导仅与声子相关,与电子无关,但在金属和半导体中,热传导系数中既包含声子热传导,又包含电子热传导,热传导系数除了式(1-76)中各自的热力学参数以外,还与它们的浓度和激发状态等有关。在式(1-77)中,可以看出无论是电子还是声子都含有碰撞平均自由程参数,它们都是靠碰撞传递能量的,除了同类粒子间碰撞以外,还有不同类型粒子间的碰撞。根据热传导的定义,热传导仅包含接力棒式的热能传递,但是,半导体中各种传热载体的碰撞热传导是相互耦合的,不是独立的。测量到的热传导率是各种载体的整体贡献,利用简单的测量手段无法区分各个载体的独立贡献。

这里还要特别强调一点,热传导从本质上讲是一个非平衡过程,特别当半导体材料或器件处于激光辐照时,各种粒子数浓度、平均自由程、温度和压力等各种热力学参数均在改变,激光辐照期间的热传导不同于激光停照期间的热传导。热传导系数使用的是热平衡的参数,它们成立的条件是局部热平衡建立的时间要远小于消除高温端与低温端温差的弛豫时间,否则局部热平衡建立和热传导两个过程是相互耦合的,解耦是错误的。

在强激光激发下,以上结论需要认真审视,谨慎使用。因为激光作用期间,导热电子数大大增加,由于扩散和漂移,高热电子由高温端向低温端运动,激光相互作用区后续的热量,将要通过被前面的热电子加热过的传热通道,在这样的传热通道中,导热载流子浓度已经提高了。载流子浓度已经提高了的传热通道的热传导系数就不应该是手册上的热传导系数。

在固体内部热传导系数的测量中,很难排除固体内部热对流和热辐射的影响,下面两小节分析它们会产生什么样的影响。

1.7.2 热对流

热对流在流体中或流体与固体之间的热传递均起重要的作用,但在半导体中不见得那么重要,因为能流动的物质粒子主要是电子和空穴,特别当电子和空穴的密度很小时,在半导体材料内完全可以不考虑它对传热的贡献。但在电子和空穴的密度很大的情况下,就会像金属那样,它们整体流动,例如外电场中电子和空穴的流动,半导体内温度热起伏引起的热扩散及载流子密度热起伏引起的扩散和漂移,对半导体内部的传热将起一定的作用。特别在激光作用期间,载流子浓度相当高,在外电场中,载流子的流动对于热传递的贡献是不能随意忽略的,这个问题将在第4章中讨论。除了外电场以外,热起伏引起的载流子的流动对热传递的贡献可能是噪声量级的贡献,应该不重要,本书不展开讨论。

1.7.3 热辐射

就热辐射而言,首先想到的是黑体辐射,黑体辐射体是光子的热平衡体,它与频率和温度的关系由普朗克辐射定律描述,即单位体积和频率 ν 处单位频率间隔内的光辐射能密度为

$$u_\nu(\nu, T) = \frac{8\pi\nu^2}{c^3} \frac{h\nu}{e^{h\nu/\kappa_B T} - 1} \qquad (1-78)$$

式中:ν 为光频;c 为介质中的光速;T 为温度;h 为普朗克常数;k_B 为玻耳兹曼常数。对所有频率积分后得到辐射的总能量密度为[11]

$$U = \int_0^\infty u_\nu(\nu, T) \, d\nu = \frac{4}{c} n^2 \sigma T^4 \qquad (1-79)$$

式中 $\sigma = 2\pi^5 k_B^4 / 15 h^3 c_0^2 = 5.67051(19) \times 10^{-8} \, \mathrm{W/(m^2 \cdot K^4)}$,称为斯忒藩 – 玻耳兹曼常数,它定义在真空中,在固体中使用式(1 – 79)时应加于修正,为了让定义在真空中的 σ 适用于固体介质,仅需将 σ 中的真空光速 c_0 改为介质中的光速 c,因此在(1 – 79)式中多了 n^2。

如果将半导体材料作灰体近似,灰体与绝对黑体的辐射能力之比 ε 称为辐射系数,式(1 – 79)还可用单向总能流密度表示 $I = \frac{c\varepsilon}{4} U = \varepsilon n^2 \sigma T^4$,其中 n 为黑体辐射光在固体中传播时的折射率。

在局部热平衡的条件下,谱能流密度,即单位时间流过单位面积在频率为 ν 处的单位频率间隔内的能量流(推导可参照式(1 – 71))为

$$\boldsymbol{Q}_\nu = -\frac{1}{3} l_\nu c \, \nabla u_\nu(\nu, T) \qquad (1-80)$$

定义光子热容 $c_\nu = \frac{\partial u_\nu(\nu, T)}{\partial T}$,式(1 – 80)还可改写成

$$\boldsymbol{Q}_\nu = -\frac{1}{3} l_\nu c \frac{\partial u_\nu(\nu, T)}{\partial T} \nabla T = -\frac{1}{3} l_\nu c C_\nu \, \nabla T \qquad (1-81)$$

如果辐射源是黑体,对全谱积分根据式(1 – 79),得

$$\boldsymbol{Q} = -\frac{16}{3} \sigma n^2 l T^3 \, \nabla T \qquad (1-82)$$

积分时已将 l_ν 作为常数提到了积分号外记作 l,l 称为光子平均自由程,它实际上是介质衰减系数的倒数,介质衰减系数与频率相关,将 l_ν 作为常数提到了积分号外是近似,不满足该近似时式(1 – 82)不能用,但是式(1 – 82)的物理意义很明显,可以近似地将辐射传热系数记为

$$K_r = -\frac{16}{3} \sigma n^2 l T^3 \qquad (1-83)$$

在一般情况下,半导体材料的热辐射谱不一定是式(1 – 78)所描述的理想

黑体谱,特别在激光的作用期间有激光诱导的辐射(如共振荧光)谱和散射谱等。激光诱导的辐射谱不仅含有激光的频率成分,而且含有热电子在弛豫过程中复合产生的自发辐射谱,应该是一个非黑体谱和黑体谱叠加的混合谱。激光诱导的辐射谱不是热平衡辐射谱,但是它又无法与热平衡辐射谱分离,也带有能量,与热辐射一样都是电磁辐射,这种电磁辐射在高温与低温区之间是如何起到传递能量作用的,这个问题的关键是在式(1-80)中构筑一个符合实际的 $u_\nu(\nu, T)$,不用式(1-78)描述的普朗克函数,对频率积分时不能将 l_ν 作为常数。由于半导体材料的吸收率与频率密切相关,如光子能量低于半导体禁带宽度的光在半导体材料中传输时是透明的,高温端辐射可以穿透半导体材料的光能不会提高低温端的温度。透明也不是绝对的,透明可以看成光子平均自由程长于所论物体的尺寸而已。当光子平均自由程短于所论物体的尺寸时,高温处的热辐射光在辐射源周围不太远的距离内被吸收、弛豫和透射,再传到下一个位置上再吸收、再弛豫,这个过程一直延续到辐射能耗完为止。每次的再吸收会激发一个能量较低的热电子,它的弛豫又变成了晶格能,又变成了声子的热传导问题。实际上,在不长的距离内,高温端的热辐射能很快将依托热传导过程传导到冷端。测量热传导系数时,这种热辐射的因素是分不开的,特别是存在激光辐照时就不是两个不同热平衡温度区域之间的热传导,而是高温端存在电子和晶格两种热平衡温度的区域向冷端的热传递,不仅存在电子和声子两种热传导,而且存在电子温度和晶格温度的两种热辐射的热能传递,它们之间又通过弛豫使各种传热过程之间相互耦合的热传导。激光相互作用期间的热传导不太可能是传统定义下的热传导,是一种值得研究的热传导。

在式(1-81)中又引进了光子热容 C_ν,它没有实际意义。这个量包含在电子和声子热容内。如果将 C_ν 看作是一个独立于电子和声子之外的热容,会对热容重复计算。但是同一个热源确实有不同的传热机制:电子热容中的热能既可以通过电子与各种粒子碰撞而传走热能,又可以通过电子减速引起的韧致辐射而传走热能,它们消耗的是同一个电子热容的热能;声子热容中的热能既可以通过晶格粒子与其他粒子的碰撞而传走热能,又可以通过晶格带电粒子减速引起的韧致辐射而传走热能,它们消耗的是同一个声子热容的热能。还要注意,热容是一个热平衡量,具有热平衡状态的物体均具有灰体的特性,对于半导体材料中有禁带,如果不考虑杂质,禁带中不存在电子能态,灰体中的一个电子的辐射波长就具有选择性(详见3.5.3节),把这种灰体称为选择性灰体,它的辐射系数 ε 与波长有关。

1.8 热学参数的尺度效应

半导体器件的微结构量子效应在许多半导体量子器件中体现,它不是本书涵盖的范围。微结构的尺寸效应和表面效应对于半导体材料的光、电、热及力学性能的影响一直是激光与半导体材料和器件相互作用的热点问题,本小节专注于热学参数的尺度效应,希望本小节的讨论能起到抛砖引玉的作用,当读者遇到上述热点问题外的其他问题时能找到解决问题的启示。

1.8.1　热容的尺度效应

热容的定义是内能对温度的一阶导数,内能由各种各样的载能粒子携带,而载能粒子在材料的体内和表面的分布是不一样的。对于一个大体积(没有微结构)的材料,定义热容时可将表面效应忽略,对于具有微结构的材料,随着微结构尺寸越来越小,表面效应越来越明显。微结构和大块材料的最大区别是对于尺寸非常敏感,如对于薄膜材料,在平行于薄膜表面的方向上粒子数很多,相空间的间隔很小,可做连续分布近似;但是在垂直于表面的方向上,晶格粒子数很少,相空间的间隔很大,不能采用连续分布近似,计算声子总能量时只能采用方程式(1-46),不能直接采用方程式(1-47)。计算声子总能量时,在平行于薄膜的两个方向上可采用积分近似,在垂直于薄膜的方向上做叠加运算。状态密度分布函数不能采用式(1-42),它仅适用于在球坐标中对大块晶体材料做能量的三维积分。在微结构薄膜材料中,利用 q 的直角坐标系运算更为方便,于是,薄膜材料的总能量为

$$U_{lat} = 3 \sum_{q_z} \iint D(\boldsymbol{q}) \frac{\hbar v q_D}{e^{\hbar v q_D / k_B T} - 1} dq_x dq_y \qquad (1-84)$$

式中:数字 3 表示已对三个偏振方向叠加;$q_D = \sqrt{q_x^2 + q_y^2 + q_z^2}$;$v$ 为群速度;$D(\boldsymbol{q})$ 为 q 空间的状态密度分布函数,它的具体形式[12]为

$$D(\boldsymbol{q}) = \frac{\varepsilon V}{(2\pi)^3} \qquad (1-85)$$

式中:V 为材料的体积。原来的分布函数均在 q 空间的球坐标内推导,考虑微结构后需要转换到 q 空间直角坐标系内表示,一般采用与球体外切的立方体。因此加了一个修正因子 ε,ε 表示利用立方体表示状态密度与用球体表示状态密度的比例影子,它的具体推导参见文献[12]、[13]或文献[14],一般情况下 $\varepsilon > 1$。将式(1-85)代入式(1-84),得

$$U_{lat} = \frac{3\varepsilon V}{(2\pi)^3} \sum_{q_z} \iint \frac{\hbar v q_D}{e^{\hbar v q_D / k_B T} - 1} dq_x dq_y \qquad (1-86)$$

微结构的热容还是用传统的定义表示,即 $C_{lat} = \left(\dfrac{\partial U_{lat}}{\partial T}\right)_V$。

以上仅以声子热容的尺寸效应做了讨论,实际上,电子热容也应有尺寸效应,读者可以根据以上的思路作为一个习题解决电子热容的尺寸效应问题。另外,式(1-85)描述的状态密度,完全利用大块晶体获得,所以式(1-86)中没有将表面态的影响考虑进来,尚未见到考虑表面态影响的热容尺寸效应的讨论。

1.8.2 热传递的尺度效应

上面介绍了碰撞传热和辐射传热两种热传递方式,其中均有一个平均自由程的概念,所定义的热传导或热传递系数均在尺寸远大于平均自由程的材料中适用。在半导体器件中,特别在 CCD、CMOS 以及在超晶格、量子阱等结构的微电子器件中,具有很小尺度的薄层、细丝和微细块粒等结构。目前的技术水平已经达到微米量级,甚至纳米的量级,这些尺寸一般不满足传统的热传导系数定义的范围。另外,当载热粒子各种特征作用时间与特征能量激发时间相当时,即发生微时间尺度内的传热问题。例如,当超短脉冲与材料或器件相互作用,其脉冲的宽度小于激发跃迁的弛豫时间时,长时间作用下测量的吸收系数、折射率以及本节要讨论的各种热学参数等都要考虑时间尺度效应,也存在时间微尺度的问题,对于该问题的讨论放在 7.3.3 节。本小节专门讨论尺寸为微米或纳米材料的微空间尺度传热问题。一个很简单的问题是,当半导体器件中的某个薄层厚度小于某个平均自由程时,热能的载子(如声子、电子和光子等)碰到边界时可能被反射、折射或散射,实际上缩短了平均自由程。反射与折射均由边界层处相互作用产生,其相互作用层的厚度一般是一个波长的量级,与微结构的尺寸相近,因此反射和折射不能再按镜面处理,应从微观的层次上按散射处理,而且各种载能粒子穿透薄层边界的能力各不相同,热传导系数该如何确定,热传导方程如何解,均成了需要重新认识和处理的问题。

下面用一个薄层来讨论这个问题,设薄层的厚度为 d,l 是某种载能粒子的碰撞平均自由程。当 $d/l \gg 1$ 时,由边界散射造成的热传导系数降低的效应可以忽略,但当 $d/l \approx 1$ 或 $d/l < 1$ 时,边界散射的效应必须考虑,而且是热传递的关键因素。在厚度小于平均自由程的薄层内不能定义温度梯度,式(1−75)和式(1−82)等公式不再适用,半导体内的传导、对流和辐射三种热传递机制已无法区分,均用同一种方法解决。文献[13,14]中使用了玻耳兹曼方程(见本书的第 3 和第 4 章),将粒子间的碰撞改为边界散射,得

$$\frac{\partial f}{\partial t} = \frac{\partial f}{\partial t}\Big|_{scat} - \dot{\boldsymbol{r}} \cdot \nabla_r f - \dot{\boldsymbol{k}} \cdot \nabla_k f \qquad (1-87)$$

式(1−87)适用于声子和电子热传导的讨论。对于声子热传导,热平衡分布函数 f 可用式(1−37)表示;对于电子热传导,热平衡分布函数 f 可用式(1−20)表示;光子与声子都是玻色子,它的热平衡分布函数 f 也用式(1−37)表示。式(1−87)右边第一项表示边界散射引起的热平衡分布函数随时间的变化;第二项表示扩散引起的热平衡分布函数随时间的变化,其梯度因子系数的物理含义就是群速度,$\dot{\boldsymbol{r}} = \nabla_k \omega(\boldsymbol{k}) = \frac{1}{\hbar} \nabla_k E(\boldsymbol{k})$;第三项表示漂移引起的热平衡分布函数随时间的变化,其梯度因子系数的物理含义就是传热粒子所受的外力,光子和

声子不与电磁场相互作用,它们本身也不带电,所以研究光子和声子热传递时,没有第三项,只有电子作为传热粒子时,才考虑第三项,$\dot{k} = -e/\hbar(E + r \times B)$,其中电磁场来自于内部温度不均匀造成的电子气体密度的空间和时间起伏,该电磁场反过来引起带电粒子的流动,其流动的规律由温度分布决定,热传导是物质本身的属性,与外部因素无关,因此不考虑外电磁场;将 $\frac{\partial f}{\partial t}\big|_{\text{scat}}$ 做线性弛豫近似,进一步的叙述可见本书第3章、第4章或文献[12~16]等,其表达式为

$$\frac{\partial f}{\partial t}\Big|_{\text{scat}} \cong -\frac{f - f_0}{\tau} \tag{1-88}$$

式中:τ 为载能粒子的边界散射弛豫时间。在稳态下,式(1-87)左边 $\frac{\partial f}{\partial t} = 0$,式(1-87)改写为

$$\frac{\partial f}{\partial t}\Big|_{\text{scat}} = \dot{r} \cdot \nabla_r f + \dot{k} \cdot \nabla_k f \tag{1-89}$$

由于 $\nabla_r f = \frac{\partial f}{\partial T}\nabla_r T$,$\nabla_k f = \frac{\partial f}{\partial E(k)}\nabla_k E(k) = \hbar v \frac{\partial f}{\partial E(k)}$,并考虑到式(1-88),式(1-89)可改写为

$$f = f_0 - \tau v \left(\frac{\partial f}{\partial T}\nabla_r T + \hbar \dot{k} \frac{\partial f}{\partial E(k)} \right) \tag{1-90}$$

利用方程式(1-90),考虑微结构边界效应解出热平衡分布函数 f,可进一步得到 x 方向的电流密度 J_x 和能流密度 Q_x 如下:

$$J_x = \int e v_x f \mathrm{d}k \tag{1-91}$$

$$Q_x = \int E(k) v_x f \mathrm{d}k \tag{1-92}$$

由于 f_0 是热平衡分布函数,它是各向同性的,在矢量空间积分等于零,针对声子和光子,式(1-90)右边括弧内第二项不考虑,可以得到能流密度为

$$Q_x = -\int E(k) v_x^2 \tau \frac{\partial f}{\partial T}\frac{\partial T}{\partial x}\mathrm{d}k \tag{1-93}$$

式中:τ 为微结构边界受限的线性近似平均弛豫时间,其机理主要是散射,如果假设 $v_x \tau = l_x$,以及 $\frac{\partial T}{\partial x}$ 与积分变量 k 无关,则式(1-93)可进一步改写成

$$Q_x \approx -v_x l_x \frac{\partial \left(\int E(k) f \mathrm{d}k \right)}{\partial T}\frac{\partial T}{\partial x} = -v_x l_x C \frac{\partial T}{\partial x} \tag{1-94}$$

式中:v_x 为 x 方向的群速度,它是 k 的函数,计算式(1-94)时,认为它们是无关的,其目的是为了彰显式(1-90)的物理意义,建议读者慎用式(1-94)。式(1-94)形式上与式(1-71)和式(1-68)相同,因为它们都是描述光子和声子的热传导,所不同的是式(1-94)中的 l_x 是微结构边界受限的线性近似平均

碰撞自由程在 x 方向的分量。微结构还带来了碰撞平均自由程的各向异性,所以不能采用大块材料中的全空间平均的数学处理。

式(1-94)仅以光子或声子为例对热传递贡献的尺寸问题开展了讨论,同样可以对于电子的传热的尺寸问题展开讨论,只需将式(1-90)右边第三项不等于零。

Mirmira 和 Fletcher 等[16]收集了几位作者关于钻石薄膜热导率与厚度效应的测量结果,如图1-7所示。总的趋势是热导率随着薄膜厚度的增加而增加。

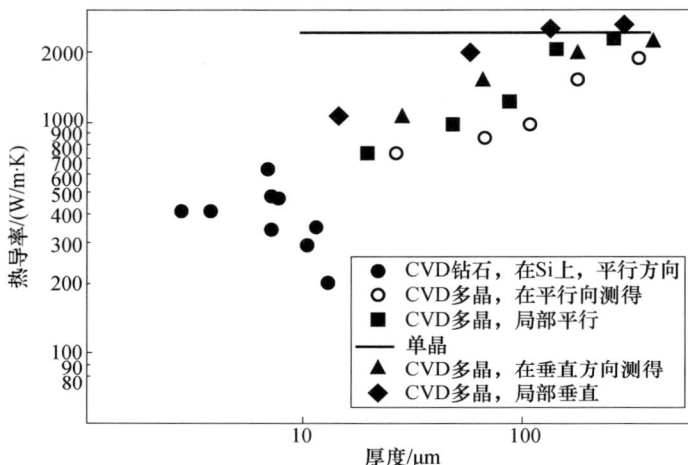

图 1-7　钻石薄膜热导率与厚度的关系

由于式(1-94)仅仅针对声子和光子,式(1-90)右边括弧内第二项没有考虑,所以式(1-94)不适用于具有微结构的电子热传递。文献[12]中介绍了微结构中存在空间电子密度起伏的热传导系数的推导,对此有兴趣的读者可参考该文献。

1.9　半导体中离子扩散与晶体熔化

扩散这个词在各个领域被广泛应用,在各个领域都有自己独特的含义。物理学中扩散描述了一个孤立系统内一个(或一群)粒子由一个位置向另一个位置的位移,系统外力的作用产生的运动不是扩散运动。熔化是物体由固态向液态转化的过程。它们有完全不同的概念,但是在熔化的产生和发展的过程中必然有扩散过程的伴随。如果不想大篇幅地展开,将两个概念放在同一小节讨论,有助于对概念的深入理解。

1.9.1　半导体中离子扩散

半导体中电子的扩散是载流子输运的一个重要的内容,已安排在第4章讨论。在孤立的固体系统中,所有晶格粒子均具有局域性,基本上固定在相对稳定的位置上,固体中离子的扩散运动是通过固体中缺陷的接力式移动实现的,促使移动的力是由热起伏施加的,运动的方向和相位是随机的,具有布朗运动的特点。如果固体中缺陷的分布是均匀的,那么即使在微观上存在扩散运动,热统计平均的结果,在宏观上体现不了由扩散造成的流动;如果固体中缺陷的分布是非均匀的,那么在宏观上也能体现扩散流动,这种宏观的扩散流动实质上是分布不均匀的微观单体的随机扩散运动的统计平均的结果,这种宏观扩散流动正比于浓度的梯度。温度的不均匀也会造成浓度的不均匀,所以在宏观的物理学中将扩散运动直接与浓度和温度梯度的环境的存在联系在一起,实际上它也是各个单粒子的随机扩散运动的统计平均的结果。从微观上看,即使在均匀分布的介质中,只要系统内温度不等于零,单个粒子的扩散运动总是存在的,只是统计平均以后,宏观扩散流动为零。

半导体中,除了晶格粒子以外,还有杂质粒子、缝隙粒子、空位和缺陷等。其中晶格粒子在晶体中是多数粒子,其他的则称为少数粒子。一般地,晶体中少数粒子分布具有随机性,因而具有局部的非均匀性,这种非均匀性和热起伏会产生扩散运动。晶格粒子的势能一般低于少数粒子,势能高的少数粒子比势能低的多数粒子容易离开原来的亚稳位置,所以扩散主要是晶格结构保持完整的情况下少数粒子的热行为。在低温时,晶格粒子势能低而稳定,缺陷和处于缝隙中的粒子势能较高,没有晶格粒子稳定,处于亚稳定状态。工作温度或室温下的运动引起的粒子的位移以这些少数粒子的热扩散为主,格点上除了紧邻空位的粒子以外,一般不参与扩散运动。紧邻空位的晶格粒子的扩散运动实际上就是空位的扩散运动。随着温度的升高,参与热扩散的少数粒子逐渐增多,晶格粒子的热运动也加剧,当它的热能超过周围势垒时也会参与扩散。晶格粒子的扩散运动主要有三种形式:①绕中心点的旋转换位;②格点粒子挤到周围的缝隙中(又名弗伦克尔扩散),内部的格点粒子通过缝隙挤到材料的表面上(又名肖特基扩散);③晶格粒子随着空位扩散的反方向扩散。前两种需要的激发能很高,第三种实际上已列入非晶格粒子的少数粒子扩散的范围。上述三种扩散行为在固体物理中又称为自扩散(区别于杂质粒子的扩散)。当温度不断升高,晶格粒子热运动越来越强烈,使晶格结构不能保持稳定时,材料将由固体变为液体,称为熔化。晶格粒子由有序到无序需要大量的激发能量,这些激发能量一部分消耗于扩散,大部分消耗于晶格粒子的热运动,它们共同消耗熔化热。扩散与熔化在概念上完全不同,但在固体熔化的过程中,它们之间存在一定的联系。

有温度就会有热运动,晶格中离子的热运动主要表现为振动。如果这种振动的能量低于周围的势垒,该粒子就在以格点为平衡位置振动,当某方向振动的能量高于该方向势垒高度时,该粒子可能脱离原平衡位置,运动到新的平衡位置,这就是晶体中粒子扩散的原理。虽然半导体内离子扩散在局域位置上充满了随机性,如果在整个半导体内杂质、空位和缺陷等的分布不是均匀的,统计平均的结果也存在宏观扩散流和扩散系数。下面利用半导体内局域的随机性和半导体内杂质、空位和缺陷等分布的非均匀性,推导它们的宏观扩散系数。

如果一个可能参与扩散的粒子的势能低于周围势垒势能,其差为 U,这个粒子靠热激发获取这个能量的概率为 $e^{-U/kT}$。但是,具有这种能量的粒子一定要在扩散方向上有偏振分量,每一次振荡越过扩散势垒的概率就是 $e^{-U/kT}$,如果该粒子在该偏振方向上特征振荡频率为 ν,那么 1s 内该粒子扩散的概率为

$$p \approx \nu e^{-U/kT} \qquad (1-95)$$

假设扩散在 x 方向进行,在 x 处具有相同势能的粒子数密度为 $n(x)$,与此相距为一个晶格常数 a 处具有该势能的粒子数面密度为 $n(x+a)$,中间应间隔有扩散势垒,两层间的粒子数密度差为 $n(x+a) - n(x) = a\dfrac{\mathrm{d}n}{\mathrm{d}x}$,若将 x 前后各 $a/2$ 范围内粒子数都浓缩到 x 处的屏上,那么 x 屏上的面密度就是 $an(x)$,两层间的面密度差变为 $a^2 \dfrac{\mathrm{d}n}{\mathrm{d}x}$,则扩散粒子流密度(单位时间流过单位面积的扩散粒子数)J_N 为

$$J_N = -pa^2 \frac{\mathrm{d}n}{\mathrm{d}x} = -D\frac{\mathrm{d}n}{\mathrm{d}x} \qquad (1-96)$$

这个关系称为斐克定律。式中常数 $D = pa^2$ 称为扩散常数或扩散率,它的单位是 cm^2/s。式中的负号表示扩散方向与梯度方向相反。

粒子扩散有很多种类型,每一种类型都有自己的固有频率和势能,因此有不同的扩散系数。设扩散的总粒子数浓度为 N,第 i 种扩散类型的粒子数浓度为 n_i,若在扩散的过程中各扩散类型间无相互作用,在各种粒子数浓度梯度相等的条件下,总扩散系数为

$$D = \sum_i \frac{n_i}{N} D_i \qquad (1-97)$$

半导体内的热扩散充满了随机性,它是一个不可逆过程,对于少数粒子的扩散行为,可使少数粒子的分布趋于均匀化,或者将缝隙粒子或表面粒子扩散到邻近的空位中(实际上这是弗伦克尔和肖特基扩散的逆过程),可能稍微地改善了材料的性能。热扩散不仅发生在材料或器件体内,同时也发生在它们的表面,半导体材料的表面在形成时,加工留下的表面微尘、微裂缝、缺陷以及悬空键的随机键合,使得表面与体内相比,特别在垂直于表面的方向上接近表面的几层内,减少了周期性,提高了杂质、微裂缝、缺陷、滑移和空位的密度,表面粒子的平均势能高于体内,其稳定性就不如体内,容易被激发。控制适当的温度对材料或器件作退火或老化处理是生产过程中用于改善及稳定材料和器件性能的重要举措。高温下,弗伦克尔和肖特基等效应的产生,使格点粒子偏离平衡位置增加了无序性,对于材料和器件来说,温度过高的热运动又变成了有害因素。

实验中,经常遇到半导体材料或器件受到适量激光辐照后性能得到改善。对于比较弱的激光场,能够将不太稳定的和激发能比较低的粒子扫进更加稳定的状态中,激光净化了表面或改变材料和器件的表面状态,改善了半导体材料或器件的性能。另外,材料表面吸收激光而升温加速表面层离子扩散,对退火[17]和老化工艺也起了相当好的作用。若激光强度进一步增加,第3章中提到的激光甩离效应使晶格粒子被甩离平衡位置。由于每次施加的激光脉冲的幅度、宽度、偏振方向和相位等参数均有一定的随机性,激光是部分相干的,格点粒子被激光激发和扫离的方向及时间相位也有一定的随机性,所以激光的甩离效应也可能使晶体结构越甩越乱,被甩离的晶格粒子一般对材料的性能有害。所以高温下的晶格粒子热运动和高能激光的甩离效应是经常遇到的半导体材料和器件性能退化的主要原因。

1.9.2　半导体材料的熔化

1.9.1 节我们提出,在高温下,当大量晶格粒子参与无序热运动,使得晶格结构遭到破坏时,半导体材料进入熔化状态。这个观点没有错,但是这个问题不是如我们想象的那么简单,因为这个观点并没有告诉我们,具体什么时候开始熔化,需要多少晶格粒子参与无序热运动才算熔化。到目前为止,尚无成熟的理论来完整地描述该问题。历史上,许多科学家在理论上从微观到宏观等各种角度对该问题做了一些探索[18],例如,林德曼认为,当晶格粒子的振幅变得很大,碰到邻近格点粒子时就发生熔化;拉坎夫斯基认为邻近格点粒子的作用使得某格点粒子发生振动的不稳定而产生熔化;布朗贝克认为两个格点粒子间的相对振动处于不稳定时形成熔化;玻恩则认为当切应变弹性系数 $C_{44}=0$ 时产生熔化;莫脱通过固体和液体的自由能之差来研究熔化热。这些观点均有一定的道理,但给出的仅是一些结论性的评判是否熔化的标准,没有提及固体转化为液体过程中经历的复杂过程的处理方法。在物理学的领域内往往对于特定状态(气态、液态或固态等物态)的研究比较深入,但对于各态间的转换过程的研究尚不如对物态的研究那么深入,但我们希望,不要因为困难而成为我们研究和讨论的禁区。

上面分析了热效应引起熔化的机理。在长脉冲或连续激光的照射下,如果是通过电子吸收,电子将剩余的能量通过弛豫转化为晶格的能量而升温,另外,晶格直接吸收激光能量而升温,只要激光足够强,均可造成光斑及光斑区附近熔化。值得一提的是激光的甩离效应,对于短脉冲或超短脉冲辐照的情况更为突出,不用通过升温,也来不及升温,可直接将晶格粒子激发到非稳定状态或被甩到晶胞之外的位置,使激光作用的局部晶格结构被破坏,出现类似于熔化,甚至汽化的状态,或超流体状态。

参考文献

[1] Klingshern C F. Semiconductor optics[M]. New York:Springer,1997.

[2] Kittel C. 固体物理导论[M]. 项金钟,吴兴惠,译. 北京:化学工业出版社,2005.

[3] 黄昆,韩汝琦. 半导体物理基础[M]. 北京:科学出版社,1979.

[4] Seeger K. 半导体物理学[M]. 徐乐,钱建业,译. 北京:人民教育出版社,1980.

[5] 钱佑华,徐至中. 半导体物理[M]. 北京:高等教育出版社,1999.

[6] Landau, Lifshits. Statistical Physics[M]. 3rd Edition. Oxford:Pergamon press, 1980.

[7] 王诚泰. 统计物理学[M]. 北京:清华大学出版社,1997.

[8] M. 玻恩,黄昆. 晶格动力学理论[M]. 北京:北京大学出版社,1989.

[9] 宗祥福,翁渝民. 材料物理基础[M]. 上海:复旦大学出版社,2001.

[10] 孙承伟,等. 激光辐照效应[M]. 北京:国防工业出版社,2002.

[11] Я. Б. 泽尔道维奇,Ю. П. 莱依捷尔. 激波和高温流体动力学现象物理学[M]. 张树材,译. 北京:科学出版社,1980.

[12] 刘静. 微米/纳米尺度传热学[M]. 北京:科学出版社,2001.

[13] David K. Ferry, Stephen M. Goodnick. Transport in Nanostructures[M]. 北京:北京世界图书出版公司,2002.

[14] Pracher R S,Phelan P E. Size effects on thermodynamic properties of thin solid films[J]. ASME Journal of Heat Transfer, 1998,117:751 – 755.

[15] Otfried Madelung. Introduction to Solid – State Theory[M]. 北京:北京世界图书出版公司, 2003.

[16] Mirmira S R,Fletcher L S. Reviev of the thermal conductivity of thin films[J]. Jorunol of thermophysics and Heat transfer, 1998,12:121 – 131.

[17] Arimura I,Macky J W. Photo – induced Annealing in n – type Germanium[J]. Radiation Effects in Semiconductors, ed. F. L. Plenum,1968:204.

[18] 程开甲. 固体物理学[M]. 北京:人民教育出版社,1960.

第2章
激光在半导体材料中的传播

激光在介质中的传播与在真空中不同,光是物质,介质也是物质,当一种物质进入另一种物质时,两种物质必然发生相互作用,在相互作用中,两种物质均要改变状态,此时在介质中传播的光是与介质耦合的光。该问题十分复杂,对它的研究已有很长的历史,在文献[1-5]中均有不同程度的阐述,大部分问题可以得到满意的回答,但尚有很多深层次的问题正在或等待解决。本章就与半导体物质耦合的光在半导体中传播的问题作必要的介绍。

2.1 光在半导体中传播的一般规律

一般情况下,为了说明原理,尽量利用最简单的模型。设一束单色平面光在介质中的传播规律可由下式[1]表示:

$$E(r,t) = E_0 e^{i(k \cdot r - \omega t)} \tag{2-1}$$

式中:$E(r,t)$ 为光场的振幅,它是空间位置矢量 r 和时间 t 的函数;k 为波矢,ω 为频率,它们间的关系称为电磁波在介质中传播的色散关系,它可通过电磁场波动方程推导,由下式表示:

$$\frac{c^2 k^2}{\omega^2} = \varepsilon(\omega) \tag{2-2}$$

式中:c 为真空中的光速;$\varepsilon(\omega)$ 为介电常数,在各向同性介质中它是标量,它的平方根被定义为复折射率指数,即

$$\varepsilon^{1/2}(\omega) = n(\omega) + i\kappa(\omega) \tag{2-3}$$

式中:$n(\omega)$、$\kappa(\omega)$ 分别为介质的折射率和消光系数。为方便在下面的讨论中均用标量,在非各向同性介质中 $\varepsilon(\omega)$ 是张量,称为介电张量;$n(\omega)$ 和 $\kappa(\omega)$ 分别表示折射率和消光系数,只有在介电张量主轴定义的坐标系中才有意义,一般不定义为张量,关于介电张量和折射率的进一步讨论见附录 A。当介质为真空时,$n = 1$ 和 $\kappa = 0$;非真空时,将式(2-2)和式(2-3)代入式(2-1),可以得到一般的在介质中传播的光场表达式:

$$E(r,t) = E_0 e^{i[\frac{\omega}{c}n(\omega)\hat{k} \cdot r - \omega t]} e^{-\frac{\omega}{c}\kappa(\omega)\hat{k} \cdot r} \tag{2-4}$$

光在介质中的能流密度(光强)为

$$I(\boldsymbol{r},t) = \frac{c\varepsilon_0 n}{2}|\boldsymbol{E}(\boldsymbol{r},t)|^2 = \frac{c\varepsilon_0 n}{2}|\boldsymbol{E}_0|^2 e^{-2\frac{\omega}{c}\kappa(\omega)\hat{\boldsymbol{k}}\cdot\boldsymbol{r}} \qquad (2-5)$$

式中:ε_0 为真空介电常数;n 为介质折射率;$\hat{\boldsymbol{k}}$ 为波矢 $\boldsymbol{k}$ 的单位矢量。光强正比于电场的绝对值平方,对于一束单色平面连续光,若不考虑系统的噪声,它应该是一个时间不变量。设电磁波传播方向为 z,式(2-5)可改写为

$$I(z) = I_0 e^{-\alpha z} \qquad (2-6)$$

式中:

$$I_0 = \frac{c\varepsilon_0 n}{2}|\boldsymbol{E}_0|^2 \qquad (2-7)$$

为 $z=0$ 处的光强,而

$$\alpha = 2\frac{\omega}{c}\kappa(\omega) \qquad (2-8)$$

为光在介质中的衰减系数。光在介质中的衰减一般由吸收和散射两部分组成,式(2-8)还可以写成

$$\alpha = \alpha_a + \alpha_s \qquad (2-9)$$

式中:α_a 为吸收系数;α_s 为散射系数。吸收应包含电偶极吸收、自由电子吸收、激子吸收、晶格声子吸收等;散射应包含荧光散射、拉曼散射、布里渊散射、瑞利散射、杂质和缺陷散射等。本书不可能完整地罗列所有吸收和散射的内容。应该强调的是,在弱相互作用的情况下,光与介质之间仅存在线性相互作用,非线性效应可以忽略,α 与光强无关。强相互作用将使 α 与光强相关,它将在第 3 章半导体对激光的非线性吸收部分讨论。

比较式(2-2)和式(2-3),式(2-2)中的 $\boldsymbol{k} = k\hat{\boldsymbol{k}},k$ 也应有复数表示形式,即

$$k = k_r + \mathrm{i}k_i \qquad (2-10)$$

将式(2-10)和式(2-3)代入式(2-2),可得

$$n(\omega) = \frac{c}{\omega}k_r \qquad (2-11)$$

$$\kappa(\omega) = \frac{c}{\omega}k_i$$

2.2 介质在电磁场中的极化

先用经典的方法来叙述物质在电磁场中极化的概念。电磁场进入介质后,其与介质内的场不能独立存在,而是以相互耦合的形式存在,两个场耦合后的极化场可用电位移矢量 $\boldsymbol{D}$ 表示,它与真空电场 $\boldsymbol{E}$ 的关系为

$$\boldsymbol{D} = \varepsilon_0\boldsymbol{E} + \boldsymbol{P} = \varepsilon_0[\boldsymbol{1} + \boldsymbol{\chi}]\cdot\boldsymbol{E} = \varepsilon_0\boldsymbol{\varepsilon}\cdot\boldsymbol{E} \qquad (2-12)$$

式中：ε_0 为真空介电常数；$\mathbf{1}$ 为单位张量。其中

$$\boldsymbol{P} = \varepsilon_0 \boldsymbol{\chi} \cdot \boldsymbol{E} \qquad (2-13)$$

为介质的极化强度；$\boldsymbol{\chi}$ 为介质的极化率张量，则

$$\boldsymbol{\varepsilon}(\omega) = \mathbf{1} + \boldsymbol{\chi}(\omega) \qquad (2-14)$$

称为介质的介电张量。在各向同性介质中，其与方向无关，可用标量表示，称相对介电常数。一般情况下，$\boldsymbol{\varepsilon}(\omega)$ 是对称二阶张量，有 $\varepsilon_{ij} = \varepsilon_{ji}$，因此只有六个独立分量，通过坐标变换，使 $\boldsymbol{\varepsilon}(\omega)$ 对角化，变换到一个主轴坐标系，使非对角张量元为零。为方便，在研究光在半导体晶体中的传播、吸收和散射时，往往使光波的电矢量平行于其中的一个主轴。将 $\boldsymbol{\varepsilon}(\omega)$ 的主轴方向设为笛卡儿坐标系中的 X 轴、Y 轴或 Z 轴。从通光特性的角度，可将晶体分为三类：第一类是各向同性晶体，它的各个主轴的方向的介电常数均相等，即 $\varepsilon_{xx} = \varepsilon_{yy} = \varepsilon_{zz}$。光在这类晶体中传播时，其传播速度与电场的偏振方向无关，所有立方结构的晶体属于这一类。第二类是单轴晶体，它的三个主轴方向的介电常数中只有两个相等，即 $\varepsilon_{xx} = \varepsilon_{yy} \neq \varepsilon_{zz}$。若光沿 Z 轴传播，光场的偏振方向在 XY 平面内，其传播速度与光的偏振方向无关，在这种介质材料中，Z 轴一般选为光轴，称为单轴晶体。沿着光轴传播的光不发生双折射，偏离光轴传播的光均要产生双折射。六角、四方和三角晶系属于这一类，其光轴分别设在相应的六次、四次和三次旋转对称轴上。第三类是双轴晶体，它的三个主轴方向的介电常数均不相等，即 $\varepsilon_{xx} \neq \varepsilon_{yy} \neq \varepsilon_{zz}$。$\boldsymbol{\varepsilon}(\omega)$ 的主轴方向与双轴晶体的光轴方向不一致，并且与传播的光的频率相关，光在此类晶体中传播一般均会产生双折射。三斜、单斜和斜方晶系属于双轴晶体。光在晶体中传播的详细理论可参考文献[6,7]。

2.3　光与半导体材料耦合的量子力学叙述

当光在介质中传播时，光与介质相互作用可能产生各种各样的耦合形式。为了便于理解，我们利用量子力学的方法来描述介质中的各种耦合状态。

一个电磁场与介质中各种元激发相互作用系统的总哈密顿量为

$$H = \sum_k \hbar\omega_k \boldsymbol{a}_k^+ \boldsymbol{a}_k + \sum_{k'} E(k') \boldsymbol{b}_{k'}^+ \boldsymbol{b}_{k'} + \mathrm{i}\hbar \sum_{k,k'} g_{k',k}(\boldsymbol{b}_{k'}^+ \boldsymbol{a}_k + h.c) \quad (2-15)$$

式中：右边第一项为光子场的总能量；$\boldsymbol{a}_k^+$、$\boldsymbol{a}_k$ 分别为频率是 ω_k 的光子的产生和湮没算符；$\boldsymbol{b}_{k'}^+$、$\boldsymbol{b}_{k'}$ 分别为介质中某元激发第 k' 模的产生和湮没算符；第三项为电磁场与介质中某种元激发的相互作用能；$g_{k',k}$ 为光与介质的耦合系数，它正比于式（2-13）中的 $\boldsymbol{\chi}$，如果它与光场和相应的介质元激发场无关，那么上述系统就是一个简谐线性系统。简谐线性系统就可以作线性变换，将式（2-15）作对角化处理，总能量不变，其新的基矢可用下式表示：

$$\boldsymbol{p}_k = m_k \boldsymbol{a}_k + n_k \boldsymbol{b}_k \qquad (2-16)$$

在式(2-15)右边第一或第二项中若遇到玻色子,应在相应的产生和湮没算符后加1/2,但是它不会影响到对角化的进程,所以没有在式(2-15)中体现。在变化以后的新基矢坐标系内,其哈密顿的对角化形式可写为

$$H = \sum_k E_k p_k^+ p_k \qquad (2-17)$$

式中:m_k、n_k 为线性组合系数,它们可以通过将式(2-16)代入式(2-17),然后与式(2-15)比较而获得。式(2-17)中系统的总哈密顿已经被对角化,其对角化坐标的基矢 p_k 就是激元量子的粒子数算符。

2.4　半导体材料的极化率张量

　　光与半导体材料相互作用时,在入射光场作用下,电子分布、离子位置、偶极子取向改变,引起了半导体材料与光的耦合与极化,体现材料与光耦合的核心参量就是极化率张量。极化率张量代表光与半导体材料耦合的程度,它包含了半导体材料对光的色散、吸收和散射等一系列信息。本书将在偶极子模型基础上,采用半经典近似来推导极化率张量。量子光学或激光动力学中常用的密度矩阵动力学方程推导极化率张量是最常用的方法,对于半导体材料采用量子力学处理,将光场看作经典电磁场。为了体现光与半导体的耦合,将状态 $|\psi\rangle$ 定义为半导体内一个电子或偶极子受了光场影响以后的状态,它的密度矩阵算符定义成

$$\boldsymbol{\rho} = \overline{|\psi\rangle\langle\psi|} \qquad (2-18)$$

式中的上画线表示系综平均。一个物理量 P(如极化强度)的系综平均可由下式表示:

$$\langle P \rangle = \overline{\langle \psi | P | \psi \rangle} = Tr(\boldsymbol{\rho}P) \qquad (2-19)$$

根据式(2-18)的定义和对于波函数 $|\psi\rangle$ 的薛定谔方程,密度矩阵 $\boldsymbol{\rho}$ 的运动方程可以写成

$$\frac{\partial \boldsymbol{\rho}}{\partial t} = \frac{1}{i\hbar}[H,\boldsymbol{\rho}] \qquad (2-20)$$

式(2-20)中的哈密顿算符不同于式(2-15)和式(2-17)中的全量子描述,这里根据半经典近似将一个总哈密顿算符 H 分解为三个部分,即

$$H = H_0 + H_{int} + H_{random} \qquad (2-21)$$

式中:H_0 为未受扰动的哈密顿量;H_{int} 为光与半导体中一个电子或偶极子相互作用哈密顿量;H_{random} 为周围环境影响引起的随机扰动的哈密顿量。其中 H_0 是半导体中的电子未受扰动的本征态能量算符,固体物理中计算能带的算符。根据半经典近似,H_{int} 可由下式表示:

$$H_{int} = er \cdot E \qquad (2-22)$$

如果激光与半导体材料相互作用,使半导体材料内的电子由平衡态变为非平衡态,周围介质的随机相互作用则起着弛豫的作用,将式(2-21)代入式(2-20),并设

$$\left(\frac{\partial \rho}{\partial t}\right)_{\text{relax}} = \frac{1}{i\hbar}\big[\boldsymbol{H}_{\text{random}}, \boldsymbol{\rho}\big] \tag{2-23}$$

结果,式(2-20)改写成

$$\frac{\partial \rho}{\partial t} = \frac{1}{i\hbar}\big[\boldsymbol{H}_0 + \boldsymbol{H}_{\text{int}}, \boldsymbol{\rho}\big] + \left(\frac{\partial \boldsymbol{\rho}}{\partial t}\right)_{\text{relax}} \tag{2-24}$$

式中:$\big[\boldsymbol{H}_0 + \boldsymbol{H}_{\text{int}}, \boldsymbol{\rho}\big]$ 为泊松括弧,它的运算法则为

$$\big[\boldsymbol{H}_0 + \boldsymbol{H}_{\text{int}}, \boldsymbol{\rho}\big] = (\boldsymbol{H}_0 + \boldsymbol{H}_{\text{int}})\boldsymbol{\rho} - \boldsymbol{\rho}(\boldsymbol{H}_0 + \boldsymbol{H}_{\text{int}}) \tag{2-25}$$

设未受微扰的半导体中的一个电子的本征态为 $|n\rangle$,扰动后的本征态可写成

$$|\psi\rangle = \sum_n a_n(t)|n\rangle \tag{2-26}$$

根据式(2-18)的定义,得到 $|n\rangle$ 态的占据概率为

$$\rho_{nn} = \langle n \overline{|\psi\rangle\langle\psi|} n\rangle = \overline{|a_n(t)|^2} \tag{2-27}$$

在激光的作用下,$|n\rangle$ 和 $|n'\rangle$ 态的相干耦合因子,即密度算符的非对角矩阵元:

$$\rho_{nn'} = \langle n \overline{|\psi\rangle\langle\psi|} n'\rangle = \overline{|a_n(t)a_{n'}^*(t)|} \tag{2-28}$$

在热平衡状态下,$\rho_{nn} = \rho_{nn}^{(0)}$ 表示 $|n\rangle$ 态的占据概率,服从热平衡统计分布。在热平衡状态下,非对角矩阵元 $\rho_{nn'}^{(0)} = 0$。在线性近似下,非平衡态向平衡态的弛豫均服从指数衰减规律,因此式(2-24)中的随机衰减项赋值后可得

$$\frac{\partial}{\partial t}(\rho_{nn} - \rho_{nn}^{(0)}) = -\frac{1}{(T_1)_n}(\rho_{nn} - \rho_{nn}^{(0)}) \tag{2-29}$$

和

$$\left(\frac{\partial \rho_{nn'}}{\partial t}\right)_{\text{relax}} = -\frac{1}{(T_2)_{nn'}}\rho_{nn'} = -\Gamma_{nn'}\rho_{nn'} \tag{2-30}$$

式中:$(T_1)_n$ 为纵向弛豫时间;$(T_2)_{nn'}$ 为横向弛豫时间;$\Gamma_{nn'} = (T_2)_{nn'}^{-1}$ 为横向弛豫常数。如果这些弛豫时间、$\boldsymbol{H}_0$ 和 $\boldsymbol{H}_{\text{int}}$ 已知,则方程式(2-24)中的密度矩阵元可解。

为了得到各阶非线性极化率,将密度矩阵和极化强度展开

$$\boldsymbol{\rho} = \boldsymbol{\rho}^{(0)} + \boldsymbol{\rho}^{(1)} + \boldsymbol{\rho}^{(2)} + \cdots \tag{2-31}$$

和

$$\langle \boldsymbol{P} \rangle = \langle \boldsymbol{P}^{(0)} \rangle + \langle \boldsymbol{P}^{(1)} \rangle + \langle \boldsymbol{P}^{(2)} \rangle + \cdots \tag{2-32}$$

$$\langle \boldsymbol{P}^{(n)} \rangle = Tr(\boldsymbol{\rho}^{(n)}\boldsymbol{P}) \tag{2-33}$$

式中:$\boldsymbol{\rho}^{(0)}$ 为热平衡下的密度矩阵算符;$\boldsymbol{\rho}^{(1)}$ 为一阶或线性密度矩阵算符;$\boldsymbol{\rho}^{(2)}$ 表示二阶非线性密度矩阵算符,依此类推还有三阶、四阶等密度矩阵算符;$\langle \boldsymbol{P}^{(0)} \rangle$ 为半导体固有的极化强度,一般情况下,它为零。式(2-32)右边第二、第三项及以后分别表示一阶线性极化强度和二阶非线性极化强度等。将式(2-31)代入式(2-24),根据微扰理论,当计算低阶微扰量时,先忽略高阶微扰量,得到低阶微扰量的结果后再算高阶微扰,这是用解析法计算非线性参数的通常算法。实际上,就是让等式两边同阶微扰量相等,依次分别求解各阶密度算符的动力学方程如下:先用已知的未受扰动的平衡态参量计算一阶微扰,即

$$\frac{\partial \boldsymbol{\rho}^{(1)}}{\partial t} = \frac{1}{i\hbar}\big[(\boldsymbol{H}_0, \boldsymbol{\rho}^{(1)}) + (\boldsymbol{H}_{\text{int}}, \boldsymbol{\rho}^{(0)})\big] + \left(\frac{\partial \boldsymbol{\rho}^{(1)}}{\partial t}\right)_{\text{relax}} \tag{2-34}$$

得到一阶参量后,代入式(2-24)计算二阶微扰

$$\frac{\partial \boldsymbol{\rho}^{(2)}}{\partial t} = \frac{1}{\mathrm{i}\hbar}\left[(\boldsymbol{H}_0 , \boldsymbol{\rho}^{(2)}) + (\boldsymbol{H}_{\mathrm{int}}, \boldsymbol{\rho}^{(1)}) \right] + \left(\frac{\partial \boldsymbol{\rho}^{(2)}}{\partial t} \right)_{\mathrm{relax}} \qquad (2-35)$$

$$\vdots$$

一般情况下,辐射场不是单色场,极化后的密度算符也不是单色的,即

$$\boldsymbol{E} = \sum_j \boldsymbol{E}_j \mathrm{e}^{\mathrm{i}\boldsymbol{k}_j \cdot \boldsymbol{r} - \mathrm{i}\omega_j t} \qquad (2-36)$$

$$\boldsymbol{\rho}^{(n)} = \sum_j \boldsymbol{\rho}^{(n)}(\omega_j) \qquad (2-37)$$

和

$$\frac{\partial \boldsymbol{\rho}^{(n)}(\omega_j)}{\partial t} = -\mathrm{i}\omega_j \boldsymbol{\rho}^{(n)}(\omega_j) \qquad (2-38)$$

将式(2-36)和式(2-22)代入式(2-34)和式(2-35),且将密度算符赋值(向基矢投影)后,得到密度矩阵元的一阶和二阶解如下:

$$\rho_{nn'}^{(1)}(\omega_j) = \frac{[H_{\mathrm{int}}(\omega_j)]_{nn'}}{\hbar(\omega_j - \omega_{nn'} + \mathrm{i}\Gamma_{nn'})}(\rho_{n'n'}^{(0)} - \rho_{nn}^{(0)}) \qquad (2-39)$$

$$\rho_{nn'}^{(2)}(\omega_j + \omega_k) = \frac{[H_{\mathrm{int}}(\omega_j), \boldsymbol{\rho}^{(1)}(\omega_k)]_{nn'} + [H_{\mathrm{int}}(\omega_k), \boldsymbol{\rho}^{(1)}(\omega_j)]_{nn'}}{\hbar(\omega_j + \omega_k - \omega_{nn'} + \mathrm{i}\Gamma_{nn'})}$$

$$(2-40)$$

式中:$\omega_{nn'} = \omega_n - \omega_{n'}$;$\Gamma_{nn'}$为能态$|n\rangle$和$|n'\rangle$之间的跃迁线宽。对于一个广义的二能级系统,对应的两个能态设为$|g\rangle$和$|n\rangle$。在此二能级系统中,式(2-33)的一阶形式为

$$\langle \boldsymbol{P}^{(1)} \rangle = \langle g | (\boldsymbol{\rho}^{(1)} N e \boldsymbol{r}) | g \rangle + \langle n | (\boldsymbol{\rho}^{(1)} N e \boldsymbol{r}) | n \rangle = N(\rho_{gn}^{(1)} e \boldsymbol{r}_{ng} + \rho_{ng}^{(1)} e \boldsymbol{r}_{gn})$$

$$(2-41)$$

式中:N为单位体积内的偶极子数。在激光场的作用下,介质和激光场耦合后,介质被极化,它的一阶状态密度矩阵元被极化成式(2-39)的状态。根据式(2-22)和式(2-39),相互作用能中偶极子振动方向应与激光电场偏振方向相同,设激光在j方向偏振。式(2-41)有概率平均的概念,它的物理含义是在j方向极化的偶极振荡引起任意$\boldsymbol{r}$方向偏振发射的一阶极化强度,式(2-41)中的$\rho_{gn}^{(1)}$和$\rho_{ng}^{(1)}$由式(2-39)确定,$\boldsymbol{r}_{ng}$和$\boldsymbol{r}_{gn}$表示发射偶极子的偏振方向。若发射偏振方向设为i,则式(2-41)可以写成

$$P_i^{(1)} = \langle g | (\rho_j^{(1)}) | n \rangle \langle n | (N e r_i) | g \rangle + \langle n | (\rho_j^{(1)}) | g \rangle \langle g | (N e r_i) | n \rangle$$

$$(2-42)$$

这里的i和j代表直角坐标系中的x、y和z,式(2-42)中密度矩阵元用的是坐标分量,而式(2-39)中密度矩阵元用的是状态分量。将式(2-39)代入式(2-42),并利用定义式(2-13)可得

$$\chi_{ij}^{(1)}(\omega) = \frac{Ne^2}{\hbar\varepsilon_0} \sum_{g,n} \left[\frac{(r_j)_{ng}(r_i)_{gn}}{\omega - \omega_{ng} + \mathrm{i}\Gamma_{ng}} - \frac{(r_i)_{ng}(r_j)_{gn}}{\omega + \omega_{ng} + \mathrm{i}\Gamma_{ng}} \right](\rho_n^{(0)} - \rho_g^{(0)})$$

$$(2-43)$$

对于 g 和 n 的叠加是考虑了所有能够满足选择定则的跃迁可能性。采用固体中的电子态后,式(2-43)改写成

$$\chi_{ij}^{(1)}(\omega) = \frac{Ne^2}{\varepsilon_0\hbar}\sum_{v,c}\int \mathrm{d}\boldsymbol{k}D(\boldsymbol{k})\left\{\frac{\langle c,\boldsymbol{k}'|r_j|v,\boldsymbol{k}\rangle\langle v,\boldsymbol{k}|r_i|c,\boldsymbol{k}'\rangle}{\omega-[\omega_c(\boldsymbol{k}')-\omega_v(\boldsymbol{k})]+\mathrm{i}\Gamma_{c_{\boldsymbol{k}'}v_{\boldsymbol{k}}}}-\right.$$
$$\left.\frac{\langle c,\boldsymbol{k}'|r_i|v,\boldsymbol{k}\rangle\langle v,\boldsymbol{k}|r_j|c,\boldsymbol{k}'\rangle}{\omega+[\omega_c(\boldsymbol{k}')-\omega_v(\boldsymbol{k})]+\mathrm{i}\Gamma_{c_{\boldsymbol{k}'}v_{\boldsymbol{k}}}}\right\}[f_c(\boldsymbol{k}')-f_v(\boldsymbol{k})]$$

$$(2-44)$$

式中:c 为导带;v 为价带;$\boldsymbol{k}$、$\boldsymbol{k}'$ 为价带和导带电子的波矢;$D(\boldsymbol{k})$ 为 $\boldsymbol{k}$ 空间的状态密度分布函数(参看式(1-40)和式(1-41)),$f_v(\boldsymbol{k})$、$f_c(\boldsymbol{k}')$ 分别为价带和导带中相应状态的费米统计因子。考虑到泡利不相容原理,导带向价带跃迁的概率正比于 $f_c(\boldsymbol{k}')[1-f_v(\boldsymbol{k})]$,价带向导带跃迁的概率正比于 $f_v(\boldsymbol{k})[1-f_c(\boldsymbol{k}')]$,积分号内的跃迁矩是不变的,二者相减总的跃迁概率应正比于 $[f_c(\boldsymbol{k}')-f_v(\boldsymbol{k})]$。

如果不对式(2-43)作共振近似,式(2-43)右边方括弧内的两项都不能忽略,此时可描述更为一般的非共振情况。在非共振假设下,如果式(2-43)右边方括弧内第二项分母中的 ω 不同于第一项中的 ω,则修改后的式(2-43)适用于线性拉曼散射。式(2-43)仅给出了非共振耦合一阶极化率表达式,利用同样的方法可以推导出二阶、三阶甚至更高阶(包括高阶拉曼散射)的极化率张量元。由于篇幅限制,本书不再推导,如有需要下文将直接给出结果。

2.5 半导体材料中极化电磁波的色散关系

将式(2-14)代入式(2-2),便可得到光在介质中传播时的极化电磁波,亦称极化激元,它的色散关系为

$$\frac{c^2\boldsymbol{kk}}{\omega^2} = 1 + \boldsymbol{\chi}(\omega) \qquad (2-45)$$

式中:$\boldsymbol{\chi}(\omega)$ 显示外场和介质耦合引起的极化场和真空电磁场的区别。它不等于零就是极化场,它等于零就是真空电磁场的色散关系。它的具体表达式既可以通过经典理论,又可以通过半经典理论(见2.3节)或全量子理论推导,最后得到的宏观表达式是完全相同的。推导的表达式中的参数值仅具有理论意义,但对于我们深刻理解激光与半导体材料和器件相互作用具有实际意义。为了深刻理解外场与介质耦合的极化率,我们将按照文献[1]的方法,利用外电场中一个电子的经典阻尼谐振子模型,先推导其宏观的经典表达式,然后再利用量子理论对经典表达式中的参数给出微观的解释。本节的重点是极化场的色散关系。

假设沿 x 方向偏振的外电场 $E_0\mathrm{e}^{-\mathrm{i}\omega t}$ 中有一个电偶极子,它的偶极矩为

$$p_x = ex \qquad (2-46)$$

式中:e 为偶极子电荷;x 为位移。设偶极子中带正电粒子的质量远大于电子质量,或在正电粒子为原点的坐标系中,电子的经典运动方程可写成

$$m\ddot{x} - \gamma m\dot{x} + \beta x = eE_0 e^{-i\omega t} \tag{2-47}$$

式中:m 为电子的质量;e 为电子电荷;γ 为阻尼系数;β 为弹性系数。当时间 $t \gg \gamma^{-1}$ 时,得到它的稳态解的振幅为

$$x = \frac{eE_0}{m}(\omega_0'^2 - \omega^2 - i\gamma\omega)^{-1} \tag{2-48}$$

式中:$\omega_0' = (\beta/m)^{1/2}$ 为带电粒子的本征振荡频率。

如果认为所有偶极子在电场中的极化方向相同,且忽略偶极子间的相互作用,则介质中极化强度由单位体积中的偶极子数 N 与单个粒子的偶极矩相乘来表示

$$P_x = Np_x \tag{2-49}$$

通过式(2-13)、式(2-46)、式(2-48)和式(2-49),可以得到极化率的表达式为

$$\chi(\omega) = \frac{Ne^2}{\varepsilon_0 m}(\omega_0'^2 - \omega^2 - i\gamma\omega)^{-1} \tag{2-50}$$

式(2-43)方括弧中的两项通过代数运算合并后可以得到类似于式(2-50)那样的表达式,或者说式(2-50)可以拆分成类似于式(2-43)的两项。

经典理论不可能得到极化率的微观信息,而且在推导过程中忽略了各个偶极子之间的相互作用,实际上也包含了各向同性近似,式(2-50)中也没有得到张量的具体描述。为了获取关于极化率张量的更完整的信息,引进一个新的物理量——振子强度 f,它定义为

$$f = \frac{每根谱线对极化率的贡献}{经典振子的极化率} \tag{2-51}$$

那么,量子极化率可写成

$$\chi(\omega) = \frac{Ne^2}{\varepsilon_0 m}\sum_i \frac{f_i}{\omega_i^2 - \omega^2 - i\gamma_i\omega} \tag{2-52}$$

将式(2-52)与式(2-44)对照,可以得到 f_i 的表达式,它是第 i 条谱线对极化率的贡献,它应满足

$$\sum_i f_i = 1 \tag{2-53}$$

在式(2-44)中,已经给极化率赋予张量元的符号。在式(2-44)的分子中有两个跃迁矩,若 i 表示极化的偏振方向,j 则表示发射振子的偏振方向,在固体中激发和发射可以发生在不同的偏振方向。只要将式(2-44)代入式(2-45),则式(2-45)既能描述各向同性介质,也能描述非各向同性介质的色散关系。

极化电磁波的色散关系决定了电磁波在介质中的传播规律,色散关系由极化率决定,以上介绍极化率采用了偶极子模型,该模型也是学术界普遍采用的模

型,它的适应范围很广,不过,使用时仍需考量偶极子模型是否适用于所研究的问题。从上面介绍的内容已经看出,光在半导体中的传输是一个相当复杂的问题。半导体中有许许多多的量子场存在,如声子(Phonon)、电子(Electron)、空穴(Hole)、等离子体(Plasma)、激子(Exiton)和极化子(Polaron)等,还有已经耦合的激元场,例如,等离子体激元(Plasmon)和极化激元(Polariton)等,光通过半导体时,都有可能与这些内部量子场通过相互作用而耦合,所有这些耦合量子均会对半导体介质的介电张量做出贡献,因此对于半导体介电张量和色散关系的研究极其复杂。光与已经耦合的激元场的耦合属于高阶非线性耦合,需要时可以借用线性耦合的方法推演。其中声子是晶格振动场的量子,电子和空穴是半导体中的导电粒子,等离子体是带电粒子的集合体,激子是电子与空穴的组合体,极化子是带电粒子与声子云的组合体,它们均未与电磁场耦合,它们与电磁场的耦合是一阶耦合,下面以未与光场耦合的半导体内量子场作为介质,研究光在这样的介质中的传播规律。

2.6　极化激元波在半导体材料中的传播

极化激元是与介质声子场耦合的电磁波。在介质中,电位移矢量与外电场和极化强度的关系由式(2-12)表示,结合式(2-45)得到如下关系式:

$$c^2\boldsymbol{kk}\cdot\boldsymbol{E}=\omega^2\left(\boldsymbol{E}+\frac{1}{\varepsilon_0}\boldsymbol{P}\right) \qquad (2-54)$$

当电磁场与声子场耦合时,仅有横向光学声子与横向电磁场相互作用,并且认为介质的极化强度正比于正负离子间的位移,因此极化强度的运动方程与一个振子的运动方程相似。若忽略各振子间的相互作用造成的阻尼或弛豫,在单色平面波外场作用下,可得(参考方程式(2-47))

$$-\omega^2\boldsymbol{P}+\omega_T^2\boldsymbol{P}=(Ne^2/M)\boldsymbol{E} \qquad (2-55)$$

式中:M 为约化质量;ω_T 为弹性恢复系数与约化质量之比的开方,是未耦合的横向声子的本征频率;ω 为光波在半导体介质中的频率。式(2-54)与式(2-55)得非零解的条件要求下式成立,即

$$\begin{vmatrix} \omega^2-c^2\boldsymbol{k}^2 & \omega^2/\varepsilon_0 \\ Ne^2/M & \omega^2-\omega_T^2 \end{vmatrix}=0 \qquad (2-56)$$

方程式(2-56)描述了极化激元量子系统的色散关系。它有两组解,图2-1中给出了离子晶体中光子与横向(TO)声子的色散曲线[2](两条粗实线)。两条细实线(表示未耦合的光子与声子色散曲线)的交点处意味着光子与横向光学声子同时满足能量与动量守恒,在交点附近,光子与声子强耦合,使得极化激元的色散曲线变成了两条不相交的粗实线。一条在两条交叉的细实线的左上方,另一条在右下方。为了进一步提高对极化激元的物理认识,给出两组极限情况下的解:

（1）当 $k=0$ 时，有解

$$\omega_{上}^2 = \omega_T^2 + \frac{Ne^2}{M\varepsilon_0} = \omega_L^2$$

$$\omega_{下}^2 = 0$$

$$(2-57)$$

（2）当 $c^2k^2 \gg \dfrac{Ne^2}{M\varepsilon_0}$ 时，有渐近解

$$\omega_{上}^2 \approx c^2k^2$$

$$\omega_{下}^2 \approx \omega_T^2$$

$$(2-58)$$

在式（2-54）~式（2-58）中 k 均为光与介质耦合后的波矢，非真空波矢。

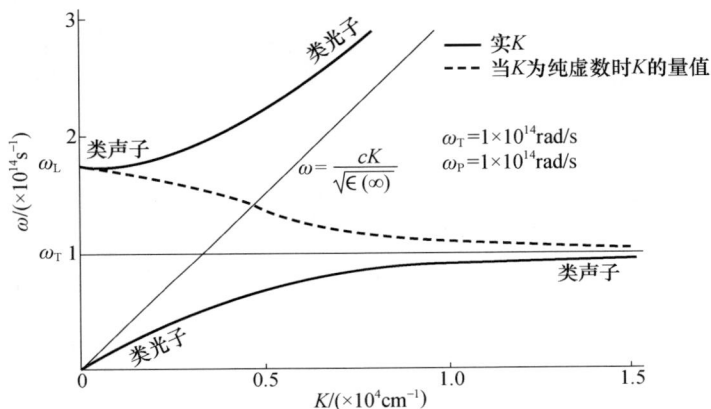

图 2-1 离子晶体中光子与横向（TO）声子的色散曲线

若将 $\dfrac{Ne^2}{M\varepsilon_0}$ 中的约化质量 M 用电子 m 代替，它就是电子等离子体频率的平方，因此也就有了电子等离子体的性质。等离子体频率是纵向偏振的，将在下一节作进一步详细介绍。式（2-57）说明，在未与光子相互作用之前，$k=0$ 时，光学声子的两个横向模和一个纵向模是简并的，与光子耦合后，光学声子的横模与纵模分离，其光学声子的纵向偏振模与纵向偏振的等离子体耦合，在介质内构成极化激元的光频支。在 $k=0$ 处，极化激元的光频支的频率 $\omega_{上}$ 由式（2-57）的上式表示，在共振点附近，它显示了声子的特性。由式（2-58）知，当 $c^2k^2 \gg \dfrac{Ne^2}{M\varepsilon_0}$ 时，$\omega_{上}^2 \approx c^2k^2$ 显示了光子的特征。共振点右下方的曲线是极化激元的声频支，在 $k=0$ 附近，极化激元的声频支显示了光子的特征。当 $c^2k^2 \gg \dfrac{Ne^2}{M\varepsilon_0}$ 时，又恢复了声子的特征。由图 2-1 还可以看出，激元的色散曲线是两条分离的曲线，只有 $\omega^2 \geq \omega_T^2 + \dfrac{Ne^2}{M\varepsilon_0}$ 和 $\omega^2 \leq \omega_T^2$ 的频率的光才能通过介质。在 ω_L 和 ω_T 的频率区间，k

为纯虚数,折射率为零,光被禁止通过,全部被反射,其量值大小在图中用虚线表示。这个区域也称为禁带,与晶格周期性形成的禁带的概念完全不同。在半导体带间跃迁动力学中,当光子能量小于晶格周期性形成的禁带宽度时,单光子激发的跃迁被禁止,其带隙称为禁带。

2.7　光在半导体内等离子体中的传播

等离子体是这样一种介质,它所含有的正电荷与负电荷相等,其中至少有一种是自由的、可移动的。在固体中,无论是金属、半导体还是绝缘体均有不同程度的等离子体存在。一般而言,在半导体内,只有在高掺杂或高激发状态下存在等离子体。无外场时等离子体集体振荡的元激发称为等离激元(Plasmon)。光场与等离激元相互作用与极化激元的重大区别在于运动的粒子是否存在内部的约束力。一般情况下,极化激元应考虑振子间的相互作用造成的阻尼,但是在推导方程式(2-56)的过程中,已经忽略了此相互作用,因此只要在方程式(2-54)中忽略正负运动粒子间的相互约束力,也就是说等离子体中不存在这种约束,让 $\omega_T = 0$,该方程就能适用于表述电磁场与等离激元的相互作用。式(2-56)就改为

$$\begin{vmatrix} \omega^2 - c^2 k^2 & \omega^2/\varepsilon_0 \\ Ne^2/m & \omega^2 \end{vmatrix} = 0 \qquad (2-59)$$

由于等离子体中电子与正离子背景之间不存在约束,在相干电磁场中的电子呈现单体性,因此,将该方程中的约化质量 M 改为电子质量 m。该方程有两个解,第一个解 $\omega = 0$,说明在介质中光已不存在;第二个解:

$$\omega^2 = c^2 k^2 + \frac{Ne^2}{m\varepsilon_0} \qquad (2-60)$$

是光与等离子体耦合后形成的等离子体激元的色散关系。如果定义 $\omega_p = \left(\dfrac{Ne^2}{\varepsilon_0 m}\right)^{\frac{1}{2}}$ 为等离子体频率,等离子体激元的色散关系可进一步写成

$$\omega^2 = c^2 k^2 + \omega_p^2 \qquad (2-61)$$

根据式(2-45)和式(2-61),可以立即得到等离子体介质内介电常数的表达式

$$\varepsilon(\omega) = \frac{c^2 k^2}{\omega^2} = 1 - \frac{\omega_p^2}{\omega^2} \qquad (2-62)$$

它描写了光子与等离激元的耦合行为。从式(2-62)可以看到:当 $0 < \omega < \omega_p$ 时,$k^2 < 0$,k 为纯虚数,由式(2-4)知,电场在这样的介质内传输是一个纯粹的衰减波,穿透的深度只有一个波长,光被禁止通过,全部被反射;当 $\omega > \omega_p$ 时,介电常数值取正,k 为实数,同样可由式(2-4)知,电场可以在这样的介质内传输而不衰减,在这个频率范围内,光是透明的。在等离子体内,透明的电磁波应是横向偏振的,光与等离激元耦合的电磁波,它的色散关系就是式(2-62)。

等离子体的本征振荡是指无外电磁场情况下的电子气体内部的集体振荡行为。当介质中产生一个微扰极化源 P 时,总会产生一个与之方向相反的退极化场 $E = -\varepsilon_0^{-1}P$,这是纵向极化的特性,这里已使用了等离子体的光学各向同性的特性,即一个极化场所产生的电场和一个微扰电场产生的极化是共线反向的,而横向极化的极化方向与电场相同。等离子体的纵向振荡使得电位移矢量 $D = \varepsilon_0 E + P = 0$,这就要求介电常数等于零,这也是产生纵向等离子体波的必要条件。从式(2-62)可以看出,在非共振情况下,介电常数不等于零,横向偏振的光场无法产生纵向等离子体波,光可无阻挡地通过等离子体。

以上的讨论做了很理想的假设,特别是忽略了正离子背景的影响。当等离子体频率 ω_p 小于激光频率 ω 时,等离子体介质的折射率可能小于1,当用式(2-62)表示激光在等离子体中传播的群速度 $v_g = c/\sqrt{\varepsilon}$ 时,会出现超光速现象。显然,这是不合理的,文献[2]中简单地将式(2-62)改写为

$$\varepsilon(\omega) = \frac{c^2 k^2}{\omega^2} = \varepsilon(\infty) - \frac{\omega_p^2}{\omega^2} \qquad (2-63)$$

等离子体的本质是无约束、无阻尼,因此背景的影响也应是一个与频率基本无关的量。修正后的背景介电常数由原来的1改为式(2-63)中的 $\varepsilon(\infty)$,$\varepsilon(\infty)$ 也可以解释为不考虑电子气等离子体介质的介电常数,式(2-63)又可以改写为

$$\varepsilon(\omega) = \frac{c^2 k^2}{\omega^2} = \varepsilon(\infty)\left(1 - \frac{\widetilde{\omega}_p^2}{\omega^2}\right) \qquad (2-64)$$

式中:

$$\widetilde{\omega}_p^2 = \omega_p^2/\varepsilon(\infty) \qquad (2-65)$$

以上讨论的是光场与等离子体中的电子气体的耦合规律,光场与离子的耦合主要表现为与离子的外层电子的耦合,固体中离子的外层电子就是邻近导带的价带电子,光场与固体中离子的外层电子实际上是光场与价带中空穴的耦合。完全可以仿照电子的例子来处理该问题,仅需将其中的电子有效质量换成空穴有效质量。

2.8 光与半导体内激子的耦合

激子是电子和空穴的结合体。半导体吸收光子后,使得价带中的电子被激发到导带,当导带中电子和价带中空穴的色散曲线(式(1-2)),在布里渊区的边缘(图1-1(b))上或高对称点上,电子和空穴的群速度均为零。如果跃迁时是一个没有其他粒子参与的跃迁,那么,电子和空穴均留在原位不动,它们之间就有可能形成一种束缚的关系,组成一种新的粒子称为激子。如果激子中的正负粒子束缚在一起运动,传递能量和动量,对电导率没有影响;而自由电子和自由空穴,不仅传递能量和动量,而且对电导率做出贡献。激子是介质中的

一种基本激发单元,激子的形成需要释放结合能,因此激子态的能量小于自由电子的能量。在导带底附近禁带中分布着一系列激子态的能级,其能量表达式可写成

$$E_{ex}(n, \boldsymbol{K}) = E_g + \frac{\hbar^2 \boldsymbol{K}^2}{2M} - Ry^* \frac{1}{n^2} \qquad (2-66)$$

式(2-66)已设价带顶为能量的零点,E_g 表示禁带宽度。等式右边第二项表示激子整体(质心)运动的动能,它的整体质量 $M(=m_e^* + m_h^*)$ 等于电子等效质量 m_e^* 与空穴等效质量 m_h^* 之和,它的总波矢 $\boldsymbol{K}(=\boldsymbol{k}_e + \boldsymbol{k}_h)$ 等于电子波矢 $\boldsymbol{k}_e$ 和空穴波矢 $\boldsymbol{k}_h$ 之和,这也是人们熟悉的自由粒子动能的量子力学表示。等式右边第三项表示激子内电子与空穴的相对运动,也是激子的结合能,利用类氢原子模型得到激子的结合能(详细处理可见文献[1,2,5]等),其中 n 就是激子的主量子数,Ry^* 是激子等效里德堡常数。与氢原子不同的是质量必须用激子的约化质量 μ 和真空的介电常数必须改为介质的介电常数 ε,它的表达式为

$$Ry^* = 13.6\text{eV} \frac{\mu}{m_0 \varepsilon^2} \qquad (2-67)$$

式中:13.6eV 为氢原子基态的电离能;$\mu = \dfrac{m_e^* m_h^*}{m_e^* + m_h^*}$ 为约化质量;m_0 为电子的静止质量。式(2-66)预言了在带间跃迁吸收谱低能边外会出现一系列分离的激子吸收峰(图2-2)。图2-2[3] 是 $T=1.2$K 时超高纯 GaAs 的高分辨吸收光谱,图中观察到了 $n=1,2,3$ 的自由激子峰,中性施主浓度为 10^{15} cm^{-3},低温下施主杂质也存在激子态,杂质存在局域性,它形成的激子称为束缚激子,图中 $D^0 X$ 的一系列吸收峰表示施主杂质激子吸收峰,图中的吸收边(右下角的实线)是指不考虑激子效应的吸收系数。

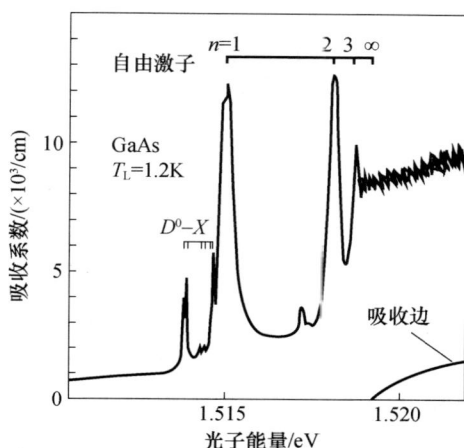

图 2-2　$T=1.2$K 时高纯 GaAs 近带边吸收光谱

根据激子束缚能的大小,理论上有两种激子模型:紧束缚激子和弱束缚激子。前者又称弗仑克尔(Frenkel)激子,其束缚半径大约为一个原子半径大小;后者又称万尼尔(Wannier)激子,它的束缚半径大约为数十个到几百个原子半径大小。文献[3]已经证明,激子是玻色子,关于它的进一步讨论,详见文献[4]的第3章、文献[1]的14.1节和文献[5]等。既然激子是玻色子,它与激光场的耦合应类似于横向光学声子与激光场的耦合(参见2.5节),同样对介质的极化率和介电常数做出贡献。

从上面的例子可以看出,光与物质中各种激元的耦合均对介质的介电常数做出贡献,所以介质的介电常数是一个非常复杂的概念,有的研究已比较成熟,有的还不成熟,有的甚至尚未被研究。光通过介质时,不是简单地被传输、吸收、弛豫和散射,而是与物质中各种激元的耦合波被传输、吸收、弛豫和散射。上面的所有理论叙述和例子均限于线性光学的范围,对于弱光很适用,但对于强光必须考虑半导体物质对于光的非线性响应,如饱和吸收、温度效应、非线性光散射等。在激光与半导体器件相互作用的问题中,同样要面对这些问题。

2.9 半导体内表面极化激元和表面等离子体激元波的传播

表面波是指仅沿两种介质的交界面传播,不向交界面两边介质内传播的波。为了说明问题,将式(2-11)代入式(2-4)得到描述表面波的表达式如下:

$$E(r,t) = E_0 e^{i(k_x x - \omega t)} e^{-k_z |z|} \qquad (2-68)$$

式中:x 为表面波在表面上的传播方向;z 为垂直于表面的方向。该波的特性用图2-3来表示,由图2-3(b)可以看出,在介质I中,波矢应满足如下几何关系:

$$k_x^2 + k_z^2 = k_I^2 \qquad (2-69)$$

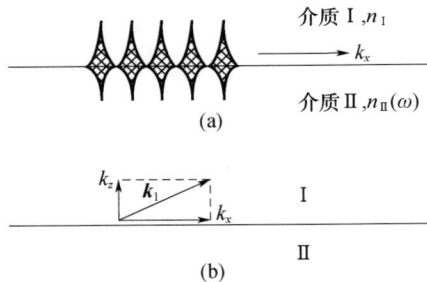

图2-3 沿着表面传播的耦合波的衰减(a)和 k_z 是纯虚数的图示(b)

要获得 k_z 是纯虚数,就需要 $k_x^2 > k_I^2$,也就是要求

$$k_x \geqslant n_I \omega/c \qquad (2-70)$$

表面波存在时,体波应不存在,体波不存在的条件(详见2.6节)就是表面波 ω_x

存在的条件,它可以写成(见图2-1)

$$\omega_T \leqslant \omega_x \leqslant \omega_L \tag{2-71}$$

根据文献[6]中9.2.3节的推导得到的大厚度半导体板表面极化波的色散关系为

$$\omega = ck_x \sqrt{\frac{\varepsilon(\omega)+1}{\varepsilon(\omega)}} \tag{2-72}$$

式(2-72)是根据表面波的定义和最基础的电磁场理论推导而得,具有广泛的适用性。若将适用于极化激元的$\varepsilon(\omega)$(考虑了内部约束力和相互耦合引起的阻尼,表达式见式(2-2)或式(2-45))代入式(2-72),那么式(2-72)就是表面极化激元的色散关系,其曲线绘于图2-4[4]的中间。真空中光子的色散曲线由$k_x = \frac{\omega}{c}$表示,体极化激元的色散关系曲线也展示于图2-4,由$k_x = \frac{\omega}{c}\sqrt{\varepsilon(\omega)}$表示。图中被曲线分成了很多区,每个区表示了不同的功能。例如:L_2区仅允许表面极化激元波存在;R_1和$R_{1'}$区表示波向真空传播;R_2区表示波向体内衰减;L_1区表示向外衰减;$L_{1'}$区表示向内不衰减;区域N无解,是任何波都不可能存在的区域,称为光的传输禁带。图2-5[1]是包含共振的色散曲线,中间的点画线就是含共振的表面极化激元的色散曲线。图中提及的空间色散关系是指一个频率对应的波矢可能有不同的传播方向,例如,一束光由真空射进半导体介质,当$\omega > \omega_L$时,上极化支(UPB)和下极化支(LPB)有两个不同的传播方向。

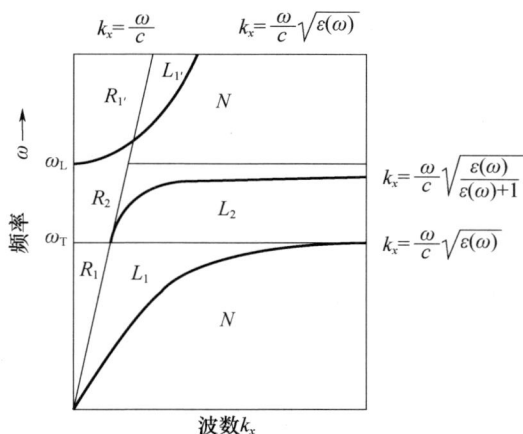

图2-4　表面极化激元、体极化激元和真空中光子的色散关系曲线示意图

如果将适合于等离子体激元的介电常数(或张量)式(2-62)或式(2-64)代入式(2-72),就会得到等离子体激元的表面极化波。为了方便理解,下面给出等离子体激元的表面极化波色散曲线的渐近行为。从式(2-72)看出,当$k_x \to 0$时,$\omega \to 0$;当k_x很大时,$\varepsilon(\omega) \to -1$,才能使$\omega$有渐近值,将这个结果代入

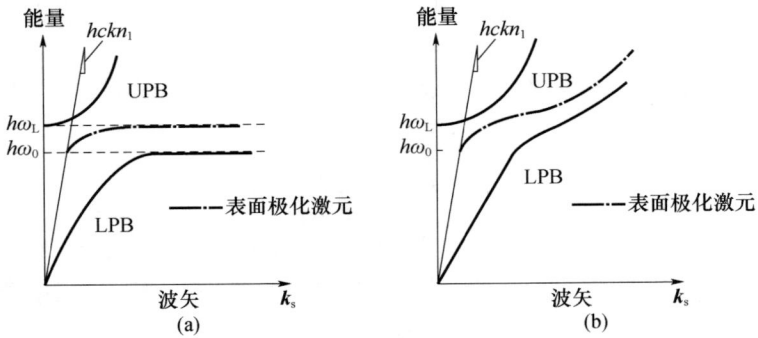

图 2-5 含共振的表面极化激元色散关系曲线

(a)不包含空间色散;(b)包含空间色散。

式(2-63)得到表面等离子体激元极化波的频率渐近值为

$$\omega = \omega_{\mathrm{p}} \left(1 + \frac{1}{\varepsilon(\infty)} \right)^{-\frac{1}{2}} \tag{2-73}$$

图 2-6[1] 给出了 InSb 材料中的表面等离子体激元的色散曲线,并给出了理论与实验的比较。

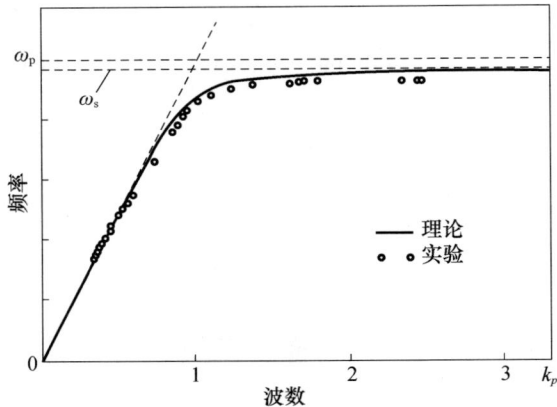

图 2-6 InSb 材料中的表面等离子体激元的色散曲线

半导体材料的表面往往处于真空(或大气)与体材料之间,从图2-4~图2-6可以看出,光在半导体表面产生的极化波的色散曲线与光在真空(或大气)中的色散曲线和体极化波的色散曲线之间均不相交,说明不可能同时出现动量和能量同时均相等的转换条件,说明这三者之间不能自发地相互转换,若要转换,必须要用附加的措施,使其满足转换的条件。例如,粗糙表面、周期性调制表面和棱镜耦合全内反射等才能激发出表面等离子体激元波,细节可参考相关文献,如文献[1,2,4,8]等。

参考文献

［1］ Klingshern C F. Semiconductor optics［M］. Berlin：Springer，1997.

［2］ Kittel C. 固体物理导论［M］. 项金钟，吴兴惠，译. 北京：化学工业出版社，2005.

［3］ 方容川. 固体光谱学［M］. 合肥：中国科学技术大学出版社，2003.

［4］ Otfried Madelung. Introduction to Solid – State Theory［M］. 3rd ed. Berlin：Springer，1996.

［5］ 沈学础. 半导体光谱和光学性质［M］. 2 版. 北京：科学出版社，2002.

［6］ Max Born，Emil Wolf. Priciples of Optics［M］. 7th Edition. Combridge：University of Combriorge，1999.

［7］ Landau L D，Lifshitz E M. Electrodynamics of Continuous Media［M］. 2nd Edition. New York：Pergamon Press，1984.

［8］ Heinz Raether. Surface Plasmons on Smooth and Rough Surfaces and Gratings［M］. Berlin：Springer – Verlag，1986.

第3章
激光在半导体材料中的吸收与弛豫

吸收、耦合和散射在介质中是同时发生的,耦合决定了介质的介电常数,吸收和散射改变了介质中粒子的状态。吸收和非弹性散射都将改变介质的内能,从而使介质产生各种各样的热学、力学、电学和光学效应。熟悉半导体介质吸收激光的机理以及吸收的激光能量在半导体内转换和弛豫的规律对于深入理解其产生的各种效应至关重要。本章重点介绍电子、晶格声子、激子及非弹性散射吸收(如拉曼和布里渊等散射)激光的机理,以及吸收的能量在半导体介质内弛豫和转换的机理及规律。

3.1 激光在半导体材料中的线性吸收

在激光与半导体的相互作用过程中,只有一个光子参与相互作用过程称为线性相互作用,它所产生的吸收称为线性吸收。一次相互作用过程中同时与两个或两个以上的光子相互作用时称为非线性相互作用,相应地称为非线性吸收。

3.1.1 电子的线性吸收

当一束激光在半导体内传播时,光强随传播距离的变化由式(2-6)表示,式(2-9)中 $\alpha_a(\omega)$ 就是吸收系数,如果介质是均匀的,并忽略非线性效应,根据式(2-3)、式(2-6)、式(2-8),仅考虑共振吸收,即将式(2-44)中第二项非共振部分略去,电子的一阶线性吸收系数 $\alpha_{ij}(\omega)$ 可表示为

$$\alpha_{ij}(\omega) = \frac{\omega}{nc}\mathrm{Im}x_{ij}(\omega)$$

$$= \frac{\omega}{nc}\frac{Ne^2}{\varepsilon_0\hbar}\sum_{v,c}\int dk D(k)\frac{<c,k'|r_j|v,k><v,k|r_i|c,k'>}{[\omega - \omega_c(k) + \omega_v(k)]^2 + (\gamma)^2}\gamma[f_v(k) - f_c(k')]$$

$$(3-1)$$

式中参数的含义参看式(2-44)。γ 为跃迁谱线宽度;$D(k)$ 为 k 空间的状态密度分布函数(见式(1-40)和式(1-41))。这些参数给定后,吸收系数就确定

了。它可以描述激光与半导体材料和光电探测器相互作用的各种线性吸收光能的过程。

1. 带间直接跃迁对激光的吸收

带间直接跃迁除了满足能量守恒条件 $\hbar\omega = E_c(k') - E_v(k)$ 以外,还必须满足动量守恒,即

$$k' = k + q \qquad\qquad (3-2)$$

式中:k、k' 分别为参与跃迁的下能带 v 和上能带 c 中某个电子态的波矢。光子动量 $|q|$ 非常小,与 $|k|$ 和 $|k'|$ 相比,$|q|$ 可以忽略不计,则动量守恒条件可近似为

$$k' \approx k \qquad\qquad (3-3)$$

在 k 空间的能带结构图中,带间直接跃迁是竖直跃迁(图 3 - 1(a))。利用以上近似改写式(3 - 1)成

$$\alpha_{ij}(\omega) = \frac{\omega}{nc}\frac{Ne^2}{\hbar\varepsilon_0}\sum_{v,c}\int \mathrm{d}kD(k)\frac{<c,k|r_j|v,k><v,k|r_i|c,k>}{[\omega - \omega_c(k) + \omega_v(k)]^2 + (\gamma)^2}\gamma[f_v(k) - f_c(k)]$$

$$(3-4)$$

式中偶极跃迁矩阵元按下式运算:

$$<c,k|r_i|v,k> = \int\psi^*(c,k)r_i\psi(v,k)\mathrm{d}r \qquad\qquad (3-5)$$

如果将式(3 - 5)中的波函数用式(1 - 3)代入,则积分中函数仅剩 $u_{ck}^*(r)r_iu_{vk}(r)$,式(1 - 6)告诉我们,晶体的波函数在 k 空间也有周期性,共轭运算后,式(3 - 5)与 k 无关。如果在式(3 - 1)中,偶极跃迁矩阵元中两个波函数中的波矢不相等,则在开展类似于式(3 - 5)那样运算时,积分号中会出现受空间周期振荡因子调制的包络 $u_{ck}^*(r)r_iu_{vk'}(r)\mathrm{e}^{\mathrm{i}(k'-k)\cdot r}$,但在式(3 - 4)的积分号中有两个共轭的偶极跃迁矩阵元相乘,可按常数提到对 k 的积分号外。在固体中,电子跃迁的线宽 γ 一般很小,使得洛伦兹分布函数可以用 δ 函数来近似。定义

$$\rho_{v,c}(\omega) = \int\delta(\omega - \omega_c(k) + \omega_v(k))D(k)(f_v(k) - f_c(k))\mathrm{d}k \qquad (3-6)$$

为上能带 c 和下能带 v 中可能参与跃迁的联合态密度,V 是晶胞的体积。将式(3 - 4)中的跃迁矩用振子强度 $f_{ij} = \sum_{v,c}\frac{2m[\omega_c(k) - \omega_v(k)]}{3\hbar}\langle c,k|r_j|v,k\rangle\langle v,k|r_i|c,k\rangle$ 表示,f_{ij} 的发射谱线的频率(谱支)是 $[\omega_c(k) - \omega_v(k)]$,同时它又表示 i 方向偏振极化,发射光的偏振在 j 方向。然后再用共振近似,式(3 - 4)改写成

$$\alpha_{ij}(\omega) = \frac{3}{2}\frac{Ne^2}{ncm\varepsilon_0}f_{ij}\rho_{v,c}(\omega) \qquad\qquad (3-7)$$

如果导带和价带是特指的,对于 v 和 c 的求和是不必要的。

2. 杂质吸收

以上讨论的另外一种说法称为本征吸收,对于杂质跃迁式(3-7)同样可以适用,例如在 N 型半导体中,下能带用施主杂质能级代替,在 P 型半导体中,上能带 c 用受主杂质能级即可。这种杂质跃迁吸收光的频率都是远红外的,在半导体的工作温度下基本上已被热电离,在低温才有意义。我们还需注意非远红外的杂质吸收,在工作温度下,施主杂质能级上的电子已由热电离被清空,由于空穴的热电离受主杂质能级已被电子填满,电子从价带到已被清空的施主能级和从已被填满的受主能级到导带的跃迁吸收,这种吸收对应的波长与本征吸收的频率相近,在热电离的帮助下,也能形成吸收通道。对于后一种杂质吸收,在原理上应注意跃迁选择定则的问题,如果价带电子向施主杂质能级的跃迁是偶极相互作用,那么施主杂质的热电离就不能是偶极跃迁,否则价带向导带的直接跃迁就是禁戒跃迁。对于杂质在半导体中起的作用和相关理论的讨论可参见文献[1]或其他的文献。

3. 带间间接跃迁对激光的吸收

为了说明带间跃迁的原理,尽量使用最简单的色散模型,即一维近自由电子模型(图 3-1),但在数学表达时采用一般的模型。带间直接跃迁对激光的吸收,在吸收光子的同时不产生声子的散射,在色散关系图上是竖直跃迁,见图 3-1(a)。另一种是通过带间间接跃迁吸收激光,因为价带中的一个具有波矢为 k 的电子吸收一个能量为 $\hbar\omega$ 的光子向导带跃迁,如果保持 k 不变不能正好落在导带的色散曲线上,那么只能同时伴随着声子散射的过程,落到偏离 k 值的色散曲线的其他位置上(图 3-1(b)),这种带间跃迁过程称为带间间接跃迁。吸收一个能量为 $\hbar\omega$ 的光子,如果同时伴随一个声子的湮没或产生,就能同时满足能量和动量守恒。价带中一个电子吸收一个能量为 $\hbar\omega$ 的光子到达导带后,电子的能量为 $\hbar(\omega \pm \Omega)$,动量的增加量为 $\hbar(k_1 - k_0)$,其中:k_0 为间接跃迁前的电子的波矢;k_1 为间接跃迁后的电子的波矢。k_1 有正负两种可能,结合声子的湮没和产生两种情况,对应了图 3-1(b)中的四种可能。其吸收系数正好用式(3-1)表示。

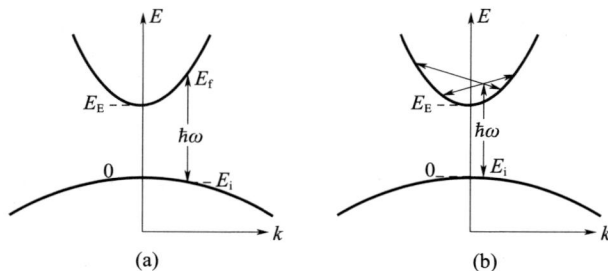

图 3-1 带间直接和间接跃迁示意图
(a)带间直接跃迁;(b)带间间接跃迁。

式(3-1)和式(3-4)中均已考虑了泡利不相容原理。当 $f_c(\boldsymbol{k}')=0$ 时,吸收系数最大;当 $f_c(\boldsymbol{k}')=f_v(\boldsymbol{k})$ 时,向上跃迁和向下跃迁概率相等,吸收系数等于零;当 $f_c(\boldsymbol{k}')>f_v(\boldsymbol{k})$ 时,介质向辐射场发射能量。所以,要增加直接吸收跃迁的概率就是让 $f_c(\boldsymbol{k})=0$ 和让 $f_v(\boldsymbol{k})$ 尽量地大。从静止的观点看,当泵浦的激光频率 ω 固定后,从图3-1(a)可以看出,直接跃迁只能发生在 k 处的 E_i 和 E_f 之间,并且,一旦导带中的 k 态被电子占据,价带中 k 态电子无法直接跃迁至价带。而从图3-1(b)可以看出间接跃迁的 E_i 在价带色散曲线中的 k 处,而 E_f 可以发生在导带色散曲线的任何地方,似乎间接跃迁发生的条件没有直接跃迁苛刻;但从系统的动力学观点看,只要导带中的 k 态电子能及时地弛豫到低能态,并且价带中 k 态空穴通过弛豫不断有电子去补充,则直接跃迁的吸收通道就是畅通的,而且是一阶相互作用,直接跃迁对激光吸收的贡献应大于二阶相互作用(吸收一个光子的同时,必须吸收或发射一个声子)的间接跃迁。为了更好地理解直接跃迁和间接跃迁的贡献问题,给出一些典型的数据(当然会有非典型的情况)供参考,导带中电子的弛豫时间大约是 10^{-13} s,电子在价带与导带间跃迁的弛豫时间 τ 是跃迁线宽的倒数, $\tau \gg 10^{-13}$ s,所以直接跃迁的通道不会因为电子弛豫慢而堵塞,一般情况下,与间接跃迁相比,直接跃迁应是主要的吸收通道;但是,如果导带中的 k 态电子处于导带的低能态,考虑泡利不相容原理,很可能没有弛豫到更低能态的通道,此时,间接跃迁会变得重要,甚至超过直接跃迁,变成为主要的吸收通道。

4. 带内跃迁和自由载流子吸收

从自由载流子跃迁的原理(图3-2)看出,带内跃迁或自由载流子吸收或发射不可能存在直接跃迁,只能是有声子散射相伴的间接跃迁。因此在理论处理的方法上,带内跃迁和带间间接跃迁有共同点,都是一个电子吸收一个光子,同时散射一个声子的过程,不同的是电子的初态能级位置不同,其吸收系数原则上仍可使用式(3-1)。由于带内跃迁的初态在导带,是一个近自由电子,因此往往用经典方法处理。

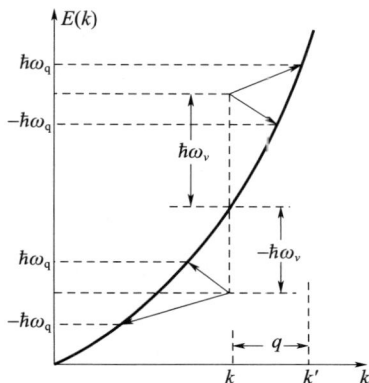

图3-2　声子散射情况下和自由载流子吸收有关的四种间接跃迁过程

在激光作用下的导带中的电子可以采用经典自由电子模型,其动力学方程可以写成

$$m\ddot{x} + m\gamma\dot{x} + m\omega_0^2 x = eE \qquad (3-8)$$

式中:m 为有效电子质量;x 为电子的位移;γ 为阻尼系数,它的倒数是弛豫时间 τ;ω_0 为导带中电子处于平衡态时的固有振荡频率;e 为电子电荷;E 为激光电场幅度。方程式(3-8)在没有外场时写成 $m\ddot{x}_0 + m\gamma\dot{x}_0 + m\omega_0^2 x_0 = 0$,$x_0$ 是方程式(3-8)在 $E=0$ 时的解。当 $E\neq0$ 时,设解为 $x = x_0 + x'$,其中 x' 是微扰部分,其振荡的幅度虽然不大,但具有激光场的高频特性,它随激光的频率 ω 变化。在电子浓度不太高时,激光的频率 ω 远高于电子固有振荡频率,随激光变化的电子振荡频率远远高于无激光时的固有振荡频率 ω_0。$\dot{x}'$ 是电子由外电场引起的运动速度,即 $v = \dot{x}'$,忽略小量 $m\omega_0^2 x'$,方程式(3-8)变为

$$m\dot{v} + \frac{m}{\tau}v = eE \qquad (3-9)$$

这种微扰近似在弱场下适用,在强场下不一定能适用。电子在激光场中的运动幅度、速度和加速度的变化频率均为激光电场的频率,即 $\dot{v} = i\omega v$,在微扰近似下,式(3-9)可得解

$$v = \frac{e\tau E}{m(1 + i\omega\tau)} \qquad (3-10)$$

电子运动产生的电流强度与电子的运动速度和外电场的关系为

$$j = Nev = \sigma E \qquad (3-11)$$

式中:σ 为电导率,综合式(3-10)和式(3-11),得

$$\sigma = \frac{Ne^2\tau}{m(1 + i\omega\tau)} \qquad (3-12)$$

式(3-12)可进一步写成

$$\sigma = \sigma' + i\sigma'' = \frac{Ne^2}{m}\left(\frac{\tau}{1 + \omega^2\tau^2} - i\omega\frac{\tau^2}{1 + \omega^2\tau^2}\right) \qquad (3-13)$$

介电常数 ε 还可以写成[2]

$$\varepsilon = \varepsilon' + i\varepsilon'' = \varepsilon_\infty + \frac{i\sigma}{\omega\varepsilon_0} = \left(\varepsilon_\infty - \frac{\sigma''}{\omega\varepsilon_0}\right) + i\frac{\sigma'}{\omega\varepsilon_0} \qquad (3-14)$$

结合式(2-14)和式(3-1),导带内自由电子的吸收系数为

$$\alpha(\omega) = \frac{\omega\varepsilon''}{nc} = \frac{Ne^2}{ncm\varepsilon_0}\frac{\tau}{1 + \omega^2\tau^2} \qquad (3-15)$$

式中:N 为带内自由载流子浓度;n 为折射率;m 为载流子有效质量;τ 为自由载流子平均寿命。室温下,不同掺杂浓度的 n-GaAs 的吸收光谱[1,14]摘录于图 3-3。图中最下面谱线的掺杂浓度为 $n_D = 1.3\times10^{17}\,\text{cm}^{-3}$,最上面谱线的 $n_D = 5.4\times10^{18}\,\text{cm}^{-3}$,短波处陡峭上升归之为吸收边,长波处单调上升为自由载流子吸收,中间隆起起因于谷间间接跃迁。

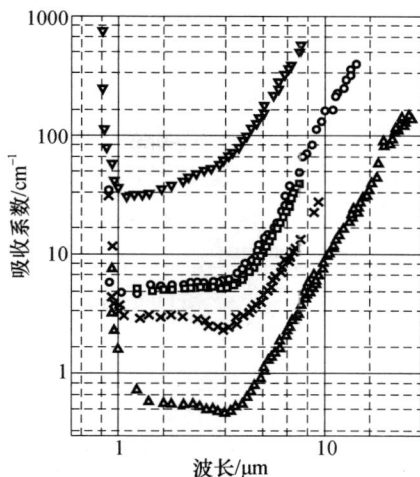

图 3 - 3　室温下不同掺杂浓度的 $n - GaAs$ 的吸收光谱

自由电子吸收也可以用式（3 - 1）计算，但是需要作必要的修改，例如将公式中价带的物理量改用导带的。自由电子的带内吸收的量子力学处理可参考类似于文献[1]那样的许多文献。式（3 - 15）表示的吸收系数，在 $kT \gg h\nu$，即波长较长的红外波段的条件下适用。

3.1.2　半导体材料中等离子体对激光的吸收

等离子体吸收激光的机制可以分为正常吸收与反常吸收。

正常吸收主要指非共振的逆韧致吸收，等离子体中的电子在激光场中发生高频振荡，并且以一定的概率与晶格粒子碰撞，从而使晶格温度升高，实际上是上一节的自由载流子带内吸收的另一种说法。在第 2 章中，重点是耦合对于传播的影响，而忽略了碰撞弛豫，考虑碰撞弛豫后等离子体的介电常数，式（2 - 62）改写成[3]

$$\varepsilon = 1 - \frac{\omega_P^2}{\omega^2 (1 + i\omega_{ei}/\omega)} \tag{3 - 16}$$

式中：ω_{ei} 为等离子体中电子与晶格离子碰撞的频率；ω 为与等离子体相互作用的激光频率。结合式（2 - 14）、式（3 - 1）和式（3 - 16），等离子体对激光的吸收系数为

$$\alpha(\omega) = \frac{\omega \varepsilon''}{nc} = \frac{\omega_P^2}{nc} \frac{\omega_{ei}}{\omega^2 + \omega_{ei}^2} \tag{3 - 17}$$

式中：ω_P 为等离子体频率。按等离子体频率的定义 $\omega_P^2 = \dfrac{Ne^2}{m\varepsilon_0}$ 代入式（3 - 17），那么式（3 - 17）与式（3 - 15）完全相同。这说明自由载流子吸收的经典模型就是

等离子体对激光的非共振逆韧致吸收,是等离子体对激光的线性吸收,是激光与等离子体的弱相互作用,这是等离子体吸收激光的两种机制之一。

根据激光强度的强弱,正常吸收还可以分为线性和非线性两种。弱激光辐照下的等离子体线性吸收,在相互作用期间等离子体中的电子气仍然保持热平衡分布(麦克斯韦速度分布)。强激光辐照下的等离子体非线性吸收,在相互作用期间等离子体中的电子气不能保持热平衡分布,激光场对电子的作用、激光的加速,使得某些速度处粒子密度偏离热平衡分布,也会出现电子空穴等离子体温度与晶格温度不相同的双温结构,这些因素将改变吸收系数。

等离子体吸收激光的另一种机制是反常吸收,反常吸收主要是指激光频率与等离子体频率相等时的共振吸收,根据式(2-62),此时介电常数为零。共振吸收的激光横波能量将能直接转化为等离子体纵波的能量,是强相互作用。特别当入射激光的偏振方向与晶体中电子气体的密度梯度方向共线时,会在电子气体的密度梯度方向激发纵向等离子体波,称为 Langmuir 振荡或静电波,这种振荡在激光场中不断被放大。在半导体中,这种 Langmuir 振荡或静电波仅在晶体的电子气体中存在,在晶格离子中不太可能发生。电子的 Langmuir 振荡或静电波的频率 ω_L 和等离子体本征频率 ω_P 之间存在如下关系

$$\omega_L^2 = \omega_P^2 + k_L^2 V_e^2 \qquad (3-18)$$

式中:k_L 为静电波的波数;V_e 为电子的运动速度。吸收均受动力学过程支配,既有增益,又有损耗。当增益大于损耗时,Langmuir 振荡或静电波的能量将不断增加,使得电子处于超热状态,从而使系统进入非稳状态,这种超热电子可能对材料造成灾难性损伤。当动力学过程中的损耗起主要作用时,这种 Langmuir 振荡或静电波的能量将弛豫为热能,其弛豫过程无非是电子与电子或电子与晶格粒子之间的碰撞过程,此时 Langmuir 振荡或静电波是稳定的,等离子体吸收激光能量后,首先转换为 Langmuir 振荡的能量,然后再弛豫为材料的热能。能量转换分了两步进行,能量的弛豫与转换将在本章的后面部分叙述。而正常(非共振)吸收能量过程中吸收和弛豫是同时进行的。

自由载流子的带内吸收用等离子体吸收模型比上节的经典模型能更全面地解释其吸收机理。

3.1.3 激子对激光的吸收

激子由电子和空穴组成,激子往往可以用类氢原子模型描述,因此,固体中的激子与原子可以用同一个模型来描述,它的吸收系数可以用式(3-7)计算,不过,其中跃迁振子强度 f_{ij} 中的波函数应改为固体中激子的波函数。激子的波函数在形式上与氢原子类似,差别在于激子中的电子和空穴的有效质量差

比氢原子中的电子和原子核的质量差小得多。固体中激子波函数可以采用方程式(1-3)的形式,与氢原子不同的是,必须将激子运动分解成相对运动和质心运动两部分:

质心运动的质量 M 和坐标 r 分别为

$$\begin{cases} M = m_e^* + m_h^* \\ r = \dfrac{m_e^* \, r_e + m_h^* \, r_h}{m_e^* + m_h^*} \end{cases} \tag{3-19}$$

式中:m_e^*、m_h^* 分别为电子和空穴的有效质量。对于弗仑克尔激子,电子和空穴间的距离基本上是一个原子大小,因此激子的质心坐标 r 用原子内的电子坐标 r_e 和空穴坐标 r_h 计算。

相对运动的约化质量 μ 和相对距离 r 由下式表示:

$$\begin{cases} \dfrac{1}{\mu} = \dfrac{1}{m_e^*} + \dfrac{1}{m_h^*} \\ r = r_e - r_h \end{cases} \tag{3-20}$$

万尼尔激子中电子和空穴的距离较大,质心运动的质量 M 和坐标 R 分别改写为

$$\begin{cases} M = m_e^* + m_h^* \\ R = \dfrac{m_e^* \, R_e + m_h^* \, R_h}{m_e^* + m_h^*} \end{cases} \tag{3-21}$$

式中:R_e、R_h 分别为组成激子的电子和空穴所在的格点的位置。相对运动的约化质量 μ 和相对距离 r 由下式表示:

$$\begin{cases} \dfrac{1}{\mu} = \dfrac{1}{m_e^*} + \dfrac{1}{m_h^*} \\ r = R_e - R_h \end{cases} \tag{3-22}$$

为了得到一个完备的解析解,作如下近似,认为激子质心的平移运动和空穴与电子的相对运动不是耦合的。在这样的假设下,激子的波函数是两种运动波函数之积,即

$$\Phi(R_e, R_h) = \phi(R)\psi(r) \tag{3-23}$$

其中质心运动的波函数和本征能可写成

$$\begin{cases} \phi(R) = \dfrac{1}{\sqrt{A}} e^{iK \cdot R} \\ E_{\text{质心}} = \dfrac{\hbar^2 K^2}{2M} + E_g \end{cases} \tag{3-24}$$

式中:$K = (k_e + k_h)$ 为激子中的电子和空穴的波矢之和;A 为归一化系数;E_g 为禁带宽度。根据氢原子模型,相对运动的波函数和本征能可直接写成

$$\begin{cases} \psi(\boldsymbol{r}) = R_{nl}(r) Y_{lm}(\theta, \phi) \\ E_n = -\dfrac{Ry^*}{n^2} \end{cases} \qquad (3-25)$$

总的激子波函数就是式（3-23），其中 $\phi(\boldsymbol{R})$ 和 $\psi(\boldsymbol{r})$ 分别由式（3-24）和式（3-25）给出。图3-4给出激子中电子与质心能谱色散曲线图。

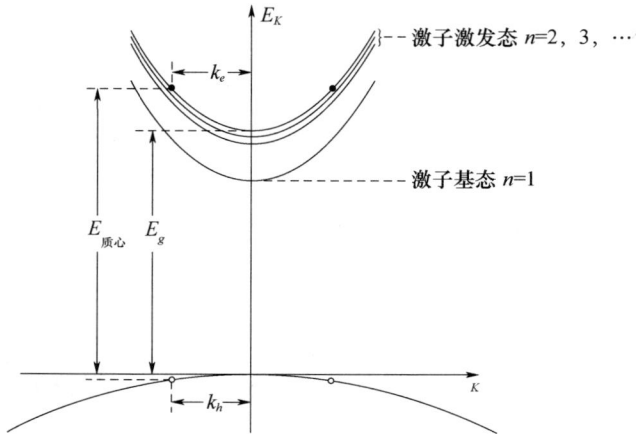

图3-4 激子中的电子与质心能谱色散曲线图

无论是万尼尔还是弗仑克尔激子，它们都具有在形式上完全相同的状态波函数式（3-23）和相应的能量本征值式（2-67）（式（3-24）和式（3-25）中能量本征值之和）。波函数中只是激子的位置有不同的赋值，本征能中万尼尔激子处于高 n 能级，弗仑克尔激子总是处于低 n 能级。

激子是束缚在一起的电子和空穴，电子受激光照射激发时，不能产生附加的动量，否则激发的电子将挣脱空穴的束缚，成为自由电子。也就是说，带间的直接跃迁模型适用于激子对激光的吸收。激子的吸收系数可以用与式（3-7）表示，需要注意的是，振子强度 f_{ij} 中的赋值波函数改用式（3-23）表达。

3.1.4 晶格对激光的线性吸收

晶格吸收激光后，会加强晶格的振动。晶格振动是指构成半导体材料的离子间的相对运动；构成半导体材料的原胞内的离子之间的相对运动称为光频支振动或称光学声子；原胞间的相对运动是声频支振动或称声学声子。原胞内离子间的相对运动有可能构成偶极子，偶极子可以直接吸收光子，这种晶格直接吸收光子称为红外吸收。若吸收一个光子（频率为 ω）后，在产生一个光学声子（频率为 Ω）的同时还散射一个频率较低的光子（频率为 $\omega - \Omega$），这种晶格吸收称为斯托克斯拉曼吸收。反之，若吸收一个光子（频率为 ω）后，在吸收一个光学声子（频率为 Ω）的同时还散射一个频率较高的光子（频率为 $\omega + \Omega$），这种晶格吸收称为反斯托克斯拉曼吸收。原胞都是中性的,所以声学声子没有偶极振荡,不存在红外和拉曼吸收的活性,声学声子只能通过布里渊散射吸收激光能量。晶格离子一次吸收一个激光光子,不论产生多少个声子的过程统称为线性吸收。一次同时与两个以上的光子相互作用称为非线性效应。在一次相互作用中同时产生和吸收两个以上的光学声子称为高阶(分别称为二阶、三阶等)拉曼散射,同理也可定义高阶布里渊散射。

1. 红外吸收

红外吸收是指原胞内相对运动离子构成的偶极子直接吸收光子。由于参与偶极振荡的偶极子不是孤立的两个粒子,在它的周围还有许多粒子,一个偶极子的振动会影响其他模式的偶极振荡。材料的声子模并非是完全相互独立的,它们间的相互作用导致运动方程中出现非简谐的势能项,从而导致电偶极矩的非谐性,这种非谐性又称为力学非谐性。这说明当吸收一个光子后,除了产生一个声子的过程以外,还可能有多声子过程产生。上述仅考虑了不同振动谱之间的耦合,其中暗含了刚性离子的假设。实际上,在偶极子振荡的过程中,由于库仑相互作用,离子外壳层电子云要做呼吸运动,使得偶极子内部的振荡也不是简谐振荡,这种非谐性又称为光电非谐性,再加上这种呼吸运动与其他偶极子的耦合,半导体内的离子运动实际上十分复杂,在考虑单声子红外吸收的同时,还必须考虑多声子红外吸收。但是,它们必须同时满足动量和能量守恒,守恒的条件如下:

$$\sum_{i=1}^{N} \boldsymbol{q}_i = \boldsymbol{k}$$

$$\sum_{i=1}^{N} \hbar\Omega_i = \hbar\omega \tag{3-26}$$

式(3-26)中,上一个公式表示动量守恒,下面的公式表示能量守恒。$\boldsymbol{k}$ 为光子的波矢;$\boldsymbol{q}_i$ 为第 i 支振动的声子波矢;ω 为光子频率;Ω_i 为所产生的第 i 个声子的频率。

红外吸收的跃迁速率可由下式表示[4]:

$$W = \frac{2\pi}{\hbar^2} |\langle m | \boldsymbol{H}_{\mathrm{I}} | n \rangle|^2 g(\omega) \tag{3-27}$$

式中:$g(\omega)$ 为联合状态密度分布函数(式(3-6)),即单位频率间隔内参与跃迁的状态数,它与单位能量间隔内参与跃迁的状态数 $g(E)$ 的关系为 $g(\omega) = \hbar g(E)$;$\boldsymbol{H}_{\mathrm{I}}$ 为总相互作用能算符,它可以分解为

$$\boldsymbol{H}_{\mathrm{I}} = \boldsymbol{H}_{\mathrm{I}}^{(0)} + \boldsymbol{H}_{\mathrm{I}}^{(1)} + \boldsymbol{H}_{\mathrm{I}}^{(2)} + \boldsymbol{H}_{\mathrm{I}}^{(3)} + \cdots \tag{3-28}$$

这里研究的是单光子红外吸收,总相互作用算符分解后,$\boldsymbol{H}_{\mathrm{I}}^{(0)}$、$\boldsymbol{H}_{\mathrm{I}}^{(1)}$、$\boldsymbol{H}_{\mathrm{I}}^{(2)}$ 和 $\boldsymbol{H}_{\mathrm{I}}^{(3)}$ 分别表示吸收一个光子后没有声子的产生或湮没、一个声子的产生或湮没、两个和三个声子的产生或湮没等,分别称为无声子、单声子、双声子和三声子吸收或发射等。

吸收系数 α 与跃迁速率 W 的关系也可以作相应的分解,由下式表示,即

$$\alpha = \frac{n}{c}W = \frac{n}{c}(W^{(0)} + W^{(1)} + W^{(2)} + W^{(3)} + \cdots) \qquad (3-29)$$

$$\alpha = \alpha^{(0)} + \alpha^{(1)} + \alpha^{(2)} + \alpha^{(3)} + \cdots \qquad (3-30)$$

式中:c 为光速。分解后的吸收系数分别称为无声子、单声子、双声子和三声子吸收或发射系数等。无声子吸收和发射就是光和晶格没有发生相互作用,下面着重介绍单声子吸收和多声子吸收中的双声子吸收两种情况,其他可类推。

1)单声子发射的光吸收

在频率 ω 附近,单位频率间隔内,吸收一个光子发射一个声子的跃迁速率为

$$W = \frac{2\pi}{\hbar^2}|\langle m|\boldsymbol{H}_I^{(1)}|n\rangle|^2 g(\omega) \qquad (3-31)$$

$\boldsymbol{H}_I^{(1)}$ 中应包含两部分,一是吸收一个光子产生一个声子,二是湮没一个声子发射一个光子,产生的减去湮没的才是净吸收的。如果利用式(2-15)中的第三项作为相互作用能算符,式(3-31)的计算将变得相当复杂,本书只想得到吸收系数与温度相关的结论和规律,因此越过吸收光子的过程,仅考虑产生声子的过程,让相互作用算符仅起声子的产生和湮没的作用,让 $\boldsymbol{H}_I^{(1)}(-\boldsymbol{q})$ 表示产生一个声子的算符,让 $\boldsymbol{H}_I^{(1)}(\boldsymbol{q})$ 表示湮没一个声子的算符,状态仅用声子场的粒子数态来表示。于是得到在频率 ω 处,单位频率间隔内的单声子吸收系数为

$$\alpha^{(1)}(\omega) = \frac{2\pi n}{c\hbar^2}[|\langle n_{TO}+1|\boldsymbol{H}_I^{(1)}(-\boldsymbol{q})|n_{TO}\rangle|^2 - |\langle n_{TO}-1|\boldsymbol{H}_I^{(1)}(\boldsymbol{q})|n_{TO}\rangle|^2]g(\omega)$$

$$(3-32)$$

对式(3-32)赋值后成为

$$\alpha^{(1)}(\omega) = \frac{2\pi n}{c\hbar^2}\sum_q |\beta|^2[(n_{TO}(\Omega_q)+1) - n_{TO}(\Omega_q)]g(\omega) = \frac{2\pi n}{c\hbar^2}\sum_q |\beta|^2 g(\omega)$$

$$(3-33)$$

式中:$n_{TO}(\Omega_q)$ 为第 q 横向偏振声子模的粒子数。根据式(2-15)中的相互作用能算符,式(3-33)中 $\beta = i\hbar g_{q,k}$,它具有能量的量纲。如果激光是单频的,$\boldsymbol{k}$ 是确定的,叠加仅对 $\boldsymbol{q}$ 进行。式(3-33)告诉我们晶格的单声子红外吸收与各个状态的粒子占据数无关,因而与温度无关。

2)双声子过程的光吸收

多声子激发是指吸收一个光子同时产生和湮没多个声子的过程,或者同时产生和湮没多个声子后发射一个光子的过程。正如上面所分析的那样,多声子吸收和发射过程相当复杂,下面仅以双声子过程为例,说明多声子过程与单声子过程的区别。对于双声子过程,能量守恒要求 $\hbar\omega = \hbar\Omega_1(\boldsymbol{q}_1) \pm \hbar\Omega_2(\boldsymbol{q}_2)$,动量守恒要求 $\boldsymbol{q}_1 \pm \boldsymbol{q}_2 = \boldsymbol{k}$。双声子吸收过程从激光场中吸收的能量应包含如下四个过

无

程:吸收一个光子同时产生两个声子;湮没两个声子同时发射一个光子;吸收一个光子同时产生一个高能声子和湮没一个低能声子;产生一个低能声子和湮没一个高能声子后发射一个光子。这四个过程中前两个称为和过程,其吸收系数用 $\alpha^{(2')}$ 表示,在动量和能量守恒方程中用加号表示;后两个称为差过程,其吸收系数用 $\alpha^{(2'')}$ 表示,在动量和能量守恒方程中用减号表示。下面分别针对和过程与差过程加以分析。我们仿照单声子吸收的处理方法,将方程式(3-31)改写成双声子和过程的形式:

$$\alpha^{(2')}(\omega) = \frac{2\pi n}{c\hbar^2} |\langle n_{1TO}+1, n_{2TO}+1 | H_I^{(2')}(-\boldsymbol{q}_1, -\boldsymbol{q}_2) | n_{1TO}, n_{2TO}\rangle|^2 -$$
$$|\langle n_{1TO}-1, n_{2TO}-1 | H_I^{(2')}(\boldsymbol{q}_1, \boldsymbol{q}_2) | n_{1TO}, n_{2TO}\rangle|^2 g(\omega) \tag{3-34}$$

对式(3-34)赋值后变为

$$\alpha^{(2')}(\omega) = \frac{2\pi n}{c\hbar^2} \sum_q |\beta|^2 (1 + n_{1TO} + n_{2TO}) g(\omega) \tag{3-35}$$

仿照方程式(3-34),写出双声子差过程的形式:

$$\alpha^{(2'')}(\omega) = \frac{2\pi n}{c\hbar^2} [|\langle n_{3TO}+1, n_{4TO}-1 | H_I^{(2'')}(-\boldsymbol{q}_3, \boldsymbol{q}_4) | n_{3TO}, n_{4TO}\rangle|^2 -$$
$$|\langle n_{3TO}-1, n_{4TO}+1 | H_I^{(2'')}(\boldsymbol{q}_3, -\boldsymbol{q}_4) | n_{3TO}, n_{4TO}\rangle|^2] g(\omega) \tag{3-36}$$

对式(3-36)赋值后变为

$$\alpha^{(2'')}(\omega) = \frac{2\pi n}{c\hbar^2} \sum_q |\beta|^2 (n_{4TO} - n_{3TO}) g(\omega) \tag{3-37}$$

双声子吸收系数就是式(3-35)和式(3-37)之和,即

$$\alpha^{(2)} = (\alpha^{(2')} + \alpha^{(2'')}) \tag{3-38}$$

凡是能满足动量和能量守恒的双声子过程的所有声子态的组合都将对吸收系数做出贡献。式(3-35)和式(3-37)中对 $\boldsymbol{q}$ 的叠加应覆盖所有的模式以及所有的组合,n_{iTO} 是声子热平衡分布函数:

$$n_{iTO} = \frac{1}{e^{\hbar\Omega_i/k_BT} - 1}, i = 1,2,3,4\cdots \tag{3-39}$$

它的物理含义是处于温度 T 的热平衡声子气体中具有能量 $\hbar\Omega_i$ 的声子态的概率分布,又称玻色-爱因斯坦分布。式(3-35)和式(3-37)中的叠加运算实际上是一种非常复杂的运算,对于其他的多声子过程可以按照同样的方法处理。从上面分析可以得出结论,单声子吸收与温度无关,多声子吸收则与温度密切相关。

　　3)拉曼散射对激光的吸收
　　吸收一个光子后,发射一个频率比较低的光子同时激发一个光学声子的效

应称为斯托克斯拉曼散射;吸收一个光子后,发射一个频率比较高的光子同时湮没一个光学声子的效应称为反斯托克斯拉曼散射。斯托克斯拉曼散射将一部分光子的能量转换成光学声子的能量,而反斯托克斯拉曼散射的散射光子从物质中带走一个光学声子的能量。如果材料处于热平衡状态,斯托克斯拉曼散射发生的概率永远高于反斯托克斯拉曼散射。总的效应使得物质从光场吸收能量,直接变为晶格声子能。由拉曼散射产生的非平衡声子能通过内部的热弛豫过程最后达到新的热平衡,新的热平衡态的温度高于原来的温度,即产生的非平衡声子能最后变成了热能。

斯托克斯拉曼效应中每散射一个光子同时在物质中产生一个声子,因此声子数量正比于散射光强也正比于入射光强,这种情况下,用拉曼散射的微分散射截面是比较方便的,利用它可以在散射的声子数与入射光强 I 之间建立起十分简单的关系式:

$$N_{\mathrm{P}} = \frac{1}{r^2} \frac{\mathrm{d}\sigma}{\mathrm{d}\Omega} \frac{I}{\hbar\omega} \qquad (3-40)$$

式中:N_{P} 为在散射方向上 r 处透过单位面积和单位立体角的散射声子数;r 为探测散射光的探测器与相互作用点之间的距离;ω 为入射光频率;$\frac{\mathrm{d}\sigma}{\mathrm{d}\Omega}$ 为单位立体角内的散射截面,称为微分散射截面,它由下式表示[2]:

$$\frac{\mathrm{d}\sigma}{\mathrm{d}\Omega} = \frac{\omega \omega_{\mathrm{s}}^3 \varepsilon_{\mathrm{s}}^{1/2}}{c^4 \varepsilon} \cdot \sum_{k'k} |M_{fk'',ik}|^2 \rho_i(\boldsymbol{k}, \boldsymbol{k}', \boldsymbol{k}'') \qquad (3-41)$$

式中:ω_s 为拉曼散射光频率;ε 为入射光频率处的介电常数;ε_s 为散射光频率处的介电常数;$\rho_i(\boldsymbol{k},\boldsymbol{k},\boldsymbol{k}'')$ 为联合态密度分布函数(式(3-5))。

$$M_{fk'',ik} = \sum_{vk'} \left[\frac{<fk''|e\boldsymbol{r}\cdot\boldsymbol{e}_{\mathrm{s}}|vk'><vk'|e\boldsymbol{r}\cdot\boldsymbol{e}|ik>}{\hbar[\omega - \omega_v(k') + \omega_i(k)]} - \right.$$
$$\left. \frac{<fk''|e\boldsymbol{r}\cdot\boldsymbol{e}|vk'><vk'|e\boldsymbol{r}\cdot\boldsymbol{e}_{\mathrm{s}}|ik>}{\hbar[\omega_{\mathrm{s}} + \omega_v(k') - \omega_i(k)]} \right] \qquad (3-42)$$

它正比于拉曼极化率张量,它与物质结构的对称性及入射光偏振方向(其单位矢量为 e)与散射光的偏振方向(其单位矢量为e_s)有关,它确定了拉曼散射的强度。与晶格的红外吸收不同,由于拉曼极化率张量的存在,入射光可以在半导体材料中产生横向拉曼声子,也可以产生纵向拉曼声子。对于 k、k'、k''的迭加运算表示对器件中各种振动模式和,i 为初始能带,v 为中间过渡能带,它是虚能带,因为入射光子频率 ω 与 $\omega_i(k)$所处的带中的电子无共振能带,实际运算时只要考虑共振位置附近满足跃迁选择定则的少数几个能带就可以满足精度要求。f 表示终态能带。

利用式(3-40)、式(3-41)和式(3-42)可以计算出拉曼散射的声子数。由拉曼散射转化成晶格声子的能量为 $N_{\mathrm{P}}\hbar(\omega - \omega_{\mathrm{s}})$。

如果拉曼散射光与入射光方向间的角度为 ψ,根据动量守恒规则,入射光、散射光和散射的声子波矢间应构成一个封闭的三角形。若声子频率很低,则 ψ 角很小,在小角度近似下,拉曼散射的声子动量由波矢表示为

$$q = 2k\sin\frac{\psi}{2} \qquad (3-43)$$

晶体中的拉曼散射,既可以是声子散射,也可以是其他元激发粒子的散射,还可以是电子散射;电子可以是带间跃迁,也可以是带内跃迁;既可以是单声子散射,也可以是多声子散射,多声子散射又称高阶拉曼散射;光谱图上多声子散射峰是一次性生成多个声子的谱和级联生成的声子谱之和,级联声子谱就是不断地由斯托克斯散射光产生的次生拉曼声子谱,在谱上的位置和一次性生成的多声子谱是重合的;既可以产生普通拉曼散射,又可以产生受激拉曼散射。受激拉曼散射是多个光子同时参与的散射,又称为非线性光散射,在非线性吸收的小节中再作介绍。

4) 布里渊散射对激光的吸收

实际上,布里渊散射与拉曼散射的原理相近(详见 3.3.2 节),所不同的是拉曼散射是入射光子泵浦产生光学声子的过程,而布里渊散射是入射光子泵浦产生声学声子的过程。由晶格动力学的分析可知,单声子(一次散射只能产生或湮没一个声子)布里渊散射过程同时满足能量与动量守恒的条件是散射产生的声子能量很小,可以认为它对光能的吸收与拉曼散射相比差得很多,可以忽略。若要获得足够强的散射光,需要利用受激布里渊散射,还要增加其相互作用长度,其散射光与入射光相位共轭,其散射光和受激布里渊声子都是相干的,相干声子具有足够的威力破坏光学器件,受激布里渊散射也将在非线性吸收一节中再作详细介绍。

3.1.5　选择定则

上面关于吸收的讨论没有考虑吸收的可行性。吸收可行性的判断主要是两个方面:①看相互作用能项的空间积分,等于零是禁戒的,不等于零是允许的;②看相互作用项中的张量矩阵的对称性,半导体材料都由晶体组成,不同的晶体具有不同的空间对称性,它决定了相互作用项中的张量矩阵的对称性。这两个方面并不是独立的,而是相关的,相互作用能项的空间积分可以算出张量矩阵元的数值,等于零的表示禁戒跃迁,由于篇幅限制,本书不展开介绍,有兴趣的读者可按照上述介绍的思路寻找相关文献,可以得到读者感兴趣的各种选择定则的信息。

3.2　半导体材料对激光的非线性吸收

以上提到的吸收都是一阶或线性吸收。吸收过程是相互作用的过程,其中

多声子过程称为非谐相互作用过程,而多光子过程则称为非线性相互作用过程。凡是参与相互作用的两种因素之间都有耦合状态出现,例如声子和光子之间耦合称为极化激元(或称电磁声子),电子与声子之间的耦合称为极化子,光子与激子的耦合称为激子极化激元。处于耦合状态的粒子,由于相互作用产生附加能量(自能修正),它们的能量(级)与非耦合粒子之间存在差别。因此高阶相互作用的共振峰将偏离低阶相互作用的共振峰,相当于共振峰的加宽。共振峰的加宽影响了吸收系数。

半导体材料是晶体材料,必须考虑非各向同性的问题。各种相互作用的同时存在,增加了研究的复杂性,但是它们遵守着共同的规律,即相互作用—激发—弛豫—达到新的平衡态,或者相互作用—激发—破坏。对于第一种过程,目前理论已比较成熟,几乎可以解释所有的实验现象,但是第二种过程存在着强烈的非线性相互作用,而且还有相变、碎裂等现象产生,相变、碎裂等现象将在后面章节介绍,本章仅就多光子过程、受激拉曼散射和受激布里渊散射作介绍,以利于加深对激光与半导体材料和器件的相互作用产生的各种效应的理解。

3.2.1 多光子过程

多光子过程是指一次相互作用过程中同时有两个或多于两个光子的参与。为了减少篇幅,将讨论多光子过程的重点放在双光子过程,它与单光子过程有重大区别,三光子或更多光子过程在研究方法上可以借鉴双光子过程。

双光子过程又可以分为双光子吸收和吸收一个光子的同时又受激发射一个光子两种过程,后者又称为受激拉曼散射(这里不提受激布里渊散射,因为受激布里渊散射中不存在偶极跃迁的问题,利用与受激拉曼散射不同的处理方法,将在后面专门讨论),都是物质同时和两个光子相互作用的过程。描述这些过程的表达式在形式上应是相同的,只是在局部存在正负号的差别。双光子吸收也是三阶非线性过程,设被吸收的两个光子的频率分别为 ω_1 和 ω_2,其三阶非线性极化率可以写成[2]

$$\chi_{ijj}^{(3)} = \frac{e^4}{\hbar^3}\int \mathrm{d}\boldsymbol{q}\mathrm{d}\boldsymbol{q}'\mathrm{d}\boldsymbol{q}'' \sum_{c,m,g} \frac{1}{\omega_1 + \omega_2 - \omega_{cg} + \mathrm{i}\Gamma_{cg}} |M|^2 f_g(\boldsymbol{q},\boldsymbol{q}',\boldsymbol{q}'') \qquad (3-44)$$

其中 $M = \dfrac{\langle c,\boldsymbol{q}''|r_j|m,\boldsymbol{q}'\rangle\langle m,\boldsymbol{q}'|r_i|g,\boldsymbol{q}\rangle}{\omega_1 - \omega_{mg}} + \dfrac{\langle c,\boldsymbol{q}''|r_i|m,\boldsymbol{q}'\rangle\langle m,\boldsymbol{q}'|r_j|g,\boldsymbol{q}\rangle}{\omega_2 - \omega_{mg}}$。对于一个具体的双光子过程仅考虑两束偏振光,偏振方向分别为 i 和 j。c、m、g 为能带的指标,这里 c 代表导带,g 代表价带,当然,也可以有多个导带,因此对 c 和 g 要做求和运算。m 代表中间态,中间态一般对应虚能态。$\boldsymbol{q}$ 是半导体中电子的波矢,$f_g(\boldsymbol{q},\boldsymbol{q}',\boldsymbol{q}'')$ 是双光子吸收的联合电子态密度分布函数(式(3-5))。对于能带间的直接跃迁,式(3-44)中只需将 $\boldsymbol{q}=\boldsymbol{q}'=\boldsymbol{q}''$,计算式(3-44)时,除

了要考虑能量和动量守恒以外,还必须考虑选择定则和泡利不相容原理等。式(3-44)中绝对值平方项应写成四个偶极矩的空间积分,积分后构成四阶张量,通过计算或由晶体的对称性和选择定则确定哪些为零哪些不为零。

式(3-1)可以给出吸收系数的表达式 $\alpha_{ij}(\omega) = \dfrac{\omega}{nc}\varepsilon'' = \dfrac{\omega}{nc\varepsilon_0}\mathrm{Im}x_{ij}(\omega)$,当考虑非线性光学效应时,该式中的极化率张量由下式表示:

$$x_{ij}(\omega) = x_{ij}^{(0)}(\omega) + x_{ij}^{(1)}(\omega) + x_{ijk}^{(2)}(\omega)E_k + x_{ijkl}^{(3)}(\omega)E_k^*E_l + \cdots \quad (3-45)$$

式(3-44)是三阶非线性极化率,三阶非线性极化率对于吸收系数的贡献可以写成

$$\alpha_{ij}^{(3)}(\omega) = \frac{\omega}{nc\varepsilon_0}\mathrm{Im}(x_{ijkl}^{(3)}(\omega)E_k^*E_l) \quad (3-46)$$

3.2.2　受激拉曼散射

半导体中的一个电子在激光的作用下,吸收一个光子的同时产生一个声子还发射一个光子,它的频率与产生的声子频率之和等于入射光子频率,这是3.2.1 节叙述过的线性拉曼散射的过程,产生的声子是以光学声子频率振荡的偶极子。激光场中的另一个光子与该偶极子(声子)相互作用时,产生与此相干的另一个声子和散射光,而且在激光的传播方向上受激拉曼声子和受激拉曼散射光双双得到相干放大,这叫做受激拉曼散射。

受激喇曼散射也是一个双光子过程,吸收的是入射光子与散射光子的能量差,它可能发生在同一个能带内,也可能发生在不同的能带间,改造式(3-44),使其适合于描述受激喇曼散射,不仅对于初态 g 和终态 g' 作了区别,还保留了对终态 g' 的叠加。根据文献[2]

$$\chi_{ijij}^{(3)} = \frac{e^4}{\hbar^3}\int \mathrm{d}\boldsymbol{q}\mathrm{d}\boldsymbol{q}'\mathrm{d}\boldsymbol{q}'' \sum_{m,g,g'} \frac{1}{\omega_1 - \omega_2 - \omega_{g'g} + \mathrm{i}\varGamma_{g'g}} |M|^2 \cdot f_g(\boldsymbol{q},\boldsymbol{q}',\boldsymbol{q}'')$$

$$(3-47)$$

其中 $M = \dfrac{\langle g',\boldsymbol{q}''|r_i|m,\boldsymbol{q}'\rangle\langle m,\boldsymbol{q}'|r_j|g,\boldsymbol{q}\rangle}{\omega_1 - \omega_{mg}} + \dfrac{\langle g',\boldsymbol{q}''|r_i|m,\boldsymbol{q}'\rangle\langle m,\boldsymbol{q}'|r_j|g,\boldsymbol{q}\rangle}{\omega_2 + \omega_{mg}}$。受激拉曼散射对吸收系数的贡献便是

$$\alpha_{ij}^{(3)}(\omega) = \frac{\omega}{nc\varepsilon_0}\mathrm{Im}(x_{ijkl}^{(3)}(\omega)E_k^*E_l) \quad (3-48)$$

实际上,利用式(3-44)和式(3-47)来计算极化率张量值是相当困难的,理解这两个公式所代表的物理过程和物理思想是本书的出发点。受激拉曼散射和双光子吸收都是光子与电子的相互作用过程。双光子过程可能发展为光电离,甚至产生电子等离子体击穿等。

对于受激拉曼散射,我们更多地关注通过受激拉曼散射使光子的能量直接转换成光学声子的能量。它和晶格直接吸收激光一样,将增强晶体原胞内正负

离子间的振荡,若振荡的离子振幅超过晶体原胞尺寸,而且它的激发能超过与相邻原胞间的势垒高度,一个原胞中的离子有可能会被甩到另一个原胞中。由于被激光场甩到另一个原胞中的离子远离了原原胞,受到新原胞中粒子的作用,以及当声子场的相位由正变负时,产生的巨大加速度,有可能回不到原来的位置,这种现象称为激光驱动的晶格离子甩离现象。当激光的能量进一步提高时,甚至会产生离子等离子体击穿。在激光的辐照区,由于这种甩离效应,晶体结构被改变,材料特性也会改变。在晶体结构的变化过程中,由于未经过熔化,不需要经过升温和消耗熔化热的过程,是非常节省能量的一种破坏方式。当然,甩离的过程会受到离子间的碰撞干扰或被终止。当短脉冲激光入射到半导体材料时,其吸收系数与电场强度相关;当光电场强度非常强时,由高阶极化率引起的对吸收系数的贡献(由式(3-46)所表示的吸收)可能会高于由低阶极化率对吸收系数的贡献,在短脉冲激光作用下,这种甩离现象很容易形成。上述观点还告诉我们,由于短脉冲激光的光电场强度很高,轻则造成晶格粒子的甩离,重则短时间造成局部离子等离子体膨胀(或击穿),进而在半导体材料内形成空位式小气泡,或使脆性的半导体材料碎裂。

3.2.3 受激布里渊散射

受激布里渊散射的过程和受激拉曼散射一样,不过,被激光激发和放大的相干声子波是声学声子波。受激布里渊散射的机理,不是激光与带电的偶极子相互作用,而是激发和放大电致伸缩产生的声波。

由于布里渊散射的频移量很小,线性布里渊散射对于吸收光能的贡献很小,因此在半导体材料对激光的吸收一节中只是简单地提了一下,但是受激布里渊散射却不同了。受激布里渊散射与双光子吸收和受激拉曼散射一样是三阶非线性过程,吸收系数与光的强度成正比。对于短脉冲激光而言,其强度十分高,而且激发的是相干的声学声子波,它来自于组成晶体的原胞之间的相对运动。原胞显示电中性,它们之间的相对运动与激光电场不直接相关,它通过电致伸缩将激光的部分能量转化为力学能。它可能造成材料的相干力学破坏,如传导光能的光纤、惯性约束核聚变装置中的大透镜等。当然,也不能忽略受激布里渊散射在激光与半导体相互作用中的影响,已有许多文献和著作对受激布里渊散射做了详细的报道,并有专著[6]对于受激布里渊散射的基本原理和基础理论做了详细的介绍。它适用于各向同性介质,激光在半导体材料中产生的受激布里渊散射则要复杂得多。受激布里渊散射的机理是激光场诱发的电致伸缩效应,在连续介质中,纵向拉伸会引起横向变形,即使在各向同性介质中,激发的也不一定完全是纵向声子,所形成的声子波在横向也会得到放大,这就是惯性约束核聚变装置中的大透镜受到强激光破坏的主要机理。由于短脉冲激光的强度极高,不能像线性布里渊散射那样而被忽略。当短脉冲激光照射到半导体材料时,即使看不到熔化和击穿的痕迹,半导体材料也因为受激布里渊散射激发的相干力学声子波而脆裂,这是光学和力学的相干耦合所产生的威力。本书就激光在半导体材料中产生的受激布里渊散射作一个概要的介绍。当材料处于弹性范围时,理论也比较成熟,在本章后列出的参考书中均有简短的叙述,在此也特别推荐文献[7]。

描述受激布里渊散射的文献很多,但是所有文献都是建立在宏观动力学基础上的,相对运动的原胞都是电中性的,不能利用偶极近似直接书写其三阶非线性极化率,再写出吸收系数。本书参考郭少锋同志的博士论文[8],从受激布里渊散射稳态耦合波方程组出发,直接推导关于受激布里渊散射的吸收系数。在解密度波动力学方程时,假设没有黏性损耗,利用绝热近似,先设泵浦波和信号波的幅度是不变的,将解出的密度波幅度的解代入泵浦波的动力学方程中,得泵浦光、信号光和声子波共线放大的情况下的强度耦合方程为

$$
\begin{cases}
\dfrac{\partial I_P}{\partial x} = -g_P I_S I_P (1 - e^{-x/2l_a}) \\[2mm]
\dfrac{\partial I_S}{\partial x} = g_S I_S I_P (1 - e^{-x/2l_a})
\end{cases}
\tag{3-49}
$$

式中:$g_P = g_S = g = \gamma^2 k_a k_p l_a / 4cn^3 \rho_0 v_a^2$;$I_P$ 为泵浦光的强度;I_S 为散射光的强度;γ 为介质的电致伸缩系数,它定义为 $\gamma = \dfrac{\partial \varepsilon}{\partial \rho} \rho_0$;$\varepsilon$ 为介电常数,ρ_0 为未受扰动时的介质密度;k_s 为散射波的波矢;k_a 为声波的波矢;k_p 为泵浦波的波矢;v_a 为声子的声速;n 为介质的折射率;c 为光速;l_a 为声波的衰减长度,它是声波的衰减系数的倒数。$g I_P / 2 l_a$ 可近似认为是受激布里渊散射光的强度增益系数,它与泵浦光强度成正比,而泵浦光的衰减系数近似为 $g I_S / 2 l_a$。对于小信号情况($I_S \ll I_P$),信号光会迅速增加,而泵浦光由于基数大,衰减比较缓慢。还必须指出,根据式(3-49),当传输距离 x 趋向于无穷大时,I_S 也会趋向于无穷大,这与物理事实不符,原因是推导式(3-49)时作了过度近似的原因,但是对于我们理解泵浦光的能量迅速转换为信号光能量的机理很有意义,若不作近似,只能按照文献[8]对于耦合波方程求数值解。由于动量守恒的规律决定了受激布里渊散射的信号光与泵浦光传播的方向正好相反,在光纤通信里非常有害,但是它是相位共轭反射镜的理论基础。当载有信号的泵浦光在光纤里传输时,由于受激布里渊散射,将大量的载有信号的泵浦光转换为向相反方向传输的受激布里渊散射光,大大缩短了信号传输距离。泵浦光的谱线宽度对受激布里渊散射的阈值影响很大,谱线越宽,阈值越高,信号调制会增加泵浦光的线宽,在一定程度上会降低受激布里渊散射的影响。

受激布里渊散射除了共线放大以外,还有横向放大,即泵浦光在纵向衰减,而信号光在横向得到放大,与共线受激布里渊散射类似,有下列耦合方程:

$$\frac{\partial I_P}{\partial z} = -g_P I_S I_P$$

$$\frac{\partial I_S}{\partial x} = g_S I_S I_P$$

(3－50)

式中:g_P、g_S与式(3－49)中相同。

受激布里渊散射和受激拉曼散射一样,它的形成机理相当复杂。当前的主流思想认为,相干散射的转换效率远大于自发散射的转换效率,激光的功率一旦达到相干激发的阈值,各向同性发射的自发布里渊散射就可以忽略不计,沿着传播方向的相干放大累积,只要相互作用和放大传播的距离足够长,就能得到转换效率非常高的受激布里渊散射信号光,国际上和我们自己的理论与实验研究都表明,受激布里渊散射的转换效率在技术上已达90%以上[9],形成了足以破坏材料的相干声子源。这个思想已能很好地解释纵向放大的受激布里渊散射,但是在解释横向放大造成破坏的机理时却遇到了困难。一般情况下,纵向受激布里渊散射发生在纵横比很大的材料中,如光纤;横向受激布里渊散射发生在纵横比很小的材料中,如惯性约束核聚变光路中的大透镜。实现相干放大的条件是泵浦波、信号波和布里渊声子波三波共处一点相互作用。纵向放大是一维的,泵浦光和信号光的方向总是共线反向,泵浦光和声子波的方向总是共线同向,很容易实现;但是横向放大是二维的,泵浦光和声子波传播方向是垂直的,放大的声子波如何实现同方向相干叠加,需要进一步研究。

由于散射光的频率非常接近泵浦光的频率,布里渊声子的频率比泵浦光的频率低四五个数量级以上,散射光的光子数等于受激布里渊散射所产生的声子数。90%以上的转换效率表明,产生的散射光的光子数和声子数都很多,但其中大部分泵浦光的能量将转化为散射光的能量,散射光与泵浦光之间还存在相位共轭的关系,利用受激布里渊散射制作相位共轭反射镜的设想一直是热点研究问题;虽然仅有少数泵浦光的能量转化为相干布里渊声子的能量,但是它们是相干的,破坏的威力却出乎意外。其机理是这种相干声子在弛豫成热能前就以相干应力波的形式做拉伸或剪切运动,当应力超过相应阈值时材料遭到破坏。这种效应早已在激光惯性约束核聚变和光纤的光路中体现。如果达不到破坏阈值,这些相干声子能量将弛豫为热能。

半导体器件一般都比较薄,当激光垂直入射光敏面时,纵向受激布里渊散射没有放大的空间,它发生破坏的可能性比横向小得多。特别在一些阵列器件中光敏面还很大,其表面结构的复杂性不一定能阻挡受激布里渊散射的发生,重者使阵列器件破坏,轻者吸收部分光能转化为热能。另外,半导体材料一般都是晶体材料,它们的对称性低于各向同性材料。在晶体中的受激布里渊散射的耦合波方程用矢量描述[7],电致伸缩系数$\gamma_{i\alpha}$与弹性系数C_{ij}和压电系数$d_{j\alpha}$的关系由下式表示[10]:

$$\gamma_{i\alpha} = \sum_j C_{ij} d_{j\alpha} \tag{3-51}$$

式中各个参数的下角标分别为 i 和 $j = 1(xx),2(yy),3(zz),4(yz),5(zx),6(xy);\alpha = x,y,z$。

3.3 激光施加给半导体的基本作用力

激光与半导体材料的能量耦合有很多方式,耦合是建筑在相互作用的基础上的,各种相互作用均对耦合作贡献。上面已介绍了各种各样的吸收方式,都是相互作用力做功的结果,在激光电场对带电粒子做功的过程中,带电粒子将部分电场能转换为带电粒子激发态的内能,然后再弛豫为其他的能量,例如热能,弛豫的理论和概念将在本章的后半部分介绍。相互作用除了将部分激光能转化为内能外,还能在材料内直接产生力学效应。本小节介绍激光施加给半导体的几种主要的作用力:例如,激光场对带电粒子施加的作用力、电致伸缩力、辐射压力和介质内部激光能量的空间梯度对于各种粒子造成的有质动力等。

3.3.1 激光场与带电粒子的相互作用力

一个电荷为 Ze 的带电粒子在电场 E 中受的力

$$F = ZeE \tag{3-52}$$

这是一个非常熟悉的公式。电场对带电粒子作功以后,电场能量的一部分被带电粒子吸收,一部分透射。这种力的大小与电场正比,正电荷受力的方向与电场相同,负电荷受力的方向与电场相反。3.1 和 3.2 两节中无论是线性吸收还是非线性吸收基本上都与这种力做功有关。特别当强相互作用存在时,激光场是相干场,式(3-52)说明,在激光场中,所有带电子以相同的激光频率和相位作相干的运动。当激光的频率与带电粒子的频率相同时产生共振,即使激光场不太强也会产生强耦合(见本书第 2 章),此时线性吸收是主要机理(见 3.1 节)。当激光的频率与带电粒子的频率不相同但满足多光子共振时产生非线性吸收(见 3.2 节)。当激光强度进一步增强时,会产生电子等离子体击穿、离子被强大的激光电场甩离平衡位置甚至离子等离子体击穿等效应,进入强场物理的领域,它已超出了本书覆盖的范围。若外界的光场是非相干场,那么式(3-52)电场中光子的相位是随机的,加在带电粒子上的力也是随机的,合力为零,光场仍然可以对带电粒子做功,吸收后激发带电粒子到更高的能量态,但是没有光学与力学的相干耦合现象出现。本小节介绍了激光电场直接加给带电粒子的力,此外激光电场对于半导体材料还有许多相互作用力,我们仅以电致伸缩力、辐射压力和有质动力作为例子加于叙述。

3.3.2 激光场引起的电致伸缩力

在激光电场 E 的作用下,组成半导体材料的格点带电粒子产生位移,从而引起材料应变 x_j 的现象称为电致伸缩,它可由下式描述:

$$x_j = \sum_{a=1}^{3} \gamma_{ja} E_a \qquad (3-53)$$

式中: γ_{ja} 为式(3-51)中的电致伸缩系数。这种应变可以直接转变为应力,施加在半导体内部产生力学效应,也可以通过压电效应产生介质极化。

$$P_a = \sum_{j=1}^{6} x_j e_{ja} \qquad (3-54)$$

式中: e_{ja} 为式(3-51)中的压电系数; P_a 为介质极化强度。介质极化产生的电场又能引起次级电致伸缩效应,由式(3-51)看出电致伸缩效应和压电效应是相互耦合的效应。从半导体内某个晶格粒子所经历的时间角度看,晶格离子质量大于电子,则自振频率低于电子,当激光频率也不高时,便会产生光学声子对激光的直接共振相互作用;当激光频率很高于晶格离子自振频率,二者不能直接共振时,可以通过喇曼散射将激光光子的一部分能量转化为相邻晶格粒子间的相对振动能。从某个瞬时的空间角度看,激光的波长往往有微米的量级,在激光场由正到负的半个波长范围的半导体材料内,往往线性排列着 10^4 左右的晶格粒子,便会使电场幅度差范围内半导体材料产生电致伸缩,入射激光因电致伸缩损失部分能量造成介质密度起伏,从而引起布里渊散射。因激光场是相干场,通过电致伸缩引起的组成宏观力学场的声子场也是相干的,引起受激布里渊散射(详见3.2节)造成光学与力学的相干耦合,它不同于激光加热引起热膨胀造成的力学效应。

3.3.3 辐射压力

一个能量为 $h\nu$ 的光子有动量,在真空中为 $Q = \dfrac{h\nu}{c}$,式中 c 为真空中的光速。

当该光子从真空入射到折射率为 n 介质中,它的动量为 $Q = \dfrac{nh\nu}{c}$,这个动量中大于真空动量的部分,是与介质耦合时获得的。当该光子被吸收时,介质除了获得在耦合过程中被光子夺走的动量以外,还获得了光子从真空中带来的动量,介质粒子获得的净动量还是 $Q = \dfrac{h\nu}{c}$,是它产生了光压。当一束能流密度为 I (单位时间通过单位面积的光子能量)的光与介质相互作用而被全部吸收时,介质受到的光压为

$$P = \frac{I}{c} \qquad (3-55)$$

实际上,式(3-55)右面就是单位体积内的光能。在吸收系数为 α 的介质内部,光吸收引起的在厚度为 d 的介质内的总光压为

$$P = \int_0^d \frac{1}{c}\alpha(1-R)Ie^{-\alpha x}dx = \frac{1}{c}(1-R)I(1-e^{-\alpha d}) \tag{3-56}$$

式中:R 为介质表面的反射率。当光被界面反射时,由于动量守恒的要求,交界面受到的辐射压力是内部吸收的 2 倍。当界面反射和体内吸收同时存在时,介质受到的总辐射压力为

$$P = \frac{1}{c}(1-R)I(1-e^{-\alpha a}) + 2\frac{1}{c}RI \tag{3-57}$$

式(3-57)中的第二项就是反射光对光压的贡献。假设吸收系数 $\alpha \to \infty$(或介质为无穷厚),式(3-57)可改写为

$$P = \frac{1}{c}(1+R)I \tag{3-58}$$

式(3-58)还告诉我们,光压仅与光的强度相关,与光场的相位无关。表面上看光压与光是否相干无关,但是激光具有相当高的强度,特别是短或超短脉冲激光,其瞬时光压值得重视。它可由简单估算说明问题,当光强 $I = 10^9 \, W/cm^2$ 时,产生的光压 P 相当于 $\frac{1}{3} \times 10^5 Pa$(1/3 个大气压)。如今可获得的强激光的光强比它高出很多个数量级,可想而知,它施加的瞬时光压该有多大。在超强激光作用时不能随便认为光压可以忽略不计。

最后强调一点,光是一种流动的物质,光压是动压,不是静压。当它作用到半导体材料上时,如果整个光子被半导体材料内微观粒子吸收,它的能量变成了该微观粒子的激发能,而动量变成了该微观粒子的动量增量。当它作用到半导体材料表面时,被反射的光子与表面发生了碰撞(散射),它需要同时满足能量和动量的守恒,在碰撞(散射)的过程中,光子的动量瞬间由 $\frac{h\nu}{c}$ 变为 $-\frac{h\nu}{c}$,这就是波动光学中半波损失(相位由正变负)的原因。光损失了 $\frac{2h\nu}{c}$ 的动量,与之相互作用的表面粒子获得了该动量,只要该表面粒子由于该动量而产生位置的移动,那么光子对半导体材料做了功,做了功就要丢失能量,只有让反射光的波长不同于入射光的波长,才能同时满足能量和动量的守恒。说明反射光的波长与入射光的波长是不同的,这就是康普顿散射的原理。更深入地观察该问题,表面粒子和内部粒子均处在同一个声子场中,根据相互作用的普遍原理,反射光的波长会受到半导体材料内部声子场的调制,激光光压激发的声子场和半导体内部的热声子场会共同调制反射光的波长,因此反射光不仅波长变了,而且它的谱线要比入射光宽。

3.3.4　有质动力

"有质动力"一词译自英语"ponderomotive force",根据文献[11]的定义,有

质动力就是在非均匀电场中作用在介质上的力。无论是带电粒子还是中性粒子(原子、分子或晶胞)均可简化为偶极子,本书利用已被极化的偶极子在光场中所受的力叙述有质动力的概念,物理思想与本书第1章和第2章的内容衔接,使得推导过程简洁明了。读者如需进一步研究有质动力的相关问题,建议参考其他相关文献,例如,常铁强等[11]通过电磁场的基本方程组在激光核聚变的等离子体中研究了等离子体的有质动力,Landau 和 Lifshizh[12]从理论物理的角度叙述了流体和固体中的有质动力。

我们以电场中的极化偶极子为例来说明有质动力的物理概念,根据式(2-13),极化偶极子的一阶极化强度为

$$\boldsymbol{P}^{(1)} = \varepsilon_0 \boldsymbol{\chi}^{(1)} \cdot \boldsymbol{E} \tag{3-59}$$

它与电场 $\boldsymbol{E}$ 的相互作用势能为

$$H_I^{(2)} = -\boldsymbol{P}^{(1)} \cdot \boldsymbol{E} \tag{3-60}$$

将式(3-59)代入式(3-60),得

$$H_I^{(2)} = -\varepsilon_0 \boldsymbol{\chi}^{(1)} \boldsymbol{E} \cdot \boldsymbol{E} \tag{3-61}$$

式中:$\boldsymbol{\chi}^{(1)}$ 为介质的基本属性,若介质是均匀分布的,则介质中的 $\boldsymbol{\chi}^{(1)}$ 与空间位置无关。在均匀各向同性介质中,该一阶极化偶极子在电场中所受的力为 $\boldsymbol{F} = -\nabla H_I^{(2)} = \varepsilon_0 \boldsymbol{\chi}^{(1)} \nabla \boldsymbol{E}^2$,设 $\boldsymbol{E} = \frac{1}{\sqrt{2}} \boldsymbol{E}_0 (\mathrm{e}^{-\mathrm{i}\omega t} + \mathrm{e}^{\mathrm{i}\omega t})$,$\boldsymbol{E}^2$ 中的高频部分对力无贡献,所以

$$\boldsymbol{F} = \varepsilon_0 \boldsymbol{\chi}^{(1)} \nabla \boldsymbol{E}_0^2 \tag{3-62}$$

由式(3-62)看出,该力正比于激光强度的梯度,该力称为有质动力。它是极化后的偶极子在电场中所受的力,或者说电场与偶极子二阶相互作用的空间非均匀性产生的力,是非线性力,其方向由电磁场能的梯度决定。实际上,介质中的所有极化激元均能在电场中受到有质动力的作用,只要激光强度的梯度不等于零。

1. 激光加在半导体晶格上的有质动力

极化激元代表着固体晶格的极化,它的一阶极化率张量由式(2-44)表示,它形成的极化势能,对有质动力做出贡献。

2. 激光加在半导体内等离子体介质上的有质动力

半导体内的等离子体由导带电子和价带空穴组成,可以作各向同性近似。根据式(2-14)和式(2-63),等离子体的一阶极化率对于电子为 $\chi^{(1)} = -\omega_{\mathrm{Pe}}^2/\omega^2$,$\omega_{\mathrm{Pe}} = \frac{Ne^2}{m_e \varepsilon_0}$ 是等离子体电子频率,m_e 是电子的等效质量,则加在等离子体电子上的有质动力为

$$\boldsymbol{F} = -\varepsilon_0 \frac{\omega_{\mathrm{Pe}}^2}{\omega^2} \nabla \boldsymbol{E}_0^2 \tag{3-63}$$

同理,加在等离子体空穴上的有质动力为

$$\boldsymbol{F} = -\varepsilon_0 \frac{\omega_{Ph}^2}{\omega^2} \nabla \boldsymbol{E}_0^2 \qquad (3-64)$$

式中:$\omega_{Ph} = \dfrac{Ne^2}{m_h \varepsilon_0}$ 为空穴的等离子体频率;m_h 为空穴的等效质量。

以上这些力如果作用在带电粒子上,将会构成附加电流。辐射压力和有质动力作用在带电粒子上也会形成附加的光电流,对于空穴,有

$$\boldsymbol{J}_{gh} = n_h e \int \frac{\boldsymbol{F}}{m_h} \mathrm{d}t \qquad (3-65)$$

对于电子,有

$$\boldsymbol{J}_{ge} = n_e e \int \frac{\boldsymbol{F}}{m_e} \mathrm{d}t \qquad (3-66)$$

当然,未形成电流的带电粒子,通过各种各样的弛豫过程后,最后也会变成热电子。

有质动力也好,辐射压力也好,电致伸缩力也好,只要对介质做功,也是介质吸收激光的途径,不过激光强度较弱时,与式(3-52)施加的力相比是个小量,但当激光强度足够强时,应当考虑它们的存在和作用,式(3-52)中的力引起的电流将在第 4 章中详细叙述。

这一节告诉我们,激光与半导体材料物质相互作用时,存在许多相互作用形式,产生各种各样效应。激光辐照使半导体材料表面薄层材料熔化,当激光作用在这熔化的薄层液体材料上时,由于光压和有质动力等直接的力学作用,在熔化的液体材料内可能激发起声学波,声学能经固液界面反射后,大量的力学能转化为熔化的薄层液体的声学波的能量,激光停照后波浪被固化,本书第 7 章展示了激光烧蚀半导体材料时,在熔坑内留下大量波纹的实验事实,光压和有质动力可能是形成的一种机理。当然,激光引起的表面汽化反冲力,激光引起的等离子体膨胀力、表面张力以及固体在激光场中的极化造成的应力应变波等各种因素对于条纹的形成也可能有贡献[4],但是对于波纹的方向垂直于线偏振光的偏振方向,而圆偏振光形成丘状颗粒波纹的现象,偏振激光作用在偶极子上的力在熔液中驱动了波纹的方向,偏振激光和激光光压的联合作用可能是一种较为合理的解释。

3.4　吸收的激光能量在半导体材料内的弛豫

本节讨论的是吸收的激光能量的弛豫和不同能量形式间的转换过程。在半导体材料中直接吸收光能主要靠电子、激子和声子等,吸收光能以后的高能电子和高能晶格振动模通过相互作用把能量转移给其他的电子和其他的晶格振动模,总的趋势是向热统计平衡态弛豫。下面就半导体材料中电子与声子、电子与

电子以及声子与声子的相互作用等问题作一些介绍。这些相互作用过程可以将吸收的非平衡能量重新分配,使之弛豫为平衡态的能量分布。

3.4.1 电子与声子相互作用引起的弛豫过程

1. 经典近似

处于平衡态的电子与声子相互作用的形式主要是耦合,耦合后的激元称为极化子。电子在晶格中运动时经常与晶格粒子相互作用(碰撞),在相互作用过程中,电子可能撞击晶格粒子,使得晶格粒子产生附加振荡,这种附加振荡的能量可以用声子来度量,这种相互作用可以称为电子与声子相互作用。在碰撞过程中,可能释放声子使电子丢失能量,也可能使电子从振动的晶格中吸收声子增加能量。

这种相互作用不但能在电子-声学声子间进行,也能在电子-光学声子间进行。声子是玻色子,不存在不相容原理,大块晶体的能量和波矢几乎是连续分布的,在电子和声子相互作用中,能量守恒和动量守恒很容易得到满足,而且,高能电子在弛豫过程中的中间态基本上都是未被占据的空态,泡利不相容原理的制约基本上可以忽略,所以其转换效率很高。

非相干(无序)的晶格声子对电子的散射作用一般使晶体材料的电导率降低;另外,电子从光场中吸收的能量通过散射将部分能量激发新声子的产生,声子数量的增加又使晶体温度升高,进而促进固体内热电子数量增加,从而提高了电导率。相干的晶格声子将对运动电子的速度和相位产生调制作用,同时,吸收光能后的电子除了将部分能量传递给声子以外,还使电子的能量直接向晶格热平衡温度弛豫。电子与声子的碰撞弛豫实际上是处于非平衡电子的动量弛豫,在经典模型中,电子的运动方程由式(3-9)表示[13]。稳态时式(3-9)中第一项为零,剩下的是速度 v 和电场 E 在稳态下的关系式,即

$$v = \frac{e\bar{\tau}_m}{m^*}E = \mu E \qquad (3-67)$$

式(1-14)中已定义 $\mu = \frac{e\bar{\tau}_m}{m^*}$ 为电子在电场中的迁移率。半导体中的电流密度定义为

$$j = nev = ne\mu E = \sigma E \qquad (3-68)$$

式中: σ 为电导率。根据式(3-67),它写成

$$\sigma = ne\mu = \frac{ne^2}{m^*}\bar{\tau}_m \qquad (3-69)$$

式(3-69)告诉我们,只要知道半导体材料的电导率,就可以知道非平衡电子的平均动量弛豫时间,也就是电子动量由非平衡态直接弛豫到与晶格平衡温度相同温度的平衡态的弛豫时间。

若只考虑激光激发造成电子的非平衡动量,在激光停照后方程式(3 - 8)有解:

$$m^* v = (m^* v)_{t=0} e^{-t/\overline{\tau}_m} \qquad (3 - 70)$$

$\overline{\tau}_m$ 的物理意义是电子动量的弛豫时间,是温度的函数,本书作为一个例子,选用文献[13]的表达式:

$$\overline{\tau}_m = \frac{l_{ac}}{\sqrt{2k_B T/m^*}} \left(\frac{\varepsilon}{k_B T} \right)^{\gamma} \qquad (3 - 71)$$

式中:l_{ac} 为电子的平均自由程,对于声学波散射,它与温度成反比;ε 为电子的能量,弛豫过程与电子声子相互作用过程有关;指数 γ 在 $-1/2$(针对声学波形变势散射)和 $3/2$(针对电离杂质散射)之间变化。对于声波散射 $l_{ac} \propto T^{-1}$,则 $\overline{\tau}_m \propto T^{-(\frac{3}{2}+\gamma)}$。总之,非平衡电子的动量弛豫时间是其能量、温度、平均自由程和散射方式的复杂函数。在某些简单情况下,$\overline{\tau}_m$ 基本上是晶体中原子振荡频率的倒数,它的典型值的数量级为 10^{-13} s。例如,在 N 型锗中,在室温下的非平衡电子的动量弛豫时间 $\overline{\tau}_m$ 就是 10^{-13} s 左右。由于激光激发,处于高能位的电子又称为热电子,这种热电子的寿命很短,很快弛豫为冷电子,所以一般参与导电的载流子都是冷电子。

2. 半经典近似

以上的讨论采用了微扰近似,强场下不一定适用,又是建筑在经典理论基础上的,但是电子是非经典粒子,服从泡利不相容原理,服从费米量子统计,用经典近似去描述又加了一层近似,为了更深入一步地理解电子与声子相互作用引起的电子能量的弛豫,有必要在本节用半经典模型研究该问题。

电子是费米子,服从泡利不相容原理,平衡态时服从费米统计分布,根据式(1 - 19),其分布函数为

$$f_0(E, T) = \left(1 + e^{\frac{E(k) - E_F}{k_B T}} \right)^{-1} \qquad (3 - 72)$$

式中:脚标"0"表示该参量是热平衡参量;E_F 为费米能;k_B 为玻耳兹曼常数;T 为温度;E 为电子的能量,它是波矢 k 的函数。由测不准关系知,一个处于热平衡的电子在一个特定时刻,它的能量是不确定的,但是它要服从热平衡统计分布。式(3 - 72)描述了一个处于热平衡的电子在一个特定时刻占据 $E(k)$ 能态的概率,或者说一个处于热平衡的电子在一个特定时刻在能量空间的波包描述。由于电子的能量 E 是波矢的函数,所以式(3 - 72)可以转换到相空间,在相空间中同样有测不准关系 $\Delta r \Delta k = 1$ 成立。如果没有外界的干扰,由式(3 - 72)描述的是处于热平衡的一个电子,其分布函数不会随时间改变,即 $df/dt = 0$。当电子与晶格声子碰撞时,$df/dt \neq 0$,它应等于由于碰撞引起的局域分布函数对时间的微商,即

$$\frac{df}{dt} = \frac{\partial f}{\partial t} \Big|_{coll} \qquad (3 - 73)$$

将式(3-73)左边作全微分展开,式(3-73)改写成

$$\frac{\partial f}{\partial t}\Big|_{coll} = \frac{\partial f}{\partial t} + \dot{\boldsymbol{r}} \cdot \nabla_r f + \dot{\boldsymbol{k}} \cdot \nabla_k f \qquad (3-74)$$

式(3-74)说明,由于电子与声子碰撞引起的局域分布函数对时间的微商除了产生电子局域分布函数随时间单纯变化以外,电子(分布函数)还在相空间内做扩散运动。式中 $\dot{\boldsymbol{r}}$ 是电子波包的群速度,根据它的定义由下式表示:

$$\dot{\boldsymbol{r}} = \nabla_k \omega(\boldsymbol{k}) = \frac{1}{\hbar} \nabla_k E(\boldsymbol{k}) \qquad (3-75)$$

式(3-74)中 $\dot{\boldsymbol{k}}$ 可由下式表示:

$$\hbar \dot{\boldsymbol{k}} = -e(\boldsymbol{E} + \dot{\boldsymbol{r}} \times \boldsymbol{B}) \qquad (3-76)$$

改写式(3-74):

$$\frac{\partial f}{\partial t} = \frac{\partial f}{\partial t}\Big|_{coll} - \dot{\boldsymbol{r}} \cdot \nabla_r f - \dot{\boldsymbol{k}} \cdot \nabla_k f \qquad (3-77)$$

式(3-77)称为电子与声子相互作用的玻耳兹曼方程。将 $\frac{\partial f}{\partial t}\Big|_{coll}$ 作线性弛豫近似,其推导过程可见本书第4章和文献[14],其表达式为

$$\frac{\partial f}{\partial t}\Big|_{coll} \cong -\frac{f - f_0}{\tau_{ep}} \qquad (3-78)$$

式中:τ_{ep} 为电子与声子碰撞弛豫时间。在式(3-77)右边第二和第三项中引进中间变量(分布函数中的电子能量)后,式(3-77)改写为

$$\frac{\partial f}{\partial t} = -\frac{f - f_0}{\tau_{ep}} - \dot{\boldsymbol{r}} \cdot \frac{\partial f}{\partial E(\boldsymbol{k})} \nabla_r E(\boldsymbol{k}) - \dot{\boldsymbol{k}} \cdot \frac{\partial f}{\partial E(\boldsymbol{k})} \nabla_k E(\boldsymbol{k}) \qquad (3-79)$$

式(3-79)又可写为

$$\frac{\partial(f - f_0)}{\partial t} = -\frac{f - f_0}{\tau_{ep}} - \frac{(f - f_0)}{\tau_{ed}} - \frac{(f - f_0)}{\tau_{es}} \qquad (3-80)$$

式中:τ_{ed} 为电子扩散弛豫时间;τ_{es} 为电子漂移运动引起的弛豫时间,它们分别为

$$\tau_{ed} = \Big[\frac{\dot{\boldsymbol{r}}}{\Delta E(\boldsymbol{k})} \cdot \nabla_r E(\boldsymbol{k})\Big]^{-1} \qquad (3-81)$$

$$\tau_{es} = \Big[\frac{\dot{\boldsymbol{k}}}{\Delta E(\boldsymbol{k})} \cdot \nabla_k E(\boldsymbol{k})\Big]^{-1} \qquad (3-82)$$

如果我们研究的物理图像是一个处在与晶格声子热平衡温度的热平衡电子,由于与声子的碰撞,电子偏离了电子的热平衡,其过程是由电子的热平衡态 f_0 向非平衡态 f 变化,则式(3-80)的解为

$$f = f + (f_0 - f) e^{-t\left(\frac{1}{\tau_{ep}} + \frac{1}{\tau_{ed}} + \frac{1}{\tau_{es}}\right)} \qquad (3-83)$$

如果一开始一个电子稍稍偏离热平衡,通过与声子的碰撞向与晶格温度相同的电子热平衡统计分布弛豫,则式(3-80)的解为

$$f = f_0 + (f - f_0) e^{-t\left(\frac{1}{\tau_{ep}} + \frac{1}{\tau_{ed}} + \frac{1}{\tau_{es}}\right)} \qquad (3-84)$$

式(3-83)和式(3-84)是两个相反的过程,弛豫时间是相同的。式(3-81)和式(3-82)给出了 τ_{ed} 和 τ_{es} 的概念, τ_{ep} 的具体表达式在本书的第4章(或文献[14])中有具体推导,不在这里重复。仅摘录其结果如下式:

$$\tau_{ep}(E) = [W(E)g(E)]^{-1} \qquad (3-85)$$

式中: $W(E)$ 为电子与声子的碰撞速率; $g(E)$ 为声子的状态密度分布函数。

作为应用,最重要的是对于弛豫时间的理解和应用。式(3-80)中描述的弛豫时间内容很丰富;而式(3-71)描述的是经典动量弛豫时间,它跟电子的平均自由程成正比,经典理论中没有说明平均自由程是由何种机理造成,应该认为包含所有碰撞机理,如电子与电子、电子与声子、电子与激子和等离体子等。每一种碰撞机理中都有一个弛豫过程,除了单纯的局地弛豫以外,扩散和漂移也会引起弛豫。如果各种碰撞机理间和各种弛豫过程间独立而不耦合,那么经典动量弛豫时间与各种半经典机理所对应的弛豫时间的关系可近似地由下式表示:

$$\frac{1}{\tau_m} \approx \sum_{i,j} \frac{1}{\tau_{ij}} \qquad (3-86)$$

式中对 i 叠加是对所有碰撞种类叠加,对 j 叠加是对某一种碰撞过程中的不同弛豫方式的叠加。由式(3-86)可以推出以下关系式成立:

$$\tau_{ij} \geqslant \tau_m \qquad (3-87)$$

值得提醒的是,从推导的过程看,真正按指数规律弛豫的弛豫时间是不存在的,上面提到的弛豫时间是线性近似,适用于电子的分布函数稍稍偏离处于当地晶格温度的电子热平衡统计分布函数,将这种偏离作为微扰。如果这个条件不成立,上面讨论的弛豫时间就不能如此简单地描述,电子与声子碰撞的电子分布函数随时间的变化只能根据式(3-77)和相应的声子玻耳兹曼方程式(3-92)联合数值求解,其方法在本书的第4章介绍,也可以参阅其他文献,如文献[14,15]等。

3.4.2　电子与电子相互作用的弛豫过程

这里研究的是电子与电子的直接碰撞,这种碰撞除了满足能量守恒和动量守恒以外,还需服从泡利不相容原理。一个系统中不能有两个电子处于同一状态,如果碰撞后满足守恒定律的两个电子的末态之一已被其他电子占据,这种碰撞不可能发生。若半导体材料处于低温,且处于热平衡状态,那么处于低位的电子态绝大部分已被电子占据,此时电子与电子的直接碰撞,由于泡利不相容原理而难以发生。电子处在晶体中,每一个电子周围都有很多正的晶格离子,有效地屏蔽该电子,使其不能向其他电子靠近。由于这两种因素,在热平衡状态下,这种碰撞平均自由程很长。就金属而言,传导电子之间的距离仅为 $2\text{Å}(1\text{Å} = 10^{-10}\text{m})$,在室温下的平均自由程却大于 10^4Å,在1K时大于 10cm[15]。在半导体中,传导电子比金属少得多,所以热平衡状态下电子之间直接碰撞的机会更少。运动的电子之间虽然直接交换能量的机会很少,但是可以通过声子的间接相互作用交换能量。这种能量交换的物理图像是一个运动的电子使附近的晶格产生了形变或极化,然后又影响另一个电子,这不是电子间的直接作用,是间接作用,在热平衡状态下这是电子与电子交换能量的主要方式。但是,当一个电子已被激光激发,产生跃迁而处于高能态时,称为热电子。若这个热电子有足够的能量,与另一个电子碰撞后,使得两个电子的终态能量均足够高,均可以找到处于较高位的未被电子占据的终态,此时电子与电子直接碰撞的概率要高得多。对于热电子弛豫,电子与电子之间的碰撞可能是一种重要的机理。对于一个吸收了激光能量的高能电子而言,它与另一个电子的碰撞,只要满足动量与能量守恒,泡利不相容原理的限制却宽松得多,因为在固体中电子的高能态空着的概率相当高,所以对于高能态电子与其他电子之间的直接碰撞必须考虑。参与碰撞的高能电子可能由激光激发进行带间跃迁,也可能是带内跃迁,这种电子高度自由,通过碰撞向激光作用下的电子统计平衡态弛豫。下面介绍形成高能电子热平衡的电子与电子的直接碰撞。

式(3-73)和式(3-74)同样适用于电子气体系统内的电子之间的碰撞,和电子与声子相互作用相同,所不同的是碰撞弛豫项的内涵,电子之间的碰撞弛豫项的表达式可以写成

$$\frac{\partial f(\boldsymbol{k})}{\partial t}\Big|_{\text{coll}} = -\sum_{\boldsymbol{k}',\boldsymbol{k}_1,\boldsymbol{k}'_1} \omega(\boldsymbol{k},\boldsymbol{k}_1,\boldsymbol{k}',\boldsymbol{k}'_1)\{f(\boldsymbol{k})f(\boldsymbol{k}_1)[1-f(\boldsymbol{k}')][1-f(\boldsymbol{k}'_1)] - [1-f(\boldsymbol{k})][1-f(\boldsymbol{k}_1)]f(\boldsymbol{k}')f(\boldsymbol{k}'_1)\}$$

(3-88)

式中:$\omega(\boldsymbol{k},\boldsymbol{k}_1,\boldsymbol{k}',\boldsymbol{k}'_1)$为单位时间内的波矢(动量)分别为$\boldsymbol{k},\boldsymbol{k}_1$的两个电子之间相互碰撞变为波矢(动量)为$\boldsymbol{k}',\boldsymbol{k}'_1$的两个电子的跃迁概率。它正比于碰撞跃迁矩阵元平方,即

$$\omega(\boldsymbol{k},\boldsymbol{k}_1,\boldsymbol{k}',\boldsymbol{k}'_1) \propto |\langle \boldsymbol{k},\boldsymbol{k}_1|W|\boldsymbol{k}',\boldsymbol{k}'_1\rangle|^2 \qquad (3-89)$$

式中:W为两个电子间的相互作用能。现在,除了晶格势场以外,还必须考虑电子之间的相互作用。相互作用的两个电子的状态波函数不是独立的,所以两个电子的初态波函数$|\boldsymbol{k},\boldsymbol{k}_1\rangle$和末态波函数$|\boldsymbol{k}',\boldsymbol{k}'_1\rangle$原则上不能用两个由式(1-3)表示的晶格势场中单个电子波函数的乘积来表示。另外,当激光引起的本征激发存在时,由于自由电子密度的增加,相互作用势也改变了,需要重新求解薛定谔方程,以得到两个电子的初态波函数$|\boldsymbol{k},\boldsymbol{k}_1\rangle$和末态波函数$|\boldsymbol{k}',\boldsymbol{k}'_1\rangle$。

在高能激光激发的高能电子气体中,如果激光的能量能保持相当时间的稳定,在此期间也会稳定地存在高能电子气体。根据热力学第二定律,高能电子气体内的电子间相互碰撞后,应向一个高能电子动态平衡态弛豫,从而形成高于晶格温度的电子温度。但是有一个问题需要考虑,如果通过电子间碰撞向一个高

能电子平衡态弛豫的弛豫时间比电子与声子碰撞弛豫到晶格温度的弛豫时间
长,高能电子平衡态是无法建立的,如果短,高能电子平衡态就能建立。一般情
况下,电子与电子平均直接碰撞弛豫时间短于电子与声子平均碰撞弛豫时间均
能成立,这种条件下,在激光与半导体材料和器件相互作用研究中,热弹性力学
的数值模拟使用双温模型是有意义的,否则便是多此一举。

　　和电子与声子相互作用一样,真正按指数衰减的弛豫时间是不存在的,即
使作了指数衰减近似,其弛豫时间的表达式仍然相当复杂。为了更好地理解
电子与电子间碰撞使得非平衡电子气体向平衡态弛豫的过程,文献[15]介绍
了如何使用蒙特卡洛方法,在光学激发的量子阱半导体结构的二维电子气体
中,对于弛豫过程作了数值模拟。模拟的结果如图 3 - 5 所示。计算中采用了
两种不同的屏蔽模型:一种是以平衡态作为背景的屏蔽模型;另一种是随时间
变化的状态屏蔽模型。从原理看,后一种更接近于真实情况。图中的温度是
在该浓度下的最终费米统计温度,总的规律是电子气的浓度越高和温度越低
弛豫时间越短。在高温和低密度下,弛豫时间较长,此时电子和晶格的双温模
型是否适用,需要推敲。图中的温度是在该浓度下的最终的费米统计温度,它
与初始条件有关,对于图中的曲线作弛豫时间 τ_{ee} 与电子气的浓度 n 的拟合,
结果如下:

$$\tau_{ee} = \begin{cases} 185\text{fs} \left(\dfrac{n}{10^{11}\text{cm}^{-2}} \right)^{-0.30} \\[4mm] 242\text{fs} \left(\dfrac{n}{10^{11}\text{cm}^{-2}} \right)^{-0.22} \end{cases} \qquad (3-90)$$

式(3 - 90)中,上式适用于随时间变化的状态作为背景的屏蔽模型,下式适用于
以平衡态作为背景的屏蔽模型。

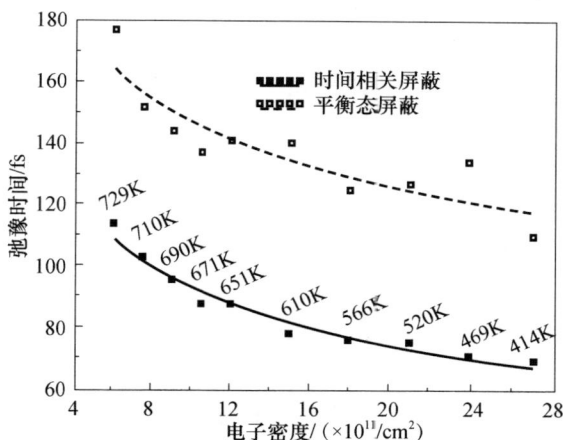

图 3 - 5　两种不同的屏蔽模型下弛豫时间与温度和电子气浓度的关系

3.4.3 声子与声子相互作用的弛豫过程

在激光与半导体相互作用的过程中,激光可以直接激发出声子,也可以激光先激发电子,然后高能电子与晶格碰撞产生声子,这种激光直接激发的声子和高能电子与晶格碰撞产生的声子,与原来的晶格声子场相互作用,均构成了声子与声子相互作用,它使得能量弛豫和重新分配,和前面两小节一样也是我们所关心的问题。下面讨论的问题是通过声子与声子相互作用如何让声子从非平衡态弛豫到新的平衡态的问题。

非平衡态声子主要来自两个方面:一是吸收了激光能量的高能电子与晶格的碰撞;二是晶格对激光的直接吸收。

对于第一个问题,文献[14]作了初步的介绍,高能电子与晶格碰撞在单位时间内使声子分布函数 g 的变化由下式表示:

$$\frac{\partial g}{\partial t}\Big|_{\text{coll}} = \sum_{k} \left[W_{eq}(\boldsymbol{k}+\boldsymbol{q} \rightarrow \boldsymbol{k}) - W_{aq}(\boldsymbol{k} \rightarrow \boldsymbol{k}+\boldsymbol{q}) \right] \tag{3-91}$$

式中: $W_{eq}(\boldsymbol{k}+\boldsymbol{q} \rightarrow \boldsymbol{k})$ 为一个高能电子通过与晶格碰撞发射一个声子的速率; $W_{aq}(\boldsymbol{k} \rightarrow \boldsymbol{k}+\boldsymbol{q})$ 为一个高能电子通过与晶格碰撞吸收一个声子的速率, $\boldsymbol{q}$ 为声子波矢, $\boldsymbol{k}$ 为电子波矢,对 $\boldsymbol{k}$ 叠加实际上是对所有电子叠加。只要具体地算出式(3-91)的结果,就能得到高能电子与晶格碰撞引起的声子非平衡态向平衡态弛豫的规律。高能电子与晶格碰撞引起的声子态随时间的变化规律服从与式(3-77)相似的玻耳兹曼方程,如下式所示:

$$\frac{\partial g}{\partial t} = \frac{\partial g}{\partial t}\Big|_{\text{coll}} - \dot{\boldsymbol{r}} \cdot \nabla_r g \tag{3-92}$$

与式(3-77)相比,式(3-92)中缺少了声子波矢的时间导数项。波矢对应动量,动量的时间导数是驱动力,驱动力对系统做功,增加了系统的能量。因为声子无质量,不存在驱动力做功的问题,所以不存在波矢的时间导数项。声子系统能量的增加,不是靠声子动量随时间的改变,而是靠声子数目的增加。式中 $\dot{\boldsymbol{r}}$ 为声速; $\nabla_r g$ 为声子分布函数在空间坐标系中的梯度,当空间温度分布不均匀时,它不等于零。将式(3-91)代入式(3-92)以后,方程式(3-92)可解。和上面的其他碰撞弛豫一样,也可得到声子分布函数随时间的变化规律,也可近似地拟合出弛豫时间的规律。需要注意的是,如果对于碰撞项不作弛豫时间近似,式(3-92)和式(3-77)是相互耦合的,应联立求解,作了弛豫时间近似后,而且认为弛豫时间是一个已知的常数,式(3-92)和式(3-77)才可以解耦。式(3-92)只是说明了电子与声子相互作用过程中声子状态的弛豫过程,它与该过程中的电子状态的弛豫是相互耦合的,所以在电子与声子相互作用的弛豫过程中,电子与声子应同时达到热平衡,式(3-92)和式(3-77)中碰撞引起的弛豫时间是相同的。

第二个问题,该过程实质上是激光激发的非平衡声子通过与其他声子的相互作用弛豫到新的声子平衡态的过程。文献[16]对于声子与声子相互作用的物理过程做了精辟的论述:"一个声子的存在或被激发将引起一个周期性的弹性应变,而这一应变通过非谐相互作用对晶体的弹性系数产生空间和时间上的调制,产生了一个运动的三维应变光栅,另一个声子会被这个运动的三维应变光栅散射,结果产生第三个声子。"这句话告诉我们,在真实的晶体中普遍存在着非谐相互作用。简谐振动和非谐振动的差别:在振子方程中位移的最高幂是二次方,描写的是简谐振动;包含位移的三次方幂或更高幂的振子方程,描写的是非谐振子。还说明了作为简谐振子的声子而言,它们之间不可能有直接的相互作用,但是可以通过非谐相互作用使得声子间的动量和能量重新分配,还可以让声子数量也产生变化。

如果激光激发的正负离子间的相对振动会影响到附近的晶格粒子的运动,实质上又变成了高能粒子与声子的相互作用,那么应该可以将电子与声子相互作用的一套处理方法移植过来。到目前为止,在我们所能接触到的文献中,尚未看到利用这个物理思想或其他的方法定量描述声子与声子相互作用过程的报道。但是根据普遍认可的经典物理规律,还是可以开展一些定性的讨论。我们不从分布函数的角度去研究,而是从晶格粒子之间的相互作用研究该问题。如何让直接被激光激发的粒子或被它们碰撞的近邻粒子从原来的运动方式过渡(或者弛豫)到新的运动方式应包含如下因素:首先是这个粒子运动产生的电磁场的变化到达近邻粒子的时间。作为粗略的估算,设两个相邻粒子间的距离为1nm(比半导体内晶格粒子间的实际距离大了一些),用电磁波在折射率为 n 的半导体材料中传播速度计算大约需要 $\frac{1}{3n} \times 10^{-17}$ s 的传输时间(其中 n 是折射率)。其次是当一个粒子运动方式改变,其电磁场改变的信息传到相邻粒子后,该粒子从开始响应到一个新的稳定的运动方式所需的时间既与粒子本身的质量有关,又与该粒子所处的背景场有关。作为该问题的最粗略的估计,该时间可以用式(3-71)作粗略估算,只要将公式中的电子质量改用离子质量,声子与声子相互作用的弛豫时间比电子与声子相互作用时间略微长一些,为 1~2 个数量级之差。作为定性分析,可以认为电磁场在粒子间传播的时间是可以忽略的。对于弛豫时间的贡献主要是后者。

不过,由式(3-92)看出,这种热平衡的建立总是跟扩散同时进行的,似乎声子能量的输运问题也可以通过式(3-92)的方法解决。其实不然,它与事实不符,例如在我们的实验中经常碰到材料的一端受到激光的照射,另一端没有激光照射,甚至与冷阱相连。实验室的经验,甚至可以说生活经验告诉我们,在同一块材料中确实有冷热之分,根据这些经验可以建立这样一个物理模型,在绝热近似的条件下,局域热平衡总是可以被认为瞬时地完成,但是在不同的温度区之

79

间还存在着不同于式（3－92）描述的扩散因素。用一个十分简单的一维模型，给出方程式（3－92）的一个解如下：

$$g - g_0 = (g - g_0)_0 e^{-\left(\frac{(z-z_0)-v(t-t_0)}{v}\right)\left(\frac{1}{\tau_{pd}}+\frac{1}{\tau_{ep}}\right)} \qquad (3-93)$$

式中：g_0 为声子态的热平衡分布；$(g-g_0)_0$ 为电子与声子相互作用的起始位置 $z=z_0$ 和初始时刻 $t=t_0$ 的声子态的非热平衡分布与热平衡分布之差；v 为声速；τ_{pd} 为声子能量扩散造成的声子分布函数的弛豫时间常数；τ_{ep} 是电子与声子碰撞相互作用造成的时间弛豫常数。从方程式（3－93）可以看出，在弛豫时间 $\tau \approx \left(\frac{1}{\tau_{pd}}+\frac{1}{\tau_{ep}}\right)^{-1} \approx 10^{-13}$ s 的时间内，声子态分布函数由非平衡向平衡的弛豫已完成了大部分，大部分能量还是集中在 $z-z_0 = v\tau_{pd}$ 的范围内。如果用声速和弛豫时间代入可以知道，虽然声子态分布函数由非平衡向平衡的弛豫已完成了大部分，但其大部分能量仍然集中在不到一个晶体原胞的范围内。可见，热平衡弛豫的局域性很强。与高温向低温的热传递引起的弛豫时间（毫秒量级）相比往往有很多个数量级之差，热平衡的瞬时性和局域性成立。从工程应用的时间角度看，与弛豫相伴的扩散影响不了宏观特性。本书要说明的是局域已热平衡的高温区的声子能是如何向低温区输运的。声子与声子相互作用过程中的声学能量输运的问题涉及热传导、热膨胀、热应力和声子波传播等一系列问题。声学能的宏观传输规律及半导体材料对声能的响应将在第7章中作详细讨论，而热传递、热膨胀、热应力等声学能输运参数已在第1章中从晶格动力学的角度开展了讨论。

3.5　载流子的复合与弛豫

载流子的产生与复合也是半导体科学的一个基本问题。产生与复合是两个共轭的过程，由于在本章的前面三小节讨论的都是产生问题，所以本节重点讨论复合问题，顺便也讨论一些产生的问题。

在热平衡下，由于热激发产生的载流子与复合湮没的载流子在单位时间内数量上是相等的，因此半导体内的载流子数量服从如1.4节描述的热平衡统计。但是热平衡统计仅是一种理想状态，或者说它仅是一种中间状态，自然界中没有绝对孤立的热平衡系统，外界的影响总是存在，即使在周围环境比较好的热平衡系统中，它也总是处于热平衡和稍微偏离热平衡状态间的起伏及来回变化。当系统中的载流子数少于该温度下的热平衡数时，热激发将补充不足的载流子数；当系统中的载流子数多于该温度下的热平衡数时，复合将系统中多余的载流子数湮没。它们均能使系统从非平衡态弛豫到平衡态。这里涉及的弛豫是粒子数的弛豫，它定义的弛豫时间是粒子的平均寿命。它不同于3.4节中的动量和能量的弛豫，该弛豫只改变能量的形式，而不改变载流子的数量。但是，这两个过程都是一个载流子体系的热平衡态和非热平衡态之间的弛豫过程,显然,这两个过程之间的关系和是否耦合等问题应引起关注。特别是当半导体材料或器件在应用中处于外电路时,有的器件会发光(如发光二极管),或在各种光的照射下会产生附加载流子(如太阳能电池和光电探测器等),这种载流子的产生和湮没在研究激光与半导体材料和器件相互作用时是不可缺少的物理概念。复合和产生是两个互逆的过程,当复合过程明白以后,产生过程会自明,下面仅从复合的角度介绍载流子数的弛豫过程。

从微观的角度看复合,复合过程大致可分为两类:①直接复合,电子在导带和价带之间直接跃迁,引起电子和空穴的直接复合。直接复合有两种结果:一种是复合后辐射一个光子,又称为辐射复合;另一种是将复合产生的能量激发另一个电子,又称为俄歇复合,这也是无辐射复合的一种形式。②间接复合,电子和空穴通过禁带中的能级—复合中心进行复合,还有与本章前半部分讨论的间接跃迁或吸收相对应的有声子参与的间接复合,包含多声子发射和级联声子发射的无辐射复合等。

3.5.1　载流子的直接复合与产生

复合实际上具有统计概念。首先电子和空穴有相遇的机会才能复合,因此复合率应正比于半导体内载流子浓度;其次是处于导带的电子返回到价带的可能性,直接返回或复合会辐射光子,这就是3.1节中带间直接吸收的逆过程,其跃迁的速率可用与式(3 - 27)相似的表达式,即 $W = \frac{2\pi}{\hbar^2}|\langle \psi_2 | \boldsymbol{H}_1 | \psi_1 \rangle|^2 g(\omega)$,式中 ψ_1 和 ψ_2 分别表示半导体内价带和导带的波函数,均可由式(1 - 3)表示,$\boldsymbol{H}_1$ 是相互作用能,$g(\omega)$ 表示联合态密度分布函数,它还包含了泡利不相容原理(式(3 - 6))。于是直接复合的复合率 R 可定义为

$$R = Wnp \tag{3 - 94}$$

式中:W 为一个电子和一个空穴的直接复合概率;n、p 分别为电子和空穴的浓度。

热平衡时,载流子的产生率就是热激发率,它由下式表示

$$G = Wn_0 p_0 = Wn_i^2 \tag{3 - 95}$$

直接跃迁的净复合率 U 为

$$U = R - G = W(np - n_i^2) \tag{3 - 96}$$

若载流子系统稍微偏离热平衡态,设 $n = n_0 + \Delta n$ 和 $p = p_0 + \Delta p$,并代入式(3 - 96),然后进一步设 $\Delta p = \Delta n$,并略去高阶小量后,得

$$U = W(n_0 + p_0)\Delta p \tag{3 - 97}$$

若非平衡载流子由激光产生,可能出现 $\Delta p = \Delta n \gg p_0$ 和 n_0 的情况,此时

$$U = W(\Delta p)^2 \tag{3 - 98}$$

观察式(3 - 97)和式(3 - 98)可以知道,由激光引起的产生率 $U \propto I$,式中 I 是激

光强度,当激光非常微弱时,由激光产生的光电导率的变化为 $\Delta\sigma \propto \Delta p \propto I$,当激光很强时,为 $\Delta\sigma \propto \Delta p \propto \sqrt{I}$,当激光在进一步增加趋近无穷大时,如果用二能级近似,与激光共振的上下能级的粒子数趋近相等,光激发的粒子数不再发生变化,光电导也不再发生变化。以上通过光的直接吸收或者直接跃迁产生载流子,分析了光强由弱变强时,光电导由线性逐渐变为饱和响应的关系。不难理解,从间接产生与复合的角度可以得到同样的规律,在 3.5.2 节不再重复。

载流子寿命一般由线性关系来定义,通过式(3-97)得到由于直接辐射复合引起的载流子寿命为

$$\tau = \frac{\Delta p}{U} = \frac{1}{W(n_0 + p_0)} \qquad (3-99)$$

理论计算得到室温时本征锗和硅中的一个电子或空穴的直接复合概率 W 和相应的寿命 τ 值如下[17]:

锗 $\qquad W = 6.5 \times 10^{-14} \text{cm}^3/\text{s} \qquad \tau = 0.3\text{s}$

硅 $\qquad W = 10^{-11} \text{cm}^3/\text{s} \qquad \tau = 3.5\text{s}$

实际上,锗和硅材料中的载流子寿命比上述理论数据短得多,说明还有其他复合机制在起着作用,这就是下面要介绍的间接复合机制。

3.5.2 载流子的级联(复合中心)复合

这里所说的级联复合主要讨论的是通过复合中心复合同时发射光子,即载流子复合的过程不是导带中的电子与价带中的空穴一次性复合,而是通过禁带中由杂质或缺陷形成的能级多次级联复合。我们将晶体中的空位、位错、滑移和表面态等统称为缺陷。

半导体材料一般可分为本征半导体和掺杂半导体,当掺杂浓度小于等于 10^{14}cm^{-3} 时称为本征半导体。这说明即使在本征半导体内,杂质的含量也是十分丰富的,还有晶格缺陷,受目前的制造水平限制,是无法克服的。虽然制造商们想尽一切办法控制杂质和缺陷,但由于当时工艺水平的限制,半导体中含有杂质和缺陷是难免的。受周期性晶格调制的电子能级按照物理规律均分布于价带或导带内,而杂质是无规则分布的,受它的势能调制的电子能级一般无规则地散布于禁带、导带和价带中。受杂质和缺陷势能调制的电子或空穴在禁带中的能级提供了级联(复合中心)复合通道。复合中心的复合当然可以是单个复合中心的级联复合,也可以是多个复合中心的级联复合,下面以单个复合中心的复合来讨论载流子的级联复合的问题。

单一复合中心的电子俘获率为

$$R = C_n n (1 - f) \qquad (3-100)$$

式中:$f = N_r^X / N_r$ 为中心呈中性(被占有)的概率;N_r 为复合中心的总浓度;N_r^X 为被电子占有的复合中心的浓度,式(3-100)中的占有概率 f 服从费米分布;n 为

一个电子占有复合中心能级的概率;$C_n = N_r v \sigma_r$;v 为电子速度;σ_r 为复合中心的俘获截面。复合中心的电子热发射率可表示为

$$G = C_n' f \tag{3-101}$$

式中:C_n'/N_r 为每个复合中心的热电离概率。在无光照的热平衡条件下,$G = R$,由式(3-100)和式(3-101)得到总的复合中心的热电离概率和热复合概率之比为

$$C_n'/C_n = n(1-f)/f = n e^{(E_D - E_F)/k_B T} \tag{3-102}$$

式中:f 已用式(1-20)代入。值得注意,这里定义的 n 是复合中心能级上电子占有的概率,式(1-20)定义的是在每个量子态上占有的概率,第 1 章中为了说明电子气体的性质,所以自旋因子统一为"2",这里的电子是禁带中杂质粒子的电子,式(3-102)中 $n/f = g_D$ 称为自旋简并因子,它取决于杂质的种类。在非简并半导体中,式(3-102)的右侧等于 $g_D N_C e^{(E_F - E_C)/k_B T} e^{(E_D - E_F)/k_B T} = g_D N_C e^{(E_D - E_C)/k_B T} = g_D n_1$ 即 $C_n'/C_n = g_D n_1$,其中 $n_1 \equiv N_C e^{(E_D - E_C)/k_B T}$,当复合中心能级 E_D 与费米能级重合时,它就是导带电子密度。

在激光等光源的照明下所造成的非平衡电子,其单一复合中心的净复合率等于复合减去产生,即

$$\Delta n/\tau_n = R - G = C_n [n(1-f) - g_D n_1 f] \tag{3-103}$$

式中:Δn 为非平衡电子浓度;τ_n 为非平衡电子的寿命。非平衡空穴的单一复合中心的净复合率可以用同样的方式得到,即

$$\Delta p/\tau_p = C_p [pf - g_A p_1 (1-f)] \tag{3-104}$$

式中:$p_1 = N_V e^{(E_V - E_D)/k_B T}$,可见 $n_1 p_1 = n_i^2$。在式(3-103)和式(3-104)中消去 f,然后利用稳定辐照时,应有 $\Delta n/\tau_n = \Delta p/\tau_p$ 成立的条件,并简记为 $\Delta n/\tau$,可得

$$\Delta n/\tau = \frac{C_n C_p (np + n_i^2)}{C_n (n + g_D n_1) + C_p (p + g_A p_1)} \tag{3-105}$$

复合中心复合还有其他形式,除了单个复合中心以外,还应有多个复合中心的级联复合,以及表面复合。表面与体内不同点主要在于表面态,还有许多加工缺陷和吸附的杂质等多于体内,所以表面的复合中心的密度高于体内的密度,复合中心的复合得到了加强,复合中心复合的理论完全适用于表面复合效应。当然,还有伴随声子发射或吸收的复合过程,它与本章前半部分间接吸收或跃迁在物理图像上是共轭的,在理论上可以相互借鉴。

3.5.3 载流子的辐射复合与温度和辐射场的关系

理论上解决一个问题都是依赖一种模型,所得结论只能说明与此模型相关的问题。解决实际问题时往往不知道如何正确应用哪种模型来说明问题。具体地说,当遇到半导体内的复合问题时,应该使用导带电子向价带一次性复合的模型还是复合中心复合的模型,尚未见到这方面的讨论,但必须回答这个问题,告诉读者在什么样的情况下该使用复合中心复合的模型,在什么样的情况下该

使用导带电子向价带一次性复合的模型。回答这个问题的关键是等待复合的那个电子具有多少辐射各种波长光子的能力,答案的选择显然与半导体材料的结构、温度和辐射场相关。

半导体中载流子产生与复合的过程都是物质与辐射场相互作用的过程,在物理图像上是相互共轭的过程。先研究直接辐射复合,其净复合率由式(3-96)描述,其中辐射场和参与复合的载流子相互作用引起的复合速率 W 由式(3-27)描述,式(3-105)的 C_p 和 C_n 中均包含复合中心的俘获截面,它们均正比于相互作用能的平方。如果用偶极子近似,相互作用能为 $qr \cdot E$,其中 E 就是辐射场的振幅,它的平方正比于辐射强度。考虑到导带中的电子和价带中的空穴热弛豫时间很短,一般参与复合的载流子很接近于热平衡,因此它的辐射强度谱可用黑体近似,即

$$u(\nu, T) = \frac{8\pi\nu^2}{c^3} \frac{h\nu}{e^{h\nu/k_B T} - 1}$$

通常情况下,室温(300K)下的黑体辐射谱用图3-6右上角插图表示。为了说明问题我们给出了对数纵坐标的黑体辐射谱(图3-6)。横坐标辐射的能量 $h\nu$ 以 eV 为单位,纵坐标用式(1-79)计算,用国际单位表示。由于我们讨论的禁带宽度,杂质能级与导带底和价带顶的能量间隔,均大于辐射能谱的极大值,图3-6可以看出,大于辐射能谱的极大值后,随着辐射能量的增加,辐射强度迅速减小,这个规律决定了通过复合中心的复合率高于导带与价带间的直接复合的复合率。

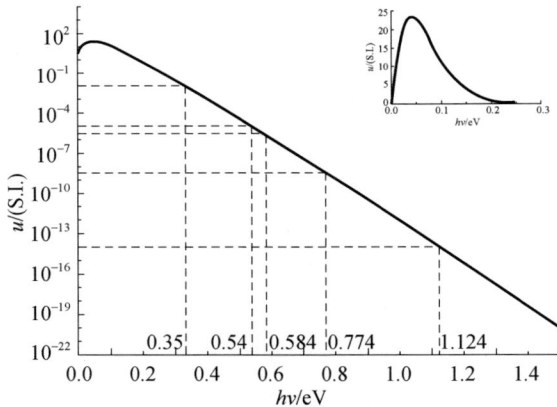

图3-6 室温下的黑体辐射谱

文献[17]中给出了一个实例,在掺金的硅中,金是硅中的深能级杂质,在禁带中形成双重能级,位于导带底以下0.54eV(价带顶以上0.584eV)处的受主能级 E_{tA} 和位于价带顶以上0.35eV(导带底以下0.774eV)处的施主能级 E_{tD}。但是金在硅中的两个能级不是同时起作用的,在 N 型硅中,只要浅施主杂质不是

太少,费米能级总是比较接近导带的,电子基本上填满了金的能级,金接受电子成为 Au^- ,只有受主能级起作用;而在 P 型硅中,金能级基本上是空的,金施放电子成为 Au^+ ,在 P 型硅中只有施主能级起作用。无论在 N 型硅还是在 P 型硅中,金都是有效的复合中心,在 N 型硅中,金负离子对空穴的俘获系数 W_P 决定了少数载流子的寿命,而在 P 型硅中,金正离子对电子的俘获系数 W_N 决定了少数载流子的寿命。

　　首先在理论上,我们利用辐射与半导体材料相互作用的原理,分析直接辐射复合、N 型硅和 P 型硅复合中心的间接辐射复合三种方式的载流子寿命。

　　将导带中的电子气体看成 300K 的黑体,如果直接复合,该电子必须发射能量超过禁带宽度 1.124eV 的光子,才能有条件直接跃迁到导带,图 3 - 6 中对应禁带宽度 1.124eV 处相对辐射强度约为 9.0098×10^{-15} ,说明处于 300K 的电子辐射能量为 1.124eV 的光子的能力很弱。通过复合中心的间接复合过程,电子从导带自发跃迁到价带都是分两步,在 N 型硅中分成 0.54eV 和 0.584eV 两步,它们对应的相对辐射强度分别为 1.3427×10^{-5} 和 2.2836×10^{-6} ;在 P 型硅中分成 0.774eV 和 0.35eV 两步,它们对应的相对辐射强度分别为 3.2358×10^{-9} 和 8.8×10^{-3} ,处于 300K 的电子气体辐射中,辐射这四种能量的能力均大大高于直接辐射复合。

　　载流子在各个能级上的寿命与跃迁速率 W 和复合中心的俘获截面 σ_r 成反比,而 W 和 σ_r 又与相对辐射强度 $u(\nu,T)$ (式(1 - 79))成正比。于是可以算出图 3 - 6 所示的五个能级处 300K 的电子寿命之比为

$$\tau_{0.35} : \tau_{0.54} : \tau_{0.584} : \tau_{0.774} : \tau_{1.124} = 1 : 6.553 \times 10^2 : 3.854 \times 10^3 : 2.720 \times 10^6 : 9.767 \times 10^{11}$$

复合过程是以载流子寿命为弛豫常数的弛豫过程,如果一个总的弛豫过程由两个子过程组成,那么总的弛豫常数与子过程弛豫常数间服从式(3 - 86),即

$$\frac{1}{\tau_{1+2}} = \frac{1}{\tau_1} + \frac{1}{\tau_2}$$

由此可以得到直接辐射复合、N 型硅和 P 型硅复合中心的级联辐射复合三种方式的载流子寿命之比为

$$\tau_{1.124} : \tau_{0.54+0.584} : \tau_{0.35+0.774} = 9.767 \times 10^{11} : 2.720 \times 10^6 : 5.601 \times 10^2$$

$$(3 - 106)$$

　　有人用实验方法[17]在室温下确定了:

$$W_P = 1.15 \times 10^{-7} cm^3/s; \quad W_N = 6.3 \times 10^{-8} cm^3/s \qquad (3 - 107)$$

假定硅中金的浓度为 $N_t = 5 \times 10^{15} cm^{-3}$,则 N 型硅和 P 型硅中少数载流子在室温下的寿命为

$$\tau_p = \frac{1}{N_t W_P} \approx 1.7 \times 10^{-9} s; \quad \tau_n = \frac{1}{N_t W_N} \approx 3.2 \times 10^{-9} s \qquad (3 - 108)$$

　　一般情况下,半导体硅在室温下工作,由文献[17]提供的导带中电子一次

性向价带直接辐射复合的寿命为 3.5s。利用辐射与半导体材料相互作用的原理分析,式(3-106)预言 N 型硅的复合中心的复合寿命 $\tau_{0.54+0.584}$ 比直接辐射复合寿命 $\tau_{1.124}$ 短了五个半数量级,与实验推断的式(3-108)中的 τ_n 则比导带中电子直接辐射复合的寿命为 3.5s 小了九个量级;式(3-106)预言 P 型硅的复合中心的复合寿命 $\tau_{0.35+0.774}$ 比一次性向价带直接辐射复合寿命 $\tau_{1.124}$ 小了九个多数量级,与实验推断的式(3-108)中的 τ_p 比导带中电子一次性向价带直接辐射复合的寿命为 3.5s 也小了九个多数量级。以上通过理论分析和实验证明,在硅中的间接复合中心的复合与一次性向价带直接辐射复合相比,间接的复合中心的复合将起主要作用,一次性向价带直接辐射复合的作用可以忽略。在此情况下,仅用式(3-105)代表载流子的复合,在数值模拟中仅使用式(3-105),而忽略直接复合是完全合理的。

以上的理论分析过程没有考虑激发,预言的是单纯复合的规律。如果要预言净复合率的规律,仅需在式(3-99)的 W 和在式(3-105)的 C_p 和 C_n 中考虑半导体材料和热辐射场的相互作用。如果仅仅为了判断一次性向价带直接复合和辐射中心复合哪个为主,以上的讨论就已足够。同时根据以上的讨论,也可以得到一个规律性的认识:当半导体的禁带宽度所对应的能量值远离工作温度下的黑体辐射谱的峰值时,与复合中心的间接复合相比,一次性向价带直接辐射复合对于复合的贡献可以忽略不计。关键的问题需要针对具体的问题需要作具体的分析和论证。例如,在锑化铟($E_g=0.18eV$)和碲($E_g=0.3eV$)等小禁带宽度的半导体中,电子一次性由导带向价带直接辐射复合的速率可能有所提高,而且小禁带宽度的半导体的工作温度可能下降到 77K。利用维恩位移定律计算出典型半导体工作温度下的黑体峰值波长及其对应的辐射光子能量如下:

工作温度	黑体峰值波长	对应的辐射光子能量
300K	9.66μm	0.128eV
77K	37.6μm	0.033eV

发现 77K 时黑体的峰值波长对应的能量值也变小,此时小禁带宽度的半导体锑化铟和碲的禁带宽度所对应的能量值是否已远离工作温度下的黑体辐射谱的峰值,如果也同时存在复合中心的间接复合,需要判断哪个更占优势,看来利用上面介绍的方法作具体分析应该是必要的。

最后还要强调一点,复合中心复合为主适用于自发复合跃迁,即在激光关闭期间适用。在激光作用期间,如果激光光子能量正好等于禁带宽度,将会产生受激共振复合跃迁,此时带间直接复合比间接复合强得多。但是一般情况下,激光光子的能量总要大于禁带宽度,被激发的电子在导带中成为热电子,热电子被受激共振复合跃迁的时间为 $10^{-9}\sim10^{-7}s$ 数量级,而热电子碰撞弛豫到导带底成为冷电子的弛豫时间为 $10^{-13}s$ 数量级,也就是说热电子还来不及被受激共振复合跃迁,就已变成了冷电子,冷电子与激光之间不存在共振关系,对于冷电子而言主要也是自发复合辐射,复合中心复合仍为主要的复合机制。

参考文献

[1] 沈学础. 半导体光谱和光学性质[M]. 2版. 北京:科学出版社,2002.

[2] Shen Y R. The Principles of Nonlinear Optics[M]. New York:John Wiley & Sons, 1984.

[3] Martin Dressel,George Grüner. Electrodynamics of Solids[M]. Cambridge:Cambridge University press,2002.

[4] 孙承伟,等. 激光辐照效应[M]. 北京:国防工业出版社,2002.

[5] 张光寅,蓝国祥. 晶格振动光谱学[M]. 北京:高等教育出版社,1991.

[6] Damzen M J,Vlad I,Babin V,et al. Stimulated Brillouin Scattering Fandamentals and Applicattions[J]. Bristol and Philadephia,2003.

[7] Faris Gregory W,Jusinski Leonard E,Hickman A Peat. High - resolution stimulated Brillouin gain spectroscopy in glasses and crystals[J]. Journal of the Optical Society of America B - Optical physics,1993,10(4).

[8] 郭少锋. 强激光对光学材料的破坏机制[D]. 长沙:国防科技大学,2003.

[9] 邓少永. 纵向受激布里渊散射的数值模拟与实验研究[D]. 长沙:国防科技大学,2006.

[10] 程开甲. 固体物理学[M]. 北京:人民教育出版社,1960.

[11] 常铁强,等. 激光等离子体相互作用与激光聚变[M]. 长沙:湖南科学技术出版社,1991.

[12] Landauh L D,Lifshizh E M. Electrodynamics of continuous media[M]. 2nd Edition. New York:Pergamon Press,1984.

[13] Seeger K. 半导体物理学[M]. 北京:人民教育出版社,1980.

[14] Otfried Madelung. Introduction to Solid - State Theory[M]. 3rd Edition. Berlin:Springer,1996.

[15] Haug H,Jauho A P. Quantum kinetics in transport and optics of semiconductors[M]. Berlin:Springer,1998.

[16] Kittel C. 固体物理导论[M]. 项金钟,吴兴惠,译. 北京:化学工业出版社,2005.

[17] 刘恩科,朱秉升,罗晋生. 半导体物理学[M]. 北京:电子工业出版社,2003.

第4章

半导体中的载流子输运

半导体中的载流子输运讨论的是在外部因素(电场、磁场、浓度梯度及温度梯度等)和内部因素(各种热弛豫机制)的共同作用下,电荷及能量的输运问题以及由此出现的一些物理现象。载流子输运理论是各种半导体器件工作的理论基础,激光辐照下光电探测器电信号变化的决定性因素之一就是半导体中的载流子输运特性。

针对不同情况,常用的输运模型有量子输运模型、玻耳兹曼输运模型、以能量平衡模型为基础的流体动力学方程以及最简单的漂移扩散模型。

量子输运模型利用量子多体理论研究输运现象,是描述输运问题的基础模型。由于体系复杂,所需要的计算量极大,所以目前主要用于研究纳米电子器件的输运问题[1-3]。

其他的输运模型都是量子输运模型不同程度的近似。玻耳兹曼输运模型在描述载流子的漂移扩散运动时采用了牛顿力学的近似,但是在描述热弛豫机制对分布函数变化的贡献(即碰撞项)时则保留了量子力学的描述方式。所以玻耳兹曼输运模型是一种半经典的近似方法。这种近似方法的理由可以简单地表述:微观粒子之间的碰撞过程是高度量子化的过程,其行为不能用经典理论进行很好的描述,所以保留量子化的描述方式是必要的;载流子在较弱外场中的运动可以用准经典理论进行较好的描述。由此可以看出,当器件的量子效应明显、其内部的电子运动不能用经典力学近似时,玻耳兹曼模型将不再适用。与量子输运模型不同,在玻耳兹曼输运模型中并不能得到载流子的能级信息和散射特征,相反,这些信息必须通过其他方法得到之后,被用作求解玻耳兹曼模型的输入参数。

在特定的条件下,玻耳兹曼输运模型可以近似为以统计平均量表示的微分方程组。从粒子动量的角度来看,载流子浓度、电流密度、能量密度和能流密度可以分别视为动量的 1~4 阶量。对玻耳兹曼模型截断到前 4 阶就得到流体动力学模型[4];截断到前 2 阶则得到漂移扩散模型[5]。在漂移扩散和流体动力学模型中,不再出现微观粒子之间的碰撞项,载流子的各种散射效应体现在载流子的迁移率、扩散系数和产生复合率等统计参数之中。

与玻耳兹曼输运模型相比,流体动力学模型和漂移扩散模型简化了对动量空间的处理,认为载流子在动量空间中始终处于平衡态,从而利用平衡态系统的方法来处理问题。因此,这两个模型也可以称为"平衡态"模型;相对应地,量子输运模型和玻耳兹曼输运模型可以称为"动力学"模型。

流体动力学模型和漂移扩散模型都是关于载流子输运的经典模型。与玻耳兹曼输运模型相比,它们需要更多的输入参数,有更大的局限性,但是模型的复杂程度也大大降低了。

其中,漂移扩散模型是最简单的模型,它能给出载流子的浓度和电流密度分布信息。对于一般状态下的传统器件,如 P – N 结、MOS 结构等,利用漂移扩散模型就可以获得比较好的结果。但是由于漂移扩散模型中没有关于能量流动的描述,所以在某些情况下,如需要考虑温度梯度时,就需要做一定的修正甚至不适用。

如果能量流动效应比较显著,可考虑采用流体动力学模型,如脉冲激光导致的热载流子效应等。而玻耳兹曼模型可以用来研究载流子达到准平衡状态之前的动力学过程,适用于研究时间尺度很短的物理过程。如果输运过程中的量子效应十分明显,如宽度为数埃的量子阱中的载流子输运问题,就需要采用量子输运模型来描述。

上述几个模型之间的关系可以用图 4 – 1 表示,图 4 – 1 由上至下,模型的复杂程度依次降低。

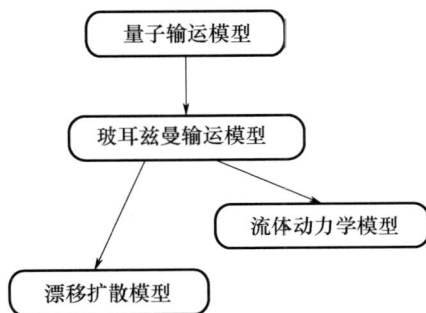

图 4 – 1　各种输运模型的关系示意图

本书在研究激光辐照下半导体器件内的输运问题时,针对的是传统半导体器件而不是纳米器件,在选择输运模型时,目前主要使用相对简单的"平衡态"模型。考虑到能量平衡模型的流体动力学方程可以用基于采用弛豫时间近似的稳态玻耳兹曼方程导出,因此本章 4.1 节介绍玻耳兹曼方程(玻耳兹曼输运模型中的最重要方程),4.2 节基于采用弛豫时间近似的稳态玻耳兹曼方程导出能量平衡模型的流体动力学方程,4.3 节中通过进一步简化得到漂移扩散模型。在 4.4 节中,重点介绍漂移扩散模型的数值求解方法。

4.1 玻耳兹曼方程

导致电子波矢 k 变化的因素可以分为外部因素和内部因素。外部因素包括电场、磁场及温度梯度等,它导致的波矢 k 变化是有方向性的,例如在外电场 E 的作用下,波矢 k 将按式(4-1)变化。外部因素导致的波矢 k 的变化使得电子的分布偏离热平衡态:

$$\frac{\mathrm{d}\boldsymbol{k}}{\mathrm{d}t} = -\frac{q}{\hbar}\boldsymbol{E} \qquad (4-1)$$

式中:q 为单位电荷。

内部因素主要指由杂质、缺陷及晶格振动所引起的散射,它引起的 k 状态的变化在方向上是随机的,其结果是使电子状态分布恢复到热平衡状态。在外部因素和内部因素的共同作用下,有可能使电子状态达到稳态分布。

为了计算流过半导体的电流,需要先求出电子状态分布函数,即电子在各能量状态中的分布情况。这里采用半经典的方法来讨论电子状态分布函数。把电子看成是一个波包,因此可以引进由空间坐标 r 及波矢 k 所组成的相空间。在相空间中,分布函数 $f(\boldsymbol{r},\boldsymbol{k},t)$ 表示 t 时刻在 $(\boldsymbol{r},\boldsymbol{k})$ 点附近单位体积中一种自旋的电子数。这样,t 时刻在空间坐标 r 处的电子浓度 $n(\boldsymbol{r},t)$ 及电流密度 $J(\boldsymbol{r},t)$ 可分别表示成

$$n(\boldsymbol{r},t) = \frac{2}{(2\pi)^3}\int_{\mathrm{BZ}}f(\boldsymbol{r},\boldsymbol{k},t)\,\mathrm{d}\boldsymbol{k} \qquad (4-2)$$

$$\boldsymbol{J}(\boldsymbol{r},t) = -\frac{2q}{(2\pi)^3}\int_{\mathrm{BZ}}\boldsymbol{v}(\boldsymbol{k})f(\boldsymbol{r},\boldsymbol{k},t)\,\mathrm{d}\boldsymbol{k} \qquad (4-3)$$

这里 2 是考虑到每个 k 状态可以存在两个自旋相反的电子;积分号下的 BZ 表示积分在简约布里渊区内进行。这样,只要求出电子分布函数,就可得到流过半导体的电流密度。

4.1.1 玻耳兹曼方程

根据统计物理学中的刘维(Liouville)定理,对于电子系统,如果没有因散射而引起的电子状态的改变,则在 $(\boldsymbol{r},\boldsymbol{k})$ 相空间中,t 时刻位于点 $(\boldsymbol{r},\boldsymbol{k})$ 附近的电子分布函数,和 $t+\mathrm{d}t$ 时刻位于点 $(\boldsymbol{r}+\dot{\boldsymbol{r}}\mathrm{d}t,\boldsymbol{k}+\dot{\boldsymbol{k}}\mathrm{d}t)$ 附近的电子分布函数相等,即

$$f(\boldsymbol{r},\boldsymbol{k},t) = f(\boldsymbol{r}+\dot{\boldsymbol{r}}\mathrm{d}t,\boldsymbol{k}+\dot{\boldsymbol{k}}\mathrm{d}t,t+\mathrm{d}t) \qquad (4-4)$$

如果考虑到杂质、缺陷及晶格振动对电子的散射,相应相体积元中的电子数将发生变化,这时分布函数应写成

$$f(\boldsymbol{r}+\dot{\boldsymbol{r}}\mathrm{d}t,\boldsymbol{k}+\dot{\boldsymbol{k}}\mathrm{d}t,t+\mathrm{d}t) - f(\boldsymbol{r},\boldsymbol{k},t) = \left(\frac{\partial f}{\partial t}\right)_c \mathrm{d}t \qquad (4-5)$$

式中：$\left(\dfrac{\partial f}{\partial t}\right)_c \mathrm{d}t$ 为散射引起的分布函数的变化。对 $f(\boldsymbol{r} + \dot{\boldsymbol{r}}\mathrm{d}t, \boldsymbol{k} + \dot{\boldsymbol{k}}\mathrm{d}t, t + \mathrm{d}t)$ 作泰勒级数展开，且只取到时间 t 的一次项，则有

$$\frac{\partial f}{\partial t} + \dot{\boldsymbol{r}} \, \nabla_r f + \dot{\boldsymbol{k}} \, \nabla_k f = \left(\frac{\partial f}{\partial t}\right)_c \qquad (4-6)$$

若令

$$\left(\frac{\partial f}{\partial t}\right)_d = -\dot{\boldsymbol{r}} \, \nabla_r f - \dot{\boldsymbol{k}} \, \nabla_k f \qquad (4-7)$$

则式（4-6）可改写成

$$\frac{\partial f}{\partial t} = \left(\frac{\partial f}{\partial t}\right)_d + \left(\frac{\partial f}{\partial t}\right)_c \qquad (4-8)$$

式（4-8）表示在相空间中，相点 $(\boldsymbol{r}, \boldsymbol{k})$ 处的分布函数的随时间变化率 $\dfrac{\partial f}{\partial t}$ 由两项组成。第一项是 $\left(\dfrac{\partial f}{\partial t}\right)_d$，表示由外部因素导致的在点 $(\boldsymbol{r}, \boldsymbol{k})$ 附近体积元 $\mathrm{d}\boldsymbol{r}\mathrm{d}\boldsymbol{k}$ 内的电子数变化，包括外力（如外电场）的贡献项 $-\dot{\boldsymbol{k}} \, \nabla_k f$ 和浓度或温度梯度引起的电子数在坐标空间中的不均匀分布所产生的贡献项 $-\dot{\boldsymbol{r}} \, \nabla_r f$。常称 $\left(\dfrac{\partial f}{\partial t}\right)_d$ 为漂移扩散项。第二项是 $\left(\dfrac{\partial f}{\partial t}\right)_c$，表示由散射引起的同一相体积元内的电子数变化，由于常把散射形象地看成是电子与杂质、缺陷及声子间的碰撞，故常称 $\left(\dfrac{\partial f}{\partial t}\right)_c$ 为碰撞项。

如果令 $W(\boldsymbol{k}, \boldsymbol{k}')$ 表示处在 $\boldsymbol{k}$ 状态的电子在单位时间内被散射至 $\boldsymbol{k}'$ 状态的概率，则在单位时间内从相点 $(\boldsymbol{r}, \boldsymbol{k})$ 附近 $\mathrm{d}\boldsymbol{r}\mathrm{d}\boldsymbol{k}$ 体积元被散射出来的电子数应为

$$a\mathrm{d}\boldsymbol{r}\mathrm{d}\boldsymbol{k} = \mathrm{d}\boldsymbol{r}\mathrm{d}\boldsymbol{k} \frac{V}{(2\pi)^3}\int_{\mathrm{BZ}} W(\boldsymbol{k}, \boldsymbol{k}')f(\boldsymbol{r}, \boldsymbol{k}, t)[1 - f(\boldsymbol{r}, \boldsymbol{k}', t)]\mathrm{d}\boldsymbol{k}' \qquad (4-9a)$$

式中：V 为半导体的体积。这里考虑了泡利不相容原理，只有当 $\boldsymbol{k}'$ 状态是空的情况下，电子才能被散射至 $\boldsymbol{k}'$ 状态。同样，在单位时间内，从其他各相点被散射而进入相点 $(\boldsymbol{r}, \boldsymbol{k})$ 附近体积元 $\mathrm{d}\boldsymbol{r}\mathrm{d}\boldsymbol{k}$ 内的电子数应为

$$b\mathrm{d}\boldsymbol{r}\mathrm{d}\boldsymbol{k} = \mathrm{d}\boldsymbol{r}\mathrm{d}\boldsymbol{k} \frac{V}{(2\pi)^3}\int_{\mathrm{BZ}} W(\boldsymbol{k}', \boldsymbol{k})f(\boldsymbol{r}, \boldsymbol{k}', t)[1 - f(\boldsymbol{r}, \boldsymbol{k}, t)]\mathrm{d}\boldsymbol{k}' \qquad (4-9b)$$

这样，因散射而使处于 $(\boldsymbol{r}, \boldsymbol{k})$ 相点的电子分布函数 $f(\boldsymbol{r}, \boldsymbol{k}, t)$ 随时间的变化率可表示成

$$
\begin{aligned}
\left(\frac{\partial f}{\partial t}\right)_c &= b - a \\
&= \frac{V}{(2\pi)^3}\int_{\mathrm{BZ}} \{ W(\boldsymbol{k}', \boldsymbol{k})f(\boldsymbol{r}, \boldsymbol{k}', t)[1 - f(\boldsymbol{r}, \boldsymbol{k}, t)] - \\
& \qquad W(\boldsymbol{k}, \boldsymbol{k}')f(\boldsymbol{r}, \boldsymbol{k}, t)[1 - f(\boldsymbol{r}, \boldsymbol{k}', t)] \} \mathrm{d}\boldsymbol{k}'
\end{aligned}
\qquad (4-10)
$$

考虑到热平衡时,散射作用仍然存在,但散射作用不应使电子分布函数发生变化,即 $\left(\dfrac{\partial f}{\partial t}\right)_c = 0$。热平衡时电子分布函数应变成费米分布函数 $f_0[E(\boldsymbol{k})]$,这样,由式(4-10),不难有

$$W(\boldsymbol{k}',\boldsymbol{k})\,\mathrm{e}^{E(\boldsymbol{k})/k_{\mathrm{B}}T} = W(\boldsymbol{k},\boldsymbol{k}')\,\mathrm{e}^{E(\boldsymbol{k}')/k_{\mathrm{B}}T} \tag{4-11}$$

如果考虑的散射过程是弹性散射,也即在散射前后电子能量保持不变:$E(\boldsymbol{k}) = E(\boldsymbol{k}')$,则从式(4-11),可得

$$W(\boldsymbol{k}',\boldsymbol{k}) = W(\boldsymbol{k},\boldsymbol{k}') \tag{4-12}$$

假设在非平衡态情况下,电子的散射概率仍然保持不变,与平衡态时相同,则把式(4-12)代入式(4-10),可得

$$\left(\frac{\partial f}{\partial t}\right)_c = \frac{V}{(2\pi)^3}\int_{\mathrm{BZ}} W(\boldsymbol{k},\boldsymbol{k}')[f(\boldsymbol{r},\boldsymbol{k}',t) - f(\boldsymbol{r},\boldsymbol{k},t)]\,\mathrm{d}\boldsymbol{k}' \tag{4-13}$$

通过上述处理,可以得到非平衡态下电子分布函数的方程,即

$$\frac{\partial f(\boldsymbol{r},\boldsymbol{k},t)}{\partial t} = -\boldsymbol{\nu}\cdot\nabla_r f - \frac{\boldsymbol{F}}{h}\cdot\nabla_k f + \frac{V}{(2\pi)^3}\int_{\mathrm{BZ}} W(\boldsymbol{k},\boldsymbol{k}')[f(\boldsymbol{r},\boldsymbol{k}',t) - f(\boldsymbol{r},\boldsymbol{k},t)]\,\mathrm{d}\boldsymbol{k}'$$

$$\tag{4-14}$$

式(4-14)常称为玻耳兹曼输运方程,它是一个积分-微分方程,这是半经典输运理论的一个基本方程,它容许粒子同时具有确定的坐标 $\boldsymbol{r}$ 和动量 $h\boldsymbol{k}'$,但散射概率 $W(\boldsymbol{k},\boldsymbol{k}')$ 需要由量子力学得到。

不难得到稳态情况下的玻耳兹曼方程:

$$\boldsymbol{\nu}\cdot\nabla_r f + \frac{\boldsymbol{F}}{h}\cdot\nabla_k f = \frac{V}{(2\pi)^3}\int_{\mathrm{BZ}} W(\boldsymbol{k},\boldsymbol{k}')[f(\boldsymbol{r},\boldsymbol{k}') - f(\boldsymbol{r},\boldsymbol{k})]\,\mathrm{d}\boldsymbol{k}' \tag{4-15}$$

4.1.2　弛豫时间近似

如果把非平衡时的电子分布函数 $f(\boldsymbol{r},\boldsymbol{k})$ 写成

$$f(\boldsymbol{r},\boldsymbol{k}) = f_0[E(\boldsymbol{k})] + g(\boldsymbol{r},\boldsymbol{k}) \tag{4-16}$$

则在弹性散射情况下,式(4-13)可进一步写成

$$\begin{aligned}
\left(\frac{\partial f}{\partial t}\right)_c &= \frac{V}{(2\pi)^3}\int_{\mathrm{BZ}} W(\boldsymbol{k},\boldsymbol{k}')[g(\boldsymbol{r},\boldsymbol{k}') - g(\boldsymbol{r},\boldsymbol{k})]\,\mathrm{d}\boldsymbol{k}' \\
&= \frac{V}{(2\pi)^3}g(\boldsymbol{r},\boldsymbol{k})\int_{\mathrm{BZ}} W(\boldsymbol{k},\boldsymbol{k}')\left[\frac{g(\boldsymbol{r},\boldsymbol{k}')}{g(\boldsymbol{r},\boldsymbol{k})} - 1\right]\mathrm{d}\boldsymbol{k}' \\
&= [f(\boldsymbol{r},\boldsymbol{k}) - f_0]\frac{V}{(2\pi)^3}\int_{\mathrm{BZ}} W(\boldsymbol{k},\boldsymbol{k}')\left[\frac{g(\boldsymbol{r},\boldsymbol{k}')}{g(\boldsymbol{r},\boldsymbol{k})} - 1\right]\mathrm{d}\boldsymbol{k}' \\
&= -\frac{f(\boldsymbol{r},\boldsymbol{k}) - f_0}{\tau(\boldsymbol{r},\boldsymbol{k})}
\end{aligned} \tag{4-17}$$

这里已令

$$\frac{1}{\tau(\boldsymbol{r},\boldsymbol{k})} = \frac{V}{(2\pi)^3}\int_{BZ} W(\boldsymbol{k},\boldsymbol{k}')\left[1 - \frac{g(\boldsymbol{r},\boldsymbol{k}')}{g(\boldsymbol{r},\boldsymbol{k})}\right]\mathrm{d}\boldsymbol{k}' \qquad (4-18)$$

这样,弹性散射情况下玻耳兹曼方程也可写成

$$\frac{\partial f}{\partial t} = -\boldsymbol{\nu}\cdot\nabla_r f - \frac{\boldsymbol{F}}{h}\nabla_k f - \frac{f-f_0}{\tau(\boldsymbol{r},\boldsymbol{k})} \qquad (4-19)$$

假设开始时半导体在外电场作用下,已达到稳态,且电子浓度在整个半导体中分布均匀,因此 f 与空间坐标 $\boldsymbol{r}$ 无关,$\nabla_r f = 0$。在 $t=0$ 时,把外电场去掉,$\boldsymbol{F}=0$,这时式(4-19)可写成

$$\frac{\partial f}{\partial t} = -\frac{f-f_0}{\tau(\boldsymbol{r},\boldsymbol{k})} \qquad (4-20)$$

求解方程式(4-20),可得在外电场去掉以后电子分布函数随时间的变化情况

$$f-f_0 = \left[f_s(\boldsymbol{r},\boldsymbol{k}) - f_0\right]\mathrm{e}^{-\frac{t}{\tau(\boldsymbol{r},\boldsymbol{k})}} \qquad (4-21)$$

式中:$f_s(\boldsymbol{r},\boldsymbol{k})$ 为当半导体处在稳态情况时的电子分布函数。

式(4-21)表示,当外电场去掉以后,半导体的电子分布函数以指数形式趋向热平衡的费米分布函数 $f_0[E(\boldsymbol{k})]$,其中 $\tau(\boldsymbol{r},\boldsymbol{k})$ 就表示由非平衡态过渡到平衡态所需要的弛豫时间。我们常把用弛豫时间 $\tau(\boldsymbol{r},\boldsymbol{k})$ 表示的式(4-17)及式(4-19)称为弛豫时间近似。

从上面的讨论可以知道,只有在弹性散射的情况下,碰撞项才可表示成式(4-17)的形式,因而才可采用弛豫时间近似。在通常情况下,弛豫时间 $\tau(\boldsymbol{r},\boldsymbol{k})$ 与空间坐标 $\boldsymbol{r}$ 的关系不大,可认为它仅是 $\boldsymbol{k}$ 的函数。如果进一步假定 $\tau(\boldsymbol{k})$ 与波矢 $\boldsymbol{k}$ 的方向无关,可近似认为它仅是能量 E 的函数,即

$$\tau(\boldsymbol{r},\boldsymbol{k}) \approx \tau(E(\boldsymbol{k})) \qquad (4-22)$$

采用上述弛豫时间近似后,稳态情况下的玻耳兹曼方程可以写成

$$\boldsymbol{\nu}\cdot\nabla_r f(\boldsymbol{r},\boldsymbol{k}) + \frac{\boldsymbol{F}}{\hbar}\cdot\nabla_k f(\boldsymbol{r},\boldsymbol{k}) = -\frac{f(\boldsymbol{r},\boldsymbol{k}) - f_0[E(\boldsymbol{k})]}{\tau[E(\boldsymbol{k})]} \qquad (4-23)$$

4.2 能量平衡模型

对稳态玻耳兹曼方程采用弛豫时间近似,得到载流子的电流密度矢量和能流密度矢量的表达式,进而得到相应的连续性方程,再加上描述半导体内电场空间分布的泊松方程以及描述晶格温度场变化的晶格热流方程,就构成了能量平衡模型的基本方程组。与漂移—扩散模型相比,该模型假定载流子和晶格各自处于自身的热平衡态,其状态可由各自系统的温度来描述,但载流子系统与晶格系统之间可以不处于热平衡[6,7]。下面给出该模型的数学表述形式,同时,加入激光辐照的因素,使得模型能够适用于我们所要研究的问题。

4.2.1 主要物理量的数学表述

1. 电流密度

半导体内导带电子电流密度表达式为

$$J_n(r,t) = \frac{-2q}{(2\pi)^3}\int_{BZ} \nu(k)f(r,k,t)\,\mathrm{d}k \tag{4-24}$$

式中:"–"号表示电子电流方向与其运动速度 $\nu(k)$ 的方向相反(对于空穴来说,则取"+")。在下面的式子中,为避免多重括号,将 $\nu(k)$ 写成 ν_k。

根据采用弛豫时间近似的稳态玻耳兹曼方程式(4-23),可得出载流子的非平衡分布函数为

$$f(r,k) = f_0 - \tau_n(\nu \cdot \nabla_r f_0 + \dot{k} \cdot \nabla_k f_0) \tag{4-25}$$

将式(4-25)代入式(4-24),并注意到热平衡时半导体内的电流密度为0,则

$$J_n = \frac{q}{4\pi^3}\int_{BZ} \nu_k \tau_n(\nu_k \cdot \nabla_r f_0 + \dot{k} \cdot \nabla_k f_0)\,\mathrm{d}k \tag{4-26}$$

热平衡时,电子服从费米-狄拉克统计规律,其分布函数可写为

$$f_0 = \frac{1}{\mathrm{e}^{(E-E_{fn})/k_B T_n} + 1} \tag{4-27}$$

式中: E_{fn} 为电子的准费米能级; T_n 为电子的温度; k_B 为玻耳兹曼常数。

假设电子的弛豫时间 τ_n 仅与其能量有关,并且可以表示为[8]

$$\tau_n(E) = \tau_0(E - E_c)^{\upsilon_n} \tag{4-28}$$

式中: τ_0、υ_n 为与具体的散射机制有关的常数。注意这里 τ_0 的量纲不同于时间。

另外,假设能级结构是抛物线型的,即

$$E = E_c + \frac{hk^2}{2m_n^*} \tag{4-29}$$

将式(4-27)~式(4-29)代入式(4-26)并经过一些数学推导,可得出电子电流密度矢量的表达式(推导过程及相关特殊函数的定义可参见附录 B~D):

$$J_n = \mu_n k_B T_n \frac{F_{1/2}(\eta_c)}{F_{-1/2}(\eta_c)}\nabla n + \mu_n n \nabla E_c - \frac{3k_B T_n}{2}\mu_n \frac{F_{1/2}(\eta_c)}{F_{-1/2}(\eta_c)}n \nabla\ln m_n^* +$$

$$\mu_n n\left[\left(\frac{5}{2} + \upsilon_n\right)\frac{F_{3/2+\upsilon_n}(\eta_c)}{F_{-1/2+\upsilon_n}(\eta_c)} - \frac{3}{2}\frac{F_{1/2}(\eta_c)}{F_{-1/2}(\eta_c)}\right]\nabla k_B T_n$$

$$\tag{4-30}$$

同理可得空穴电流密度为

$$J_p = -\mu_p k_B T_p \frac{F_{1/2}(\eta_v)}{F_{-1/2}(\eta_v)}\nabla p + \mu_p p \nabla E_v + \frac{3k_B T_p}{2}\mu_p \frac{F_{1/2}(\eta_v)}{F_{-1/2}(\eta_v)}p \nabla\ln m_p^* -$$

$$\mu_p p\left[\left(\frac{5}{2} + \upsilon_p\right)\frac{F_{3/2+\upsilon_p}(\eta_v)}{F_{1/2+\upsilon_p}(\eta_v)} - \frac{3}{2}\frac{F_{1/2}(\eta_v)}{F_{-1/2}(\eta_v)}\right]\nabla k_B T_p$$

$$\tag{4-31}$$

式中：μ_n、μ_p分别为电子和空穴的迁移率；n、p分别为电子和空穴的浓度；E_c、E_v分别为导带底和价带顶能级；T_p为空穴的温度；υ_p为与空穴的具体散射机制有关的常数；m_n^*、m_p^*分别为电子和空穴的有效质量；η_c、η_v分别为电子和空穴的普朗克势，其定义为

$$\eta_c = \frac{E_{fn} - E_c}{k_B T_n} \quad \eta_v = \frac{E_v - E_{fp}}{k_B T_p} \quad (4-32)$$

式中：E_{fp}为空穴的准费米能级。

令

$$\lambda_{n,p} = \frac{F_{1/2}(\eta_{c,v})}{F_{-1/2}(\eta_{c,v})}, \mu_{2n,2p} = \mu_{n,p}\left(\frac{5}{2} + \upsilon_{n,p}\right)\frac{F_{3/2+\upsilon_{n,p}}(\eta_{c,v})}{F_{1/2+\upsilon_{n,p}}(\eta_{c,v})}, D_{n,p}^T = \left(\mu_{2n,2p} - \frac{3}{2}\lambda_{n,p}\mu_{n,p}\right)k_B/q$$

再由普遍的爱因斯坦（Einstein）关系（推导见附录 D）：

$$\frac{D_{n,p}}{\mu_{n,p}} = \frac{k_B T_{n,p}}{q}\lambda_{r,p} \quad (4-33)$$

可进一步将式（4-30）、式（4-31）整理成一般文献里所给出的简洁形式[7,9]，即

$$\boldsymbol{J}_n = qD_n \nabla n + \mu_n n \nabla E_c + qnD_n^T \nabla T_n - \frac{3}{2}qnD_n \nabla \ln m_n^* \quad (4-34)$$

$$\boldsymbol{J}_p = -qD_p \nabla p + \mu_p p \nabla E_v - qnD_p^T \nabla T_p + \frac{3}{2}qpD_p \nabla \ln m_p^* \quad (4-35)$$

式中：D_n、D_p分别为电子和空穴的扩散系数。

需要指出的是，式（4-34）、式（4-35）是载流子在热平衡时服从费米-狄拉克统计规律的情况下得出的结果，在经典的玻耳兹曼统计近似下，有

$$\lambda_{n,p} = 1 \quad (4-36)$$

$$\mu_{2n,2p} = \mu_{n,p}\left(\frac{5}{2} + \upsilon_{n,p}\right) \quad (4-37)$$

可将式（4-34）、式（4-35）做进一步简化，这里不再详述其具体的表述形式。

2. 能流密度

半导体内电子能流密度的一般性定义为[10]

$$S_n = \frac{1}{4\pi^3}\int_{BZ} f(\boldsymbol{r},\boldsymbol{k}) \boldsymbol{\nu}_k E\mathrm{d}\boldsymbol{k} \quad (4-38)$$

式（4-38）右边可拆分为两项，即

$$S_n = \frac{1}{4\pi^3}\int_{BZ} f(\boldsymbol{r},\boldsymbol{k}) \boldsymbol{\nu}_k (E - E_c)\mathrm{d}\boldsymbol{k} + \frac{1}{4\pi^3}\int_{BZ} f(\boldsymbol{r},\boldsymbol{k}) \boldsymbol{\nu}_k E_c \mathrm{d}\boldsymbol{k} \quad (4-39)$$

式（4-39）右边第二项中的导带底能级E_c仅依赖于空间位置，与波矢无关（其数值为零），因此可以将其放到积分号外，同时注意到电流密度矢量的一般性定义，可得

$$S_n = \frac{1}{4\pi^3}\int_{BZ} f(\boldsymbol{r},\boldsymbol{k}) \boldsymbol{\nu}_k (E - E_c)\mathrm{d}\boldsymbol{k} - E_c \boldsymbol{J}_n/q \quad (4-40)$$

式(4-40)右边第二项就是文献[6,7,9]里所讲到的焦耳热项。

与电流密度矢量的推导方法类似,由式(4-40)可得到电子能流密度矢量的表达式(推导可参考附录 D):

$$S_n = -\left(\frac{5}{2}+v_n\right)\frac{F_{3/2+v_n}(\eta_c)}{F_{1/2+v_n}(\eta_c)}\mu_n\frac{k_B T_n}{q}\left\{k_B T_n\frac{F_{1/2}(\eta_c)}{F_{-1/2}(\eta_c)}\nabla n + n\,\nabla E_c - \frac{3}{2}k_B T_n n\right.$$
$$\left.\frac{F_{1/2}(\eta_c)}{F_{-1/2}(\eta_c)}\nabla\ln m_n^* + n\left[\left(\frac{7}{2}+v_n\right)\frac{F_{5/2+v_n}(\eta_c)}{F_{3/2+v_n}(\eta_c)} - \frac{3}{2}\frac{F_{1/2}(\eta_c)}{F_{-1/2}(\eta_c)}\right]\nabla k_B T_n\right\} - E_c J_n/q$$

$$(4-41)$$

同理,空穴能流密度的表达式为

$$S_p = -\left(\frac{5}{2}+v_p\right)\frac{F_{3/2+v_p}(\eta_v)}{F_{1/2+v_p}(\eta_v)}\mu_p\frac{k_B T_p}{q}\left\{k_B T_p\frac{F_{1/2}(\eta_v)}{F_{-1/2}(\eta_v)}\nabla p - p\,\nabla E_v - \frac{3}{2}k_B T_p p\right.$$
$$\left.\frac{F_{1/2}(\eta_v)}{F_{-1/2}(\eta_v)}\nabla\ln m_p^* + p\left[\left(\frac{7}{2}+v_p\right)\frac{F_{5/2+v_p}(\eta_v)}{F_{3/2+v_p}(\eta_v)} - \frac{3}{2}\frac{F_{1/2}(\eta_v)}{F_{-1/2}(\eta_v)}\right]\nabla k_B T_p\right\} - E_v J_p/q$$

$$(4-42)$$

令

$$K_n(T_n) = q n \mu_n\left(\frac{k_B}{q}\right)^2 \Delta_n T_n \qquad (4-43)$$

$$K_p(T_p) = q p \mu_p\left(\frac{k_B}{q}\right)^2 \Delta_p T_p \qquad (4-44)$$

其中

$$\Delta_{n,p} = \left[\left(v_{n,p}+\frac{7}{2}\right)\frac{F_{v_{n,p}+5/2}(\eta_{c,v})}{F_{v_{n,p}+3/2}(\eta_{c,v})} - \left(v_{n,p}+\frac{5}{2}\right)\frac{F_{v_n+3/2}(\eta_{c,v})}{F_{v_n+1/2}(\eta_c,v)}\right]\delta_{n,p} \quad (4-45)$$

$$\delta_{n,p} = \frac{\mu_{2n,2p}}{\mu_{n,p}} = \left(v_{n,p}+\frac{5}{2}\right)\frac{F_{v_{n,p}+3/2}(\eta_{c,v})}{F_{v_{n,p}+1/2}(\eta_{c,v})} \qquad (4-46)$$

则式(4-41)、式(4-42)可写成通常文献里所给出的形式[7,9](这里将焦耳热项包含在能流密度矢量的表达式中):

$$S_n = -K_n(T_n)\nabla T_n - \frac{J_n}{q}(\delta_n k_B T_n + E_c) \qquad (4-47)$$

$$S_p = -K_p(T_p)\nabla T_p + \frac{J_p}{q}(\delta_p k_B T_p - E_v) \qquad (4-48)$$

以上结果同样是载流子在热平衡时服从费米-狄拉克统计规律的情况下得到的,在玻耳兹曼近似下,有

$$\Delta_{n,p} = \delta_{n,p} = \frac{5}{2}+v_{n,p} \qquad (4-49)$$

可将式(4-47)、式(4-48)做进一步的简化,这里不再详述。

3. 能量密度

半导体内电子能量密度定义为[10]

$$u_n = \frac{1}{4\pi^3} \int_{BZ} f(\boldsymbol{r}, \boldsymbol{k}) E \mathrm{d}\boldsymbol{k} \qquad (4-50)$$

将式(4-25)代入式(4-50),电子能量密度可表示为(推导过程见附录 D)

$$u_n = n\left[\frac{3}{2}k_B T_n \lambda_n^* + E_c\right] \qquad (4-51)$$

同理可得空穴能量密度为

$$u_p = p\left[\frac{3}{2}k_B T_p \lambda_p^* - E_v\right] \qquad (4-52)$$

其中

$$\lambda_{n,p}^* = \frac{F_{3/2}(\eta_{c,v})}{F_{1/2}(\eta_{c,v})} \qquad (4-53)$$

式(4-51)、式(4-52)是载流子热平衡时满足费米-狄拉克统计分布的情况下得到的结果,在玻耳兹曼统计近似下,$\lambda_{n,p}^* = 1$,可对以上各式可进行进一步的简化。

4.2.2　能量平衡模型的数学表述

1. 电流连续性方程

描述载流子浓度时空变化的电流连续性方程如下所示:

$$\frac{\partial n}{\partial t} - \frac{1}{q}\nabla \cdot \boldsymbol{J}_n = G - R \qquad (4-54)$$

$$\frac{\partial p}{\partial t} + \frac{1}{q}\nabla \cdot \boldsymbol{J}_p = G - R \qquad (4-55)$$

式中:G、R 分别为载流子的产生率和复合率。对于常见的 Si、Ge 等间接带隙半导体,电子和空穴通过能级位于禁带中的复合中心进行的复合是最主要的复合机制(详见第 3 章),称为 Shockley-Read-Hall(SRH)复合[10];对于我们的问题,载流子的产生率是由半导体对入射光子的本征吸收引起的,因此有

$$R_{SRH} = \frac{np - n_i^2}{\tau_n(p + n_i) + \tau_p(n + n_i)} \qquad (4-56)$$

$$G = \alpha I / h\upsilon \qquad (4-57)$$

式中:τ_n、τ_p 分别为电子和空穴的寿命;n_i 为本征载流子浓度;α 为引起载流子带间跃迁的本征吸收系数;I 为传播到 $\boldsymbol{r}$ 处的激光强度。

2. 载流子的能量平衡方程

描述载流子温度时空变化的能量平衡方程可写为[10]

$$\frac{\partial u_n}{\partial t} + \nabla \cdot \boldsymbol{S}_n = -W_n \qquad (4-58)$$

$$\frac{\partial u_p}{\partial t} + \nabla \cdot \boldsymbol{S}_p = -W_p \qquad (4-59)$$

式中：W_n、W_p 分别为电子和空穴的能量损失率，其定义为[9]

$$W_n = \frac{3}{2} n k_B \frac{T_n - T_L}{\tau_{wn}} \lambda_n^* + \frac{3}{2} k_B T_n \lambda_n^* R_{SRH} + E_g(G_n - R_n^A) \qquad (4-60)$$

$$W_p = \frac{3}{2} p k_B \frac{T_p - T_L}{\tau_{wp}} \lambda_p^* + \frac{3}{2} k_B T_p \lambda_p^* R_{SRH} + E_g(G_p - R_p^A) \qquad (4-61)$$

式中：第一项表示由于电子与晶格的碰撞而引起的载流子能量的损失率；T_L 为晶格的温度；τ_{wn}、τ_{wp} 分别为电子和空穴的能量弛豫时间；第二项表示由于 SRH 复合造成载流子数目的减小而引起的能量损失率；第三项表示由于俄歇复合和碰撞电离而带来的载流子能量损失率；E_g 为半导体的禁带宽度；G_n、G_p 分别为由于碰撞电离而导致的电子和空穴的产生率；R_n^A、R_n^A 分别为电子和空穴的俄歇复合率。

需要指出的是，针对我们所要研究的激光辐照下探测器内载流子的输运问题，需要对载流子能量损失率的定义式做适当的改变，这主要体现如下：

（1）忽略由于俄歇复合和碰撞电离对载流子能量损失的影响。

（2）增加发生本征跃迁时载流子吸收的激光能量（波段内激光辐照时需要考虑）。在吸收光子发生本征跃迁时，入射光子的能量一般大于半导体材料的禁带宽度，这时"剩余能量"$h\upsilon - E_g$ 将以一定的方式在光生电子和空穴与声子之间分配。

（3）增加载流子带内跃迁而吸收的激光能量（波段内和波段外激光辐照时均需要考虑）。

基于以上的考虑，电子和空穴的能量损失率可写为

$$W_n = \frac{u_n(T_n) - u_n(T_L)}{\tau_{wn}} + \frac{u_n(T_n)}{n} R_{SRH} - [E_c + \lambda_1(h\upsilon - E_g)]G - \gamma n I$$
$$(4-62)$$

$$W_p = \frac{u_p(T_p) - u_p(T_L)}{\tau_{wp}} + \frac{u_p(T_p)}{p} R_{SRH} - [\lambda_2(h\upsilon - E_g) - E_v]G - \gamma p I$$
$$(4-63)$$

式中：γ 为自由载流子吸收系数；λ_1、λ_2 为光生电子和光生空穴对"剩余能量"的分配方式。文献[10]给出的 λ_1、λ_2 的表达式为

$$\lambda_1 = \frac{m_p^*}{m_n^* + m_p^*} \qquad (4-64)$$

$$\lambda_2 = \frac{m_n^*}{m_n^* + m_p^*} \qquad (4-65)$$

3. 晶格的能量平衡方程

晶格的能量平衡方程，即常见的热传导方程可写为

$$\rho c \frac{\partial T_{\mathrm{L}}}{\partial t} = \nabla \cdot (K \nabla T_{\mathrm{L}}) + H \tag{4-66}$$

式中:ρ 为材料的密度;c 为比热容;K 为热导率;H 为热源项。不同的问题热源项的表达式也不同,文献[9]给出的具体表达式为

$$H = W_{\mathrm{n}} + W_{\mathrm{p}} + E_g U \tag{4-67}$$

其中:U 为载流子的净复合率,其定义为

$$U = R_{\mathrm{SRH}} + R_{\mathrm{n}}^{\mathrm{A}} + R_{\mathrm{p}}^{\mathrm{A}} - G_{\mathrm{n}} - G_{\mathrm{p}} \tag{4-68}$$

对于我们的问题,载流子的热源项还应考虑另一种来源,即晶格对激光能量的直接吸收。实际上,在红外和远红外波段激光辐照下,晶格振动吸收也是比较重要的。考虑这些因素后,晶格热源项可表示为

$$H = \frac{u_{\mathrm{n}}(T_{\mathrm{n}}) - u_{\mathrm{n}}(T_{\mathrm{L}})}{\tau_{\mathrm{wn}}} + \frac{u_{\mathrm{n}}(T_{\mathrm{n}})}{n} R_{\mathrm{SRH}} + \frac{u_{\mathrm{p}}(T_{\mathrm{p}}) - u_{\mathrm{p}}(T_{\mathrm{L}})}{\tau_{\mathrm{wp}}} + \frac{u_{\mathrm{p}}(T_{\mathrm{p}})}{p} R_{\mathrm{SRH}} + \beta I$$

$$\tag{4-69}$$

式中:β 为晶格振动吸收系数。

4. 泊松方程

完整的描述半导体内部载流子微观输运过程的理论模型还必须包含描述半导体内部电势分布的泊松方程,它可由经典的麦克斯韦方程出发推导得出,如下式所示[35]:

$$\nabla \cdot (\varepsilon \nabla \psi) = -q(N_{\mathrm{D}}^{+} - N_{\mathrm{A}}^{-} + p - n) \tag{4-70}$$

式中:ψ 为电势;ε 为材料的介电常数;N_{D}^{+}、N_{A}^{-} 分别为电离的施主杂质和受主杂质的浓度。

5. 光强方程

对于激光辐照下半导体内的载流子输运问题,有时还需要描述激光强度在半导体内的衰减。如图 4 - 2 所示,假设均匀的激光束沿 x 方向垂直辐照到光电探测器表面,考虑激光能量在半导体内的三种主要吸收机制,即本征吸收、自由载流子吸收和晶格振动吸收,则光强沿 x 轴的变化,即光强方程可写为

图 4 - 2 激光入射到光电探测器表面示意图

$$\frac{\partial I}{\partial x} = -\alpha I - \gamma(n + p)I - \beta I \tag{4-71}$$

从式(4 - 71)可以看出,由于光强方程中含有载流子浓度 n 和 p,因此光强方程不能独立求解,而需要和输运方程耦合求解。

下面从能量守恒的角度来讨论光强方程与三个能量平衡方程之间的关系。将电子系统、空穴系统的能量增加率和晶格系统热源项相加:

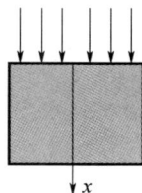

$$H + (-W_\mathrm{n}) + (-W_\mathrm{p}) = \left[E_c + \lambda_1 (h\upsilon - E_g) \right] G + \left[\lambda_2 (h\upsilon - E_g) - E_v \right] G + \gamma(n+p)I + \beta I$$
$$= h\upsilon G + \gamma(n+p)I + \beta I$$
$$= \alpha I + \gamma(n+p)I + \beta I$$
$$= -\frac{\partial I}{\partial x}$$

$$(4-72)$$

即总体系(包括三个系统)能量密度变化率的体产生项来源于吸收的激光功率体密度。

4.3　漂移－扩散模型

相对于能量平衡模型,漂移－扩散模型比较简单,涉及的变量较少,数值实施起来相对比较容易;另外,对于通常情况下的常用半导体器件,利用该模型可以得到很好的数值模拟结果,因此,漂移－扩散模型在常用半导体器件的数值模拟中使用得比较广泛。

在漂移－扩散模型中,假定载流子和晶格之间处于热力学平衡状态,用共同的温度来描述。这样,就没有了针对电子系统和空穴系统的能量平衡方程,而电流连续性方程和泊松方程在形式上与能量平衡模型是相同的:

$$\frac{\partial n}{\partial t} - \frac{1}{q}\nabla \cdot \boldsymbol{J}_\mathrm{n} - G + R = 0 \qquad (4-73)$$

$$\frac{\partial p}{\partial t} + \frac{1}{q}\nabla \cdot \boldsymbol{J}_\mathrm{p} - G + R = 0$$

$$\nabla \cdot (\varepsilon \boldsymbol{E}) = q(N_D^+ - N_A^- + p - n) \qquad (4-74)$$

漂移－扩散模型中的电流密度表达式和能量平衡模型是不同的。一般的教科书在给出漂移－扩散模型中电流密度表达式时,多使用了比较直观的电流密度相加的方法。以导带电子的电流密度为例,认为电流密度 $\boldsymbol{J}_\mathrm{n}$ 由漂移电流密度 $\boldsymbol{J}_{\mathrm{n-drift}}$ 和扩散电流密度 $\boldsymbol{J}_{\mathrm{n-diffuse}}$ 组成。由于

$$\boldsymbol{J}_{\mathrm{n-drift}} = qn\mu_\mathrm{n}\boldsymbol{E}, \ \boldsymbol{J}_{\mathrm{n-diffuse}} = qD_\mathrm{n}\nabla n$$

因此有

$$\boldsymbol{J}_\mathrm{n} = \boldsymbol{J}_{\mathrm{n-drift}} + \boldsymbol{J}_{\mathrm{n-diffuse}} = qn\mu_\mathrm{n}\boldsymbol{E} + qD_\mathrm{n}\nabla n \qquad (4-75)$$

从漂移－扩散模型的电流密度表达式(式(4-75))可以看出,在漂移－扩散模型中,只考虑了电场导致的漂移电流和载流子浓度梯度导致的扩散电流,而没有考虑其他因素(如温度梯度)对电流密度的影响。这正是该模型被称为漂移－扩散模型的原因。这也说明一个问题:当温度梯度对电流密度的影响比较大时,漂移－扩散模型的适用性将受到限制。

实际上,与前面导出能量平衡模型的方法类似,漂移－扩散模型也可以通过

采用弛豫时间近似的稳态玻耳兹曼方程来导出。相对于能量平衡模型,导出漂移 – 扩散模型时要采用更多的假设,主要假设如下:

(1)假设温度处处相等,即$\nabla T = 0$;

(2)假设态密度有效质量处处相等,即$\nabla \ln m_n^* = 0$和$\nabla \ln m_p^* = 0$。

以导带电子的电流密度为例,能量平衡模型的电流密度表达式为式(4 – 34),在假设温度和态密度有效质量均处处相等后,不难得到漂移 – 扩散模型的电流密度表达式:

$$J_n = qD_n \nabla n + \mu_n n \nabla E_c \qquad (4-76)$$

注意外电场将导致能带的弯曲,且$\nabla E_c = q\mathbf{E}$,因此有导带电子的电流密度表达式:

$$J_n = qD_n \nabla n + q\mu_r n\mathbf{E} \qquad (4-77)$$

同样的方法,得到价带空穴的电流密度表达式:

$$J_p = -qD_p \nabla p + q\mu_p p\mathbf{E} \qquad (4-78)$$

漂移 – 扩散模型一般使用经典的玻耳兹曼统计,这时描述迁移率和扩散系数之间关系的爱因斯坦关系式(4 – 36)可以简化为

$$\frac{D_{n,p}}{\mu_{n,p}} = \frac{k_B T}{q} \qquad (4-79)$$

至于产生率 G 和复合率 R,和能量平衡模型的处理方法相同,即

$$R_{SRH} = \frac{np - n_i^2}{\tau_n(p + n_i) + \tau_p(n + n_i)} \qquad (4-80)$$

$$G = \alpha I / h\upsilon \qquad (4-81)$$

漂移 – 扩散模型一般认为,在考察的过程中,半导体的温度保持不变。对于我们要考察的激光辐照下半导体探测器的响应问题,当激光的功率密度比较低,探测器的温度变化比较小时,可以忽略探测器的温度变化;当激光的功率密度比较高时,探测器的温度往往有明显的变化。这时需要视情况处理。

假设载流子输运近似满足一维条件。图 4 – 3 给出了激光辐照方向(实线箭头)和载流子输运方向(虚线箭头)的两种位置关系示意图。假设激光光强在辐照面上均匀分布。下面对这两种情形分别讨论。

对于图 4 – 3(a)所示的情形,可以认为在载流子输运方向上温度梯度$\dfrac{\partial T}{\partial x} \approx 0$,因此在一般情况下,可以考虑使用漂移 – 扩散模型。对于辐照过程中探测器的温度变化,需要求解探测器的热传导方程,获得温度场的变化,再取某典型位置的温度 $T(y,t)$ 作为载流子系统的温度,继而求解载流子的输运方程。

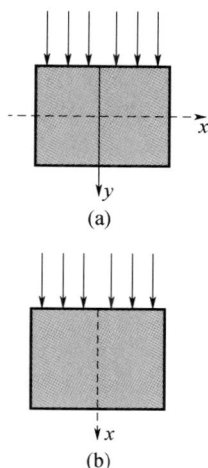

(a)

(b)

图 4 – 3　激光入射方向和
载流子输运方向示意图

一维假设下,探测器看成由多层结构组成,产生光电效应的半导体是其中的一层。第 i 层的热传导方程为

$$\rho_i c_i \frac{\partial T}{\partial t} = K_i \frac{\partial^2 T}{\partial y^2} + H_i \tag{4-82}$$

式中:H_i 为第 i 层中的热源项。对于我们的问题,需要考虑的主要是半导体层中的热源项 H_{th}。

前面讨论过,在能量平衡模型中,总体系(包括三个系统)能量密度变化率的体产生项来源于吸收的激光功率体密度。为了实现热传导方程的独立求解,热传导方程中不能出现 n、p 和 E;因此只考虑对激光能量的本征吸收和晶格振动吸收,不考虑自由载流子吸收。这样,体系能量密度变化率的体产生项 H_T 为

$$H_T = \alpha I + \beta I \tag{4-83}$$

问题在于能量密度的组成。再回到能量平衡模型中能量密度的表达式。假设三个系统之间保持热力学平衡(漂移－扩散模型的基本假设),且适用玻耳兹曼统计,则

$$u_n = n\left(\frac{3}{2}k_B T + E_c\right), \quad u_p = p\left(\frac{3}{2}k_B T - E_v\right), \quad u_L = \rho_L c_L T \tag{4-84}$$

实际上,式(4-84)中的 $n\left(\frac{3}{2}k_B T\right)$ 和 $p\left(\frac{3}{2}k_B T\right)$ 就是载流子系统的平动热能密度,可以归入体系的总热能密度 $\rho c T$ 中,但 $(nE_c - pE_v)$ 项则反映了体系的电场能密度(注意 $\nabla E_c = qE$)。因此 $H_T = \alpha I + \beta I$ 中只有一部分用来提高体系的总热能密度 $\rho c T$,即 $H_T \neq H_{th}$。

为实现热传导方程的解耦求解,可作如下假设:晶格吸收项 βI 直接用来提高体系的总热能密度,而本征吸收项 αI 中只有 $1 - \dfrac{E_g}{h\nu}$ 的份额(即超过禁带宽度的部分)用来提高体系的总热能密度,即

$$H_{th} = \alpha I\left(1 - \frac{E_g}{h\nu}\right) + \beta I \tag{4-85}$$

由于半导体内电场能和热能是互相转化的,例如,电场能可以通过焦耳热转化为热能;温度变化(体现热能)可以通过改变载流子浓度而改变电场能。漂移－扩散模型中考虑体系温度变化时,为简单计,一般认为吸收的激光能量全部转化为热能,即

$$H_{th} = I_{\alpha_T} \tag{4-86}$$

式中:I_{α_T} 为单位体积内吸收的激光功率。如果认为吸收是线性的,则

$$H_{th} = \alpha_T I \tag{4-87}$$

式中:α_T 为总的线性吸收系数。实际应用中,一般只考虑起主导作用的吸收机制。例如,对于波长小于红限的光束辐照,取本征吸收系数;对于波长大于红限的光束辐照,一般取晶格吸收系数。

确定线性吸收系数后,光强方程可以独立求解:

$$\frac{\partial I}{\partial y} = -\alpha_{\mathrm{T}} I \tag{4-88}$$

其解为

$$I = I_0(t)\mathrm{e}^{-\alpha_{\mathrm{T}} y} \tag{4-89}$$

式中:$I_0(t)$为t时刻穿过半导体表面($y=0$的面)的激光光强。假设半导体光敏面之前的层(一般为封装玻璃等)对入射激光透明,而半导体表面对激光的反射率为r,则有

$$I_0(t) = (1-r)P_0(t) \tag{4-90}$$

式中:$P_0(t)$为t时刻入射到探测器表面的激光光强。

在此假设下,半导体层内的热源项可以写成

$$H_{\mathrm{th}} = \alpha_{\mathrm{T}}(1-r)P_0(t)\mathrm{e}^{-\alpha_{\mathrm{T}} y} \tag{4-91}$$

现在,考虑温度变化的漂移-扩散模型的控制方程组已经给出。为实现数值求解,还需要针对具体问题给出相应的定解条件,即初始条件和边界条件。一般而言,初始条件相对简单,但边界条件相对复杂。

边界条件的复杂性主要体现在有电流流出半导体器件时的情形。因为有电场能流的流进和流出,因此需要在能流边界条件中体现出来。而漂移-扩散模型中不涉及载流子系统的电场能流,也不涉及电场能和热能之间的转换方程(即能量平衡模型中的能量平衡方程),因此无法在总体系的热传导方程的边界条件中体现电场能流的流进和流出。如果涉及能流型边界条件,对于总体系的热传导方程,只能是与外界的热流交换,包括传导热流和辐射热流。这是考虑温度变化的漂移-扩散模型的另一个缺陷。

对于图4-3(b)所示的情形,由于载流子主要在激光传播方向上输运,如果半导体部件在激光辐照下形成了较大的温度梯度∇T,则不应使用漂移-扩散模型;如果温度梯度∇T比较小,可以忽略,则处理方法和前文类似。

4.4　漂移扩散模型的数值解法

对于半导体器件中载流子输运问题,即使是使用最简单的漂移扩散模型,精确的解析解对于大部分实际器件也是不可能得到的。因此,半导体器件中的输运问题通常采用数值求解方法。

漂移扩散模型最早由 Roosbroeck 在 1950 年提出[11],但是直到 1964 年,才由 Gummel 提出了可行的数值求解方法[12]。其原因在于半导体器件中载流子浓度的空间变化有可能十分剧烈,需要特殊的处理手段。目前,人们对漂移扩散模型的研究已经十分深入,其数值求解方法也十分成熟,常见的半导体器件模拟软件均包括该模型[9]。相对而言,对于能量平衡模型,由于能流连续性方程的

引入降低了整个方程组的数值稳定性,导致其收敛性较差,其实际应用受到了限制[13]。但是,两个模型的基本方程组在形式上是相似的,在具体的数值解法上,除了离散化部分之外也没有太多差异。本节主要介绍漂移扩散模型的数值解法[14]。

玻耳兹曼方程同时涵盖载流子在坐标空间和动量空间的运动,方程的形式和漂移扩散模型及能量平衡模型有很大不同。玻耳兹曼方程的数值求解方法主要有蒙特卡罗方法[15]、散射矩阵法[16]、球谐函数展开法[17]和直接求解法[18]等。本书不作介绍,有兴趣的读者可参阅相关文献。

4.4.1 基本方程

一维情况下,漂移扩散模型的基本方程如下。基本变量可选为电子和空穴的浓度 n、p 以及电势 ψ。

$$\frac{\partial n}{\partial t} = \frac{1}{q}\frac{\partial J_n}{\partial x} + G - R$$

$$\frac{\partial p}{\partial t} = -\frac{1}{q}\frac{\partial J_p}{\partial x} + G - R$$

$$\frac{\partial^2 \psi}{\partial x^2} = -\frac{q}{\varepsilon}(N_D^+ - N_A^- + p - n) \qquad (4-92)$$

$$J_n = qD_n\frac{\partial n}{\partial x} - q\mu_n n\frac{\partial \psi}{\partial x}$$

$$J_p = -qD_p\frac{\partial p}{\partial x} - q\mu_p p\frac{\partial \psi}{\partial x}$$

在实际的求解中,往往假设电子和空穴是成对产生和复合的,所以二者具有相同的产生率 G 和复合率 R。假设只考虑 SRH 复合和本征吸收而导致的载流子产生:

$$R = \frac{np - n_i^2}{\tau_n(p + n_i) + \tau_p(n + n_i)} \qquad (4-93)$$

$$G = \alpha I / h\nu \qquad (4-94)$$

泊松方程中同时考虑了电离的施主杂质和受主杂质的影响。在施主和受主不存在严重补偿的现象时,对器件的输运起作用的是电离的施主和受主的浓度差 $\Gamma = N_D^+ - N_A^-$。

如果施主和受主之间存在严重的浓度补偿,能带结构将发生变化,变化的方式是在导带底和价带顶形成杂质能级,使能带发生展宽,导致禁带变窄,本征载流子的浓度较之一般情况大大增加。对于严重补偿时的禁带窄化带来的影响,利用数值模拟进行分析比较复杂,在此不作进一步的探讨。

从数值求解的角度来看,一维半导体器件结构可以用图 4-4 来表示,数值求解在 x

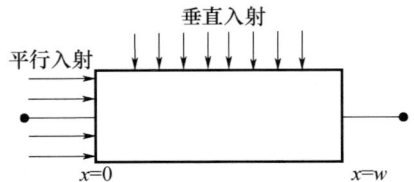

图 4-4 一维半导体器件结构示意图

$\in [0,w]$ 的区间上进行，$x = 0$ 和 $x = w$ 的边界外侧对应金属电极。

在一维假设下，光的入射方式有两种，即平行或垂直于载流子输运方向(即 x 轴)。对于平行入射的情况，忽略温度梯度，且只考虑对光的本征吸收项，从而将光强方程与输运方程解耦。此时光强的空间变化可表示为 $I(x) = I_0(1 - r) \mathrm{e}^{-\alpha x}$，进而由式($4-94$)得到载流子产生率。

对于垂直入射的情形，认为入射光沿 x 轴均匀分布，载流子产生率不随 x 而变。假设半导体材料的厚度为 d，不考虑背面的反射，则载流子产生率为

$$G = \frac{I_0(1 - r)(1 - \mathrm{e}^{-\alpha d})}{h\nu d}$$

4.4.2　边界条件

假设边界处电中性条件和热平衡条件满足，从而得到载流子浓度所满足的如下边界条件：

$$\Gamma(0) + p(0) - n(0) = 0, \Gamma(W) - p(w) - n(w) = 0 \qquad (4-95a)$$
$$p(0)n(0) = n_\mathrm{i}^2, \ p(w)n(w) = n_\mathrm{i}^2 \qquad (4-95b)$$

式($4-95a$)代表在两个边界处不存在空间电荷。这是由于通常半导体器件的两端将与金属形成欧姆接触，此处的非零空间电荷区很薄，故忽略该薄区域而认为边界处电中性条件满足。

式($4-95b$)表示边界处不存在非平衡载流子(这里假设对应的半导体材料是非简并的，否则该式的形式需改变)。由于半导体界面的载流子复合速率非常高，一般情况下非平衡载流子到达界面后会立即复合，使界面处保持热平衡状态。

从式($4-95$)出发，可以得到边界处的电子和空穴浓度：

$$p(0) = -\frac{\Gamma(0)}{2}\left[1 + \sqrt{1 + \left(\frac{2n_\mathrm{i}}{\Gamma(0)}\right)^2}\right], n(0) = \frac{n_\mathrm{i}^2}{p(0)}$$
$$p(w) = -\frac{\Gamma(w)}{2}\left[1 + \sqrt{1 + \left(\frac{2n_\mathrm{i}}{\Gamma(w)}\right)^2}\right], n(w) = \frac{n_\mathrm{i}^2}{p(w)} \qquad (4-96)$$

下面确定电势 ψ 的边界条件。以 PN 结来说明。图 $4-5$ 是有偏压时 PN 结的费米能级示意图。由于处于非热平衡态，在靠近 PN 结的区域，电子和空穴的准费米能级不相等；在边界处，认为仍处于热平衡态，因此电子和空穴具有相等的费米能级 $E_\mathrm{F0}(x = 0$ 处) 和 $E_{\mathrm{F}w}(x = w$ 处)，且有 $E_{\mathrm{F}w} - E_\mathrm{F0} = qV$ (这里假设 N 区边界为 $x = w$)。

这里的 V 即为加在 PN 结上的偏压，它导致势垒降低为 $q(V_\mathrm{D} - V)$，其中 V_D 为热平衡时候的势垒。因此对于电势 ψ，有 $\psi(w) - \psi(0) = V_\mathrm{D} - V$。

考虑到电势的相对性，不妨将电势的零点取在 $x = 0$ 处，即有电势 ψ 的边界条件：

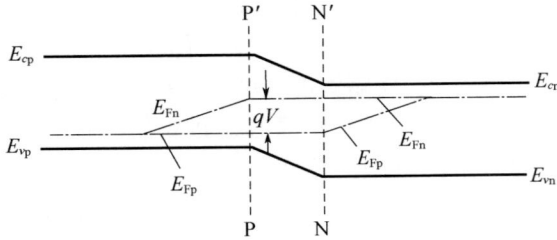

图 4 – 5　有偏压时 PN 结的费米能级示意图

$$\psi(0) = 0, \quad \psi(w) = V_D - V \qquad (4-97)$$

实际上,上述对电势 ψ 的边界条件的讨论适用于各种类型的一维半导体探测器。其中 V_D 是无外部因素作用(即热平衡)时两个边界之间的电势差,它是内建电场的结果。对于光伏型探测器,它是 PN 结的内建电势差;对于均匀掺杂或本征光导型探测器,$V_D = 0$。V 是外部因素加载在半导体两端的电势差。对于光伏型探测器,它就是光生电动势;对于光导型探测器,它是加载电压。

半导体器件往往连接在电路中,外加偏压 V 需要根据电路的实际情况来计算。简单起见,考虑外电路由纯电阻和外加电源组成,此时包含半导体器件的电路可用图 4 – 6 所示的等效电路来表示。其中 R_L 为外加电阻,V_L 为外加电源的电动势。不难有

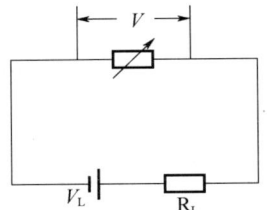

图 4 – 6　含半导体器件的等效电路

$$\frac{V_L - V}{R_L} = I = \left(J_n + J_p + \varepsilon \frac{\partial E}{\partial t}\right)\Big|_w A \qquad (4-98)$$

式中:A 为器件传输电流 I 的横截面积;第三项为位移电流。根据麦克斯韦方程,I 处处相等,此处取 $x = w$ 处的值。整理得到 V 的表达式,代入式(4 – 97),得到考虑外电路影响的关于电势 ψ 的边界条件:

$$\psi(0) = 0, \quad \psi(w) = V_D - V_L + A \cdot R_L\left(J_n + J_p + \varepsilon \frac{\partial E}{\partial t}\right)\Big|_w \qquad (4-99)$$

式(4 – 99)为第三类边界条件,包含 n、p 和 ψ 的一阶导数。

4.4.3　稳态分析

在用偏微分方程组对瞬态物理过程进行数值模拟时,除了边界条件以外,一般还需要给定初始条件。对于我们考虑的激光辐照下半导体器件内的载流子输运过程,初始条件一般对应于热平衡状态或均匀稳态背景光辐照状态下 n、p 和 ψ 的空间分布。除非有解析解,否则要获得这两种状态下 n、p 和 ψ 的空间分布,需要对相应问题进行稳态分析。另外,有时我们也只关注激光稳态辐照时器件的输出问题。

在式(4 – 92)中令时间导数项为零,就可以得到如下稳态分析的基本方程:

$$J_{\mathrm{p}} = -qD_{\mathrm{p}}\frac{\partial p}{\partial x} - q\mu_{\mathrm{p}}p\frac{\partial \psi}{\partial x}$$

$$J_{\mathrm{n}} = qD_{\mathrm{n}}\frac{\partial n}{\partial x} - q\mu_{\mathrm{n}}n\frac{\partial \psi}{\partial x}$$

$$\frac{1}{q}\frac{\partial J_{\mathrm{p}}}{\partial x} - (G-R) = 0 \tag{4-100}$$

$$\frac{1}{q}\frac{\partial J_{\mathrm{n}}}{\partial x} + (G-R) = 0$$

$$\frac{\partial^2 \psi}{\partial x^2} = -\frac{q}{\varepsilon}(\Gamma + p - n)$$

　　本书用差分法求解该微分方程组。与常见的热力问题的差分格式相比,漂移扩散模型的差分格式有一定的特殊性。下面简单说明。

　　将一维求解区域划分为若干个主格点,相邻两个主格点的正中间定义一个辅助格点。基本变量 n、p 和 ψ 定义在主格点上,而电流密度矢量为基本变量 n、p 的空间导数,需要定义在辅助格点上。同理,电流矢量的空间导数则需要再次定义在主格点上。差分网格的密度需要根据电荷分布的实际情况而定。以 PN 结为例,远离结区,电荷密度变化比较平缓,可以取较稀疏的差分网格;而在耗尽区,电荷密度的空间变化十分剧烈,需要将差分网格取得足够细,才能得到比较好的模拟结果。

　　图 4-7 所示为一维漂移扩散模型的差分网格定义,图中,主格点用 i 表示,数值从 1 取至 N,其中 $i=1$ 和 $i=N$ 分别代表 $x=0$ 和 $x=w$ 的两个边界。辅助格点用 j 表示。两个主格点之间的距离为 $h(j)$,两个辅助格点之间的距离为 $h'(i) = [h(j-1) + h(j)]/2$。

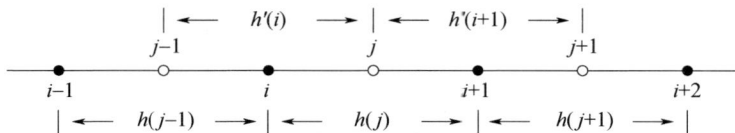

图 4-7　一维漂移扩散模型的差分网格定义

　　定义了差分网格之后,就可以将式(4-100)的微分方程差分化:

$$J_{\mathrm{p}}(j) = \frac{q}{h(j)}[\lambda_{\mathrm{p1}}(j)p(i) + \lambda_{\mathrm{p2}}(j)p(i+1)] \tag{4-101a}$$

$$J_{\mathrm{n}}(j) = \frac{q}{h(j)}[\lambda_{\mathrm{n1}}(j)p(i) + \lambda_{\mathrm{n2}}(j)n(i+1)] \tag{4-101b}$$

$$\frac{1}{q}\cdot\frac{J_{\mathrm{p}}(j) - J_{\mathrm{p}}(j-1)}{h'(l)} - G(i) + R(i) = 0 \tag{4-101c}$$

$$\frac{1}{q}\cdot\frac{J_{\mathrm{n}}(j) - J_{\mathrm{n}}(j-1)}{h'(l)} + G(i) - R(i) = 0 \tag{4-101d}$$

$$\gamma_1(i)\psi(i-1) + \gamma_2(i)\psi(i) + \gamma_3(i)\psi(i+1) = -\frac{q}{\varepsilon}\big[\Gamma(i) + p(i) - n(i)\big]$$

$$(4-101\mathrm{e})$$

式(4-101a)和式(4-101b)中存在待定系数 λ。如果直接从式(4-100)出发进行差分化，整个差分方程组的数值稳定性很差，需要将格点取得非常细密才能得到比较好的结果。为了增加方程的数值稳定性，Scharfetter 和 Gummel 提出，将电流方程改写成积分形式可以显著提高方程的稳定性[19]。详细过程在附录 E 中给出，最后式(4-101a)、式(4-101b)中的待定系数的形式为

$$\lambda_{p1}(j) = \mu_{\mathrm{p}}(j)\frac{\psi(i) - \psi(i+1)}{1 - \mathrm{e}^{-\beta(j)}}, \lambda_{p2}(j) = \mu_{\mathrm{p}}(j)\frac{\psi(i) - \psi(i+1)}{1 - \mathrm{e}^{\beta(j)}}$$

$$\lambda_{n1}(j) = \mu_{\mathrm{n}}(j)\frac{\psi(i) - \psi(i+1)}{1 - \mathrm{e}^{\beta(j)}}, \lambda_{n2}(j) = \mu_{\mathrm{n}}(j)\frac{\psi(i) - \psi(i+1)}{1 - \mathrm{e}^{-\beta(j)}}$$

$$(4-102)$$

式中：$\beta(j) = \theta\big[\psi(i) - \psi(i+1)\big]$；$\theta = kT/q$。

方程式(4-103e)中的三个系数可以通过直接差分化式(4-99)中的泊松方程得到：

$$\frac{1}{h'(i)}\left[\frac{\psi(i+1) - \psi(i)}{h(j)} - \frac{\psi(i) - \psi(i-1)}{h(j-1)}\right] = \frac{q}{\varepsilon}\big[\Gamma(i) + p(i) - n(i)\big]$$

$$(4-103)$$

比较式(4-103)与式(4-101e)的系数，得

$$\gamma_1(i) = \frac{1}{h(j-1)h'(i)}$$

$$\gamma_2(i) = -\frac{1}{h'(i)}\left[\frac{1}{h(j-1)} + \frac{1}{h(j)}\right] \qquad (4-104)$$

$$\gamma_3(i) = \frac{1}{h(j)h'(i)}$$

由于差分方程组(式(4-101))中含有非线性项，不能直接通过解线性方程组的方式求解，需要利用牛顿迭代法等方法将方程组线性化后迭代求解。详细的线性化过程请参见文献[14]。

在求解方程组之前，需要确定牛顿迭代法的初始值，即三个基本变量的试算值。可以用简化情形下的值(有解析解)作为试算值。例如，对于光伏型器件，取热平衡时突变结的结果；对于光导型器件，则更简单：N、P 的试算值在空间处处相等，Ψ 则由 0 线性变化为加载电压。

4.4.4　瞬态计算

瞬态计算对应的微分方程组即为式(4-92)。它与稳态计算之间的差别就是在电子和空穴的连续性方程的左边多出了对时间的偏微分项。所以，相对于

稳态计算,瞬态计算需要考虑对时间的差分。对时间差分的一个简单的考虑就是采用向后差分,直接将时间项差分得到新的电流连续性方程为

$$\frac{p(i) - p_0(i)}{\tau} = -\frac{1}{q} \cdot \frac{J_p(j) - J_p(j-1)}{h'(i)} + G(i) - R(i) \quad (4-105\text{a})$$

$$\frac{n(i) - n_0(i)}{\tau} = \frac{1}{q} \cdot \frac{J_n(j) - J_n(j-1)}{h'(i)} + G(i) - R(i) \quad (4-105\text{b})$$

式中:$p_0(i)$ 为上一时间的空穴浓度分布;τ 为时间步长。采用这种差分方式对时间的收敛性是一阶,为了达到更高的计算精度,可以采用 Crank – Nicolson 方法[20],在式(4-108)的基础上,将方程右边的向后差分用向后差分与向前差分的平均值代替:

$$\frac{p(i) - p_0(i)}{\tau} = -\frac{1}{2}\left[\frac{1}{q} \cdot \frac{J_p(j) - J_p(j-1)}{h'(i)} - G(i) + R(i)\right] -$$
$$\frac{1}{2}\left[\frac{1}{q} \cdot \frac{J_{p0}(j) - J_{p0}(j-1)}{h'(i)} - G_0(i) + R_0(i)\right] \quad (4-106\text{a})$$

$$\frac{n(i) - n_0(i)}{\tau} = \frac{1}{2}\left[\frac{1}{q} \cdot \frac{J_n(j) - J_n(j-1)}{h'(i)} + G(i) - R(i)\right] +$$
$$\frac{1}{2}\left[\frac{1}{q} \cdot \frac{J_{n0}(j) - J_{n0}(j-1)}{h'(i)} + G_0(i) - R_0(i)\right] \quad (4-106\text{b})$$

下标 0 代表上一个时间点的物理量的值。Crank – Nicolson 方法有清晰的物理意义。图4-8 是考虑了时间维的差分网格。一般的向后差分法将时间的导数取在时间差分的格点上,这与空间差分方面将一阶导数取在两个主格点之间的做法不一致;而 Crank – Nicolson 方法就把时间导数取在了两个相邻时间格点的中点上,所以能够得到更高的精度。

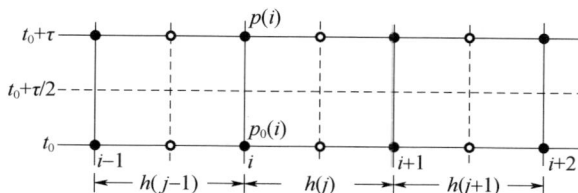

图4-8　瞬态分析的网格示意图

确定了时间差分的方法之后,下面的步骤与稳态分析完全相似。详细的计算表明,瞬态计算差分化后得到的线性方程组的系数与稳态分析相比只有较小的区别,具体的数值解法很类似。

流体动力学模型的差分方法与漂移扩散模型并无本质不同,具体过程可参看文献[10]。但是对微分方程组的分析表明,流体动力学模型的求解更难收敛,因此,具体的方程求解难度比漂移扩散模型更大。

参考文献

[1] Datta S. Electronic Transport in Mesoscopic Systems[M]. New York:Cambridge University Press,1995.

[2] Bordone P, Pascoli M, Brunetti R,et al. Quantum transport of electrons in open nanostruchures with the Wigner – function formalism[J]. Phys. Rev. ,1999,B 59:3060.

[3] Fischetti M V. Master – equation approach to the study of electronic transport in small semiconductor devices [J]. Phys. Rev. ,1999,B 59:4901.

[4] Meinerzhagen B,Engl W L. The influence of the thermal equilibrium approximation on the accuracy of classical two – dimensional numerical modeling of silicon submicrometer MOS transistors[J]. IEEE Trans. Electron Devices,1988,35:689.

[5] Lundstrom M S. Fundamentals of Carrier Transport[M]. Massachusetts:Addison – Wesley,1990.

[6] Stratton R. Diffusion of Hot and Cold Electrons in Semiconductor Barriers[J]. Physical Review,1962,126:2002.

[7] Apanovich Y, Blakey P, Cottle R, et al,Numerical simulation of submicrometer devices including coupled nonlocal transport and nonisothermal effects[J]. IEEE Trans. Electron Devices,1995,42:890.

[8] 钱佑华,徐至中. 半导体物理[M]. 北京:高等教育出版社,1997.

[9] ATLAS User'Manual,http://www. netlib. org/atlas/(1998).

[10] Winston David Wells. Physical Simulation of Optoelectronic Semiconductor Devices[D]. Colorado:University of Colorado,1996.

[11] van Roosbroeck W V. Theory of the Folw of Electrons and Holes in Germatium and Other Semiconductors [J]. Bell Syst. Tech. J. ,1950,29:560.

[12] Gummel H K. A self – consistent iterative scheme for one – dimensional steady state transistor calculations [J]. IEEE Trans. Electron Devices,1964,11:455.

[13] Vecchi M C,Reyna L G. Generalized energy transport models for semiconductor device simulation[J]. Solid – St. Electron. ,1994,37:1705.

[14] 仓田衡. 半导体器件的数值分析[M]. 北京:电子工业出版社,1985.

[15] Jacoboni C,Reggiani L. The Monte Carlo method for the solution of charge transport in semiconductors with applications to covalent materials[J]. Rev. Mod. Phys. ,1983,55:645.

[16] Das A,Lundstrom M S. A scattering matrix approach to device simulation[J]. Solid – St. Electron. ,1990,33:1299.

[17] Ventura D,Gnudi A,Baccarani G,et al. Multidimensional spherical harmonics expansion of Bolztmann equation for transport in semiconductors[J]. Appl. Math. Lett. ,1992,5:85.

[18] Banoo K. Direct Solution of The Boltzmann Transport Equation in Nanoscale Si Devices[D]. West Lafayette:Purdue University,2000.

[19] Scharfetter D L,Gummel H K. Large – signal analysis of a silicon Read diode oscillator[J]. IEEE Trans. Electron Devices,1969,16:64.

[20] William P H, et al. ,Numerical Recipes[M]. 3rd Edition. New York:Cambridge University Press,2007.

[21] Metropolis N, et al. Equation of State Calculations by Fast Computing Machines[J]. J. Chem. Phys. ,1953,21:1087.

[22] Kurosawa T. Monte Carlo calculation of hot electron problems',Proceedings of the International Conference on the Physics of Semiconductors[J]. J. Phys. Soc. Jpn. Suppl. ,1966,21:424.

[23] Rees H D. Calculation of steady state distribution functions by exploiting stability[J]. Phys. Lett. 1968(A 26):416.

[24] Li Sheng S. Semiconductor Physical Electronics[M]. 2nd Edition. Florida:Springer,2006.

第 5 章
单元光电器件的激光辐照效应

随着光电器件在军事和国防等诸多领域的广泛应用,它的激光辐照效应越来越受到人们的重视。光电器件的种类繁多,有探测器件和发光器件等,探测器还有单元和阵列之分,本章专门讨论单元光电探测器件的激光辐照效应。每种光电探测器都有其特定的光谱探测范围。在实际的光电对抗中,对探测器进行干扰和损伤的激光波长不一定恰好位于探测器的响应波段内,本书将光子能量位于探测器的响应波段内的激光称为波段内激光;把光子能量位于探测器响应波段外的激光称为该探测器的波段外激光。本章要讨论所有波长的激光与单元光电探测器的相互作用。在弱激光照射下,特别是激光强度和波长处在探测器的设计工作范围内时,探测器处于正常工作状态。在实际应用中,由于探测器种类繁多,无法事先预知对方探测器的设计工作范围,因而用于干扰和损伤的激光往往并不位于探测器的响应波段内,而且激光的强度也会超出对方探测器的设计工作范围。本章除了要介绍探测器波段内弱激光的响应机制和规律外,还要讨论波段外激光或强激光的辐照下探测器的响应机制和规律,除了讨论各种非正常光电响应以外,还要讨论光电器件在强激光作用下产生的各种热学和力学响应。

5.1 光导型探测器的工作原理

光照变化引起半导体电导率变化的现象称为光电导效应,其机理就是材料吸收光子能量使束缚态电子变为可导电电子。传统的光电导效应分为本征光电导和杂质光电导两大类。本征光电导对应于本征吸收机制,一般是指光子能量大于材料的禁带宽度的入射光激发出电子空穴对,产生非平衡载流子,改变的电导称为本征光电导。本征光电导效应用公式表示为 $h\nu \geqslant E_g$,其中 h 是普朗克常数,ν 是入射光频率,E_g 是材料禁带宽度。因此,本征光电导材料的截止波长为 $\lambda_0 = hc/E_g$,其中 c 是光速。杂质光电导对应于杂质吸收机制,是指杂质半导体中的施主或者受主吸收光子能量后电离,产生自由电子或空穴,从而增加材料电导率的现象。由于杂质半导体中施主或受主的电离能比材料的本征半导体的禁带宽度小,因此响应波长也比本征半导体光电导的波长长,如果用 E_i 表示施主(或受主)杂质电离能,则杂质光电导的截止波长可以表示为 $\lambda_0 = hc/E_i$。因杂质电离能很小,杂质光电导探测器大多工作在低温状态,室温下杂质很容易因热激发而完全电离。

5.1.1 光电导的激发机制

半导体中载流子的产生主要有两种激发机制:热激发和光激发。光电导是非平衡载流子效应。在没有光照的热平衡情况下,热激发的载流子产生率与复合率相等,此时半导体的电导率称为暗电导率,表示为

$$\sigma_0(T) = q(n_0\mu_n + p_0\mu_p) \tag{5-1}$$

式中:q 为电子电量;n_0、p_0 分别为电子和空穴的热平衡浓度;μ_n、μ_p 分别为电子、空穴的迁移率;n_0、p_0 和 μ 均与温度有关。

当满足本征激发或者杂质激发条件时,半导体内出现光生电子和空穴,亦称非平衡载流子。非平衡载流子的存在,使得载流子的复合率将会高出热平衡时的复合率,在光的辐照下,这种高出热平衡时的复合率将使半导体内载流子浓度趋于一种新的动态平衡。此时半导体内电子和空穴的浓度为

$$n = n_0 + \Delta n$$
$$p = p_0 + \Delta p \tag{5-2}$$

式中:Δn、Δp 分别为光生电子浓度和光生空穴浓度,对于本征激发而言 $\Delta n = \Delta p$。不考虑温度效应时,载流子迁移率保持不变,因此在低功率密度的光照条件下,半导体的电导率变为

$$\sigma = q\left[(n_0 + \Delta n)\mu_n + (p_0 + \Delta p)\mu_p\right] = \Delta\sigma + \sigma_0 \tag{5-3}$$

其中,由于光照所引起的附加的电导率称为光电导 $\Delta\sigma = q(\Delta n\mu_n + \Delta p\mu_p)$。在高功率密度光照条件下,必须考虑温度对本征载流子浓度和温度对载流子迁移率的影响。

在光导型光电探测器的正常使用中,往往采用如图 5-1 所示的装置。为了提高探测质量,总是希望提高信号探测的灵敏度和信噪比,信号引起的电导率的变化与暗电导率之比是决定探测器的灵敏度和信噪比的原始参数,即

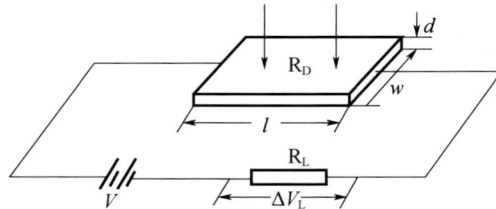

图 5-1　光导型光电探测器的工作原理[2]

$$\frac{\Delta\sigma}{\sigma_0} = \frac{\Delta n\mu_n + \Delta p\mu_p}{n_0\mu_n + p_0\mu_f} \tag{5-4}$$

如果信号光特别弱,使得 $\Delta\sigma \ll \sigma_0$,信号光电导和暗电导通过电路同时在信号采集电阻 R_L 上体现,探测器动态范围的限制,使得信号光电导无法读取,更有甚者,信号光电导会淹没在暗电导中,直接测量变得很困难,需要采用微弱信号测试技术。典型的技术,如用信号光调制加相敏放大滤除暗电导,或者多次采样叠加平均等方法,使得探测器的灵敏度和信噪比均得到大大提高;但从另一方面看,在强激光面前,探测弱光信号的光导型探测器又变得极度脆弱,在本章的后面将进一步讨论探测器对各种激光的响应问题。

根据式(5-3)中对于光电导的定义,光电导正比于光生载流子数,因此光电导的激发动力学可采用连续性方程式(4-54)描述。为分解难度考虑,将扩散和漂移放到后面部分展开讨论,简化后的连续性方程为

$$\frac{d\Delta n}{dt} = G - \frac{\Delta n}{\tau_n} \tag{5-5}$$

空穴的激发动力学原理和过程与电子是相同的,这里虽然仅考虑光电子的产生与复合,实际上只要将 Δn 换成 Δp,以及 τ_n 换成 τ_p,就变成了空穴的连续性方程。式(5-5)中 τ_n 是电子的弛豫常数,主要指复合弛豫,它应包含直接复合、间接复合和无辐射复合等,这些复合机制已在第3章中开展了讨论。Δn 是光生电子浓度,G 是光生电子产生率,则

$$G = \alpha\eta I(x)/\hbar\omega \tag{5-6}$$

式中:α 为吸收系数,各种吸收机制已在第3章中讨论;η 为量子效率,在吸收的能量中,有的是带内吸收,或称为电子气体(电子和空穴的等离子体)吸收,有的是激子吸收和声子吸收等多种吸收机制存在,这些吸收都不产生光生电子空穴对,仅有 η 部分的光能真正地用于产生电子空穴对;$\alpha\eta$ 为光致电离(本征吸收)的吸收系数;$I(x)$ 为在半导体内 x 处的光强,一般情况下,它是位置 x 的函数,在厚度为 d 的样品中,考虑了样品背面的反射后,有

$$I(x) = (1-r)I\frac{e^{-\alpha x} + re^{-(2\alpha d - \alpha x)}}{1 - r^2 e^{-2\alpha d}} \tag{5-7}$$

式中:I 为入射光强;r 为材料表面的反射率。当 $\alpha \to \infty$ 得到近似满足时,式(5-7)近似为 $I(x=0) \approx (1-r)I\delta(x)$,此时,光照变成表面光照,可作为边界条件处理。当 $d \gg \alpha^{-1}$ 时,式(5-7)近似为 $I(x) \approx (1-r)Ie^{-\alpha x}$。此外,不能简单利用上述两个近似公式。一般情况下,光导型探测器的厚度不太厚时,应使用式(5-7)。

在式(5-5)中,让时间导数项等于零,得载流子的稳态解 $\Delta n = G\tau_n$。假定本征光激发,有 $\Delta n = \Delta p$。从式(5-4)得光电导相对变化的稳态解为

$$S = \frac{\Delta\sigma}{\sigma_0} = G\tau_n\frac{\mu_n + \mu_p}{n_0\mu_n + p_0\mu_p} \tag{5-8}$$

在此基础上考虑非稳态,可知当光信号关闭后,$S(t) = Se^{-t/\tau_n}$;当光信号开启后,$S(t) = S(1 - e^{-t/\tau_n})$。

5.1.2 光导型探测器的工作模式

利用光电导材料制成的光电探测器称为光导(PC)型光电探测器。PC 型光电探测器有两种工作模式:一种是直流偏置模式,在这种模式中,当输入稳恒的光信号时,探测器输出直流信号;当输入交变的光信号时,探测器亦输出交变信号。另一种是微波或交流偏置模式,探测器被置于微波腔中,由于受到微波电磁场调制,因此无论输入的是稳定的还是交变的光信号,探测器都输出交变信号。

图 5-1 是直流工作模式下光导型探测器的工作原理图。探测器与负载电阻 R_L 串联,并连接直流偏压 V。对于低内阻探测器,通常采用恒流电路工作模式。这时,负载电阻 R_L 远大于探测器暗电阻 R_D,探测器上的端电压变化(或负载电阻 R_L 上端电压的变化)作为输出信号。对于高内阻探测器,一般采用恒压电路,以电路中电流的变化作为输出信号。

图 5-1 中光辐射入射的方向垂直于所测量的电流变化的方向。探测器与一负载电阻 R_L 串联,并连接直流偏压,对于低阻探测器(如在 $8 \sim 14\mu m$ 范围内工作的 HgCdTe 光导探测器,典型电阻值为 100Ω 左右),常采用恒定电流电路工作,这时 $R_L \gg R_D$,R_L 上的电压变化作为检测信号输出。下面的分析将按照横向光电导几何结构和恒流电路工作模式进行,如图 5-1 所示。

在单位体积平衡激发(即稳态)半导体中,本征或非本征光电流的基本表达式为

$$i_g = \eta q\alpha Ig/\hbar\omega \tag{5-9}$$

式中:i_g 为零频(短路)光电流,即受辐照时超过暗电流的电流增量;η 为量子效率,即每吸收一个光子产生的过剩载流子数(式(5-6));α 为吸收系数;I 为激光强度(式(5-7));g 为增益系数,即每个过剩载流子造成外偏压电路中所流过的电子数。

光电导增益用自由载流子寿命和渡越时间的比率来表示,即

$$g = \frac{\tau_n}{T_r} \tag{5-10}$$

在这一简化模型中,已将电子设为多数载流子,τ_n 为多数载流子寿命,T_r 为多数载流子在样品两极之间的渡越时间。当 $g < 1$ 时,不仅一部分光生载流子不能在外加电场中从一极漂移到另一极,而且外电路注入的载流子也有一部分在探测器中被复合;但当 $g > 1$ 时,不仅大部分光生载流子能在外加电场中从一极漂移到另一极,而且外电路注入的载流子也有大部分在探测器中从一极漂移到另一极,对光电导 $\Delta\sigma$ 起放大的作用,所以 g 称为光电导增益。$T_r = \dfrac{l}{V}$,为了提高增

益,就要减小 T_r,也就是要减小 l(图 5 - 1)。减小 l 会减小光敏面,因此在很多探测器中采用了梳状电极的结构,如图 5 - 2 所示。它既保持了光敏面积,又缩短了正负极间的距离。V 是多数载流子的运动速度,它由下式近似,$V = \mu \dfrac{V_A}{l}$。式中:l 为两电极之间的距离;μ 为多数载流子的迁移率;V_A 为样品上的外加偏

图 5 - 2　光导形探测器的梳状电极结构

压 $V_A = V \dfrac{R_D}{R_L + R_D}$。综合以上各式得单位体积半导体贡献的直流短路光电流为

$$i_g = \frac{\eta q \alpha I \mu \tau_n V_A}{h \omega l^2} \tag{5 - 11}$$

探测器上的开路光电压 $V_g = l d w i_g R_D$,负载电阻 R_L 上的信号光电压为

$$\Delta V_L = \frac{i_g R_D R_L}{R_D + R_L} l d w \tag{5 - 12}$$

一般在恒流电路模式中 $R_L \gg R_D$。

$$\Delta V_L \approx V_g = i_g R_D l d w \tag{5 - 13}$$

式中:$R_D = \dfrac{l}{\sigma w d}$;$\sigma$ 为电导率;w、d 分别为探测器的宽度和厚度。如果探测器由 N 型半导体组成,那么电导率可近似地由多数流子(电子)表示 $\sigma = n_e e \mu_e$(n_e 为电子浓度,e 为电子电荷,μ_e 为电子迁移率)在 N 型半导体中,空穴除了浓度低于电子以外,其迁移率也大大低于电子,所以空穴对电导率的贡献往往可以忽略,仅由电子光电导引起的光电压信号可近似写成

$$\Delta V_L \approx \frac{\eta \alpha I \tau_n}{h \omega n_e} \cdot \frac{R_D}{R_L - R_D} V$$

$$\approx \frac{\eta \alpha I \tau_n l}{\sigma h \omega n_e w d R_L} V \tag{5 - 14}$$

响应率 R_λ 定义为单位入射功率所产生的信号电压,即

$$R_\lambda = \frac{\Delta V_L}{I} = \frac{\alpha \eta \tau_n l}{n_e \sigma h \omega w d R_L} V$$

$$= \frac{\alpha \eta \tau_n}{n_e h \omega R_-} \frac{R_D}{+ R_D} V \tag{5 - 15}$$

它不能全面衡量探测器的性能,全面衡量光电器件质量的指标是探测率[1]:

$$D^* = \frac{R_\lambda \sqrt{AB}}{V_N} \tag{5-16}$$

式中:V_N 为噪声电压的均方根值;A 为探测器面积(cm^2);B 为带宽(Hz)。D^* 中既包含了 R_λ,也包含了信噪比、带宽和探测器的面积,D^* 的数值越大,探测器的性能越好。

5.2 光伏型探测器工作原理

5.2.1 热平衡状态下的 PN 结

1. 热平衡状态下系统的费米能级[3]

在一个处于平衡态的系统中,费米能级的能量是恒定的。为了说明这个结论,考察两种材料紧密接触时的情况,如图 5-3(a)所示。两种材料的禁带宽度不同,掺杂也不同,费米能级也不同,如图 5-3(b)所示。当两种材料接触时,由于 A 的电子能量高于 B,因此,A 中的电子会流向 B 中较低的能态,直到两种材料结合形成的系统达到某种平衡,见图 5-3(c)。在平衡时,总电流必须为零。

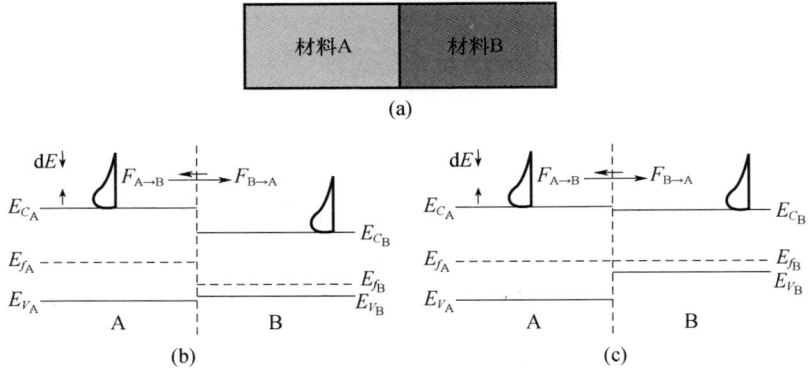

图 5-3 平衡态时两种材料的费米能级[3]
(a)两材料紧密接触;(b)电中性;(c)平衡。

我们先求解材料 A 中的载流子数目。令材料 A 中的态密度函数为 $g_A(E)$(式(1-27)),能态被占据的概率为 $f_A(E)$(式(1-19)),在某一能量 E 的电子浓度为 $g_A(E)f_A(E)$。类似地,$g_B(E)$ 是材料 B 中的态密度函数,$f_B(E)$ 是材料 B 中能态被占据的概率。令 $F_{A \to B}$ 为从 A 到 B 的电子转移速度(电子通量)。一个电子要发生转移,不仅要求有给定能量的电子,还要求在附近具有和电子能量相等的空态。B 中空态浓度为 $g_B(E)(1-f_B(E))$。考虑一个很小能量范围 dE 内的载流子转移通量,有

$$F_{A \to B} = Cg_A(E)f_A(E)g_B(E)(1-f_B(E))dE \tag{5-17}$$

式中:C 为常数。类似地,$F_{B \to A}$ 是从 B 到 A 的电子转移通量,则

$$F_{B \to A} = C g_B(E) f_B(E) g_A(E)(1 - f_A(E)) dE \qquad (5-18)$$

在平衡态时,两个通量必须相等,因此 $F_{A \to B} = F_{B \to A}$,即可得

$$f_A(E) = f_B(E) \qquad (5-19)$$

根据式(1-19),得

$$E_{f_A} = E_{f_B} \qquad (5-20)$$

因此,平衡态时费米能级是相等的,如图 5-3(c)所示。虽然我们只讨论了两种不同材料组成的系统在平衡时费米能级是相等的,但是这一结论可进一步推广,即一个平衡系统内,费米能级处处相等。

2. 热平衡下 PN 结的能带图[3]

要画出原型 PN 结的能带图,首先想象 N 区和 P 区在空间上是分离的,并且在每一个宏观区域都保持电中性。图 5-4 给出了两块孤立半导体各自的能带图。图中标出了每一种材料的电子亲和能 χ、电离能 γ 和禁带宽度 E_g。下标 n 代表 N 型半导体,下标 p 代表 P 型半导体。图中还标出了一个附加的参数,功函数 Φ。功函数等于真空能级和费米能级之间的能量差,$\Phi = E_{vac} - E_f$。

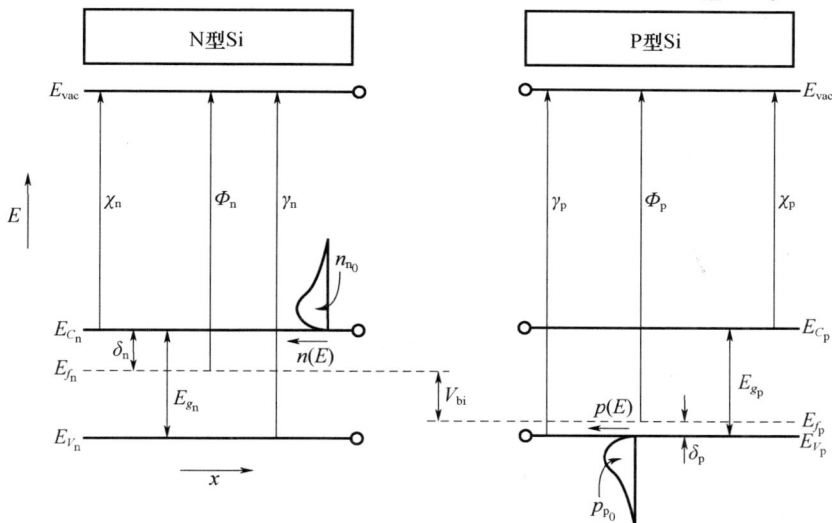

图 5-4 两种材料相同、掺杂不同的半导体在结合成为 PN 结之前的能带图[3]

因为假设在任何位置,空间电荷都是中性的,并且在任意区域,电子逸出材料所需要的能量都是相同的。因此两块材料在接触之前的真空能级处处相等。这样,我们把每一块材料面向另一块材料的边界处的真空能级选作能量参考点将更加方便。图 5-4 中,真空能级上的圆圈就代表能量参考点。由于两边的材料相同,因此有 $\chi_n = \chi_p$,$E_{g_n} = E_{g_p}$ 和 $\gamma_n = \gamma_p$。这说明在电中性条件下,两块材料的导带底处于相同的能量,即 $E_{C_n} = E_{C_p}$。类似地,有 $E_{g_n} = E_{g_p}$ 和 $E_{V_n} = E_{V_p}$。但是,两边材料的掺杂是不同的,因此,费米能级不同,功函数也不同,即 $\Phi_n = \Phi_p$。

当两种材料接触后,由于 N 型一侧的准自由电子比 P 型一侧的多,所以电

117

子将从 N 型半导体向 P 型半导体扩散。当电子向 P 区移动时,会留下固定在 N 区晶格中的带正电的电离施主。同时,空穴由 P 型半导体向 N 型半导体流动,也会在 P 区留下带负电的电离受主。分离的电荷建立电场,如图 5-5 所示,这就是平衡态的情况。因为真空级和能带边存在能量梯度,所以很明显有电场存在。上面的分析告诉我们,费米能级在处于平衡态的整个样品中是相等的。因为在结的两边电子和空穴浓度是不相等的,所以会有扩散电流流过 PN 结,与此同时,电场也会导致漂移电流。根据式(4-77)、式(4-78)和式(4-79),在 N 区和 P 区之间的过渡区,电子和空穴的电流强度分别为

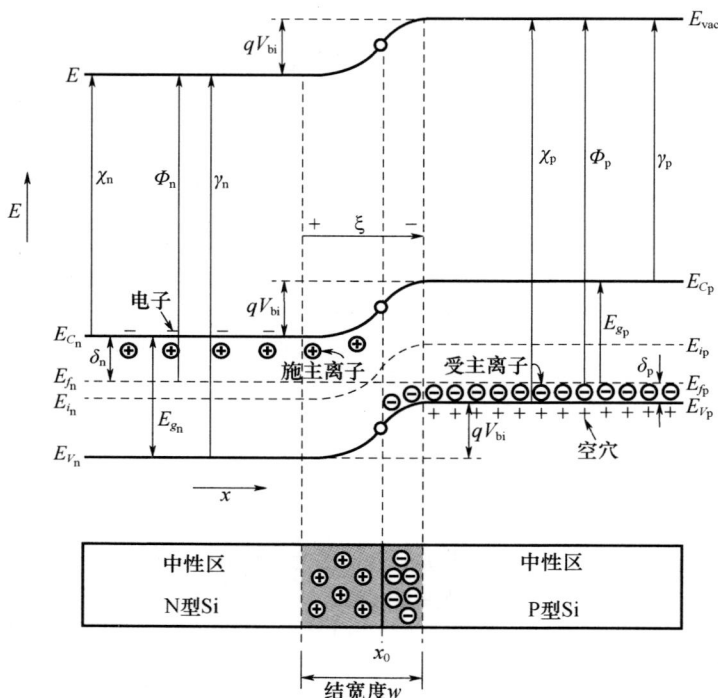

图 5-5 同质 PN 结的平衡能带图[3]

$$J_n = q\mu_n nE + qD_n\frac{\mathrm{d}n}{\mathrm{d}x} = q\mu_n\left[nE + \frac{kT}{q}\frac{\mathrm{d}n}{\mathrm{d}x}\right]$$

$$J_p = q\mu_p pE - qD_p\frac{\mathrm{d}p}{\mathrm{d}x} = q\mu_p\left[pE + \frac{kT}{q}\frac{\mathrm{d}p}{\mathrm{d}x}\right]$$

(5-21)

式中:x 取为 PN 结的垂直方向,式中的其他参量如电场强度 E 和电流都表示 x 方向。

由于在平衡态不存在净电流,因此 $J_n = J_p = 0$,费米能级应该处处相等,内建电场就产生在过渡区。在过渡区,电场产生的电子漂移电流刚好补偿由电子浓度梯度导致的电子扩散电流。空穴的扩散和漂移电流也存在这样的平衡。

如果形成结的两个区域 P 型和 N 型是由同一种材料构成的,它们的区别仅

在不同的掺杂,这样的 PN 结称为同质 PN 结。异质结是指两种不同的半导体材料形成的结。如果没有特指,一般的 PN 结为同质 PN 结。对于 PN 结的能带结构我们需要注意以下几点:

(1) 在界面附近,来自 N 型半导体的电子和 P 区一侧的空穴发生复合,在 P 区一侧产生一个负电荷(未被中和电离受主)的区域。类似地,P 区一侧扩散过来的空穴和 N 区的电子复合,在 N 区一侧形成正电荷(未被中和的电离施主)的区域。这样,N 区未被中和的施主离子和 P 区中未被中和的受主离子就在界面处产生一个电场。未被中和的意思是,在离子所处的区域内,没有相应数量的自由电子或自由空穴来中和离子的电荷。

(2) 空间电荷区中的自由载流子浓度可以忽略。载流子被电场扫出这个区域,空间电荷区的载流子是耗尽的,所以把空间电荷区称为耗尽区。

(3) 结存在一个内建的势垒 qV_{bi},其中的 V_{bi} 为内建电势差。平衡态时,内建电势差的大小正比于两边的费米能级差,也可以用功函数表示 $qV_{bi} = \Phi_p - \Phi_n$,其中,$\Phi_p$ 和 Φ_n 分别为两边半导体的功函数。

(4) 内建电场正比于真空能级的斜率,即 $E = \dfrac{1}{q}\dfrac{dE_{vac}}{dx}$。

如果一个结的一边是简并掺杂,又称重掺杂,另一边是非简并掺杂,那么,基本上全部耗尽区都在轻掺杂一侧,如图 5-6 所示。这样的结称为单边突变结,有

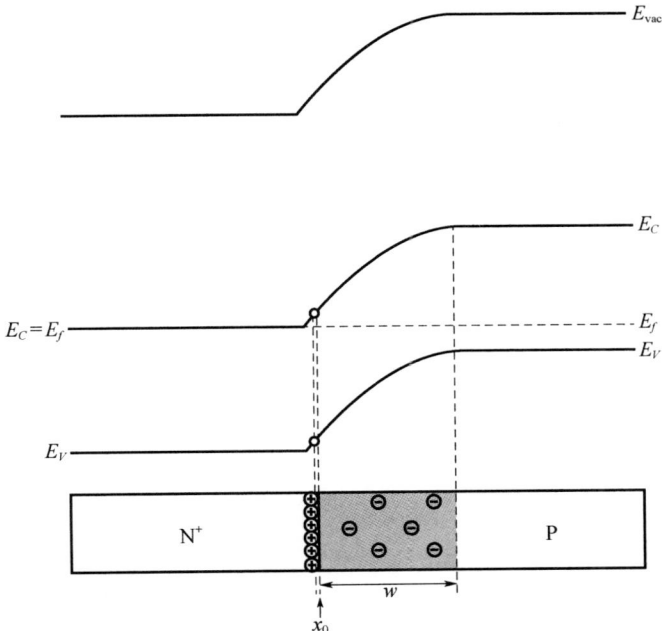

图 5-6　一边为重掺杂的单边突变 N^+P 结

(符号 N^+ 表示简并 N 型掺杂。在简并掺杂一侧,近似认为费米能级就位于导带底[3])

N^+P 结和 P^+N 结两种。n^+ 表示简并或者重掺杂的 N 型材料;p^+ 表示简并或者重掺杂的 P 型材料。

3. 热平衡下 PN 结的内建电势(V_{bi})[4]

图 5 - 7 为热平衡条件下 PN 结中静电变量通常的函数形式图。热平衡条件下的耗尽区电压称为内建电势(V_{bi})。下面将推导 V_{bi} 的数学表达式,考虑一个非简并的 PN 结,该结处于热平衡且将冶金结分界位置定义为 $x=0$ 处。在结的 N 型和 P 型两边,将热平衡耗尽区的边界分别取为 $-x_p$ 和 x_n,如图 5 - 7(b) 所示。

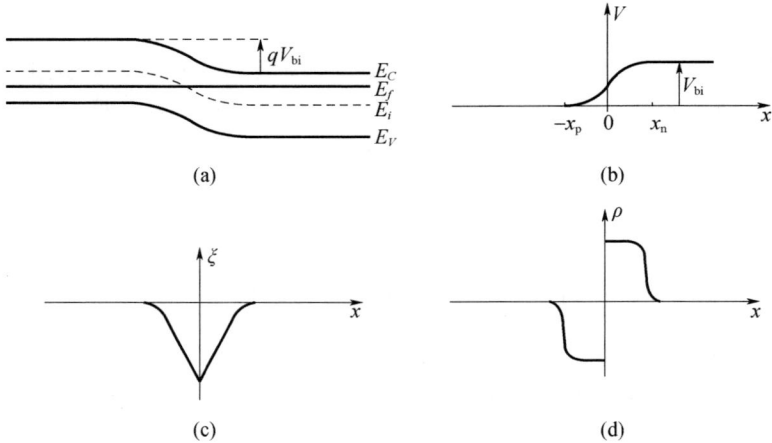

图 5 - 7　热平衡条件下 PN 结中静电变量通常的函数形式图[4]
(a)平衡时能带结构;(b)电势分布;(c)电场分布;(d)电荷密度分布。

式(5 - 21)中的电场强度为

$$E = -\frac{dV}{dx} \qquad (5-22)$$

在耗尽区内积分,得

$$-\int_{-x_p}^{x_n} E dx = \int_{V(-x_p)}^{V(x_n)} dV = V(x_n) - V(-x_p) = V_{bi} \qquad (5-23)$$

另外,在热平衡条件下,$J_n = q\mu_n n E + q D_n \dfrac{dn}{dx}$;将爱因斯坦关系 $\dfrac{D_n}{\mu_n} = \dfrac{kT}{q}$(附录 D 式(D - 39))代入,得

$$E = -\frac{kT}{q}\frac{dn/dx}{n} \qquad (5-24)$$

将式(5 - 24)代入式(5 - 23),并积分,得

$$V_{bi} = -\int_{-x_p}^{x_n} E dx = \frac{kT}{q}\int_{n(-x_p)}^{n(x_n)} \frac{dn}{n} = \frac{kT}{q}\ln\left[\frac{n(x_n)}{n(-x_p)}\right] \qquad (5-25)$$

对于非简并掺杂突变结的特殊情况,其中 N_D 和 N_A 分别是 PN 结两侧 N 型和 P

型半导体的杂质浓度,可以确定

$$n(x_n) = N_D \tag{5-26a}$$

$$n(-x_p) = \frac{n_i^2}{N_A} \tag{5-26b}$$

式(5-26(b))可通过式(1-34)推出,因此针对两边都是非简并半导体同质 PN 结,其势垒为

$$V_{bi} = \frac{kT}{q}\ln\left(\frac{N_A N_D}{n_i^2}\right) \tag{5-27a}$$

式中:n_i 为本征载流子浓度;N_A 为受主载流子浓度;N_D 为施主载流子浓度。同理,针对 P 区一侧简并,N 区一侧非简并的半导体同质 P^+N 结,其势垒为

$$V_{bi} = \frac{kT}{q}\ln\left(\frac{N_C N_A}{n_i^2}\right) \tag{5-27b}$$

式中:N_C 为导带电子有效态密度。针对 P 区一侧非简并,N 区一侧简并的半导体同质 N^+P 结,其势垒为

$$V_{bi} = \frac{kT}{q}\ln\left(\frac{N_V N_D}{n_i^2}\right) \tag{5-27c}$$

式中:N_V 为价带空穴有效态密度。

通过能带图导出的 V_{bi} 可以研究 V_{bi} 和 E_g 的关系。参考图 5-7(a)和(b),可以写出

$$V_{bi} = V(x_n) - V(-x_p) \tag{5-28}$$

$$V_{bi} = \frac{1}{q}\left[E_C(-x_p) - E_C(x_n)\right] = \frac{1}{q}\left[E_i(-x_p) - E_i(x_n)\right] \tag{5-29}$$

或者

$$V_{bi} = \frac{1}{q}\left[(E_i - E_f)_{p-side} + (E_f - E_i)_{n-side}\right] \tag{5-30}$$

显然,对于非简并掺杂 PN 结,$(E_i - E_f)_{p-side}$ 和 $(E_f - E_i)_{n-side}$ 都小于 $E_g/2$,所以 $V_{bi} < E_g/q$。

4. 热平衡下 PN 结的耗尽近似[4]

为了获得静电变量的定量解,需要求解泊松方程。耗尽近似有助于得到闭合形式解。为了理解耗尽近似,假设杂质分布 N_D 和 N_A 已知,考虑一维泊松方程,有

$$\frac{dE}{dx} = \frac{\rho}{\varepsilon\varepsilon_0} = \frac{q}{\varepsilon\varepsilon_0}(p - n + N_D - N_A) \tag{5-31}$$

式中:ε 为半导体的相对介电常数;ρ 为电荷密度;ε_0 为真空介电系数。由于 $E = -dV/dx$,所以只需知道载流子浓度与 x 的显式表达式,就可以通过求解 E 与 x 的关系,最终获得 V 与 x 的关系。

耗尽近似有两点假设：①在冶金结附近区域，$-x_p \leq x \leq x_n$，与净杂质浓度相比，载流子浓度可以忽略不计；②耗尽区以外满足电中性条件，电荷总数处处为零。当引入耗尽近似后，一维泊松方程简化为

$$\frac{dE}{dx} \approx \begin{cases} \dfrac{q}{\varepsilon \varepsilon_0}(N_D - N_A) & -x_p \leq x \leq x_n \\ 0 & x > x_n, x < -x_p \end{cases} \qquad (5-32)$$

可用图来解释耗尽近似，如图 5-8(a)、(b) 是一个突变结的例子，除了 $-x_p$ 和 x_n 值的大小以外，通过引进耗尽近似假设，就可以确定电荷密度。

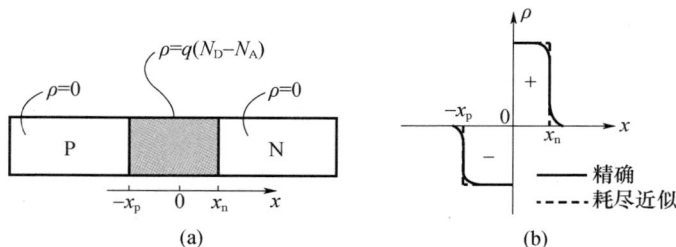

图 5-8　突变结的耗尽近似[4]

改写式(5-32)得

$$\frac{dE}{dx} = \begin{cases} -qN_A/\varepsilon\varepsilon_0 & -x_p \leq x \leq 0 \\ qN_D/\varepsilon\varepsilon_0 & 0 \leq x \leq x_n \\ 0 & x \leq -x_p \text{ 和 } x \geq x_n \end{cases} \qquad (5-33)$$

由耗尽近似条件可知，在耗尽层边界处 E 为零，即得到边界条件 $x = -x_p$ 处，$E = 0$ 和 $x = -x_n$ 处，$E = 0$。对式(5-33)积分，并利用边界条件，可以得到 E 的值。在耗尽区 P 型一侧的解为

$$E = -\int_{-x_p}^{x} \frac{qN_A}{\varepsilon\varepsilon_0}dx \Rightarrow E(x) = -\frac{qN_A}{\varepsilon\varepsilon_0}(x_p + x) \qquad -x_p \leq x \leq 0 \qquad (5-34)$$

同理，在 N 型的一侧，有

$$E = -\int_{x}^{x_n} \frac{qN_D}{\varepsilon\varepsilon_0}dx \Rightarrow E(x) = -\frac{qN_D}{\varepsilon\varepsilon_0}(x_n - x) \qquad 0 \leq x \leq x_n \qquad (5-35)$$

利用电磁学原理，我们知道只要两个区域界面处不存在薄层电荷，电场在边界将是连续的。利用式(5-34)和式(5-35)给出 $x = 0$ 处的电场且令两者相等，为了满足电场的连续性条件，有

$$N_A x_p = N_D x_n \qquad (5-36)$$

图 5-9 为基于耗尽近似下突变结中静电变量的定量解。图 5-9(c)画出了电场 E 的解。式(5-36)也可以反映耗尽层内所有电荷之和必须为零的事实。

5. 热平衡下 PN 结的静电势 V[4]

由于 $E = -dV/dx$，可通过式(5-22)和式(5-23)解得静电电势为

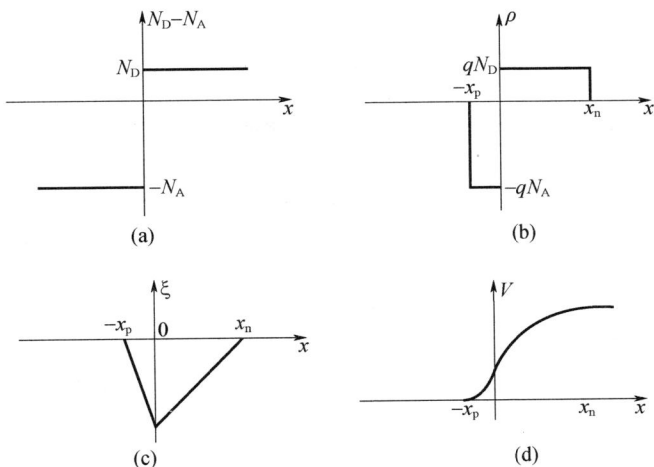

图 5-9　基于耗尽近似下突变结中静电变量的定量解[4]

（a）杂质浓度分布；（b）电荷密度分布；（c）电场强度分布；（d）电势分布。

$$\frac{dV}{dx} = \begin{cases} \dfrac{qN_A}{\varepsilon\varepsilon_0}(x_p + x) & -x_p \leq x \leq 0 \\[2mm] \dfrac{qN_D}{\varepsilon\varepsilon_0}(x_n - x) & 0 \leq x \leq x_n \end{cases} \qquad (5-37)$$

设定参考电势位于 $x = -x_p$ 处且为零，注意热平衡条件耗尽层上的电压降为 V_{bi}，则式（5-37）的边界条件为

$$V = \begin{cases} 0 & x = -x_p \\ V_{bi} & 0 \leq x \leq x_n \end{cases} \qquad (5-38)$$

分离变量且沿耗尽层边界到任意点 x 处进行积分，在耗尽层 P 型一侧，得

$$V = \int_{-x_p}^{x} \frac{qN_A}{\varepsilon\varepsilon_0}(x_p + x)\,dx \Rightarrow V(x) = \frac{qN_A}{\varepsilon\varepsilon_0}(x_p + x)^2 \qquad -x_p \leq x \leq 0$$

$$(5-39)$$

同理，在 N 型的一侧，有

$$V = \int_{x}^{x_n} \frac{qN_D}{\varepsilon\varepsilon_0}(x_n - x)\,dx \Rightarrow V(x) = V_{bi} - \frac{qN_A}{\varepsilon\varepsilon_0}(x_n - x)^2 \qquad 0 \leq x \leq x_n$$

$$(5-40)$$

图 5-9（d）画出了静电势的解。静电势在 $x=0$ 处是连续的，所以令式（5-39）和式（5-40）在 $x=0$ 相等，得

$$\frac{qN_A}{2\varepsilon\varepsilon_0}x_p^2 = V_{bi} - \frac{qN_D}{2\varepsilon\varepsilon_0}x_n^2 \qquad (5-41)$$

6. 热平衡下 PN 结的耗尽层宽度

求解式(5-36)和式(5-41),可得

$$x_n = \left[\frac{2\varepsilon\varepsilon_0}{q} \frac{N_A}{N_D(N_A + N_D)} V_{bi} \right]^{1/2} \tag{5-42}$$

$$x_p = \frac{N_D x_n}{N_A} = \left[\frac{2\varepsilon\varepsilon_0}{q} \frac{N_D}{N_A(N_A + N_D)} V_{bi} \right]^{1/2} \tag{5-43}$$

则有

$$w = x_n + x_p = \frac{N_D x_n}{N_A} = \left[\frac{2\varepsilon\varepsilon_0}{q} \left(\frac{N_A + N_D}{N_A N_D} \right) V_{bi} \right]^{1/2} \tag{5-44}$$

式中:w 为耗尽层的总宽度。

5.2.2　PN 结的电学响应[4]

1. 外加电压后的耗尽层宽度

若考虑图5-8中的二极管两端加电压 V_A 后,电压 V_A 一定会降在二极管内部耗尽层上,如图5-10所示。当 $V_A > 0$ 时,外加电压使结的 N 型一侧的电势相对 P 型下降一些;当 $V_A < 0$ 时,N 型一侧的电势相对 P 型升高一些。换句话说,耗尽层电压,也就是 $x = x_n$ 处的电压为 $V_{bi} - V_A$。

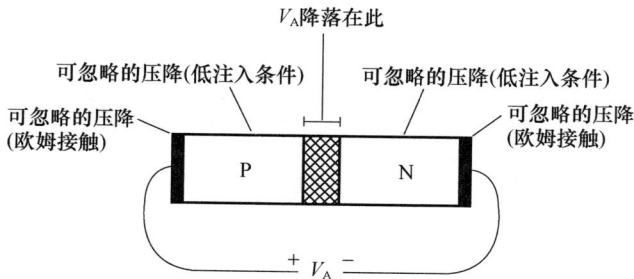

图 5-10　外加电压下二极管内部压降的示意图[4]

当二极管两端外加电压 V_A 时,只需将 $V_A = 0$ 静电关系中出现的 V_{bi} 直接用 $V_{bi} - V_A$ 代替,就可以得到 $V_A \neq$ 时的关系表达式。

对于 $-x_p \leqslant x \leqslant 0$,有

$$E(x) = -\frac{qN_A}{\varepsilon\varepsilon_0}(x_p + x) \tag{5-45}$$

$$V(x) = \frac{qN_A}{2\varepsilon\varepsilon_0}(x_p + x)^2 \tag{5-46}$$

$$x_p = \frac{N_D x_n}{N_A} = \left[\frac{2\varepsilon\varepsilon_0}{q} \frac{N_D}{N_A(N_A + N_D)}(V_{bi} - V_A) \right]^{1/2} \tag{5-47}$$

对于 $0 \leqslant x \leqslant x_n$,有

$$E(x) = -\frac{qN_D}{\varepsilon\varepsilon_0}(x_n - x) \tag{5-48}$$

$$V(x) = V_{bi} - V_A - \frac{qN_A}{\varepsilon\varepsilon_0}(x_n - x)^2 \tag{5-49}$$

$$x_n = \left[\frac{2\varepsilon\varepsilon_0}{q}\frac{N_A}{N_D(N_A + N_D)}(V_{bi} - V_A)\right]^{1/2} \tag{5-50}$$

和

$$w = \left[\frac{2\varepsilon\varepsilon_0}{q}\left(\frac{N_A + N_D}{N_A N_D}\right)(V_{bi} - V_A)\right]^{1/2} \tag{5-51}$$

为了防止出现虚数结果,需要限定式(5-47)、式(5-50)和式(5-51)中 $V_A \leqslant$ V_{bi}。当 V_A 趋近 V_{bi} 时,会出现大电流情况,就不能忽略准中性区域上的压降,这些方程将失效。

2. 理想 PN 结的电流 - 电压特性

理想的电流 - 电压特性是根据以下四条假设进行推导的:①突变耗尽层近似,在突变耗尽层以外,假定半导体呈电中性;②二极管工作在稳态条件下,玻耳兹曼统计近似成立;③准中性区域以小电流注入为主,注入的少数载流子密度小于多数载流子密度;④在耗尽层内不存在产生 - 复合电流,并在整个耗尽层内,电子电流和空穴电流恒定。

热平衡状态下无论是 P 型还是 N 型半导体材料,其载流子密度由式(1-29)和式(1-31)描述,同时有式(1-33)和式(1-34)成立,即 $np = n_i^2 = N_C N_V \exp(-E_g/k_B T)$。由式(1-29)和式(1-31)描述的热平衡载流子密度可以近似写成

$$n = n_i e^{-(E_i - E_F)/k_B T} \tag{5-52}$$

$$p = n_i e^{(E_i - E_F)/k_B T} \tag{5-53}$$

式(5-52)和式(5-53)仍然使式(1-33)和式(1-34)成立,式中 $E_i = \frac{1}{2}(E_C - E_V)$。当加上外电压 V_A 后,结两侧的少数载流子密度发生变化,式(1-33)和式(1-34)不再成立,即加上外电压 V_A 后,状态由热平衡变为非热平衡。分析认为式(5-52)和式(5-53)中 n_i 和 E_i 不会受外加电压影响,只有费米能级发生变化,电子和空穴的费米能级不再相同,分别给它们定义准费米能级为 E_{Fn} 和 E_{Fp},它们是非平衡态的参数。将式(5-52)和式(5-53)改写为

$$n \equiv n_i e^{-(E_i - E_{Fn})/k_B T} \tag{5-54}$$

$$p \equiv n_i e^{(E_i - E_{Fp})/k_B T} \tag{5-55}$$

根据热平衡态 PN 结理论,PN 结两边费米能级相等,不会有电流通过,只有当 PN 结两边费米能级不相等时,才有电流通过,因此准费米能级 E_{Fn} 和 E_{Fp} 在 PN 结两边是不相等的。如果不计 PN 结以外的旁压损耗,E_{Fn} 和 E_{Fp} 在 PN 结两端向

外延伸的一小段范围内存在 qV_A 大小的变化。将式(5-54)和式(5-55)分别代入电流方程式(5-21),然后将热平衡下电流等于零的条件代入,得由于 E_{Fn} 和 E_{Fp} 在 PN 结两侧变化而产生的电流强度:

$$J_n = -n\mu_n \frac{\partial}{\partial x} E_{Fn} \qquad (5-56)$$

$$J_p = -p\mu_p \frac{\partial}{\partial x} E_{Fp} \qquad (5-57)$$

J_n 和 J_p 的方向应是相反的,取决于 E_{Fn} 和 E_{Fp} 在 PN 结处的梯度方向。从式(5-56)和式(5-57)看出,E_{Fn} 和 E_{Fp} 在 PN 结处,一个是随 x 增加而增加,另一个随 x 增加而减少,这完全取决于在 PN 结上加的电压的方向。在 PN 结之外,E_{Fn} 和 E_{Fp} 还是常数,这两个能级在 P 区和 N 区高低位置相反,差值相等,即 $|E_{Fn} - E_{Fp}| \leq qV_A$,详见图4-5。式(5-54)和式(5-55)的乘积为

$$np = n_i^2 e^{(E_{Fp} - E_{Fn})/k_B T} \qquad (5-58)$$

若忽略 PN 结以外的电压损耗,则 PN 结上静电势差为 $V_A = \frac{1}{q}(E_{Fp} - E_{Fn})$,则得到 P 型一侧耗尽区边界($-x_p$)处的电子密度为

$$n_p = \frac{n_i^2}{p_p} e^{\frac{qV_A}{k_B T}} = n_{p0} e^{\frac{qV_A}{k_B T}} \qquad (5-59)$$

同理可得 N 型一侧耗尽区边界(x_n)处的电子密度为

$$p_n = \frac{n_i^2}{n_n} e^{\frac{qV_A}{k_B T}} = p_{n0} e^{\frac{qV_A}{k_B T}} \qquad (5-60)$$

式(5-59)和式(5-60)为解理想 PN 结的电流-电压方程提供了边界条件。

为了得到理想 PN 结的电流-电压关系,将电流方程式(5-21)代入连续性方程式(4-54)和式(4-55),考虑稳态,即载流子数不随时间变化,没有载流子产生,仅有复合,得到 N 区的连续性方程:

$$-\frac{n_n - n_{n0}}{\tau} + \mu_n E \frac{\partial n_n}{\partial x} + \mu_n n_n \frac{\partial E}{\partial x} + D_n \frac{\partial^2 n_n}{\partial x^2} = 0 \qquad (5-61)$$

$$-\frac{p_n - p_{n0}}{\tau} - \mu_p E \frac{\partial p_n}{\partial x} - \mu_p p_n \frac{\partial E}{\partial x} + D_p \frac{\partial^2 p_n}{\partial x^2} = 0 \qquad (5-62)$$

在 N 区的多数载流子由于 PN 结势垒的作用,对电流无贡献,只有少数载流子对电流有贡献,在 N 区的连续性方程中只需考虑式(5-62)。根据小注入假设,在耗尽区外的无电场中性区,式(5-62)简化为

$$-\frac{p_n - p_{n0}}{\tau} + D_p \frac{\partial^2 p_n}{\partial x^2} = 0 \qquad (5-63)$$

利用具有外加电压的式(5-60)和 $x = \infty$ 处 $p_n = p_{n0}$ 两个边界条件,式(5-63)有如下解:

$$p_n - p_{n0} = p_{n0} \left(e^{qV_A/k_BT} - 1 \right) e^{-(x-x_n)/L_P} \qquad (5-64)$$

式中

$$L_p \equiv \sqrt{D_p \tau_p} \qquad (5-65)$$

称为扩散长度。在 $x = x_n$ 处,少数载流子贡献的电流为

$$J_p = -qD_p \left. \frac{\partial p_n}{\partial x} \right|_{x_n} = \frac{qD_p p_{n0}}{L_p} \left(e^{qV_A/k_BT} - 1 \right) \qquad (5-66)$$

同理在 P 区, $x = -x_p$ 处,少数载流子贡献的电流为

$$J_n = qD_n \left. \frac{\partial n_p}{\partial x} \right|_{-x_p} = \frac{qD_n n_{p0}}{L_n} \left(e^{qV_A/k_BT} - 1 \right) \qquad (5-67)$$

若 PN 结的面积为 A,则总的电流为

$$I = JA = (J_p + J_n)A = I_0 \left(e^{qV_A/kT} - 1 \right) \qquad (5-68)$$

其中

$$I_0 \equiv qA \left(\frac{D_n n_{p0}}{L_n} + \frac{D_p p_{n0}}{L_p} \right) \qquad (5-69)$$

式(5-68)就是理想 PN 结的电流-电压关系,也称为肖克莱(Schockley)方程。式中: V_A 为加在二极管两端的电压; I_0 为反向饱和电流。由于式(5-69)中热平衡载流子浓度、扩散系数和扩散长度等均与温度相关,所以 I_0 也与温度相关。

式(5-68)可以形象地用图 5-11 表示。室温下,对反向偏置条件(大于几个 kT/q),理想二极管公式中电压指数项可以忽略不计,即 $I \to -I_0$。根据理想二极管理论,在反向电压无穷大时饱和电流仍然会存在。对于正向偏压条件(大于几个 kT/q),指数项占优势,则 $I \to I_0 e^{qV_A/kT}$。为了反映出预期的指数关系,正向偏置特征通常采用半对数坐标, V_A 大于少数几个 $\frac{kT}{q}$ 时,可用下式表示:

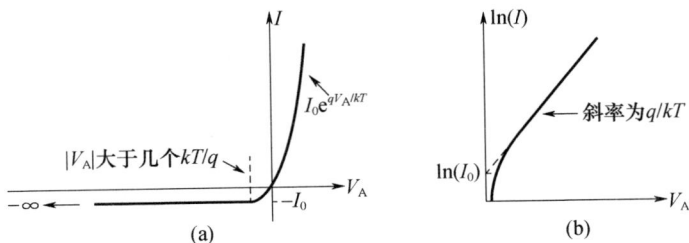

图 5-11 理想二极管 I-V 特性[4]

$$\ln(I) = \ln(I_0) + \frac{q}{kT}V_A \qquad (5-70)$$

曲线画在图 5-11(b)中,线性区的直线斜率为 q/kT 而外推截距为 $\ln(I_0)$。

3. 耗尽层内复合－产生电流[4]

在上小节理想的电流－电压特性中忽略了耗尽层内的复合与产生电流,它只能预言小注入下的电流－电压特性,如半导体材料 Ge 构成的 PN 结。然而对于常用的 Si 和 GaAs 半导体构成的 PN 结而言,理想的电流－电压关系只能定性描述它们的电流－电压特性。它们与理想情况的偏离主要有以下各种效应:①PN结的表面效应,它主要由半导体表面上或表面外离子电荷在半导体内感生镜像电荷,从而形成表面沟道。表面沟道一旦形成,就会造成表面泄漏电流,它将影响 PN 结的性能。②耗尽层内的复合与产生,将减少或增加耗尽层内载流子数。③较小的正向偏压下,也可能发生大的注入条件。④在理想电流－电压特性中忽略了电中性区的电阻,该电阻分配了外加电压的压降,降低了 PN 结上的压降。

产生与复合在电中性区同样存在,即使在外加电压存在时,产生与复合还是近似相等,不产生电流,但是在耗尽层内就不这样了。图 5－12 可以帮助理解耗尽层内复合－产生过程是如何导致额外的电流分量。首先考虑 5－12(a)描述的反向偏置情况,对于理想二极管而言,认为反向电流是结两边的少数载流子进入耗尽层形成的。但是,当二极管处于反向偏置状态耗尽层时,载流子浓度会下降并低于其热平衡条件下的值,这导致了耗尽层内电子和空穴的产生。耗尽层的内建电场会将产生的载流子分离到准中性区域,因此增大了反向电流。正向偏置时,增加了耗尽层内的载流子浓度且高于热平衡值,这导致该区域内载流子出现复合,如图 5－12(b)所示,能够明显看出导致的额外正向电流来自于耗尽层中一部分无法跃迁过势垒的载流子,这部分载流子将通过复合－产生中心相互复合消失。

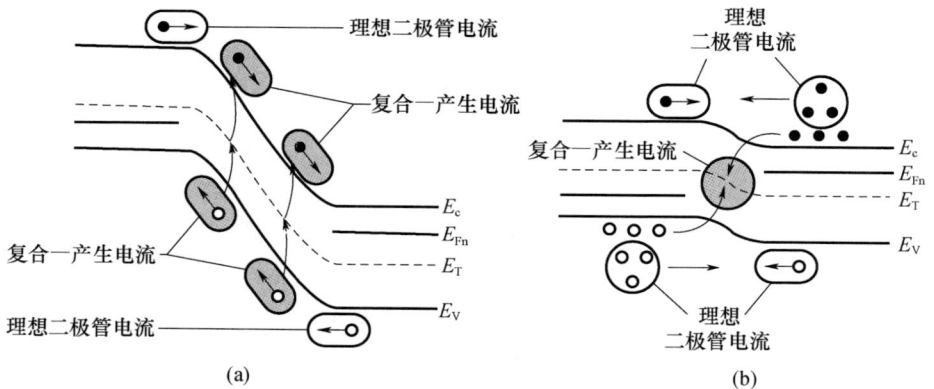

图 5－12　复合－产生电流[4]

(a)反向偏置;(b)正向偏置。

对耗尽层内每秒产生/消失的电子和空穴求和,并乘以 q,则可得到流过器件的额外电流,表达式为

$$I_{\text{R-G}} = - qA \int_{-x_{\text{p}}}^{x_{\text{n}}} \frac{\partial n}{\partial t} \bigg|_{\substack{\text{thermal} \\ \text{R-G}}} \text{d}x \qquad (5-71)$$

第 3 章中曾经论述过,对于禁带宽度对应的波长大于半导体工作温度下的黑体辐射峰值波长的情况下,要采用复合中心复合的复合系数,在式(3 – 103)中,令 $\tau_{\text{p}} = \dfrac{1}{C_{\text{p}}}$, $\tau_{\text{n}} = \dfrac{1}{C_{\text{n}}}$,得

$$\frac{\partial n}{\partial t} \bigg|_{\substack{\text{theraml} \\ \text{R-G}}} = - \frac{np - n_{\text{i}}^2}{\tau_{\text{p}}(n + n_1) + \tau_{\text{n}}(p + p_1)} \qquad (5-72)$$

和

$$I_{\text{R-G}} = qA \int_{-x_{\text{p}}}^{x_{\text{n}}} \frac{np - n_{\text{i}}^2}{\tau_{\text{p}}(n + n_1) + \tau_{\text{n}}(p + p_1)} \text{d}x \qquad (5-73)$$

式中

$$n_1 \equiv n_{\text{i}} \text{e}^{(E_{\text{T}} - E_{\text{i}})/kT} \quad p_1 \equiv p_{\text{i}} \text{e}^{(E_{\text{i}} - E_{\text{T}})/kT} \qquad (5-74)$$

(1)当反向偏压大于几个 kT/q 时,绝大部分耗尽层内的载流子浓度都会变得很小。在载流子浓度变得忽略不计时,即 $np \ll n_{\text{i}}^2$,对式(5 – 73)积分计算也会变得简单,得

$$I_{\text{R-G}} = - \frac{qAn_{\text{i}}}{2\tau_0} w \qquad (5-75)$$

式中:W 为耗尽层总宽度,详见式(5 – 51)。

$$\tau_0 = \frac{1}{2} \left(\tau_{\text{p}} \frac{n_1}{n_{\text{i}}} + \tau_{\text{n}} \frac{p_1}{n_{\text{i}}} \right) \qquad (5-76)$$

(2)当正向偏压大于几个 kT/q,复合电流比产生电流大得多,$np \gg n_{\text{i}}^2$,所以复合 – 产生关系为

$$\frac{\partial n}{\partial t} \bigg|_{\substack{\text{theraml} \\ \text{R-G}}} = - \frac{np}{\tau_0(n + p)} = - \frac{n_{\text{i}}^2 \text{e}^{qV_A/kT}}{\tau_0(n + p)} \qquad (5-77)$$

当满足

$$n = p = n_{\text{i}} \text{e}^{qV_A/2kT} \qquad (5-78)$$

有最大值为

$$\left(\frac{\partial n}{\partial t} \bigg|_{\substack{\text{theraml} \\ \text{R-G}}} \right)_{\text{max}} = - \frac{n_{\text{i}} \text{e}^{qV_A/2kT}}{2\tau_0} \qquad (5-79)$$

由于大部分复合电流产生在 $\left(\dfrac{\partial n}{\partial t} \bigg|_{\substack{\text{theraml} \\ \text{R-G}}} \right)_{\text{max}}$ 的附近,形成复合电流的电子—空穴面对的势垒都等于 $(V_{\text{bi}} - V_{\text{A}})/2$,是扩散电流势垒 $(V_{\text{bi}} - V_{\text{A}})$ 的 1/2,得

$$I_{\text{R-G}} \approx qA \int_{-x_{\text{p}}}^{x_{\text{n}}} \frac{n_{\text{i}} \text{e}^{qV_A/2kT}}{2\tau_0} \text{d}x \approx \frac{qAn_{\text{i}}}{2\tau_0} w \text{e}^{qV_A/2kT} \qquad (5-80)$$

将式(5 – 75)与式(5 – 80)相加,得到复合 – 产生电流在正向和反向偏压下的统一近似表达式:

$$I_{R-G} = \frac{qAn_i}{2\tau_0}w(e^{qV_A/2kT} - 1) = I_{(R-G)0}(e^{qV_A/2kT} - 1) \qquad (5-81)$$

为了引入第二个电流分量,通常将理想二极管方程给出的电流成为扩散电流 I_{DIFF},所以流过二极管的总电流是扩散电流和复合 – 产生电流之和:

$$I = I_{R-G} + I_{DIFF} = I_{(R-G)0}(e^{qV_A/2kT} - 1) + I_0(e^{qV_A/kT} - 1) \qquad (5-82)$$

通常式中 $I_{(R-G)0} \gg I_0$,对于 $V_A > 3kT/q$ 的正偏情况,有

$$I = I_{(R-G)0}e^{qV_A/2kT} + I_0e^{qV_A/kT} \qquad (5-83)$$

正向偏压较小时,复合电流占主导;正向偏压较大时,扩散电流占主导。在一定电流范围内,电流近似为

$$I = I_s(e^{qV_A/nkT} - 1) \qquad (5-84)$$

式中:I_s 为 $I_{(R-G)0}$ 和 I_0 的函数。二极管的品质因子 n(也称理想因子)在 1 和 2 之间。

5.2.3　PN 结的光学响应

具有 PN 结结构的半导体器件在正向电压作用下会发光,称为发光二极管,将电能转化为光能,已被广泛地应用于照明,非常节能。本书讨论的是光电二极管,具有 PN 结结构的半导体器件将光能转化为电能,其转化过程正好是发光二极管的逆过程,它已被开发成光伏型探测器和光电池等,在国民经济、科学技术和军事等领域得到广泛应用,因此它们的工作原理、响应规律和与激光的相互作用机理倍受关注。

1. 光电二极管

当一个具有 PN 结结构的半导体器件在光的辐照下,假设每个被吸收的光子都产生了一个电子 – 空穴对。如果电子和空穴在准中性区产生,那里不存在电场,它们将沿任意方向扩散,直至最终复合,不会产生净电流。为了得到光电流,在准中性区产生的少数载流子必须扩散到结区,一旦到达结区,电场会让载流子加速通过结区,产生光电流。光伏型探测器可能有多种工作方式,我们知道的就有两种:一种是强吸收型,光的穿透深度远小于光敏区的厚度,光基本上到达不了 PN 结。例如 InSb 光伏型光电探测器的光敏区厚度一般为 $1\mu m$ 左右,在可见光波段的吸收系数大约为 $10^6 cm^{-1}$,在近红外波段的吸收系数大约为 $10^5 cm^{-1}$,在可见光和近红外波段范围内,其穿透深度仅为 $10^{-1} \sim 10^{-2} \mu m^{-1}$,被探测的光一般认为到达不了 PN 结,因此仅有光敏区的少数载流子扩散构成通过 PN 结的光电流,从而产生光生光电动势,它与 PN 结势垒反向,当光生电动势引起的暗电流与光电流相等时,形成了开路电压。另一种光电探测器,例如 HgCdTe 光电探测器,在响应波段范围内,其吸收系数仅约为 $10^3 cm^{-1}$,探测光的穿透深度约达 $10\mu m$。显然,探测光穿透了 PN 结,而且在 PN 结中也大量产生光生载流子,它们往往在复合前就被 PN 结势垒分离而形成漂移光电流。在 N 区

和 P 区的少子形成的扩散光电流和 PN 结势垒分离而形成的漂移光电流共同产生光生电动势。生成的光生电动势引起的暗电流和光电流都通过 PN 结。当光电流和暗电流相等时形成开路电压。这种情况比强吸收的探测器复杂得多,从原理上更具有普遍性,强吸收的情况可看成吸收系数 $\alpha \to \infty$ 的特例。下面以具有普遍性的弱吸收情况作为例子推导它的开路电压。

图 5-13 为一般光电二极管的结构图,光电二极管又称光伏型探测器,它包括一个 PN 结,光从顶部入射,能量大于半导体禁带宽度的光子会激发电子-空穴对。电子和空穴被 PN 结耗尽区中的电场分开,分别从顶部和底部的电极接触流入外电路。

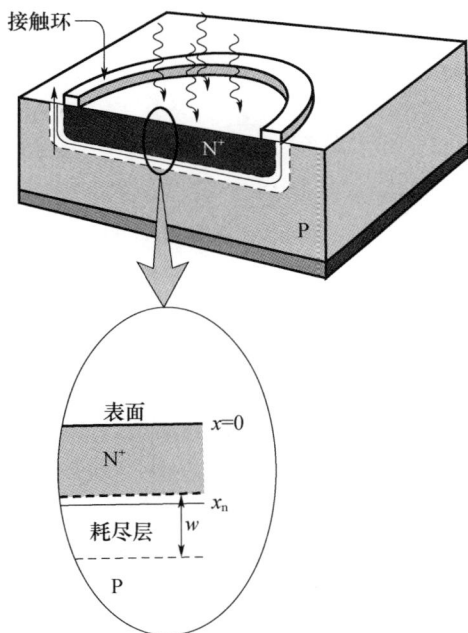

图 5-13　光电二极管结构示意图[3]

顶部接触不能阻碍光的入射是非常重要的,所以这个电极接触通常为环形。为了从 N^+(重掺杂)区到达电极接触环,电流要在顶层中横向流动,因此,N^+ 层的薄层电阻应该较小。小的薄层电阻可通过增加厚度和重掺杂得到。然而实际中,又要求只能极少的光在这一层被吸收,因此该层通常很薄(几分之一微米),所以必须重掺杂。

考虑结构如图 5-13 的 N^+P 探测器,这类器件重掺杂区的厚度往往很薄,仅有几分之一的厚度,只有极少数的光在重掺杂区内被吸收,不考虑该区的扩散电流,而先考虑 P 区的少子扩散电流。设光子流密度 $F_{Li}(1-R)e^{-\alpha x}$,其中 F_{Li} 为探测器表面的光子流密度,α 为吸收系数,R 为反射系数。假设每个光子产生一

个电子—空穴对。下面将通过求解 P 区电子的连续性方程,求解稳态时电子浓度。这种情况下,连续性方程为

$$\frac{1}{q}\frac{\mathrm{d}J_n(x)}{\mathrm{d}x} + G_L(x) - \frac{\Delta n_p}{\tau_n} = 0 \qquad (5-85)$$

式中:J_n 为光电流;Δn_p 为过剩光生电子浓度;G_L 为电子 – 空穴产生率。因为 P 区均匀掺杂,没有电场,总电子电流由扩散产生,即

$$J_n = qD_n\frac{\mathrm{d}n}{\mathrm{d}x} \qquad (5-86)$$

D_n 称为扩散系数。由于 $n = n_0 + \Delta n$,并且 n_0 为常数,式(5 – 85)变成

$$D_n\frac{\mathrm{d}^2\Delta n(x)}{\mathrm{d}x^2} + \alpha F_{Li}(1-R)\mathrm{e}^{-\alpha x} - \frac{\Delta n(x)}{\tau_n} = 0 \qquad (5-87)$$

方程式(5 – 87)的解为

$$\Delta n(x) = C_1\mathrm{e}^{\frac{x}{L_n}} + C_2\mathrm{e}^{\frac{-x}{L_n}} - \frac{\alpha\tau_n F_{Li}(1-R)\mathrm{e}^{-\alpha x}}{(\alpha^2 L_n^2 - 1)} \qquad (5-88)$$

式中:C_1、C_2 为两个积分常数;$L_n = \sqrt{D_n\tau_n}$ 为扩散长度。

将式(5 – 88)代入式(5 – 86),并利用边界条件:$x = x_n$ 处,$\Delta n = 0$;$x \gg L_n$ 处,$\Delta n = 0$ 得 $C_1 = 0$ 和

$$C_2 = \frac{\alpha\tau_n F_{Li}(1-R)\mathrm{e}^{-\alpha x_n}\mathrm{e}^{\frac{x_n}{L_n}}}{(\alpha^2 L_n^2 - 1)} \qquad (5-89)$$

$$\Delta n = \frac{\alpha\tau_n F_{Li}(1-R)}{\alpha^2 L_n^2 - 1}(\mathrm{e}^{-\alpha x_n}\mathrm{e}^{\frac{x_n-x}{L_n}} - \mathrm{e}^{-\alpha x}) \qquad (5-90)$$

将式(5 – 90)代入式(5 – 86)并在 $x = x_n$ 处赋值得 P 区的少子扩散电流:

$$J_n = qD_n\frac{\mathrm{d}n}{\mathrm{d}x}\bigg|_{x_n} = \frac{q\alpha F_{Li}(1-R)L_n\mathrm{e}^{-\alpha x_n}}{(\alpha L_n + 1)} \qquad (5-91)$$

耗尽区中电场足够高,使得在结区产生的载流子在复合前都被分离,因此对光电流有贡献。通过对整个结区宽度 w 积分求得光电流:

$$J_D = q\alpha\int_{x_n}^{x_n+w} F_{Li}(1-R)\mathrm{e}^{-\alpha x}\mathrm{d}x = qF_{Li}(1-R)\mathrm{e}^{-\alpha x_n}[1 - \mathrm{e}^{-\alpha w}] \qquad (5-92)$$

式(5 – 91)是 P 区的少子扩散电流,当然还有 N 区少子电流,它们和光电流都是同方向的。扩散电流在没有电场的中性区形成,其速度很慢,而且在扩散的过程中还有复合损耗;光电流在 PN 结势垒中形成,在势垒电场的作用下载流子作快速漂移运动。PN 结势垒中产生的光电流有时被称为瞬时光电流,无疑,利用很薄的光敏区,让光照进 PN 结势垒中,可以大大缩短探测器的响应时间。

2. 光电二极管(光伏探测器)的伏安特性

根据光电二极管的工作原理,光电二极管的光生电动势是由光电二极管本身产生的,该电压与 PN 结势垒电压反向,相当于无光照的二极管上外加正向偏

压,因此,式(5-72)可以用来描述光电二极管的伏安特性,仅需将其中的外加电压 V_A 改为光生电压 V 即可。无论哪种工作方式的光电二极管,工作时均有三股电流:光生电流 I_L,在光生电压 V 作用下的 PN 结暗电流 I_{dark},流经外电路的电流 I。I_L 和 I_{dark} 都流经 PN 结内部,但方向相反。以下的分析对所有工作方式的光电探测器均适用。

根据式(5-84),通过结的正向电流就是在正向偏压 V 作用下的暗电流,即

$$I_{dark} = I_s(e^{qV/nkT} - 1) \tag{5-93}$$

式中:V 为光生电压;I_s 为反向饱和电流。如果光电二极管与负载电阻接成通路,通过负载的电流为

$$I = I_L - I_{dark} = I_L - I_s(e^{\varsigma V/nkT} - 1) \tag{5-94}$$

这就是负载电阻上电流与电压的关系,也就是光电二极管的伏安特性,如图 5-14 所示。

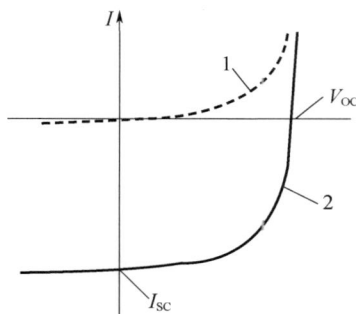

图 5-14　光电二极管的伏安特性曲线[5]

1—无光照光电二极管的伏安特性曲线;2—有光照光电二极管的伏安特性曲线。

从式(5-94)得

$$V = \frac{nkT}{q}\ln\left(\frac{I_L - I}{I_s} + 1\right) \tag{5-95}$$

在探测器或光电池开路情况下(负载电阻为无穷大),其两端的电压即为开路电压 V_{oc}。这时,流经负载的电流 $I = 0$,式(5-95)就变为开路电压的表达式:

$$V_{oc} = \frac{nkT}{q}\ln\left(\frac{I_L + I_s}{I_s}\right) \tag{5-96}$$

如果将光电二极管(PN 结)的输出短路($V = 0$),这时所得的电流为短路电流 I_{sc}。从式(5-95),显然短路电流等于光电流,即

$$I_{sc} = I_L \tag{5-97}$$

I_{sc} 和 I_L 是光电二极管的两个重要参数。I_L 是节区光电流式(5-92)和式(5-91)描述的扩散电流之和。

图 5-15 给出了短路电流和开路电压随光强的变化关系。显然,两者随光

强的增大而增大；所不同的是 I_{sc} 随光强线性增大，而 V_{oc} 则成对数增大。必须指出，V_{oc} 并不随光照强度无限增大，当光生电压 V_{oc} 增大到 PN 结势垒时，即达到最大光生电压 V_{max}，因此，V_{max} 应等于 PN 结势垒高度 V_{bi}，与材料的掺杂浓度有关。实际情况下，qV_{max} 与禁带宽度 E_g 相当。

3. 光电二极管在激光辐照下的开路电压

上面说的光生电动势的测量很困难。作为应用，开路电压是光电二极管的重要参数。通常我们测量的开路电压一般应包含光生电动势、温差电动势、丹倍（Damber）电动势和热生电动势等。其中温差电动势和热生电动势均与温升相关，当探测器的

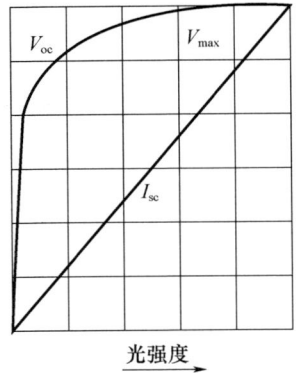

图 5-15　V_{oc} 和 V_{sc} 随光强的变化关系[5]

温升可以忽略不计时，光电二极管在激光辐照下的开路电压由光生电动势和丹倍电动势组成。下面分别介绍开路电压中包含的四种电动势的产生机理，从而可以分析它们各自在探测的信号中所起的作用。

（1）光生电动势。光生电动势起因于 PN 结对光生载流子的分离作用，PN 结中的内建电场将光生空穴拉向 P 区，将光生电子拉向 N 区。N 区积累的非平衡电子和 P 区积累的非平衡空穴产生一个与平衡 PN 结内建电场反向的光生电场，即在 P 区和 N 区之间建立了与 PN 结势垒 V_{bi} 反向的光生电动势 V，它由式（5-95）描述。

被 PN 结分离的载流子，可以是光照在 PN 结内产生的光生载流子在内建电场内漂移而分离，也可以是光照在 PN 结外产生的光生载流子，扩散至 PN 结，其中少数载流子在 PN 结内建电场的作用下漂移过 PN 结，也形成光生电动势。如果光敏面强吸收，光生电动势仅由光敏区的少数载流子扩散，然后漂移过 PN 结形成。

光电二极管（光电探测器）在光照期间由 PN 结分离的光生载流子流与光生电动势伴生的暗电流（式（5-93）），它们的方向是相反的。当光照很弱时，光生电动势由式（5-95）描述；当光照很强时，由于非线性饱和吸收和温升等效应，光升电动势也会产生饱和效应，它将在后面详细分析。

（2）丹倍电动势。丹倍电动势由半导体材料吸收光子后产生的电子、空穴在扩散和漂移过程中速度不相等而造成。由于光生电子的扩散速度高于光生空穴的扩散速度，空穴的扩散速度低于电子，在传输过程中，空穴与电子会拉开距离，形成丹倍电动势。半导体材料一端表面被光照后，将产生扩散漂移电流 $J_{nx} + J_{px}$，假设样品的厚度 d 远大于吸收深度 α^{-1}，并利用扩散漂移模型，得

$$J_{nx} + J_{px} = \sigma E - q(D_p - D_n)\,\mathrm{d}p/\mathrm{d}x \qquad (5-98)$$

式中：D_p、D_n 分别为空穴和电子的扩散系数；"$-$"表示电流方向不同。丹倍电

动势由光激发产生,非平衡的载流子总是成对产生,并已经使用了 $\mathrm{d}n/\mathrm{d}x = \mathrm{d}p/\mathrm{d}x$ 的近似。式中 E 为丹倍电动势 V_D 产生的电场, $E = \mathrm{d}V_\mathrm{D}/\mathrm{d}x$, 丹倍电动势 V_D 是开路条件下的物理量,当 $J_{nx} + J_{px} = 0$ 时,得丹倍电动势的解为

$$V_\mathrm{D} = \frac{q(D_\mathrm{n} - D_\mathrm{p})}{\sigma}(\Delta p(0) - \Delta p(d)) \qquad (5-99)$$

式中:Δp 可利用扩散方程($D_\mathrm{p}\mathrm{d}^2 p/\mathrm{d}x^2 = \Delta p/\tau$)求解,同时考虑在光照表面的非平衡载流子的复合,得丹倍电动势的解析表达式[33]为

$$V_\mathrm{D} = I_\mathrm{L}\frac{k_\mathrm{B}T}{q}\frac{\mu_\mathrm{n} - \mu_\mathrm{p}}{n\mu_\mathrm{n} + p\mu_\mathrm{p}}\left(\sqrt{\frac{D}{\tau}} + S\right) - 1 \qquad (5-100)$$

式中:I_L 为光电流密度;μ_n,μ_p 分别为电子和空穴的迁移率;D 为扩散系数;S 为表面复合速度,它由表面复合电流($J_\mathrm{n} \equiv qS\Delta n$)定义,在求解扩散方程时作为边界条件引入。

丹倍电动势是在半导体材料表面受光照后产生的。对于光的衰减长度超过 PN 结位置的器件,PN 结位置后的中性区内光生载流子同时有两个扩散方向:一是由高密度向低密度扩散构成丹倍电动势,对于这种情况将复合作为边界条件引入是不妥的,式(5-100)的使用就成了问题;二是向 PN 结扩散少子漂移过势垒,多子被势垒阻挡构成光生电动势,再加上由于 PN 结内产生的光生载流子形成光生电动势。根据丹倍电动势与光生电动势的概念和产生的机理,可知光伏型探测器内丹倍电动势被隐匿在光生电动势内。若光照面在 N 区,丹倍电动势与光生电动势是同向的;若光照面在 P 区,丹倍电动势与光生电动势是反向的。

在推导丹倍电动势的公式时,没有考虑材料温升。如果强光照射半导体材料,不仅有温升,而且由于表面和内部的光照不均匀,还造成温差,此时丹倍电动势与温差电动势同时存在。

(3)温差电动势。当材料存在温度梯度时,由于载流子的热扩散,在材料的两端产生温差电动势。此现象由塞贝克在 1821 年发现,因此通常称为塞贝克效应。在强光辐照下,必须考虑由于探测器前后表面温度差产生的温差电动势 $V_{\Delta T}$。在响应波段内强光辐照下,由于激光的主要能量被材料的前表面吸收,所以前表面的温度高于后表面。在波段外强光辐照下,激光能量主要被探测器的基底吸收,在芯片后表面形成热源,导致后表面的温度高于前表面,温差电动势 $V_{\Delta T}$ 的方向与前表面吸收的情况相反。在半导体与激光相互作用的研究中,温差电动势占很重要的位置,为了深刻理解它的概念,本书从载流子输运的玻耳兹曼方程出发推导温差电动势 $V_{\Delta T}$。

采用式(3-75),玻耳兹曼方程为 $\dfrac{\partial f}{\partial t} = \dfrac{\partial f}{\partial t}\bigg|_{\mathrm{coll}} - \dot{\boldsymbol{r}} \cdot \nabla_r f - \dot{\boldsymbol{k}} \cdot \nabla_k f$。对方程作稳态近似,即 $\dfrac{\partial f}{\partial t} = 0$;又作线性弛豫近似,即 $\dfrac{\partial f}{\partial t}\bigg|_{\mathrm{coll}} = \dfrac{f - f_0}{\tau}$;$\dot{\boldsymbol{k}} = -\dfrac{q}{h}\boldsymbol{\varepsilon}$,$\boldsymbol{\varepsilon}$ 是电场强度,

$\dot{r} = v$。将对 k 求梯度改为对 v 求梯度，作一维近似后玻耳兹曼方程又写成

$$f(x) = f_0(x) + \tau \left[v_x \frac{\partial}{\partial x} f(x) - \frac{q}{m} \varepsilon_x \frac{\partial}{\partial v_x} f(x) \right] \qquad (5-101)$$

式（5-101）中对电子波的动量 hk 的求导换成了对于电子的粒子动量 mv 求导。式（5-101）右边第二项和第三项分别表示载流子热扩散和温差电动势场 E_x 引起的载流子漂移对分布函数的影响。在产生温差电动势的过程中，同时存在载流子的扩散、漂移、复合和弛豫等过程。与弛豫比较，扩散和漂移是慢过程，即可以认为载流子做扩散漂移运动时，在所有经过的位置上都已弛豫成局部热平衡，因此在式（5-101）中的分布函数 $f_0(x)$ 是局域热平衡的分布函数，它服从费米统计分布，对于非简并半导体中的电子由下式表示：

$$f_0(x) \approx \exp \frac{-(E - E_{Fn})}{k_B T} \qquad (5-102)$$

根据 5.2.2 节，当有外加电压存在时，电子和空穴不再具有共同的费米能级，而是分裂成两个准费米能级，式中的 E_{Fn} 表示电子的准费米能级的能量。式（5-101）右边第二项中导数值为

$$\frac{\partial f_0(x)}{\partial x} = f_0(x) \frac{\partial}{\partial x} \left(\frac{E_{Fn} - E}{k_B T} \right) + \frac{E_{Fn} - E}{T} \frac{\partial f_0(x)}{\partial E} \frac{\partial T}{\partial x} \qquad (5-103)$$

式中：$\frac{\partial f_0(x)}{\partial E} = \frac{-1}{k_B T} f_0(x)$。式（5-101）右边第三项中导数值为

$$\frac{\partial f_0(x)}{\partial v_x} = \frac{\partial f_0(x)}{\partial E} \frac{\partial E}{\partial v_x} = m_e^* v_x \frac{\partial f_0(x)}{\partial E} \qquad (5-104)$$

在存在温差电动势 $V_{\Delta T}$ 的半导体材料中，其位置在 x 处，方向在 x 方向的电流由下式表示

$$J_x(x) = -q \iint_{E, v_x} v_x f(x) D(E) \mathrm{d}E \mathrm{d}v_x \qquad (5-105)$$

式中：$D(E)$ 为单位能量间隔的状态密度分布函数，它由式（1-27）给出；$f(x) D(E)$ 为输运载流子在 x 处单位能量间隔内的粒子数密度分布函数，在热扩散系统中它是位置 x 的函数。

　　为了计算由于温差产生的载流子扩散和漂移赢得光电流的变化，需要将式（5-101）代入式（5-105）。式（5-101）中的 $f_0(x)$ 在速度空间满足 $f_0(v_x) = \sqrt{\frac{m}{2\pi k_B T}} \exp \left[-\frac{mv_x^2}{2k_B T} \right]$，在式（5-105）的计算中，$f_0(x)$ 用 $f_0(x) \cdot f_0(v_x)$ 代替，显然它对于 v_x 的全空间积分为零，即局域热平衡态对电流无贡献。式（5-101）中的第二和第三项代入式（5-105）后分别表示由于温差产生的扩散和漂移电流，若认为其中的时间弛豫常数 τ 不是能量的函数，根据温差电动势是开路条件下测量的概念，让总电流等于零，就是让式（5-105）完成能量积分后等于零，再对

温差电动势场 ε_x 沿半导体的温差梯度的反方向积分,得温差电动势为

$$V_{\Delta T} = \int \varepsilon_x \mathrm{d}x = -\frac{k_B}{q}\left[\frac{E_C - E_{Fn}}{k_B T} + \frac{3}{2}\right]\Delta T \qquad (5-106)$$

由于测量时使用电压表,如果电压表两端没有温差,则式(5-103)右边第一项在电压表的读数中不体现,因为对包含金属连线在内的回路积分等于零。所以式(5-106)是电压表的读数,不是半导体体内的温差电动势,这是我们在有些文献或参考书中经常见到的一种表达式。但是时间弛豫常数 τ 确实是能量的函数,在式(3-69)中给出了弛豫时间与电子能量 E 和温度 T 的关系,即

$$\bar{\tau}_m = \frac{l_{ac}}{\sqrt{2k_B T/m^*}}\left(\frac{E}{k_B T}\right)^\gamma$$

其中各参数的物理意义参见式(3-69),将式(3-69)代入式(5-101),再代入式(5-105),然后再让 $J_x = 0$,得

$$V_{\Delta T} = -\frac{1}{qT}\left[\frac{\int \tau E D(E) f_0(x)\mathrm{d}E}{\int \tau D(E) f_0(x)\mathrm{d}E} - (E_C - E_{Fn})\right]\Delta T \qquad (5-107)$$

式(5-107)中也没有记及式(5-103)右边第一项的贡献,所以得到的温差电动势也是两端没有温差的电压表上的读数,电子扩散形成的温差电动势为

$$V_{\Delta T} = -\frac{k_B}{q}\left[\left(\frac{5}{2} + \gamma\right) + \frac{E_C - E_{Fn}}{k_B T}\right]\Delta T = \alpha_n \Delta T \qquad (5-108)$$

式中:α_n 为电子扩散形成的温差电动势率。

同理,对于空穴载流子,其温差电动势可表示为

$$V_{\Delta T} = -\frac{k_B}{q}\left[\left(\frac{5}{2} + \gamma\right) - \frac{E_V - E_{Fp}}{k_B T}\right]\Delta T = \alpha_p \Delta T \qquad (5-109)$$

式中:α_p 为空穴扩散形成的温差电动势率。

温差电动势是两端的热激发载流子由于温差而产生的浓度差,从而引起的扩散造成。热激发载流子总是被成对激发,两种载流子的浓度梯度方向相同,扩散形成的温差电动势方向相反,但是由于扩散的速度不同,总的温差电动势不等于零。根据文献[5],有

$$V_{\Delta T} = \alpha \Delta T \qquad (5-110)$$

式中

$$\alpha = \frac{\alpha_p \sigma_p + \alpha_n \sigma_n}{\sigma} \qquad (5-111)$$

式中:σ_p 为空穴电导率;σ_n 为电子电导率;$\sigma = \sigma_n + \sigma_p$;$\alpha_p$ 和 α_n 由式(5-109)和式(5-108)定义,由于载流子携带不同的电荷,因此具有不同的符号,分子中的相加实际上是相减,当分子等于零时,温差电动势不存在。

如果温差电动势由光照产生,那么温差电动势与丹倍电动势同时存在。若

材料表面对激光强吸收,则光激发和热激发均在光照表面附近产生,两个电动势方向相同。

（4）热生电动势。由于强激光辐照,探测器温升较大,热激发自由载流子浓度增加,而温度梯度的增大使得高温区的热激发自由载流子浓度远大于低温区,从而探测器内同时产生了附加的热激发载流子浓度梯度;在温度梯度和浓度梯度的共同作用下,热激发的电子和空穴产生从高温区向低温区的定向运动,在由单一材料组成的半导体中,将产生温差电动势。在有 PN 结结构组成的半导体器件中,当热扩散载流子运动到 PN 结区时,被结电场分离,空穴被拉向 P 区,电子被拉向 N 区,最终形成与 PN 结内建电场反向的电场,产生热生电动势。它与光生电动势的唯一差别是,光生电动势的非平衡载流子是由光激发产生,而热生电动势的非平衡载流子是由热激发产生。热生电动势形成的原理应与光生电动势相似,其表达式和推导可仿照光生电动势进行,因此不再重复。热生电动势始终与 PN 结内建电场反向,而温差电动势始终与温度的梯度反向。热生电动势的概念过去未见报道,2010 年,国防科学技术大学首先在实验中发现了热生电动势[12,17]。

（5）单元光伏探测器的开路电压。上面的分析告诉我们,光生电动势、丹倍电动势、温差电动势和热生电动势都是在开路的条件下测量的,因此光伏型探测器的开路电压应由这四种电动势组成。一般情况下,很难测得单一的电动势,测到的开路电压 V_{oc} 总是由这四种电动势组成,即

$$V_{oc} = V_p + V_{\Delta T} + V_T + V_D \tag{5-112}$$

但是针对具体情况,它们在开路电压中起的作用都不相同,只有在了解上面叙述的概念后才能分析出各起什么作用。其中丹倍电动势和温差电动势的产生与 PN 结无关,但是 PN 结往往在器件中仅占很小的范围,大部分是电中性区。在这电中性区中,如果存在光激发和热激发的非均匀性,就会有丹倍电动势和温差电动势的产生。由于激光一般总在垂直于 PN 结的方向照射,这四种电动势的方向也在垂直于 PN 结的方向上,由物理图像决定它们的具体方向,光照方向一般与电路中的电流方向一致。

实际上,丹倍电动势和温差电动势在光导型探测器中也存在,与光伏型探测器不同的是,激光的照射方向不一定和电路中的电流方向一致。当光照方向与探测器回路中的电流方向一致时,丹倍电动势和温差电动势将会影响光电导;当光照方向与探测器回路中的电流方向垂直时,丹倍电动势和温差电动势对光电导无影响。

开路电压中的四种贡献均与载流子的空间和时间分布有关,在叙述热升电动势和温差电动势时主要考虑了温度的空间及时间分布,载流子的空间和时间分布又与该时空的温度相关,显然,温度和它的时空分布对于开路电压的影响必须考虑。这个问题将在 5.4 节中专门讨论。

5.3　光电探测器的光学饱和效应

为了远距离探测,或满足微弱信号探测,人们设计制作光电探测器时想方设法提高灵敏度,提高信噪比。但一般的光电探测器只有 $3 \sim 4$ 个数量级的动态范围,在强光辐照下极易达到光学饱和,从而造成探测信号的丢失。当光照强度比较弱时,吸收的光转化为热的影响不大,但当光照强度比较强时,吸收的光转化为热的影响不能不考虑。本节专注于讨论光电探测器的光学饱和效应产生的机理,讨论的方法是与热效应分解开,以便于在光学响应和热学响应同时存在时认清光学响应的影响程度,热效应的问题分开讨论。不同种类探测器的光学饱和效应表现形式不尽相同,下面的讨论只限于器件本身的效应,不包括与之相配的前置放大器和 A/D 板采样的限幅作用。

5.3.1　光导型探测器的光学饱和效应

光导型探测器往往与一个输出电阻和一个直流电源串联在一起,如图 5-1 所示。式(5-14)给出了探测器回路中,外电源电压 V 与输出电阻上信号光电压 ΔV_{L} 的关系: $\Delta V_{\mathrm{L}} \approx \dfrac{\eta \alpha I \tau_{\mathrm{n}}}{\hbar \omega n_{e}} \cdot \dfrac{R_{\mathrm{D}}}{R_{\mathrm{L}} + R_{\mathrm{D}}} V$,式中 $R_{\mathrm{D}} = l/\sigma wd$, $\sigma = n_{e} e \mu_{e}$, n_{e} 为多数载流子密度, $n_{e} = n_{0} + \Delta n$,其中 n_{0} 是未受光照时的多数载流子密度, Δn 是光电子密度,其实就是式(5-5)和式(5-6)中的 Δn,它的稳态解 $\Delta n = G\tau_{\mathrm{n}} = \dfrac{\alpha \eta I \tau_{\mathrm{n}}}{\hbar \omega}$。改写式(5-14)得

$$\Delta V_{\mathrm{L}} \approx \frac{\eta \alpha I \tau_{n}}{\hbar \omega \left(n_{0} + \dfrac{\eta \alpha I \tau_{n}}{\hbar \omega} \right)} \cdot \frac{R_{\mathrm{D}}}{R_{\mathrm{L}} + R_{\mathrm{D}}} V \qquad (5-113)$$

从式(5-113)可以推断,在 $\Delta n \ll n_{0}$ 的条件下, $\Delta V_{\mathrm{L}} \propto I$。根据光子激发动力学,如果将一束激光与具有两个能带(价带和导带)的半导体的相互作用过程近似为一个二能级原子与激光相互作用,此时 $\alpha = \alpha_{0} \left(1 + \dfrac{I}{I_{s}} \right)^{-1}$;当有非线性光学效应存在时, $\alpha = \alpha_{0} - \alpha' I$。种种情况告诉我们,只有当 $I \ll I_{s}$ 或 $I \ll \alpha/\alpha'$ 时, ΔV_{L} 与辐照激光光强成线性关系,否则或多或少均会有饱和效应。特别当激光强度 I 特别强,使得 $\Delta n \gg n_{0}$ 时, $\Delta V_{\mathrm{L}} \approx \dfrac{R_{\mathrm{D}}}{R_{\mathrm{L}} + R_{\mathrm{D}}} V$ 是一个常数。说明输出光电压信号与输入信号无关,处于强饱和状态下的光导型探测器已经失去探测能力。蒋志平[8]、马莉芹[9]、李莉[10]等分别在实验上测量了某 PC 型 HgCdTe 探测器输出电压信号与入射光强的变化规律,典型实验数据如图 5-16 所示,其中激光波长为 $1.319 \mu \mathrm{m}$,探测器的光谱响应范围是 $1 \sim 4 \mu \mathrm{m}$,当 $1.319 \mu \mathrm{m}$ 激光功率小于 16mW

时,探测器工作在线性区间;在 16～50mW 时,探测器响应趋于饱和;当功率大于 50mW 时,探测器已经达到饱和,随功率密度的增大,探测器的输出响应变化很小。

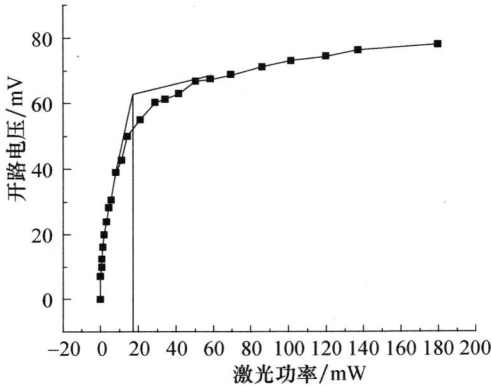

图 5-16　PC 型 HgCdTe 探测器对波段内激光响应曲线[10]

5.3.2　光伏型探测器的光学饱和效应

光伏型探测器正常的工作状态应选择在线性范围,信号电压与入射光功率的关系由式(5-96)给出。这个公式反映了弱光辐照下探测器的响应,但不能解释强光作用下的光学饱和效应。为了远距离探测,或满足微弱信号探测,人们设计制作光电探测器时想方设法提高灵敏度,提高信噪比等物理指标。研制探测器的指导思想使激光干扰探测器的思想有了理论依据。但是长期以来,没有人对于强光干扰的理论问题感兴趣,直到1991年,文献[12]针对光照表面强吸收的光伏型 InSb 探测器的模型推导了能同时说明线性和饱和光学响应的解析表达式。该表达式已被后来的许多研究工作应用,解释和说明了一系列问题,该表达式揭示的规律没有问题,但在推导过程的某些环节,其物理思想不到位,但其对结论的影响因素比较小,对最后结论无大碍。为了学术的严谨,本书重新推导了既能说明弱光辐照,又能说明强光辐照的光生电动势引起的开路电压的公式。

为简单起见,采用强吸收的工作方式,也就是采用了与文献[12]完全相同的物理模型,以 P 区作为光照面为例来叙述其原理,光伏型光电探测器的能带结构原理如图 5-17 所示,其中横坐标 0 表示受光照的前表面位置,L 表示后表面位置,d 表示 PN 结所在的位置。不同探测器的结构参数不一样,一般 $\overline{0d}$ 在微米量级。纵坐标表示探测器内部的能带分布,上面是导带,下面是价带,中间表示禁带,宽度为 E_g。E_F 为费米能级,工作温度时一般处于禁带内,并满足非简并近似条件(第1章)。

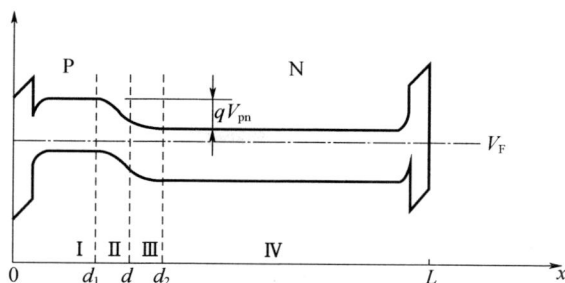

图 5 - 17　光伏型光电探测器的能带结构原理

平衡时,由于扩散电流与扩散生成的漂移电流相等,在 d 处形成弯曲的扩散势垒,PN 结两边的 P 区与 N 区的费米能级相等(见 5.1.1 节)。在光伏型器件的制作过程中,其前后表面都有一层很薄的氧化物生成(1~2nm),称为界面层,焊接后,它们仍存在于半导体与金属引线之间。金属引线与半导体接触时形成的肖特基势垒的影响,造成了界面层内能带边缘的倾斜,界面层内侧密集的局域表面态处于禁带之中,它们俘获过剩载流子,使 P 区表面带正电,N 区表面带负电,形成了表面势垒,构成了界面层附近的能带弯曲。N 区和 P 区的连续性方程为

$$D_n \frac{\mathrm{d}^2 \Delta n}{\mathrm{d} x^2} = \frac{\Delta n}{\tau_n} (\text{N 区}) \tag{5-114a}$$

$$D_p \frac{\mathrm{d}^2 \Delta p}{\mathrm{d} x^2} = \frac{\Delta p}{\tau_p} (\text{P 区}) \tag{5-114b}$$

式中:Δn、Δp 分别为光生电子和空穴的浓度;τ_n、τ_p 分别为电子和空穴的复合时间;D_n、D_p 分别为电子和空穴的扩散系数。为了求解式(5-114),设边界条件:在 $x=0$ 处,由于极高的表面吸收系数,如 InSb 材料对于波长为 $1.06\mu m$ 的激光,其吸收系数 $\alpha = 1.58 \times 10^5 \mathrm{cm}^{-1}$,吸收深度 $l = \alpha^{-1} \approx 0.06\mu m$,图 5-21 中光敏面到 PN 结中心的厚度,一般为 $1\mu m$。在这样的情况下,可以作光生载流子的表面产生与复合的近似,即

$$-D_n \frac{\mathrm{d}\Delta n}{\mathrm{d} x} = Q - S_n \Delta n \tag{5-115}$$

式中:Q 为光生电子流密度;$S_n = \sqrt{D_n / \tau_n}$ 为表面复合率。

忽略 PN 结厚度,将 PN 结浓缩在 $x=d$ 处,将在 PN 结区内缓变的参数,近似为在 $x=d$ 处突变;但是光生电子 Δn 由于在 PN 结区作快速的漂移运动,忽略复合等损耗,在 $x=d$ 处作不变近似。所以在 $x=d$ 处,即

$$(n_p + \Delta n) = (n_n + \Delta n) \mathrm{e}^{-q(V_{bi} - V)/k_B T} \tag{5-116}$$

$$n_p = n_n \mathrm{e}^{-qV_{bi}/k_B T} \tag{5-117}$$

式中:V 为外加偏压(光生电动势);V_{bi} 为 PN 结的扩散势垒;n、p 分别为热平衡

时的电子和空穴密度;下标 n 和 p 分别表示 N 区和 P 区。

由式(5 - 116)可得

$$(\Delta n)_d = \frac{n_p \left[e^{qV/k_BT} - 1 \right]}{1 - e^{-q(V_{bi} - V)/k_BT}} \tag{5 - 118}$$

该表达式已包含了 N 区的载流子浓度以及偏置电压 V(光生电动势)对 P 区载流子的反馈作用。根据上面讨论的探测器模型,光生载流子仅产生在 PN 结前,在 PN 结后可以忽略不计,光生空穴被 PN 结势垒阻隔在 PN 结前,仅有光生电子在 PN 结前形成光生扩散电流,作为近似,只需考虑式(5 - 114(a))的解:

$$\Delta n = \frac{Q}{2\sqrt{\frac{D_n}{\tau_n}}} e^{\frac{-x}{L_n}} + \left(\frac{n_p(e^{qV/kT} - 1)}{1 - \frac{n_p}{n_n}e^{qV/kT}} - \frac{Q}{2\sqrt{\frac{D_n}{\tau_n}}} \right) e^{(x/L_n)} \tag{5 - 119}$$

式中:$L_n = \sqrt{D_n\tau_n}$ 为电子的扩散长度。由于式(5 - 119)的解中已包含了光生电动势的反作用,它在 PN 结处的扩散电流就是总电流:

$$J = -qD_n \left(\frac{\partial \Delta n}{\partial x} \right)_d = -qD_n \left\{ \frac{-Q}{2D_n} e^{\frac{-d}{L_n}} + \left(\frac{\frac{n_p}{L_n}(e^{qV/kT} - 1)}{1 - \frac{n_p}{n_n}e^{qV/kT}} - \frac{Q}{2D_n} \right) e^{\frac{d}{L_n}} \right\} \tag{5 - 120}$$

在 InSb 半导体材料中,当 $T = 77K$ 时,$L_n \approx 59\mu m$,可以假设 $d \ll L_n$,则

$$J \approx qQ - \frac{qD_n \frac{n_p}{L_n}(e^{qV/kT} - 1)}{1 - \frac{n_p}{n_n}e^{qV/kT}} \tag{5 - 121}$$

当通过 PN 结的总电流 $J = 0$ 时,式(5 - 121)中的光生电动势就是开路电压,即

$$qQ - \frac{qD_n \frac{n_p}{L_n}(e^{qV_{oc}/kT} - 1)}{1 - \frac{n_p}{n_n}e^{qV_{oc}/kT}} = 0 \tag{5 - 122}$$

式(5 - 122)是关于 $e^{qV_{oc}/kT}$ 的一次方程,容易解得

$$V_{oc} = \frac{kT}{q} \ln \left(\frac{1 + \frac{Q}{n_p \sqrt{D_n/\tau_n}}}{1 + \frac{Q}{n_n \sqrt{D_n/\tau_n}}} \right) \tag{5 - 123}$$

与式(5 - 96)相比,式(5 - 123)仅在对数分母上多了一个与光强相关的项。当光生电子流密度 $Q \ll n_n \sqrt{D_n/\tau_n}$ 时,$1 + \frac{Q}{n_n \sqrt{D_n/\tau_n}} \approx 1$,则式(5 - 123)回到式(5 - 96),而当 $Q \gg n_n \sqrt{D_n/\tau_n}$ 时,则有

$$V_{oc} \approx \frac{kT}{q}\ln\left(\frac{\dfrac{Q}{n_p\ \sqrt{D_n/\tau_n}}}{\dfrac{Q}{n_n\ \sqrt{D_n/\tau_n}}}\right)$$

$$= \frac{kT}{q}\ln\left(\frac{n_n}{n_p}\right)$$

$$= V_{bi} \tag{5-124}$$

即光生电动势在高光强时的最大值为 PN 结的接触势垒。这一饱和值的物理意义来自于式(5-116)右侧的光生非平衡载流子项 Δn,当 Δn 很大时,PN 结本身的平衡载流子浓度可以忽略,式(5-116)变为

$$\Delta n = \Delta n e^{-q(V_{bi}-V)/k_B T} \tag{5-125}$$

自然有 $V = V_{bi}$。如果将式(5-116)右侧的 Δn 略去,经过相同推导即可得到式(5-96)。由此可以得出结论,由于合理地使用了边界条件式(5-116),才使式(5-123)既能描述光伏型探测器的弱光响应,又能描述它的强光饱和效应。我们还必须看到,式(5-123)仅能描述一种工作模式,即表面强吸收的光伏型探测器。根据不同的使用需求,光伏型探测器有不同的工作模式,如光在 PN 结区内激发光生载流子。针对不同的工作模式设置相应的边界条件,利用扩散漂移模型也能对其他工作模式的光伏型探测器得到较为满意的解析解,既能解释线性响应,又能解释饱和效应。

针对光伏型光电探测器,文献[13]选用了典型的参数,对式(5-123)基本一致的公式赋值以实线绘于图 5-18,采用同样参数对式(5-96)赋值以虚线绘于图 5-18,图中的点表示相应的实验数据。这说明包含了饱和效应的光生电动势开路电压公式与实验数据吻合得较式(5-96)好,式(5-96)只能适用于弱光的照射,而包含饱和效应的公式不仅适用于弱光,而且适用于强光照射。

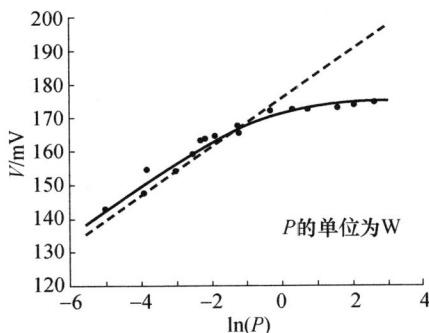

图 5-18　PV 型 InSb 探测器的开路电压与入射激光功率 P 的关系曲线[14]

第 4 章中,从载流子输运的角度,利用扩散漂移模型,针对 PN 结详细地介绍了数值解的方法,也以 InSb 光伏型探测器为例,赋值时用了与计算图 5-18

相同的参数,得到了图 5 - 19。数值解的结果与解析结果式(5 - 123)十分接近。

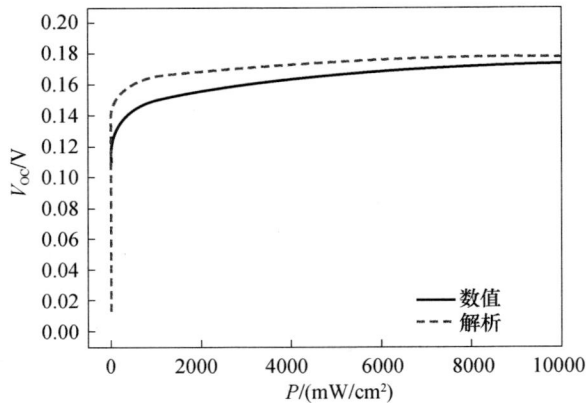

图 5 - 19　输出光生电动势与输入光功率的数值模拟结果与解析解的对比

图 5 - 20 为波段内激光辐照下某 PV 型 HgCdTe 探测器的开路电压信号响应曲线,其中,探测器的响应波段为 0.7 ~ 1.4μm,入射激光波长为 0.808μm,激光辐照功率密度(从上到下)分别为 115mW/cm²、38mW/cm²、12mW/cm²、1mW/cm²。由图 5 - 20 可以看出,在波段内激光辐照下,探测器产生正向的电压跳变,激光停照后,探测器端压恢复初始状态。图 5 - 21 为该探测器处于稳定态时开路电压与入射激光功率密度的关系。当激光功率密度小于 0.03W/cm² 时,探测器工作在线性区间;在 0.03 ~ 0.1W/cm² 时,探测器响应趋于饱和;当功率大于 0.1W/cm² 时,随功率的增大探测器的响应达到光学饱和,输出响应基本不随光功率密度的增加而变化。

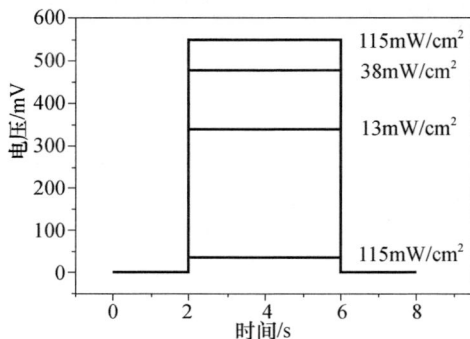

图 5 - 20　不同激光功率密度下探测器的开路电压信号响应曲线[12]

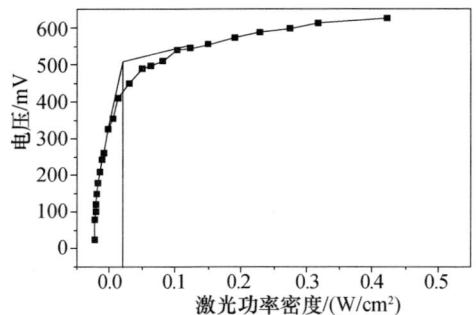

图 5 - 21　稳定态开始电压与入射激光功率密度的关系[12]

除了上面决定开路电压四种电动势以外,温升引起 PN 结势垒的下降以及暗电流的增加也是影响开路电压的重要因素,在探测器遭受激光辐照时,这种温升主要来自探测器对激光的吸收(详见本书第 3 章)。5.4 节将讨论探测器的温度效应。

5.4　激光辐照光电探测器的温度效应

在 5.2 节和 5.3 节中讨论光电探测器对光的线性和非线性响应时,回避了温升的影响。在低功率密度激光辐照光电探测器时,温升不高,往往可以忽略热效应,但当激光功率密度足够强时,光电探测器的温升不能忽略。半导体材料和光电探测器吸收光并转换为热的机理已在第 3 章中叙述,本章不再重复,本节将重点放在由光转变成的热是如何影响探测器的工作,包含其效应和机理。

由吸收的部分光转换的热量是在相互作用的局部产生的,因此在吸收光的介质内存在温度梯度,它按物理学规律扩散和传播,在介质内形成温度场,该温度场通过热传导方程获得。正如我们在第 3 章中讨论过的那样,热传导与传热粒子的速度、碰撞平均自由程和介质的热容成正比,但是讨论的激光与半导体材料和器件相互作用的场景十分复杂,例如器件的尺寸效应,超短激光脉冲的时间内尚未建立起热平衡,而热传导系数是定义在两个局域平衡点之间的热量传递,晶格温度和电子温度同时存在时的电子及晶格两种热传导以及它们之间的耦合等因素,使得一般的热传导方程不适用,需要使用非傅里叶热传导方程,对于热传导问题的进一步讨论参考本书第 7 章。只要热传导系数中的平均自由程 l 远小于器件在温度梯度方向上的厚度 d,和超短激光脉冲的持续时间 $t \gg \tau$ 热电子弛豫时间,均可使用工程上普遍使用的傅里叶热传导方程,即

$$\frac{C_p}{V} \frac{\partial T(x,y,z,t)}{\partial t} = \nabla(\boldsymbol{k} \cdot \nabla T(x,y,z,t)) + \beta I(x,y,z,t) \qquad (5-126)$$

式中:C_p 为定压热容;V 为光电探测器的体积;$T(x,y,z,t)$ 为温度场;$I(x,y,z,t)$ 为入射激光强度分布,在一维近似时由式(5-7)表示。式中的 β 不是简单的光学吸收系数,针对不同的吸收机理有不同的表述方式,例如,对于带间跃迁吸收,是吸收了光能的载流子,通过与晶格声子碰撞弛豫以后转换成热的系数。从静止的角度看,当半导体材料吸收一个光子后,成为一个可导电的热电子,通过弛豫变为处于导带底附近的可导电冷电子,因此吸收的一个激光光子能量 $h\nu$ 中仅有 $\approx \dfrac{h\nu - E_g}{h\nu}$ 部分的光能转变为热能,其中 E_g 为禁带宽度,所以 β 与光学吸收系数间的关系应为

$$\beta \approx \frac{h\nu - E_g}{h\nu} \alpha \qquad (5-127)$$

如果是带内自由电子(或等离子体)吸收、红外晶格吸收等吸收的光子能量基本上均转换成热能,β 近似与光学吸收系数 α 相等。

对于拉曼或布里渊散射引起的热吸收，β 与 α 的关系应写成

$$\beta \approx \frac{\Omega}{\omega}\alpha \qquad (5-128)$$

式中：Ω 为拉曼或布里渊声子频率；ω 为入射光子能量，认为拉曼或布里渊散射声子的能量全部转换成热能。如果是受激拉曼或布里渊散射，根据第 3 章的分析，通过吸收系数 β 吸收的光学能量，先表现为相干声子能。相干声子能可能产生两种效应：一是瞬时力学破坏，是否造成破坏，要看受激拉曼或布里渊散射的增益和增益介质的长度的乘积是否足够大，使得相干力学能超过介质的破坏阈值；二是瞬时相干力学能未超过介质的破坏阈值时，相干声子能弛豫为非相干的热平衡声子能。

以上仅举了三个方面的例子解释了不同的情况下 β 与 α 的关系，真实情况下往往是多种情况同时存在，也可能是某种机制占支配地位，具体情况具体分析。从静止的角度看，局部热弛豫会影响到局部热平衡分布，局部热平衡分布又与载流子输运和热传递等因素有关，所以从动力学的角度看问题，比从静止角度看问题更完善，所以在式（5-127）和式（5-128）两个等式中均用近似相等符号。

热传导是分析和认识激光辐照光电探测器的热学效应的重要工具。下面的分析中关于温度场的数值解均利用了式（5-126）。

5.4.1 探测器结构对探测器温度变化的影响

光电探测器的结构一般比较复杂，图 5-22 为典型探测器的分层结构示意图，芯片用环氧树脂胶粘于 Al_2O_3 基底上，Al_2O_3 用低温清漆胶固定在铜基座上，整个探测器封装在液氮制冷的杜瓦瓶内，工作温度约为 77K。器件的多层结构对强光导致的器件温升有明显的影响。文献[14]报道了基于分层模型计算的温度变化曲线。图 5-23 为考虑探测器多层结构后计算得到的温度曲线，其中

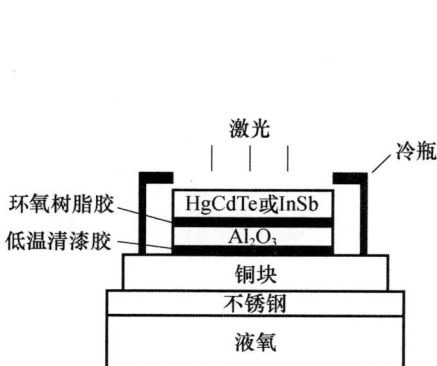

图 5-22 探测器分层结构示意图

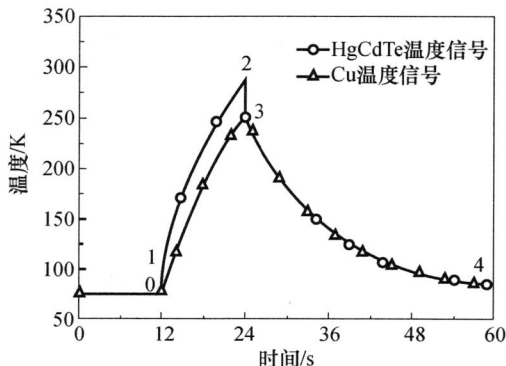

图 5-23 激光辐照过程中 HgCdTe 芯片和铜块的温度计算曲线

激光辐照时间为 12s,激光功率密度为 210W/cm²。从 HgCdTe 芯片温度曲线和铜块温度曲线可知,芯片的温度曲线在升温和降温过程中存在明显的快慢变化过程,铜块的温度没有快慢变化的过程。

为了合理解释芯片温度曲线的快慢变化过程,文献[16]研究了不同时刻探测器各层的温度分布情况,计算结果如图 5 – 24 所示。图 5 – 24(a)为激光辐照过程中的温度分布曲线,在激光辐照 10ms 时,铜块的温度基本保持不变,Al₂O₃层因为吸收激光能量而升温,在低温清漆胶层和环氧树脂胶层存在两个明显的温度梯度。这主要是因为两胶层低热导率导致的热瓶颈现象。当时间到达100ms 时,芯片与 Al₂O₃ 层达到相同温度,环氧树脂胶层中的温度梯度消失,铜块开始升温,低温清漆胶层中的温度梯度逐步达到稳定值。从 100ms ~ 1s 的时间段内,整个探测器开始以相同速度升温,且升温速度明显低于前 100ms 的升温速度,这是因为探测器整体的热容比较大。通过图 5 – 24(a)可以明显看出 0 ~100ms 对应图 5 – 23 中 0 – 1 段的变化过程,100ms 以后的温度变化速度对应图 5 – 23 中 1 – 2 段的温度变化速度。正是因为胶层的作用,导致了图 5 – 24 中HgCdTe 芯片升温过程中存在两个时间尺度明显不同的过程。

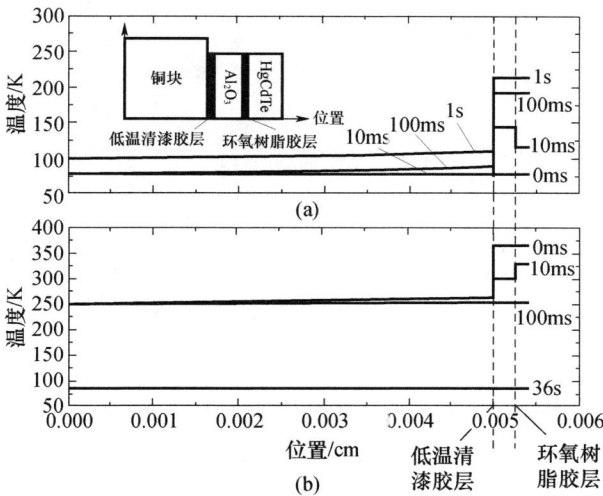

图 5 – 24　260W/cm² 激光辐照下 PC 型 HgCdTe 探测器各层不同时刻温度分布图[16]

图 5 – 24(b)为激光辐照停止照射后探测器不同时刻各层的降温过程,在停止照射 100ms 时,低温清漆胶层中的温度梯度消失,HgCdTe、Al₂O₃ 和铜块达到同一温度。在 10ms 时,环氧树脂胶层中产生温度梯度,这是因为 Al₂O₃ 和铜块之间存在一个较大温差,导致热量从 Al₂O₃ 层流向铜块的速度大于热量从HgCdTe 流向 Al₂O₃ 层的速度。10ms 以后,随着低温清漆胶层中温差的减小和环氧树脂胶层中温差的增大,热量从 HgCdTe 流向 Al₂O₃ 层的速度将大于热量从Al₂O₃层流向铜块的速度,并最终导致在 100ms 时三者达到相同的温度。图 5 – 24(b)中

的 0 ~ 100ms 过程,对应图 5 - 23 中 HgCdTe 芯片 2 - 3 段温度变化过程。100ms 以后,探测器的各层以统一速度开始降温,铜块的热沉作用,导致降温速度明显减慢,直到 36s 后才基本降到初始温度。这一过程对应图 5 - 23 中的 3 - 4 段过程。同样,降温过程也存在两个明显的降温速度。

5.4.2 光导型探测器中的温升效应

光导型探测器一般连接在如图 5 - 1 那样的电路中,信号以电压方式输出。根据5.1 节 ~ 5.3 节的分析,我们应该审视在以电压方式输出的信号中是否有各种相关的电压信号的存在,例如,温差电动势、丹倍电动势和光导型探测器的梳状电极之间寄生电容的充放电影响等。对于光照方向与电流方向垂直方式工作的光电探测器,如果光斑是均匀分布的,则温差电动势和丹倍电动势应不存在,虽然寄生电容上的电压在激光停照后放电,会正向叠加在由于激光停照产生的电压变化幅度上,但是一般由于负载电阻 $R_L \gg R_D$(内阻),在寄生电容 C 上的压降基本上可以忽略不计,而且寄生电容 C 上的压降在激光停照后的放电时间 $\tau = R_D C$ 远小于热弛豫时间。所以在观察按照上面方式工作的光导型探测器的信号时,没有必要考虑上面分析的各种因素,只要考虑光电导随激光强度和由于吸收激光产生的温升的影响。在式(5 - 14)中其他参数确定后,其信号主要由激光产生的光电导(电导率的变化)和由激光产生的温度效应升决定。文献[17]报道了典型 PC 型 InSb 探测器在不同功率密度 DF 激光辐照下的电压响应曲线和测温电阻测得的温度变化曲线,如图 5 - 25 所示。由于探测器工作在直流偏置下,电路采用的是恒流工作模型,以探测器上的端电压变化作为输出信号,所以探测器的输出信号反映的是探测器电阻的变化情况。为了区分图 5 - 25 中光学信号还是温升信号,在电压和温度信号曲线上每隔一定采样点分别标记一个空心圆圈和三角形。

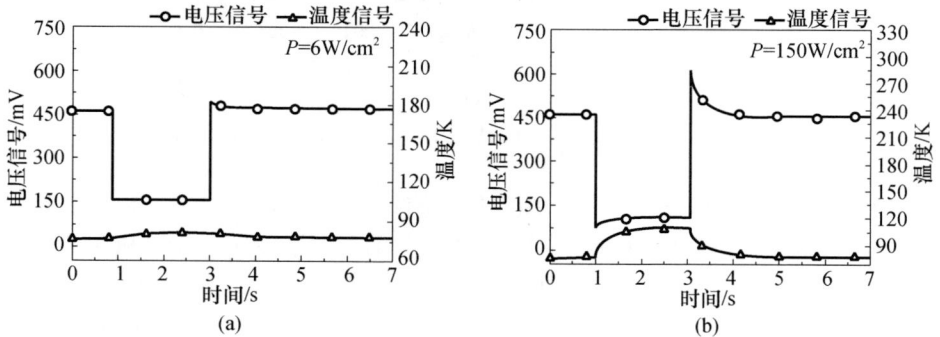

图 5 - 25 PC 型 InSb 探测器在不同功率密度 DF 激光辐照下的
电压响应曲线和测温电阻测得的温度变化曲线

图 5 – 25(a)和(b)的激光辐照时间约为 2s。设置激光功率密度为 6W/cm²，激光辐照过程测温电阻约有 5K 的温升。研究表明[8,9]，在激光辐照过程中，电压信号的减小原因是光激发导致探测器材料内部自由载流子浓度增加，从而导致体电阻减小，最终表现为电压信号减小。激光停止辐照后，电压信号增大，主要原因是光激发载流子效应消失，体电阻增大。之所以增大至 455mV，是因为还存在热效应，此时，起主导作用的热效应体现为温度对载流子迁移率的影响，从而导致电压信号增大至一个超过 450mV 的幅值。在降温过程中，温度逐渐降低，热效应逐渐消失，表现为电压信号从 455mV 逐渐减小至背景电压幅值。

当激光功率密度达到 150W/cm² 时，如图 5 – 25(b)所示，在激光辐照过程中，探测器存在明显的温升，电压信号逐渐增大，与温度信号对比发现，当温度信号变化变缓后，电压信号的变化也趋于稳定；当激光停止辐照后，探测器输出电压信号迅速增大至 650mV，然后迅速减小至 530mV，最后缓慢减小。研究表明，在激光辐照过程中，电压信号增大的原因为热效应，主要体现为温度对载流子迁移率的影响。对比图 5 – 25 可知，图 5 – 25(a)中激光辐照过程中，光激发导致自由载流子浓度增大效应占主导，图 5 – 25(b)中，激光辐照过程中，光激发导致自由载流子浓度增加和温度对载流子迁移率的影响共同影响着信号的变化，但信号增大的变化趋势是由温度对载流子迁移率的影响导致的。

5.4.3 光伏型探测器中温升对信号的影响

作为光伏型探测器使用时，一般选择在温升可以忽略的范围内工作。在光伏型探测器的输出信号中如式(5 – 112)指出的共有四种成分组成，在温升可以忽略的范围内，只有光生电动势和丹倍电动势需要考虑。当激光与光伏型探测器相互作用时，或多或少会出现温升，此时，光伏型探测器输出的开路电压中四种成分全部出现，而且它们全部跟温度相关。这四种成分对于开路电压的贡献以及温升对它们的影响均可利用上面给出的响应解析表达式估算。以光电探测为目标的光伏型探测器一定是以光生电动势为主，其他作为影响因素，本节在分析温升对光伏型探测器输出影响时，主要也是对光生电动势作分析。

式(5 – 96)叙述的是光生电动势对开路电压的贡献，其中光电流 I_L 由 PN 结势垒 V_{bi} 产生，以非简并同质半导体 PN 结为例，其势垒由式(5 – 27a)描述，即 $V_{bi} = \dfrac{kT}{q} \ln \left(\dfrac{N_A N_D}{n_i^2} \right)$，其中 n_i^2 是温度的函数，它是热平衡参数，仅跟温度相关。由此看出，当温度不断加大时，PN 结势垒会不断减小。

式(5 – 96)中还有一个参数，反向饱和电流 $I_s \equiv qA \left(\dfrac{D_n n_{p0}}{L_n} + \dfrac{D_p p_{n0}}{L_p} \right)$，它包含与温度相关的热平衡载流子浓度 n_{p0} 和 p_{n0}，当温度升高时，反向饱和电流也升高，使式(5 – 96)中的开路电压也下降。暗电流 I_{dark} 的增长也有个物理极限，它

不能超过光电流 I_L，否则会在外电路中出现与光电流反向的电流，如果没有在外电路中人为加入反向电压，光凭光生电动势，这是不可能的。但是在 $I_s > I_L$ 的情况下，仍可使 $I_L > I_{dark}$，所以 I_s 的物理极限仅由温度决定。

纵观式(5-27)、式(5-69)和式(5-96)，当温度升高时，势垒降低，光电流下降和反向饱和电流上升都源自于器件内部热平衡载流子浓度的上升。由此可以看出，当温度升高时，势垒降低和饱和暗电流上升本质上都是一回事，它们分别在光电流和反向饱和电流两个角度共同影响着光生电动势的开路电压。特别值得注意的是，以上讨论的是激光与光电探测器的相互作用，是非热平衡系统，但是在讨论温度对信号的影响时使用的都是热平衡参数，因此与实验结果相比，可能在某些细节上有差别。

在未达到永久性破坏阈值的强激光辐照下，探测器在激光辐照过程中升温，其输出信号由光学效应和热学效应共同决定。典型的光伏型探测器中激光辐照的温升效应如图5-26所示，其中PV型InSb探测器由Infrared公司生产，响应波长为 $2 \sim 5\mu m$，辐照激光波长为 $3.8\mu m$，激光辐照时间为2s。

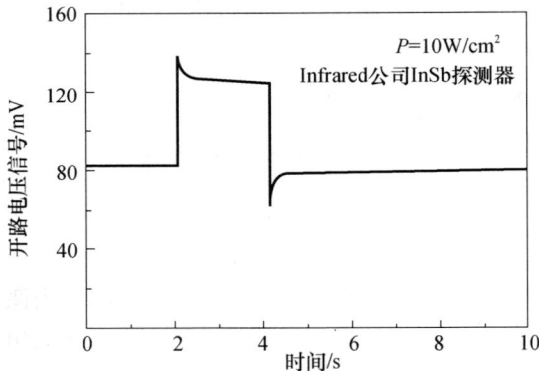

图5-26 液氮制冷PV型InSb探测器的激光辐照的温升效应[17]

在图5-26中，激光在2s时刻开启，由于介质对激光的响应时间很短，一般在纳秒与微秒之间，曲线垂直上升表示PN结区的温度尚未上升，激光开启后，由于温升，光生电动势随之降低。光照期间，随着吸收区温度的升高，与制冷的探测器后表面之间的温差逐渐扩大，温差电动势也随之增加，若吸收区温度使光照表面与PN结之间存在温度梯度，也有热生电动势的存在，所以光照期间是光生电动势与温差电动势和热生电动势的叠加。由5.2.3节中第四部分对于光伏探测器开路电压的讨论知，光生电动势和热生电动势始终与PN结内建电场反向，而温差电动势始终与温度的梯度反向。光照2s后激光关闭，光学响应在极短的时间内(纳秒与微秒之间)消失。若不计温差电动势应下降到辐照前的水平，但是曲线上显示，激光关闭后信号下降到低于辐照前的水平，低于辐照前的水平的幅度就是激光关闭时刻的温差电动势热生电动势之和，随后逐渐恢复到光照前的水平。从图5-26中可知,温升减低了光生电动势的幅度,却增加了温差电动势和热生电动势的幅度,丹倍电动势通过迁移率和载流子浓度等与温升相关,它在光照期间也始终存在,但是在这个实验中与其他相比并不重要。

实验中测量的物理量为探测器的开路电压信号,开路电压信号随入射激光功率密度增大而减小。热效应引起开路电压的降低,主要是温度对光生电动势的影响,文献[14]给出了开路电压随温度的变化规律曲线,并与实验做了对比(图5-27)。由图可看出开路电压随温升单调下降,当温升超过50K以后,探测器的开路电压接近于零。图5-27仅仅是一个特殊例子,对于由不同材料和不同参数构成的探测器,其曲线会有很大的差别。

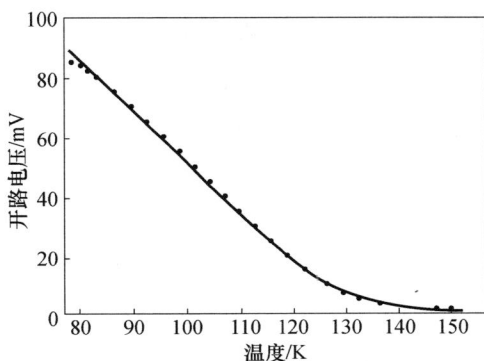

图5-27 由热效应引起的开路电压信号随温度的变化规律曲线[13]

文献[18]将温度以及激光强度随时间变化代入能反应强光效应的PV型探测器输出电压式(5-123),得到了PV型探测器在激光辐照下输出电压随时间变化的过程,典型的实验结果和计算结果如图5-28所示。

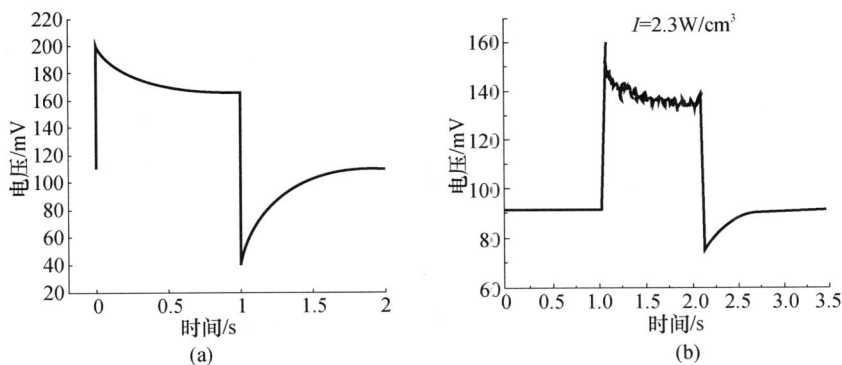

图5-28 探测器电压信号解析表达式计算结果与实验结果对比[18]

(a)计算结果;(b)实验结果。

5.5　波段外激光辐照光电探测器的响应机理

本章的前四节讨论的都是响应波段内的激光与光电探测器的相互作用,响应波段都是探测器设计的使用波段,但是在探测器的非正常使用中会遇到与探测器的正常使用非常不同的现象。

在探测器响应波段外的激光称为波段外激光,大部分情况下是指非本征吸收的激光,如通过吸收复合中心吸收、带内(自由电子)吸收、激子吸收和声子吸收等。它们照样吸收激光,其吸收机理和产生的效应与响应波段内激光与器件相互作用有很大差别,对于激光加工或者军事应用都有重要的研究价值。

5.5.1　光导型探测器对波段外激光的响应机理

一般的半导体材料有很多能带,处于工作温度的探测器材料,其吸收光子的能量应与价带和第一导带之间能量之差共振。非共振的激光一般称为波段外激光,下面主要针对激光光子的能量小于禁带宽度 E_g 的情况。有的情况,器件对激光表现为吸收,可能通过杂质中心吸收、带内(自由电子)吸收、激子吸收和声子吸收等;有的情况可能表现为透明。关于激光与介质相互作用耦合的规律已在第 2 章中介绍,下面只介绍相互作用产生的效应和机理。

波段外激光的吸收一般指非本征吸收,它不会产生光生载流子,因此没有光生载流子对于电导的贡献。吸收的能量通过各种弛豫过程均转换成了热,即使半导体材料对激光透明,只要与之相连的衬底材料如胶、陶瓷或金属等对激光强吸收也能使光导型探测器升温。升温使热平衡载流子浓度增加,但使迁移率下降。本征热平衡载流子浓度 n_i 由式(1-34)表示, $n_i = (np)^{\frac{1}{2}} = (N_C N_V)^{\frac{1}{2}} e^{-E_g/2k_B T}$,热平衡载流子浓度与温度的关系是一目了然的。迁移率 μ 由式(1-14)表示, $\mu = \dfrac{q}{m^*}\bar{\tau}_m$,其中 m^* 为载流子等效质量, $\bar{\tau}_m$ 为载流子动量平均弛豫时间。载流子在运动中会遇到各种碰撞、弛豫和散射等相互作用过程,不同的相互作用过程对于 $\bar{\tau}_m$ 有不同的表述,因此迁移率 μ 也有不同的表述,例如,有中性杂质散射迁移率、电离杂质散射迁移率、光学波形变势散射迁移率、压电散射迁移率、极性光学波散射迁移率、声学波形变势散射迁移率和各种组合散射的迁移率等,有的与温度无关,有的与温度密切相关,是一个非常复杂的问题,很难用统一的表达式来描述它。一般均以特定环境下的经验公式或曲线来表示。

由式(5-12)或式(5-13)告诉我们光导型探测器上的信号与探测器的电导率成反比,电导率 $\sigma = qn\mu$,式中 q 为载流子电荷, n 为载流子浓度。当载流子为电子时,在低温时正比于施主杂质浓度,在高温时则正比于本征载流子浓度 n_i ,它随温度变化异常剧烈,对于光导型 $Hg_{1-x}Cd_xTe$ 探测器[35],有

$$n_i = \frac{(1 + 3.25kT/E_g) \times 9.56 \times 10^{14} E_g^{1.5} T^{1.5}}{1 + 1.9 E_g^{\frac{3}{4}} e^{(E_g/2kT)}} \qquad (5-129)$$

式中：$E_g = -0.295 + 1.87x - 028x^2 + (6 - 14x + 3x^2) \times 10^{-4} T + 0.35x^4 (\text{eV})$，当 $x = 0.205$，T 在 77～300K 之间时，电子迁移率 μ 近似为[36]

$$\mu = 2.84 \times 10^9 T^{-2.2} (\text{cm}^2/\text{V}) \qquad (5-130)$$

由式（5-129）和式（5-130）可知，在低温时，电导率主要取决于电子迁移率 μ，当温度上升时，电导率下降。在高温时 $\frac{dn_i}{dT} > \frac{d\mu}{dT}$，使电导率随温度升高而升高，在激光加热过程中，电导率有一个极小值。蒋志平等曾在他们的实验[36]中测到了他们所用的光导型器件的电导率极小值位置大约出现在 115K。文献[15]利用他们的经验公式分别计算了载流子浓度、迁移率和光导型探测器的信号与温升的关系，并用曲线绘于图 5-29 中。如图 5-29(a)所示，初始温度为 77K 时，杂质全部电离，当温度 $T < 140K$ 时，本征载流子浓度 n_i 相对杂质浓度 N_D 低得多，即 N_D 远大于 n_i，可认为载流子浓度主要来源于杂质电离，那么在本征载流子浓度 n_i 远小于杂质电离所提供的载流子浓度的温度范围内，载流子浓度可认为是一定的。此时，探测器的输出信号主要受载流子迁移率的影响，而电子迁移率随温度的升高而减小，如图 5-29(b)所示，电子和空穴的迁移率的减小会导致探测器电阻的增大，响应电压增大，如图 5-29(c)所示。当 $T > 140K$ 时，热激发载流子导致的本征载流子浓度将大于杂质电离所提供的载流子浓度，且热激发产生的本征载流子浓度随温度成指数增长，如图 5-29(a)所示，虽然电子和空穴的迁移率随温度的升高而继续减小，但载流子浓度变化对电导率的影响程度比载流子迁移率变化对电导率的影响程度剧烈，最终表现为载流子浓度增长导致芯片电阻减小，响应电压降低，如图 5-29(c)所示。

1. 波段外光导型探测器的异常响应

在波段内激光作用下，主要是本征吸收，产生大量的电子空穴对，载流子浓度的增加使电导率随之增加，探测器两端的电压下降。探测器对波段外激光的吸收不产生光生载流子，所以没有光电导，但是吸收的激光将弛豫或转化为探测器的热量而升温。根据图 5-29(a)和(b)看出，当温升导致的温度不太高（<140K）时，热激发载流子浓度没有太大变化，而迁移率却快速下降，导致电导率下降，与波段内吸收的情况正好相反，探测器两端的电压不降反升，这就是波段外光导型探测器异常响应的机理。

2003 年，程湘爱、李修乾、王睿等分别报道了单元 PC 型 HgCdTe 探测器在波段外连续激光辐照下的实验现象，发现探测器的响应方向与波段内激光辐照时的响应方向正好相反[21-23]。典型实验现象如图 5-30 所示。作者分别对 PC 型和 PV 型探测器在连续波段外激光辐照下的响应机制进行了初步分析。

153

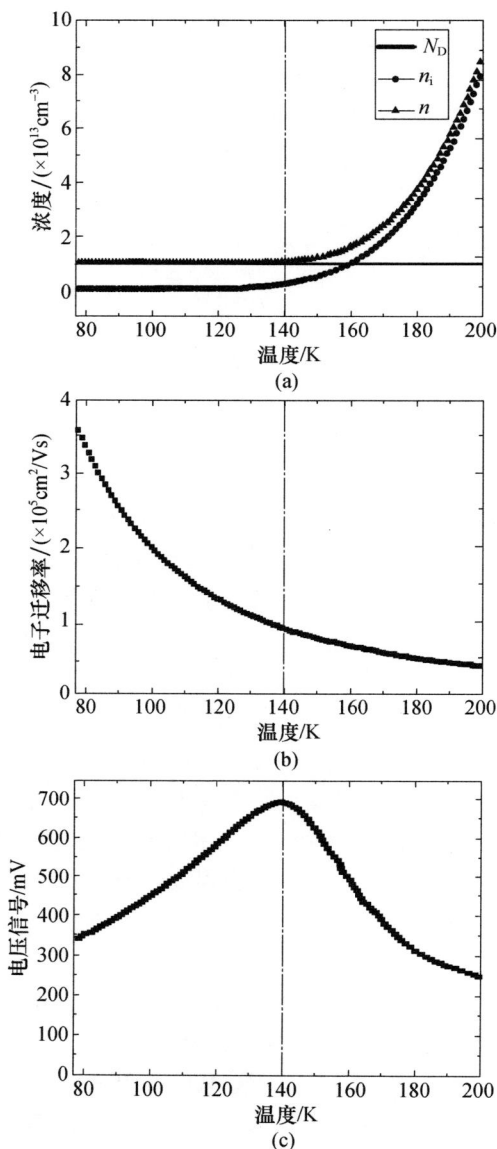

图 5-29　(a)载流子浓度随温度变化的计算结果;(b)电子迁移率随温度变化的计算结果;
(c)电压信号随温度变化的计算结果;垂直的点画线对应着输出电压信号的最大值

2. 电导率随温度变化的极小值对波段外强光照射信号的影响

2012 年,文献[25]报道了波段外激光辐照 PC 型 InSb 探测器的实验,其信号随时间的变化如图 5-31 所示,图 5-31(a)激光辐照时间为 2s,图 5-31(b)激光辐照时间为 5s。文献实验中固定波段外激光功率密度 30W/cm² 不变,仅改变激光的辐照时间,发现当激光辐照时间超过约为 2s 时,探测器输出信号开始

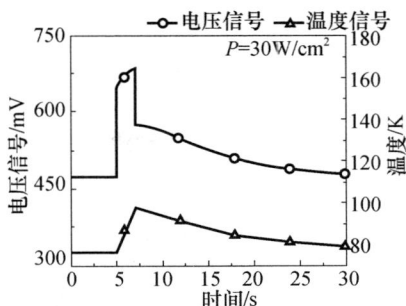

图 5 – 30　PC 型 HgCdTe 探测器在波段外连续激光辐照下的典型实验现象

减小。文献[16]分析认为该探测器存在一个特征温度 T_0,在该温度下,探测器的电导率取极小值。当 InSb 探测器温度小于 T_0 时,探测器输出信号与 2003 年报道的实验现象一致,如图 5 – 31(a)所示;当探测器温度大于 T_0 时,探测器输出信号的响应方向开始减小如图 5 – 31(b)所示。图中虚线表示该处电导率取极小值。

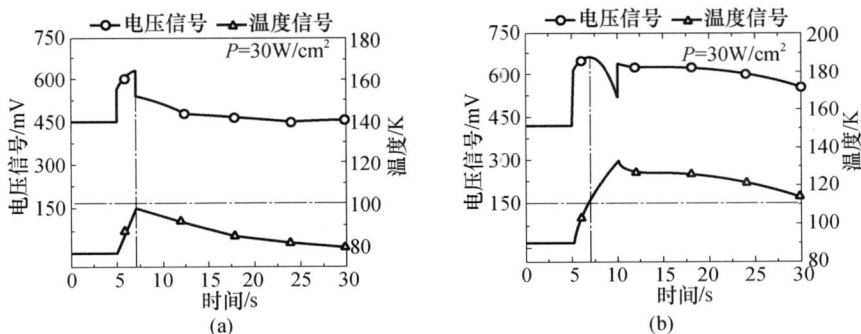

图 5 – 31　波段外激光辐照 PC 型 InSb 探测器的典型实验现象

并且,波段外激光辐照 PC 型 InSb 探测器所呈现的实验现象在 PC 型 HgCdTe 的激光辐照实验中得到了再现[26]。

3. 数值分析

曾经有大量学者开展了波段外激光辐照的机理研究,2005 年的一维等温模型[10]、2009 年的一维双温能量平衡模型[12]、2010 年一维三温能量平衡模型相继建立[22],非等温模型的建立主要是为了解决信号的"瞬变"问题,即在激光开启的瞬间和关闭的过程信号存在两个明显的时间响应尺度。非等温模型将信号的"瞬变"问题解释为晶格温度基本不变的情况下,载流子温度迅速变化所致,称之为热载流子效应。

以上分析未考虑探测器的系统结构的问题,不能解释一些细节问题。文献[16]将考虑器件结构计算得到的探测器温度代入光导型探测器在恒流状态下的输出电压式(5-12)或式(5-13),得到了不同激光功率辐照下 PC 型 InSb 探测器输出电压的数值计算结果(图5-32)。当激光功率为 $30W/cm^2$,辐照时间为 2s,芯片温度的最大值小于特征温度 145K,所以在激光辐照过程中输出信号只增不减,如图5-32(a)所示。当激光功率大于 $60W/cm^2$ 后,由于芯片最高温度超过特征温度,所以在激光辐照过程中信号出现减小趋势,如图5-32(b)、(c)所示,且温度越高,电压下降越明显。该计算结果也很好地说明了激光开启和关闭瞬间快速变化的信号是由于胶层热瓶颈作用导致的,而不是热载流子效应导致的。从图5-32(d)可知,在激光辐照过程中,当特征温度出现在升温的慢变过程(图5-32(d)中1-2段)中时,电压减小现象出现在电信号缓变阶段;当特征温度出现在升温的快变过程(图5-32(d)中0-1段)中时,电压减小现象出现在电信号快变过程。同理,激光停止辐照对应着探测器的降温过程。当特征温度出现在降温的快变过程(图5-32(d)中2-3段)中时,电压信号迅速增大,然后迅速减小;当特征温度出现在降温的慢变过程中时,电压信号先缓慢增大后缓慢的减小。

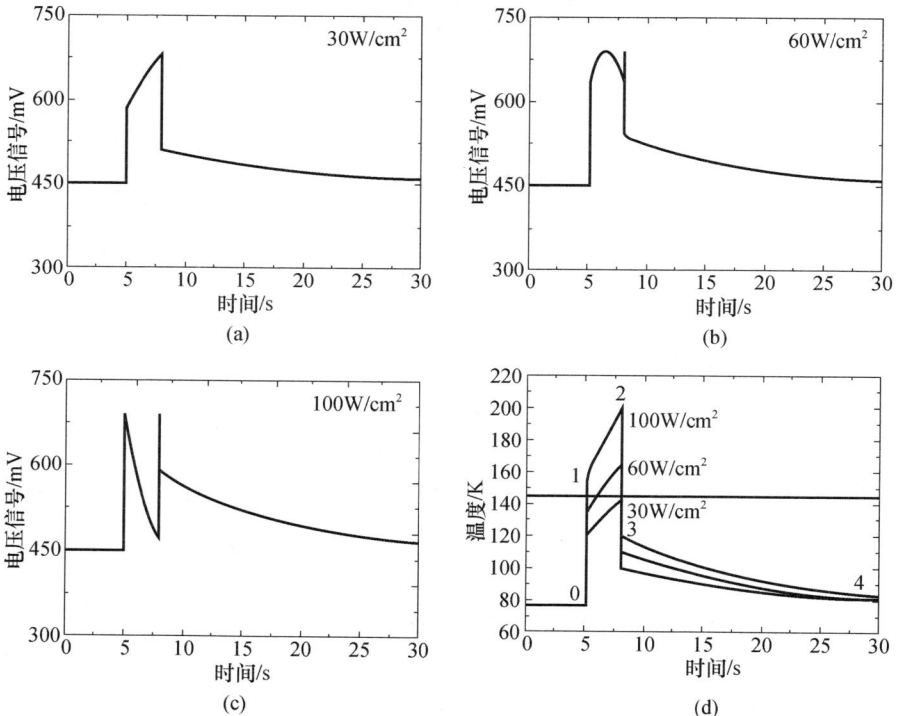

图 5-32　PC 型 InSb 探测器在不同功率密度 CO_2 激光辐照下的计算结果[16]

4. 波段内与波段外组合激光辐照效应

根据第 3 章的分析,光电探测器对波段外激光的吸收除了本征吸收以外,其他各种吸收机制可能都存在。其中载流子的带内吸收或等离子体吸收是一种重要的机制,这种机制应与载流子浓度密切相关。载流子浓度可以通过波段内本征激发增加,因此可以通过利用很低的波段内激光的强度获得很高的波段外激光的带内吸收。

李莉在她的博士论文中做了这样的实验,实验结果见图 5-33。实验中,光导型光电探测器采用 CdS 光敏电阻与 2kΩ 电阻串联,接在 5V 电源上,用数字存储示波器(DC 耦合)检测探测器受激光辐照后的响应输出。实验中测量的参数虽然是电压,但电压与光电导成反比。CdS 光敏电阻的光谱响应范围 400 ~ 800nm,其峰值响应范围在 515~550nm。实验中用波长为 532nm 的激光作为波段内激光,将波长为 1319nm 的激光作为波段外激光。在图 5-33(a)中固定波段内激光功率不变,在波段内激光作用期间组合波段外激光,并改变波段外激光功率;图 5-33(b)固定波段外激光功率不变,在波段内激光作用期间组合波段外激光,并改变波段内激光功率。

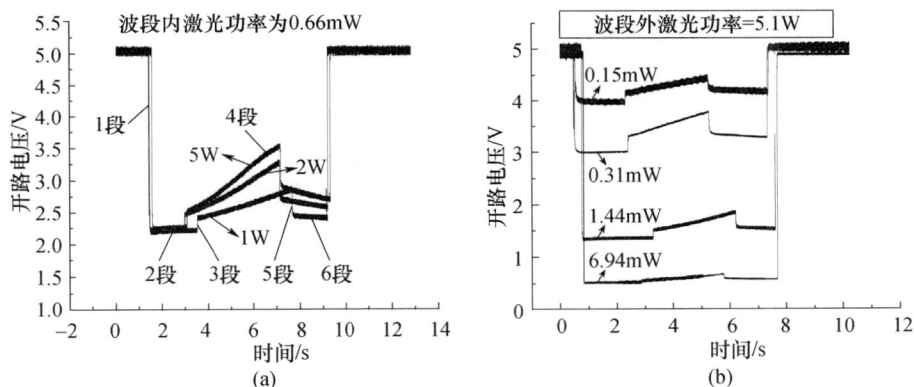

图 5-33　组合激光辐照 CdS 光敏电阻的响应曲线

(a)固定波段内激光功率,改变波段外激光功率;(b)固定波段外激光功率,改变波段内激光功率[12]。

图 5-33(a)中,在组合激光作用期间,根据第 3 章的知识,波段外激光加温等离子体气体,在极短的时间(约 10^{-13} s)内弛豫为晶格热量,使晶体升温。根据本小节一开始的分析,当温度没有超过电导率为最小值处的温度时,电导率随温度的上升而下降,这就是为什么当波段外激光加入后使电导率变大而且响应逐渐变大的原因。另外,由于电导率中的迁移率 μ 和本征载流子浓度 n_i 与温度之间存在如下关系式: $\dfrac{\mathrm{d}n_i}{\mathrm{d}T} > \dfrac{\mathrm{d}\mu}{\mathrm{d}T}$,随着温度的上升,本征载流子浓度 n_i 对电导率的贡献逐渐超过迁移率 μ 对电导率的损耗。所以三种不同功率的波段外激光随时间变化的幅度有差别。

图 5-33(b)中可以看到,相同强度的波段外激光与不同强度的波段内激光组合对电导率的改变是不相同的。从上两条曲线看,由于波段内激光强度的增加,增加了载流子浓度,因此增加了对波段外激光的吸收,响应幅度增加,起到了放大的作用。后两条曲线受到波段内激光的饱和效应,使响应幅度减小,实际上

吸收还是被放大的。因此,可以利用波段内激光激发增加载流子浓度,进而放大探测器对波段外激光的吸收效应。

5.5.2　光伏型探测器对波段外激光的响应机理

波段外激光与光伏型探测器相互作用与光导型一样,可分解为吸收和透明两种不同的效应,所不同的是在光伏型探测器中有 PN 结结构。与 5.4 节不同的是不考虑光生载流子,光生载流子没有了,光生电动势和丹倍电动势也都没有了,所以研究光伏型探测器对波段外激光的响应重点应放在温差电动势、热生电动势和热效应对于 PN 结及材料参数的影响。根据热生电动势和温差电动势的概念(见(5.2.3 节之(4))),热生电动势始终与 PN 结内建电场反向,而温差电动势始终与温度的梯度反向。一般情况下,热生电动势与温差电动势在器件中共存,其响应的方向取决于光照模式,材料对激光的吸收和透明的程度,最后由 PN 结的方向与温度的梯度方向共同决定。什么情况都可能出现,具体情况具体分析。下面针对一些典型情况对光伏型探测器受到波段外激光辐照的响应机理作些分析。

1. 探测器介质对波段外激光不透明

例如在江天的博士论文中,使用了一种禁带宽度为 0.33eV 的 HgCdTe 光伏探测器,响应波段在 $2 \sim 4\mu m$,这种探测器由于敏感中红外波段,即使在黑暗的实验室内也能从周围的热辐射中吸收到响应波段内的杂散光,在黑暗的实验室内总有本底输出。由于杂质吸收、缺陷吸收和带内吸收等各种非本征吸收,在远红外波段也存在少量吸收,这种远红外波段的少量吸收基本不产生附加载流子,吸收的远红外激光能量主要转换为热能。在 5.4.3 节中已分析了光伏探测器的光生电动势随温度升高而下降,因此在探测器响应波段外 $10.6\mu m$ 激光的作用下,开路电压下降,而不是波段内响应增加,波段外和波段内辐照效应正好相反。实验曲线如图 5-34 所示,其开路电压信号随时间的变化实质上反映了探测器内温度的变化。

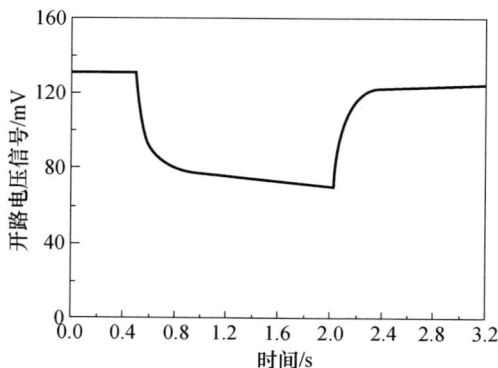

图 5-34　PV 型 HgCdTe 探测器在波段外激光辐照下开路电压下降[27]

2. 探测器介质对波段外激光透明

在李莉的博士论文中,开展了波段外激光辐照光伏型探测器的实验,该实验采用了 HgCdTe 光伏型探测器,其禁带宽度 0.6576eV,响应的峰值波长为 1.315μm,截止频率在 1.335μm 附近,10.6μm 激光远在探测器的截止频率以外,为响应波段外激光,探测器介质对波段外激光透明。

用波段外 10.6μm 激光辐照该 PV 型 HgCdTe 探测器,连续调节激光的辐照功率密度,记录探测器的电压响应曲线。图 5 - 35 中的(a) ~ (h)为不同功率密度的波段外 10.6μm 激光辐照下,PV - HgCdTe 探测器的输出结果。

由图 5 - 35 可以得到一系列信息,响应的峰值波长为 1.315μm 的 PV 型 HgCdTe 光电探测器,它的禁带宽度为 0.6576eV。实验中辐照的激光波长为 10.6μm,对应的能量约为 0.12eV,远小于禁带宽度,属于波段外激光辐照,它不可能产生价带向导带的带间跃迁,不可能有光生载流子,因此不可能有光生电动势。但是波段外激光辐照有电压响应输出,电压响应方向与探测器对波段内激光的电压响应方向相同。显然,这种响应与介质对响应波段外的激光的响应规律(图 5 - 34)不一样,这种响应规律就是我们在 5.2.3 节中第四部分提到的热生电动势存在的有力证据,关于热生电动势的产生机理见 5.2.3 节中第四部分。

下面我们从机理上逐个分析图 5 - 35 中(a) ~ (h)的变化规律。为了理解该变化规律,必须与探测器的结构结合起来分析,其结构如图 5 - 22 所示,探测器的芯片正面直接受光照,其反面与胶层相连。如果探测器材料对光是透明的,相对于透明的材料而言,其表面和背面及与之相连的胶层都是光的吸收体。我们曾在第 1 章 ~ 第 3 章中提到过,晶体表面被切开,使得表面的周期性与晶体内部不相同,而且在加工的过程中出现的缺陷、裂纹和清洗残留的粉尘等,使得探测器的光照表面状态极其复杂,表面状态中的禁带不一定存在,或者在禁带中出现一系列的杂质态,对于内部透明的材料,其表面出现少量吸收是合理的结论。如果忽略激光在探测器材料中的传输时间,探测器的前后(含胶层)两个表面吸收体几乎同时遭受激光照射,由于前表面的衰减,后表面的光强略低于前表面。前表面的表面层吸收体仅有三四个晶格周期的厚度,它的热容量很小,与之相连的探测器材料的热导率较背面的胶层高,热惯性小,因此它的温升快,升温的幅度受到探测器材料的热导率的限制,温升幅度不高。后表面虽然与前表面相同,但是将与之相连的胶层考虑在一起,总热容就十分大,胶层的热导率也低,热惯性大,因此温升慢,温升的幅度会高。这个物理图像告诉我们,一开始,前表面的温度高于后表面,在图 5 - 35(a) ~ (c)中,激光刚一打开出现了一个负向电动势。如果前表面层的微量吸收不足于形成与热生电动势反向的温差电动势,金属和半导体接触的肖特基势垒中杂质的吸收电离可以提供与热生电动势相反的开路电压响应,因为肖特基势垒和 PN 结势垒的梯度方向相反(图 5 - 17)。并不排除其他形成机理,因为它不是一个随机噪声,应该有个解释。此后,随着时

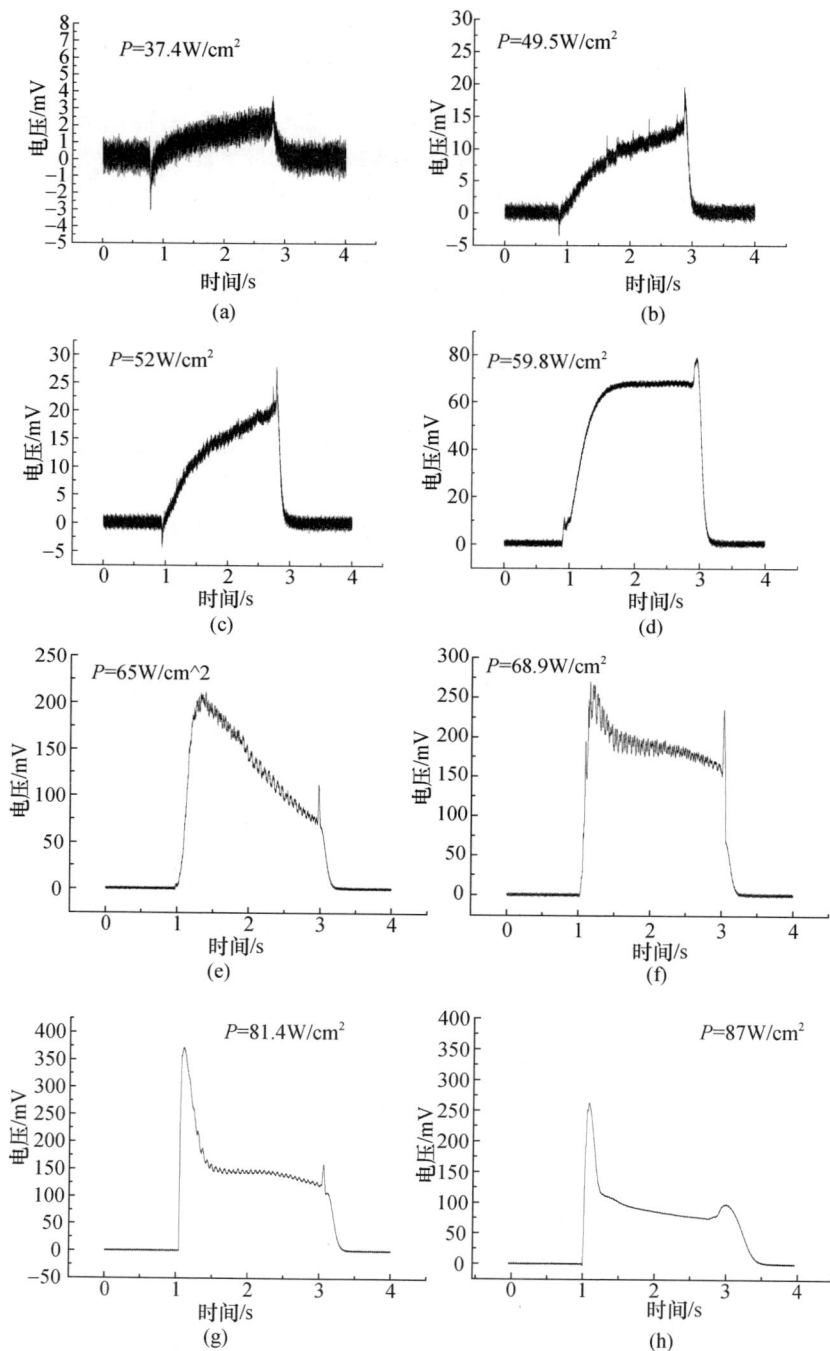

图 5 - 35 不同光功率密度辐照下探测器的电压响应结果[12]

间慢慢推移,在激光的作用下,后表面的温度赶上和超过前表面,由于温度梯度方向的变化,温差电动势的方向也由负变为正,跟热生电动势叠加在一起,此时温差电动势和热生电动势方向相同,共同形成电压输出。探测器后表面温度在波段外激光的持续照射下徐徐上升,使得探测器开路电压的信号也徐徐上升(图 5 - 35(a) ~(d))。激光打开 2s 后关闭,由于前表面热惯性小,前表面的温升迅速弛豫到探测器内与之邻近的内部温度,扩大了后表面与前表面的温差,在此瞬间,由于后表面热惯性大,降温需要较长的时间,因此激光关闭的瞬间热生电动势尚未弛豫,热生电动势非但来不及弛豫,反而增加了温差电动势,因此在激光关闭的瞬间,开路电压均出现了正向突变。这个突变在八个图种均出现,是由于前表面温度突然下降所致。在 5.2.3 节光电二极管的伏安特性部分分析过,PN 结势垒是光生电动势的极限,图 5 - 35(e) ~(h)四条响应曲线中,在激光的作用期间开路电压逐渐下降,其原因是辐照激光功率过高,促使探测器内温度太高,使开路电压下降所致(其下降机理见 5.4.3 节)。显然,图 5 - 35(a) ~(d)中的四条曲线虽然也有温升,但幅度不大,PN 结势垒的下降幅度也不大,而热激发载流子产生的热升电动势是主流。

3. 波段内与波段外组合激光辐照光伏探测器

江天等曾利用波长分别为 1319nm 和 10.6μm 两种激光组合作用在一个光伏型 HgCdTe 探测器上,该探测器的禁带宽度为 0.91eV。波长为 1319nm 的激光光子能量约为 0.94eV,该激光作为波段内激光,而波长为 10.6μm 的激光作为波段外激光。将波段外激光强度固定为 40W/cm² ,逐渐改变波长为 1319nm 的激光强度,试验结果展示于图 5 - 36。根据本小节 1 和 2 两部分的分析,可以看出,随着波段内激光强度逐渐增大,探测器对波段外激光由透明变为不透明。图 5 - 36(a)中电动势的方向与光生电动势的方向相同,说明透明使探测器后表面升温产生了热生电动势。图 5 - 36(f)中电动势的方向与光生电动势的方向相反,说明波段内激光激发产生了大量的光生载流子,这些光生载流子加大了对波段外激光的吸收,升温使开路电压下降。中间四个图体现了,随着 1319nm 激光强度增加,探测器由对 10.6μm 激光透明到不透明变化过程。

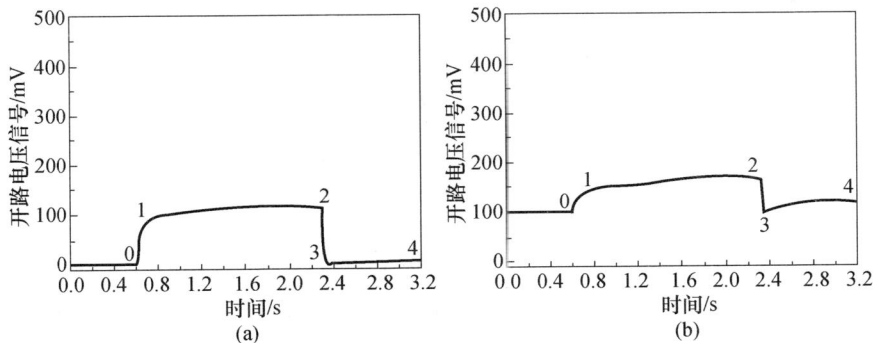

(a)

(b)

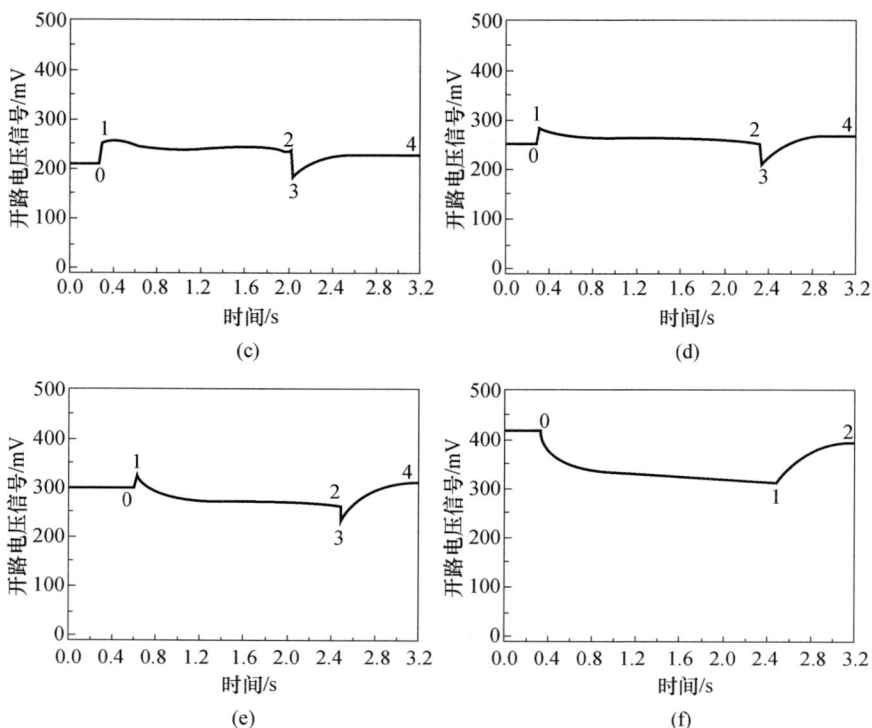

图 5-36　不同强度波段内激光辐照下的光伏探测器对固定强度波段
外激光的响应曲线[27]

　　与光导型探测器一样,利用波段内激光操控探测器,改变探测器对波段外激光的响应也许会得到某些应用,如新型的光控放大、光控开关等。

5.6　单元光电探测器的激光损伤机理

　　光电探测器在激光辐射足够强时,会出现光饱和、热效应、热损伤及热应力产生的力学损伤等。当激光能量使得探测器的输出信号达到饱和以后,激光能量只有少部分被吸收转化为有用的信号,大部分被散射或转化为热能,使探测器材料升温,即使不造成可视性破坏,也可能影响探测器的工作性能,如产生热噪声、使信噪比大大降低等。光电探测器吸收激光能量后,温升会造成各种现象,如信号的热饱和、探测器内微结构变化、热应力与热应变、熔化与再凝结等问题,它们均能够使探测器遭受到不同程度的损伤。但是激光对于单元探测器的损伤与对其材料情况的差别相当大。对于不同的探测器、激光参数和辐照方式,有不同的破坏机制和破坏效果,也不同于半导体材料。实验中测量的破坏阈值只限于某种特定的条件,不能一概而论推而广之,必须仔细分析、正确认识实际条件下的激光破坏效应。

此外,由于温度分布不均匀和激光持续时间等因素,探测器内产生的热应变和热应力分布也不均匀,导致热应力波在探测器内传播。当某处热应力超过屈服极限时,脆性材料在解理面上将产生裂纹。如果热应力波不很强,随着激光能量增加,温度升高,将产生塑性变形,甚至熔化。激光停照后,晶体再凝结时可能在解理面方向产生裂纹,也可能产生波纹或褶皱、液滴凝固物等。激光辐照功率进一步升高,将引起一系列新现象,如汽化、击穿、等离子体吸收和屏蔽等,这同材料与激光的相互作用问题是一样的。

5.6.1　连续激光对单元光电探测器的致损机理

光电探测器受激光破坏的研究方法一般是在各种工作条件下(如改变激光作用距离、激光作用时间,改变激光束形状等)测量其相应的激光破坏阈值,进而分析其破坏机理,并建立其模型。对于 PV 型器件,直接测量其开路电压,而对于 PC 型器件,通过一偏置电路测量器件的电阻,并根据激光辐照下的瞬变行为曲线来判断器件是否永久性破坏。将探测器受到毁灭性破坏(激光辐照后输出信号永久为零)时的激光功率密度视为破坏阈值。

图 5－37 给出了光伏型 InSb 探测器在连续氧碘激光($\lambda = 1.315\mu m$)辐照前后探测器输出信号的变化过程[40],图 5－37(a)中探测器受到了毁灭性破坏,图 5－37(b)中探测器只是性能暂时下降,经历一段时间后又得到恢复。可见,不论探测器是否遭到破坏,在实验所用的激光辐照过程中,其输出信号都是首先达到饱和,然后开始下降。利用已建立的一维热模型[41]计算探测器受激光辐照过程中的温升,根据文献[41]中给出的光生电动势的表达式得到探测器温升和输出信号曲线如图 5－38 所示。按照热模型计算得到的结果(图 5－38(b))和实验结果(图 5－38(b))在实验误差和简化计算的范围内取得了相当好的一致性。

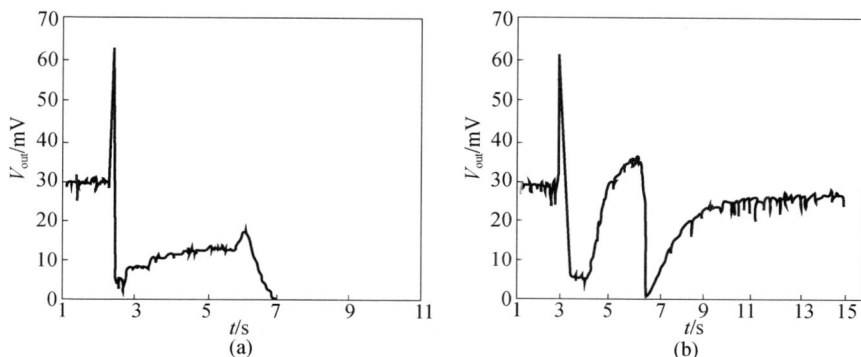

图 5－37　连续氧碘激光($\lambda = 1.315\mu m$)辐照下 InSb(PV 型)探测器
开路电压随时间的变化[40]

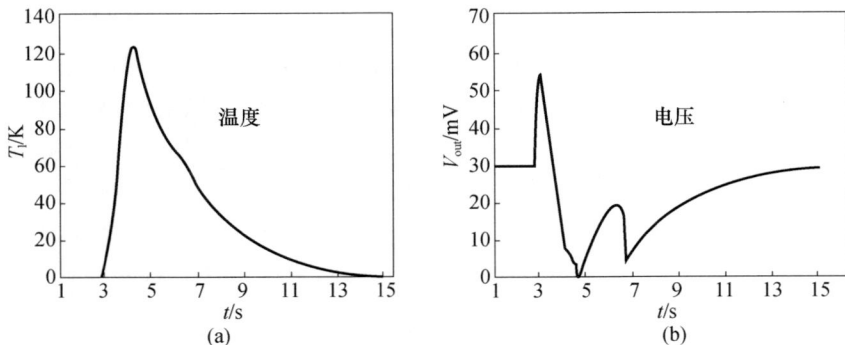

图 5 - 38 连续氧碘激光($\lambda = 1.315\mu m$)辐照下 InSb(PV 型)探测器温升(a)和
开路电压(b)随时间的变化曲线[40](计算曲线)

对响应曲线按时序加以分析:激光在 $t = 2.78s$ 时刻开始辐照,探测器开路电压信号迅速上升,这是因为刚开始辐照时,探测器尚未升温,此时的光生电动势为饱和值,近似等于 PN 结的势垒高度;在 $2.87s < t < 6.6s$ 期间,激光继续辐照,探测器温度逐渐升高,相应的本征激发载流子浓度也随之增大,引起开路电压的下降,由于温差电动势和丹倍电动势的存在,高温下探测器的实验输出信号并不降至零,但理论计算没有考虑二者的存在;$t = 6.6s$ 时刻,激光关闭,丹倍电动势即刻消失,光生电动势只剩探测器在高温下对背景光的响应信号,同时温差电动势仍然存在,故激光关闭瞬间,探测器的输出信号虽然下降,但仍有一定大小;$t > 6.6s$ 时,由于探测器和铜基座之间存在胶层,探测器的温度逐渐下降,其输出信号随之回升至激光辐照前的水平[40]。

一般而言,连续波激光对光电探测器的破坏效应源于激光辐照引起的热效应,PV 型半导体光电探测器由热效应造成的破坏有永久性破坏和暂时性破坏。永久性破坏指探测器受激光辐照,其 PN 结处温升达到熔点,PN 结退化为电阻,探测器输出信号将永久性为 0;暂时性破坏指探测器受激光辐照,由于温升热效应引起探测器的输出信号下降,经历一段时间后又得到恢复,在此时间段内,探测器灵敏度降低导致暂时失效。与永久性破坏(材料的损伤阈值)相比,PV 型探测器暂时性破坏所需的激光能量较小。文献[40]给出的连续光氧碘激光对PV 型 InSb 探测器的破坏阈值为 $26(0.89s) \sim 113(1.4s) W/cm^2$。

图 5 - 39 给出了光导型 HgCdTe 探测器在连续 YAG 激光($\lambda = 1.064\mu m$)辐照前后探测器输出信号的变化过程[43]。可以看到,从激光辐照时刻(图 5 - 39(a)中 $t = 5s$,图 5 - 39(b)中 $t = 6s$)开始,由于光电导效应,探测器的电阻迅速下降,在激光辐照过程中,探测器吸收激光能量而温度升高,所以停止激光辐照后,探测器的阻值并没有迅速恢复到辐照前的值,而是从一个大于辐照前的值缓慢下降。至于图 5 - 39(b)中辐照过程中探测器响应曲线的变化,文献

[43]认为是由光导器件的记忆效应以及辐照后温度升高造成的自退火现象造成的。由于 PC 型探测器相当于光敏电阻,即使毁伤,仍然能表现出电阻的性质,因此检验其是否损伤,在激光停止辐照一段时间后检测其阻值或进行下一次辐照实验,观测器响应率是否发生显著变化来判断是否受损或毁伤。若探测器完全毁伤,其响应率会严重下降,以至于对激光辐照完全不响应;也有探测器还能继续工作的情况,但是响应率已经有了较大改变,有可能提高也有可能降低,具体的原因还要进一步分析激光辐照引起的探测器材料内微结构的改变。

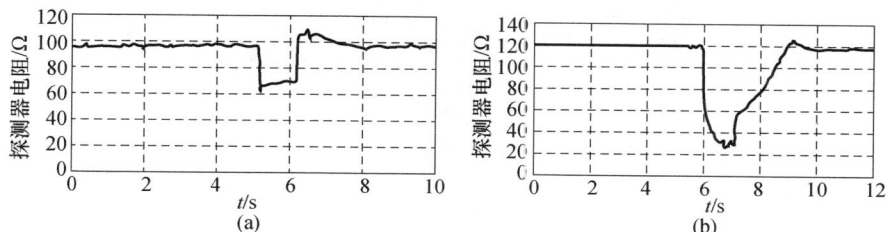

图 5 - 39　功率密度为 79.5W/cm² (a) 和 800.1W/cm² (b) 的连续 YAG
激光($\lambda = 1.064\mu m$)辐照下 HgCdTe(PC 型)探测器开路电压变化曲线[43]

国内外对于连续激光对单元探测器的损伤效应做了大量的工作,分别使用了 10.6μm(CO_2)、1.064μm(Nd:YAG)及其倍频 532nm、1.315μm(氧碘)等各种波段的激光器分别研究了 HgCdTe 等探测器的破坏阈值[44-48]。实验中的形态变化有表面熔化并伴有重新凝固、弧坑、弓形坑的产生和蒸发。其热损伤可能有三种形式:温度较高后 Hg 原子从 HgCdTe 晶体中的析出、HgCdTe 晶体中 In 电极线的脱落和当温度大于 HgCdTe 熔点 720℃时晶体的熔化。三种形式中,最容易发生的是 Hg 原子从 HgCdTe 晶体中的析出,这种情况下,用显微镜观察损伤后的探测器,既不会看到明显的烧蚀斑,也看不到电极线的脱落。图 5 - 40 给出

图 5 - 40　HgCdTe 探测器损伤后在显微镜下的图像(电极脱落)

了 HgCdTe 探测器被连续 CO_2 激光损伤后芯片在光学显微镜下的图像,可以看到,虽然探测器芯片表面的氧化层有较多的熔融斑,但是导致探测器损伤的主要原因是其中一条电极线的脱落。一般而言,电极线脱落的损伤阈值比 HgCdTe 晶体的熔化的损伤阈值低很多,而且还是在激光辐照的位置距离电极线较近的情况下。图 5-41 给出的就是当温度达到 HgCdTe 熔点后导致晶体熔化,PN 结完全损伤后的探测器在显微镜下的图像。可以明显看到,光敏面上有几个比较明显的烧蚀坑,PN 结完全损伤而失效。

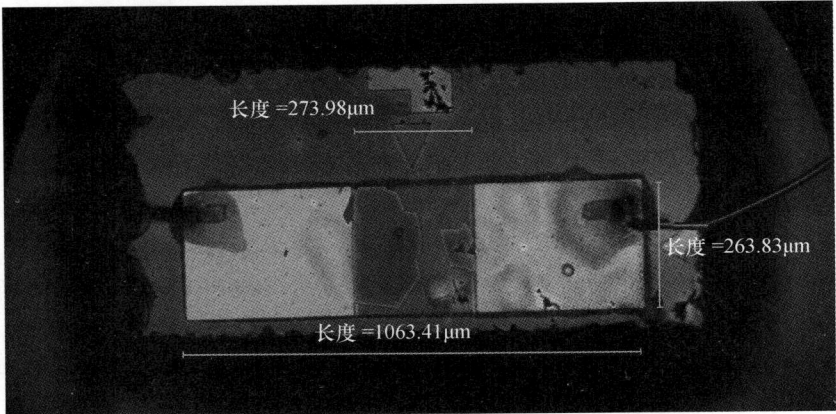

图 5-41　HgCdTe 探测器损伤后在显微镜下的图像(材料熔化)

当光电探测器受到强激光照射时,其表面和体内的温度将发生剧烈变化,根据热传导方程式(5-126),给定问题的初始条件和边界条件就能对具体的问题进行求解。给定问题的初始条件和边界条件就能对具体的问题进行求解。根据探测器元件和激光参数的不同,一般可以将其简化成以下几种模型:①高斯光束辐照半无限大固体模型[43-47],该模型计及了径向热传导和有限的光束直径。对大块较厚的探测器材料均能给出满意的结果,但它较难处理有层状结构的探测器;②均匀辐照热阻粘结探测器模型[54-56],该模型可以处理粘结层和基片热阻影响的层状探测器;③通用数值计算模型[57-59],当需要考虑到辐照期间内随时间变化的参量时,就需要采用数值方法进行求解。

文献[60]计算了探测器表面温升与激光功率、辐照时间、胶层导热率、厚度,以及探测器破坏阈值和恢复时间,如图 5-42 所示,这里 l_2 和 k_2 分别为胶层的厚度和热导率。得到的结论:在激光辐照期间,探测器表面温度不断上升,激光停照后逐渐下降到工作温度,这段时间称为热恢复时间。探测器中的胶层对其表面温升及激光破坏阈值影响很大。在相同强度的激光辐照下,胶层越厚或热导率越小,探测器表面温升越高,破坏阈值越低,热恢复时间越长。胶层起着热瓶颈作用,探测器的设计应尽量采用热导率大的黏结剂,并且胶层越薄越好。

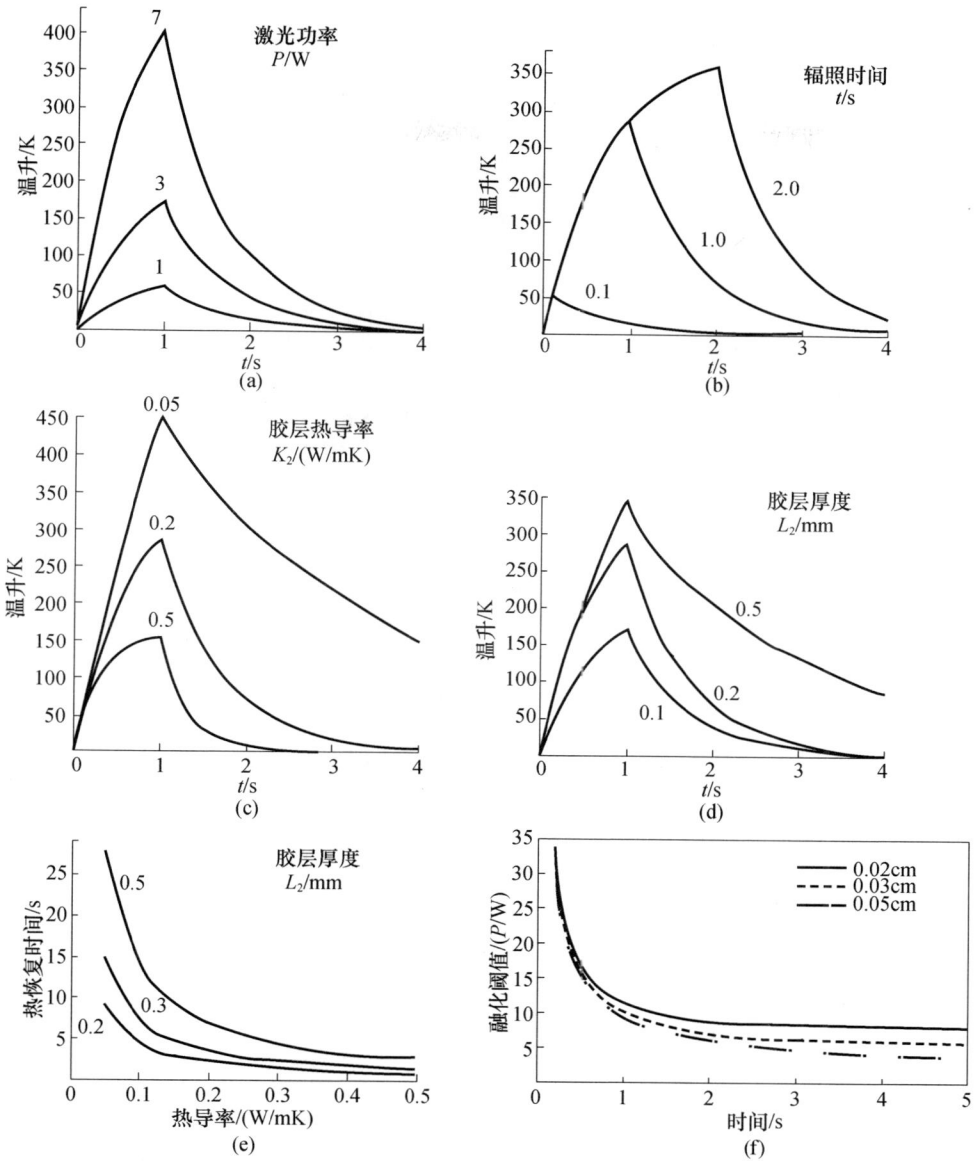

图 5-42　InSb 探测器表面温升、热恢复时间与各种参数的关系[60]

（a）表面温升和激光功率的关系（$l_2 = 0.2$mm，$k_2 = 0.2$W/mK）

（b）表面温升和辐照时间的关系（$l_2 = 0.2$mm，$k_2 = 0.2$W/mK，$P = 5$W）

（c）表面温升和胶层热导率的关系（$l_2 = 0.2$mm）（d）表面温升和胶层厚度的关系（$k_2 = 0.2$W/mK）

（e）热恢复时间与胶层热导率及厚度的关系（$P = 5$W，辐照 1s）

（f）不同胶层厚度损伤阈值与时间的关系

参考文献

[1] 金斯顿 R H. 光学和红外探测[M]. 北京:科学出版社,1984.

[2] Keyes R J. 光探测器与红外探测器[M]. 北京:科学出版社,1984.

[3] Betty Lise Anderson,Anderson Richard L. 半导体器件基础[M]. 北京:清华大学出版社,2007.

[4] SZE S M.(施敏),KWOK K NG(伍国珏). 半导体器件基础[M]. 3 版. 耿丽,张瑞智,译. 西安:西安交通大学出版社,2011.

[5] 刘恩科,朱秉升,罗晋生. 半导体物理学[M]. 7 版. 北京:电子工业出版社,2009.

[6] Allen L,Eberty J H. Optical Resonance and Two – Level Atoms[M]. New York:Wiley,1975.

[7] Yariv A. Quantum Electronics[M]. 3rd Edition. California:John Wiley & Sons,1989.

[8] 熊绍珍,朱美芳. 太阳能电池基础与应用[M]. 北京:科学出版社,2009.

[9] 蒋志平,梁天娇,陆启生,等. 激光辐照 PC 型 HgCdte 探测器的热效应计算应用光学,1995(4):155.

[10] 马丽芹. 半导体光电探测器中载流子输运过程研究[D]. 长沙:国防科学技术大学,2005.

[11] 李莉,陆启生,江厚满,等. 双光束组合激光辐照光导型 CdS 光电探测器的实验研究[J]. 光学学报,2007,29(1):85 – 89.

[12] 李莉. 双波段组合激光辐照光电探测器的研究[D]. 长沙:国防科学技术大学,2010.

[13] Lu Q S,Jiang Z P,Liu Z J. The power saturation of the photovoltage(PV)in infrared detector when laser irradiated[J]. Semiconductor Science and Technology,1991,6:1039 – 1041.

[14] 蒋志平,陆启生,刘泽金. InSb(PV 型)探测器开路电压与温度的关系[C]. 1990 年激光的热和力学效应学术会议论文集,1991.

[15] Bartoil F J,Esterowitz L,Kruer M R,et al. Thermal recovery processes in laser irradiated HgCdTe(PC)detectors[J]. Applied Optics,1975,14(10):2499 – 2507.

[16] Jiang Tian,Zheng Xin,Cheng Xiang – Ai,et al. Effects of thermally generated carrier and temperature dependence mobility in InSb photoconductive detector under CW 10.6 μm laser irradiation[J]. Semicond. Sci. Technol. ,2012,27:015020.

[17] 江天. 单元光电探测器在连续激光辐照下的响应机理研究[D]. 长沙:国防科学技术大学,2012.

[18] 贺元兴,江厚满. 激光辐照下 PV 型 HgCdTe 反常响应机理[J]. 强激光与粒子束,20(8):1233 – 1237.

[19] 李莉,陆启生. 波段外激光辐照 PV 型 HgCdTe 光电探测器的实验研究[J]. 强激光与粒子束,2010,22(11):2535 –2539.

[20] Jiang Tian,Cheng Xiang – Ai,Zheng Xin,et al. The over – saturation phenomenon of a $Hg_{0.46}Cd_{0.54}Te$ photovoltaic detector irradiated by a CW laser[J]. Semicond. Sci. Technol. ,2011,26:115004.

[21] 李修乾,程湘爱,王睿,等. 激光辐照 PC 型 HgCdTe 探测器的实验研究[J]. 强激光与粒子束,2003,15(1):40 –44.

[22] 李修乾,程湘爱,王睿,等. 波段外 CW CO_2 激光辐照 HgCdTe 探测器热效应研究[J]. 中国激光,2003,30(12):1070 – 1074.

[23] 贺元兴,江厚满. 波段外 10.6μm 激光辐照下光导型 HgCdTe 探测器的电学响应[J]. 强激光与粒子束,2010,22(12):2828 – 2833.

[24] 贺元兴. 激光辐照下 HgCdTe 探测器电学响应机理研究[D]. 长沙:国防科学技术大学,2009.

[25] 郑鑫,江天,程湘爱,等. 波段外激光辐照光导型 InSb 探测器的一种新现象[J]. 物理学报,2012,61(4):047302.

[26] 江天,郑鑫,程湘爱,等.光导性碲镉汞探测器在波段外连续激光辐照下的载流子输运[J].红外与毫米波学报,2012,31(3):137302.

[27] 江天,程湘爱,江厚满,等.光伏半导体器件对能量小于禁带宽度光子的响应机理研究[J].物理学报,2011,60(10):107305.

[28] 李莉,陆启生.波段外激光辐照 PV 型 HgCdTe 光电探测器的实验研究[J].强激光与粒子束,2010,22(11):2535-2539.

[29] 郑鑫.锑化铟探测器在波段外连续激光辐照下的效应研究[D].长沙:国防科学技术大学,2011.

[30] Aoki K,Kobayshi T,Yamamot K. J. Phys. Colloq. ,1981(C7):51.

[31] Aoki K,Kobayshi T,Yamamot K. Chaotic Motions in the Electrical Avalanche Breakdown Caused by Weak Photoexcitation in n-GaAs[J]. J. Phys. Soc. Jan. ,1982(51):2373.

[32] Ma L Q,Cheng X A,Xu X J,et al. Chaos in photovoltaic HgCdTe detectors under laser irradiation [J]. Applied physics B. 2002,75:667-670.

[33] 孙承伟,陆启生,范正修,等.激光辐照效应[M].北京:国防工业出版社,2002.

[34] Seeger K. 半导体物理学[M].北京:人民教育出版社,1980.

[35] 褚均浩,等.非抛物型能带半导体 $Hg_{(1-x)}Cd_xTe$ 的本征载流子浓度[J].红外研究,1983(2):241.

[36] Scott W. Electron Mobility in $Hg_{(1-x)}Cd_xTe$ J. Appl. Phys. ,1972(43):1055.

[37] 蒋志平,梁天骄,陆启生,等.激光辐照 PC 型 HgCdTe 探测器的热效应计算[J].应用激光,1995(4):155.

[38] von der Linde D,Bialkowski K S T J. Laser-solid interaction in the femtosecond time regime [J]. Appl. Sur. Sci. 1997,109/110:1-10.

[39] 许晓军,曾交龙,陆启生,等.PC 型 HgCdTe 探测器的光电联合破坏研究[C].1997-1998 年度激光的热和力学效应会议论文集.昆明:1998.

[40] 陈金宝,陆启生,钟海荣.连续波氧碘激光对光伏型锑化铟探测器的破坏阈值[J].强激光与粒子束,1998,10(2):221-224.

[41] 蒋志平,等.激光辐照 InSh(PV)型探测器的温升计算[J].强激光与粒子束,1990,2(2):247.

[42] 陆启生,等.激光辐照下 InSb 探测器(PV 型)的瞬变行为[J].强激光与粒子束,1991,3(1):102.

[43] 许晓军,曾交龙,陆启生.1.06μm 激光对 PC 型 HgCdTe 探测器的破坏阈值研究[J].强激光与粒子束,1998,10(4):552-556.

[44] 蒋志平,陆启生,刘泽金.强激光辐照光电探测器的研究[J].应用激光,1994,14(3):109.

[45] 陈金宝,等.COIL 激光对某些探测器的破坏研究[C].1995 年全国激光的力学和热学效应会议论文集.无锡:1995.

[46] 蒋志平,梁天骄,陆启生,等.激光辐照 PC 型 HgCdTe 探测器热效应的计算[J].应用激光,1995,15(4):155.

[47] 陆启生,蒋志平,刘泽金.1.06μm 脉冲激光破坏某些光电探测器的实验研究[C].1994 年全国激光的力学和热学效应会议论文集.海口:1994.

[48] 许晓军,曾交龙,陆启生,等.PC 型 HgCdTe 探测器在不同工作环境下破坏阈值的测量研究[J].强激光与粒子束,1998,10(4):552.

[49] 孙利国,等.光电探测器激光损伤热模型分析[J].激光杂志,1991,12(2):72.

[50] Kruer M,Allen R,Esterowitz L,et al. Laser damage in photodiodes[J]. Opt. Quant. Electr. 1976,8:453.

[51] Bartoli F,et al. Thermal modelling of laser damage in 8-14μm HgCdTe photo conductive and PbSn Te photo-voltic detectors [J]. J. Appl Phys. , 1975,46:4519.

[52] Kruer M,et al. Thermal models for laser induced damageInSb photoconductive and photovoltic detectors [J]. Infrared Phys,1976,16:375.

［53］ Kruer, et al. Thermal analysis of laser damage in thin film photoconductor［J］. J. Appl Phys. , 1976, 47:2867.

［54］蒋志平,梁天骄,陆启生,等. 激光辐照 PC 型 HgCdTe 探测器热效效应的计算［J］. 应用激光,1995, 15(4):155.

［55］ F. Baartoli,et al. Laser damage in triglycine sulfate:Experimental results and thermal analysis［J］. J. Appl. Phys. , 1973,44:3713.

［56］ F. Bartoli,et al. A generalize in thermal model for laserdamage in infrared detectors［J］. J. Appl. Phys. , 1976,47:2875.

［57］ Cmpbell I H. Optical Characterization of Laser – Induced Damage in Semiconductors［J］. A Dissertation presented to the faculty of Princeton University.

［58］蒋志平,陆启生,刘泽金. 辐照 InSb(PV)型探测器的温升计算［J］. 强激光与粒子束,1990(2):247.

［59］ Meryer J R,Bartoli F J,Kruer M R. Optical heating insemiconductors［J］. Physical Review B,1980,21(4): 1559 – 1568.

第6章
激光与阵列光电器件相互作用

第 5 章介绍了激光与单元光电器件的相互作用,本章以可见光 CCD 成像器件为例,重点讲述激光与阵列光电器件的相互作用[1]。主要包括可见光 CCD 成像器件的工作原理,可见光 CCD 的激光致眩效应与机理等。

6.1 可见光 CCD 成像器件的工作原理

CCD 图像传感器是 CCD 相机或摄影机的核心部件,它以像素为基本单元,以像素中的电荷包大小来代表像素上的平均光强,可完成对光生电荷的产生、收集、传输和检测四项基本功能。一般而言,以像素排列方式,CCD 可划分为面阵、线阵两种,其中后者需扫描以获得二维景物图像。另外,一种既有面阵像素排列,又需扫描工作,能够将多级积分信号进行叠加从而可以拍摄弱光图像的CCD,称为时间延迟积分(Time Delay Integral,TDI)CCD(TDI – CCD)。除了传统的机械快门以外,CCD 可通过电子快门控制电荷收集时间来实现相机曝光量的调节,线阵或 TDI – CCD 还可以通过调整扫描速度来调整曝光量。为了提高感光动态范围,CCD 在电荷收集环节经常采用一些防饱和技术。摄影机或数字相机最常使用的图像传感器是行间转移型面阵 CCD[2],它的场、帧或全像素读出方式匹配于电视信号的隔行或顺序扫描方式,以利于拍摄信息的传输。

CCD 图像传感器在相机或摄像机中的使用需要配备相应的光、电学系统,如图 6 – 1 所示。光学系统将景物的实像输入至 CCD 图像传感器的感光面;通

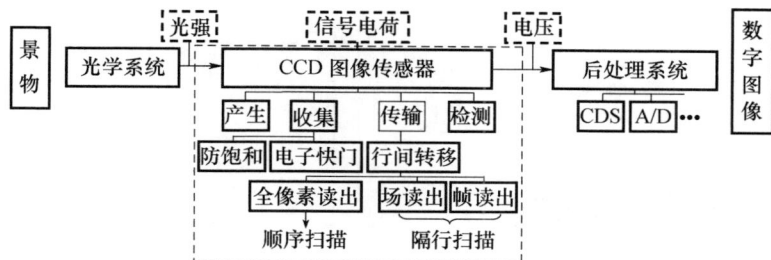

图 6 – 1 CCD 图像传感器应用系统示意图

过 CCD 的产生、收集功能,光强分布被像素阵列离散化为电荷包阵列,通过 CCD 的传输、检测,电荷包被转化为电压信号并从 CCD 图像传感器中输出。为了输出信号的降噪与存储,在系统中配备了相关双采样(Correlated Double Sample, CDS)技术和 A/D 转换等电学模块。

6.1.1 CCD 的单元结构及其功能

1. 光电转换

光电转换的基本原理是半导体中价带电子吸收光子后跃迁至导带,形成可导电电子,即将光信号变为电信号的过程。这些详细过程已在第 1 章和第 3 章中讲过,这里,针对广泛使用于 CCD 的硅材料再简要介绍其基本特性。

CCD 信号电荷的产生机制主要是半导体的内光电效应,即价带电子因吸收光子能量而跃迁到导带,同时价带产生等量正电空穴,如图 6 - 2 所示。导带电子和价带空穴能够在外加电场作用下做定向运动,因而成为可处理的有用信号。

单光子吸收时,光子能量必须大于半导体禁带宽度,才能引发其内光电效应,这决定了 CCD 的响应波段。例如,硅晶体在室温下的禁带宽度 E_g 约为 1.12eV,响应的截止波长由下式决定:

$$\lambda \leqslant \frac{hc}{E_g} \qquad (6-1)$$

式中:h 为普朗克常量;c 为光速;λ 为光子的波长。可以算得,以硅为基底的可见光 CCD,其响应截止波长为 1100nm。

如图 6 - 3 所示,以硅晶体表面为原点,光传播方向为正方向作 x 轴,硅晶体中深度为 x 处的光强 I 满足

$$dI = -\alpha I dx \qquad (6-2)$$

式中:α 为硅晶体对光吸收系数。硅表面处的光强设为 I_0,光照方向的厚度为 d,当 $d \gg \dfrac{1}{\alpha}$ 时,硅单晶中深度为 x 处的光强为

$$I = I_0(1 - R_{REF})e^{-x/L_A} \qquad (6-3)$$

式中:R_{REF} 为表面反射率;$L_A = 1/\alpha$ 为吸收深度,即光强变为吸收前的 1/e 处深

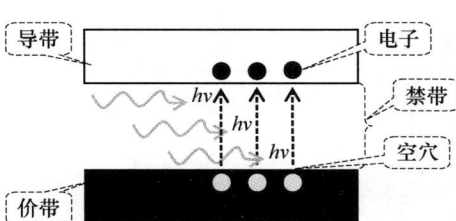

图 6 - 2 内光电效应示意图

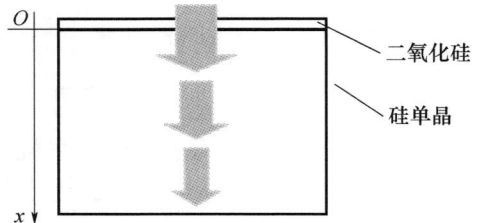

图 6 - 3 硅晶体对光的吸收状态示意图

度。硅单晶的吸收系数和吸收深度随波长的变化分别如图 6 - 4 所示和表 6 - 1 所列[3,4]，由表或图可看出，波长越短，吸收系数越大，吸收深度越浅。可见光 CCD 的栅极由多晶硅构成；吸收深度太浅的光将大部分被栅极所吸收，使得可见光 CCD 对这种光响应变弱或不响应。

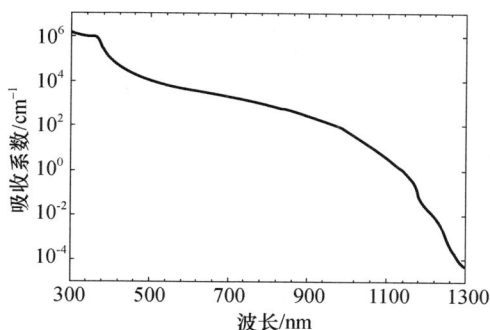

图 6 - 4　硅单晶的吸收系数曲线

表 6 - 1　硅单晶对几种波长光的吸收深度

波长 λ/nm	吸收深度 L_A/μm
400	0.1
500	0.93
600	2
700	6
800	10
900	30

2. 信号收集（势阱、防饱和及电子快门）

上述光生电荷由各像素势阱收集为电荷包信号。在 CCD 中，半导体中的势阱由绝缘隔离的电极阵列来控制形成。基于半导体的掺杂分布与相关电压偏置，可控势阱位置在半导体表面或内部；这两种势阱位置的 CCD 分别被称为面沟道 CCD 和体沟道 CCD。由于表面态对电荷具有俘获作用，目前用于图像传感器的绝大部分都是体沟道 CCD。

如图 6 - 5 所示，体沟道 CCD 的半导体基底包含 N 型、P 型两个掺杂层。当电极电压 V_G 小于 PN 结偏压 V_{REF} 时，N 型掺杂层中产生两部分耗尽区（详见 5.2.1 节和 5.2.2 节），一部分为氧化层电容 C_{ox} 提供正电荷，一部分属于 PN 结。若 V_{REF} 不变，随着 V_G 的降低，N 型掺杂层的两部分耗尽区中前者扩展、后者不变；若 V_G 不变，随着 V_{REF} 增大，这两部分耗尽区将同时扩展。当两者恰好相接时，整个 N 型掺杂层也恰好被完全耗尽。两耗尽区的界面位置 x_j 处无电场线通

过,即电场强度 E 满足

$$E\big|_{x=x_j} = \frac{\mathrm{d}V}{\mathrm{d}x}\bigg|_{x=x_j} = 0 \tag{6-4}$$

该界面处电压为极大值,也是电子的势阱位置,位于 N 型掺杂区内部;界面电压即 PN 结偏压。

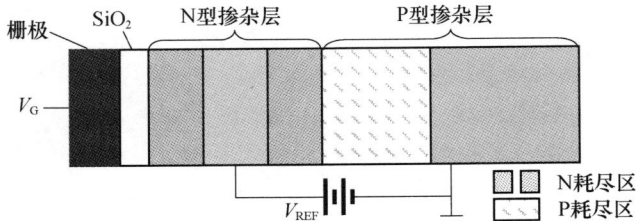

图 6 - 5　CCD 体内势阱形成原理示意图

实际 CCD 器件中,V_{REF} 为一直流偏置,V_G 为一脉冲时钟。V_G 较高时,C_{ox} 上电压差降低,容纳电荷量降低,N 耗尽区中属于 PN 结的耗尽区增大,PN 结偏压增加;V_G 较低时,C_{ox} 上电压差升高,容纳电荷量增大,N 耗尽区中属于 PN 结的部分缩减,电极下方 PN 结的偏压降低(缩减部分将由远离 CCD 电极的 PN 结扩展来补偿,在 CCD 中,主要是指复位端附近 N^+、P^+ 区域)。如图 6 - 6 所示,在中间施加高电压 V_{GH} 而两侧施加低电压 V_{GL} 的三个电极所对应的半导体基底中,中间区域形成电子的势阱。

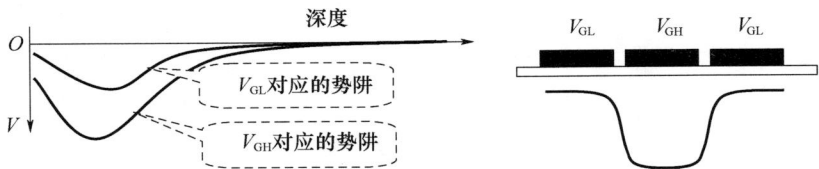

图 6 - 6　势阱示意图

需要注意:①V_G 必须始终低于一定的值,以保障 N 型掺杂层在信号产生之前的完全耗尽状态。②在其他参数相同的情况下,N 型掺杂浓度越低,为 C_{ox} 提供正电荷的 N 型耗尽区越大,电极下的 PN 结的耗尽区越小,PN 结偏压越小;因此,同一电极下半导体基底掺杂浓度梯度可造成电压梯度,此即二相 CCD 的设计依据。

目前的行间转移面阵 CCD 或线阵 CCD 采用掩埋型光电二极管来专门产生并收集信号电荷,其基本结构如图 6 - 7 所示。掩埋,即光电二极管被掩盖埋没在一层薄的 P^+ 区之下;该 P^+ 区与光电二极管的 P 区连通并接地。N 区被 P 与 P^+ 区包围;其完全耗尽后,被 P 型耗尽区包围;电子势阱位于 N 区内部。

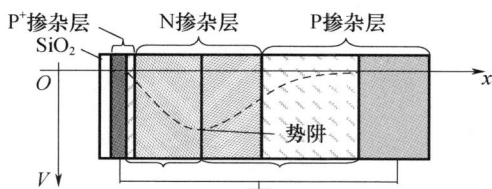

图6-7 掩埋型光电二极管内的存储势阱

如图6-8(a)所示,在掩埋光电二极管P区一侧再增加一N型掺杂层,并对其施加电压V_{sub},则P及P^+的耗尽区可分为三部分,分别属于被标记1、2、3的三个PN结。V_{sub}由小增大,使3结的耗尽区扩展。当2结、3结的P型耗尽区恰好相接时,交界处的电压仍为零,此时1结、2结仍未受V_{sub}的影响。若V_{sub}继续增大,3结继续扩展,使2结耗尽区缩减,同时1结耗尽区扩展;1结左侧的P^+中性区电压仍为零,由电压连续性条件可推知,2结、3结界面的电压大于零;相对于1结,2结构成电子的释放通道,当信号电子过多时,部分电子可先通过该通道由V_{sub}偏置端流走,这就是CCD防饱和的原理。

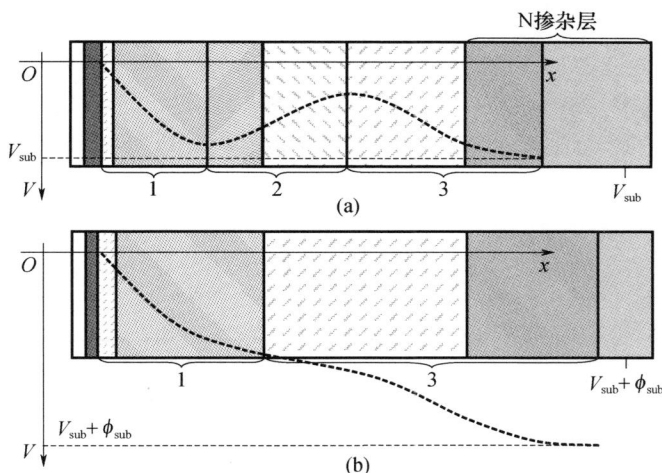

图6-8 防饱和与电子快门技术示意图
(a)防饱和;(b)电子快门。

如图6-8(b)所示,在V_{sub}上叠加一个峰值较高的电压脉冲ϕ_{sub},使1结、3结的扩展导致2结消失,则原电子势阱因失去右侧势垒而消失,此时电子信号可全部从V_{sub}偏置端流走;光生信号不被收集、曝光无效,即等效于快门的关闭。高压脉冲消失后,势阱恢复,光生电子开始被收集为信号电荷包,此时曝光有效,相当于快门的开启。高压脉冲消失到信号电荷转移的时间段即有效积分时间。此即CCD电子快门的原理。控制电子快门的高压脉冲,被称为电子快门脉冲。

3. 传输(势阱耦合、沟阻和反型层牵制效应)

CCD各像素势阱收集的信号电荷包被依次传输至同一检测端,并转化为电压输出信号。电荷包的传输是基于势阱的耦合而进行的。如图 6-9 所示,带红色竖线的电极施加高电压,而带黑色短线的电极施加低电压。当相邻电极同时施加高电压时,两电极下的势阱将耦合为一个势阱,但该势阱中对应于电极间隙的位置将存在一个小的势垒障碍。该势垒障碍将随着电极间隙的减小而减小,直至可以忽略。实际 CCD 器件中,为了彻底消除该势垒障碍的影响,常采用如图 6-10 所示的交叠栅极结构。一列可以相邻耦合的势阱构成一个信号沟道;沟道内,势阱在一定时钟驱动下的耦合,等效于该势阱的定向平移;信号电荷以自激扩散、热扩散和边缘场漂移三种机制在相互耦合的势阱间运动,等效于跟随势阱定向移动。以三相驱动为例的上述过程如图 6-11 所示。从 $t_1 \sim t_5$ 时刻,存储电荷的势阱从一个电极转移到右侧相邻的电极之下。其中从 $t_1 \sim t_3$ 时刻,载流子主要通过以自激扩散和热扩散的机制向右转移;从 $t_3 \sim t_5$ 时刻,载流子主要在边缘场的作用下向右漂移(当然自激扩散与热扩散仍然存在)。

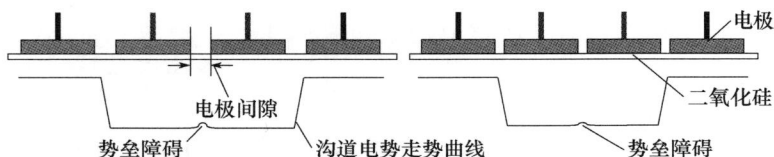

图 6-9　势阱耦合及势垒障碍示意图

图 6-10　交叠栅极示意图

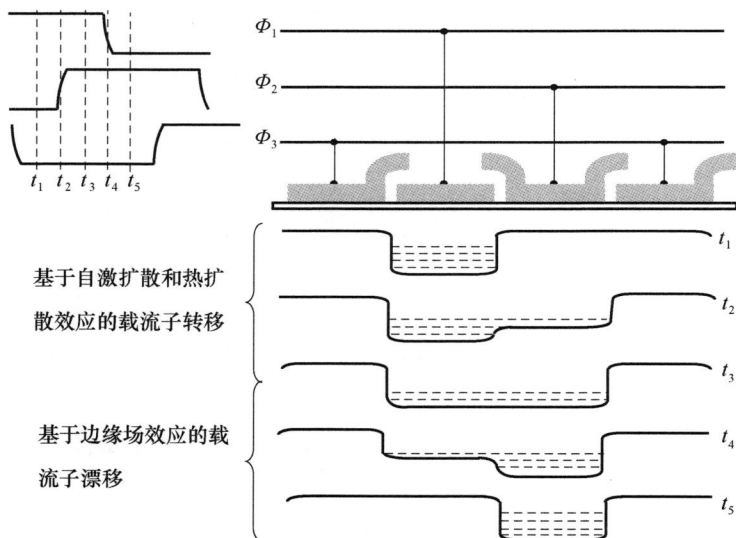

图 6-11　CCD 传输工作示意图

相邻的沟道必须用沟阻隔开,以避免沟道之间的势阱耦合。常用沟道和沟阻的横截面如图 6 – 12 所示,它结合使用了厚氧化物及沟阻扩散技术。

由于充当沟阻的 P$^+$ 区的存在,若电极电压 V_G 为很低,使得 N 型半导体表面电压小于 P 型中性区电压(通常为零参考值),自由空穴将被吸引堆积至 SiO_2 – Si 界面形成 N 型半导体的反型层,直到表面电压恢复为零值。此时,电极电压的变化对沟道电压已不再产生影响,这种状态为反型层钳制效应[5]。由于该效应的存在,不论 V_G 多低,N 型沟道的电压总是大于零,即沟道方向的势垒总是低于沟道之间的沟阻势垒。

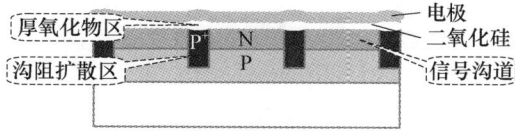

图 6 – 12　CCD 信号沟道和沟阻的横截面示意图

4. 检测(原理、结构、过程与波形特征)

信号电荷包 ΔQ_S 通过检测电容 C 转化为电压信号 ΔV,即

$$\Delta V = \Delta Q_S / C \tag{6 – 5}$$

有浮置扩散放大器和浮置栅极放大器两种具体实现方式,但几乎所有的 CCD 图像传感器都是用浮置扩散放大器。

CCD 中浮置扩散放大器(FDA)的输出结构如图 6 – 13 所示。它主要以反向偏置的 PN 结充当电容器,其中接收信号电子的 N 区呈浮游状态,故称浮置扩散(FD)。CCD 末端电极的时钟(Φ_{sum})与直流偏置的输出栅(OTG)控制信号电子向 FD 区的注入;复位相时钟(Φ_{RG})和复位端直流偏置(V_{REF})控制 FD 区信号电子的清空;时钟 Φ_{sum} 与复位时钟 Φ_{RG} 的时序关系,如图 6 – 14(a)所示。

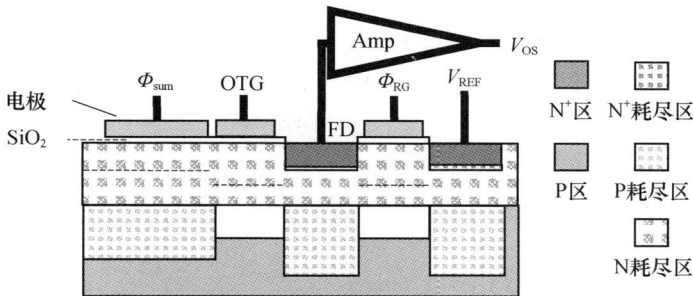

图 6 – 13　CCD 浮置扩散放大器输出结构

信号电子引起 FD 区电压的变化,此电压变化信号输入片上放大器(Amp);片上放大器输出 CCD 波形。相邻两个复位脉冲的间隔时间为一个电荷包被读出的周期。其中在复位中、复位毕、注入中和注入毕四个时刻(分别标记以 t_1、t_2、t_3、t_4),CCD 电荷检测结构的工作状态如图 6 – 15 所示。

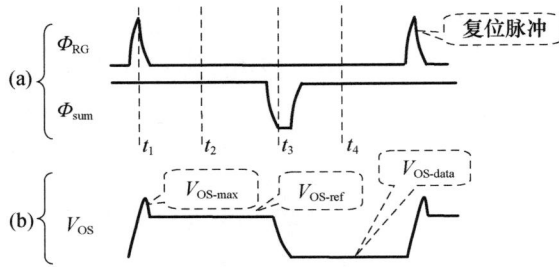

图 6 – 14 CCD 输出结构的时钟和输出波形

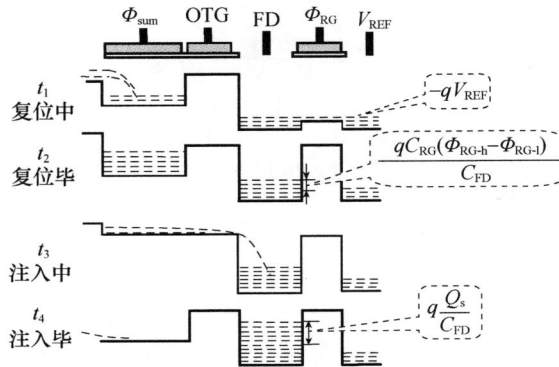

图 6 – 15 CCD 电荷检测结构工作状态示意图

t_1 时刻,复位时钟高电压($\Phi_{\mathrm{RG-h}}$)使 FD 区与直流偏置电源之间的复位沟道导通,FD 区的电压被瞬间偏置为 V_{REF};对应的放大器(Amp)输出也随之由数据电压迅速提升至顶峰值,也即输出波形中的顶部尖峰值 $V_{\mathrm{OS-max}}$。

$$V_{\mathrm{OS-max}} = \beta V_{\mathrm{REF}} \tag{6-6}$$

式中:β 为放大器的增益系数。

t_2 时刻,复位时钟由高电压降为低电压($\Phi_{\mathrm{RG-1}}$),复位沟道断开;由于复位栅紧邻 FD 区,复位时钟的改变通过复位栅与 FD 区之间的耦合电容 C_{RF} 对输出产生影响,使 FD 区电压由 V_{REF} 变为 $V_{\mathrm{FD-ref}}$(推导过程见附录 F):

$$V_{\mathrm{FD-ref}} = V_{\mathrm{REF}} - C_{\mathrm{RF}}(\Phi_{\mathrm{RG-h}} - \Phi_{\mathrm{RG-1}})/C_{\mathrm{FD}} \tag{6-7}$$

式中:C_{FD} 为浮置扩散区的总电容,其近似值可表示为

$$C_{\mathrm{FD}} = C_{\mathrm{pn}} + C_{\mathrm{OF}} + C_{\mathrm{aF}} + C_{\mathrm{RF}} \tag{6-8}$$

式中:C_{pn} 为 FD 区反向偏置 PN 结的电容;C_{OF}、C_{aF}、C_{RF} 分别为 FD 区与 OTG 电极耦合、放大器以及 RG 电极之间的寄生电容。此时对应的缓冲放大输出为

$$V_{\mathrm{OS-ref}} = \beta [V_{\mathrm{REF}} - C_{\mathrm{RF}}(\Phi_{\mathrm{RG-h}} - \Phi_{\mathrm{RG-1}})/C_{\mathrm{FD}}] \tag{6-9}$$

此即输出波形中的复位电压。

t_3 时刻,总和相时钟 Φ_{sum} 正处于由高电压向低电压转化的过程中,总和势阱中信号电子的电势能逐渐升高直至越过输出栅而注入 FD 区域。由于等效电容

（C_{FD}）的作用，随着信号电荷的注入，FD区的电压值迅速降低。

t_4时刻，信号电子已经全部注入FD区。设该电荷包的电荷量的绝对值为Q_S，则它引起FD区的电压变化ΔV_{FD}为

$$\Delta V_{FD} = -Q_S/C_{FD} \qquad (6-10)$$

此时，放大器（Amp）输出为

$$V_{OS-data} = V_{OS-ref} + \beta\Delta V_{FD} = V_{OS-ref} - \beta Q_S/C_{FD} \qquad (6-11)$$

此即输出波形中的数据电压。

CCD输出波形特征的三个基本要素就是复位尖峰、复位电压和数据电压，如图6-14(b)。

6.1.2　典型可见光CCD成像器件

1. 典型凝视型CCD：行间转移面阵CCD

行间转移CCD最大的特点是积分与传输的空间分离与时间同步。积分由感光二极管来完成；传输由遮光的CCD寄存器来完成。二极管与CCD之间由读出转移沟道相联系，通过其中的读出转移动作将信号电荷从收集势阱转移到传输势阱。

包含读出转移沟道的典型像素的截面结构如图6-16所示。图中电极时钟VΦx有低、中、高三个典型电平值，分别记为l、m、h。前两者控制信号电荷的传输，后者实现读出转移。图6-16(a)中的耗尽状态对应于VΦx=m，其中标记为1的区域是为氧化层电容提供正电荷的N型耗尽区；2区域是沟道PN结的N型耗尽区域，其中的P型耗尽区域标记为3；掩埋型二极管的P型耗尽区及N型耗尽区分别标记为4、5；防饱和结构中PN结的P型、N型耗尽区分别标记为6、7。截面内的电势曲线如图6-16(b)所示。

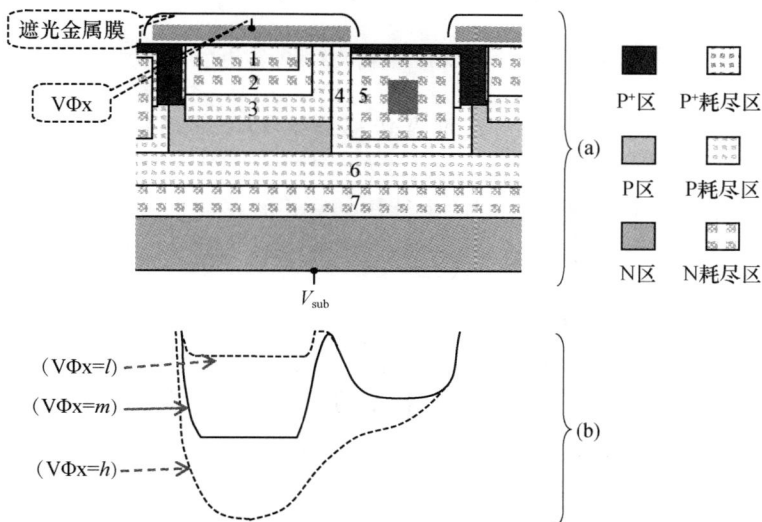

图6-16　行间CCD典型像素截面结构及信号读出转移

当 VΦx 切换为 l 时,氧化层电容两端压差增大,1 区在图 6-16 基础上扩大以提供更多的正电荷;1 区扩大,迫使 2 区、3 区之间 PN 结缩小,这对掩埋光电二极管势阱几乎无影响(若 3 区、4 区之间在 mid 状态下有接触,则随着 3 区缩小,4 区有所扩张而使二极管势阱左侧势垒略有增强;若恰好接触或无接触,则二极管势阱不受任何影响)。

当 VΦx 切换为 h 时,氧化层两侧压差缩减为零甚至转为负,则 1 号区缩减至无,整个 2 区扩展至整个 CCD 单元 N 型区,3 区也随之大大扩展,乃至直接接触 5 区(即 4 区处于 3 区、5 区之间的部分被压缩至无)时,2 区、5 区之间的势垒完全消失,并且由于 2 区、3 区之间 PN 结的大大扩展,2 区势阱大大加深,2 区、5 区之间形成很大的电势差,使 5 区中的信号电荷迅速转移至 2 区。此即读出转移动作的完成。

行间转移 CCD 图像传感器的结构布局如图 6-17 所示。信号被读出转移到垂直 CCD。在垂直时钟 V_ϕ 驱动下,垂直 CCD 逐次将每行像素的信号并行向下传输,直至到达底端的水平 CCD;在水平时钟 Hφ 驱动下,水平 CCD 将信号传输至左端的浮置扩散放大器。信号电荷在垂直 CCD 中的传输,称为垂直转移;信号电荷在水平 CCD 中的传输,称为水平转移。

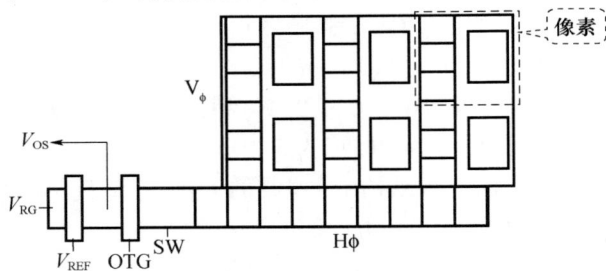

图 6-17 行间转移 CCD 图像传感器的结构布局示意图

行间转移 CCD 中读出转移、垂直转移及水平转移动作所满足的时序如图 6-18 所示。图 6-18(a)、(b)、(c)中的竖线分别表示一次读出转移、垂直转移和水平转移动作的发生。相邻两个读出转移动作的时间间隔为一个场周期。

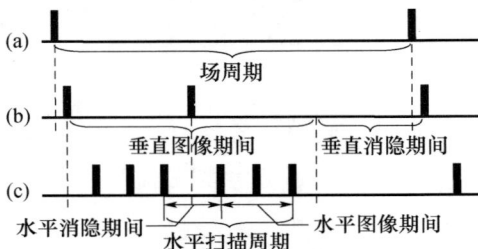

图 6-18 读出转移、垂直转移及水平转移的时序关系
(a) 一次读出转移;(b) 垂直转移;(c) 水平转移。

场周期也等于垂直扫描周期。一个垂直扫描周期由一个垂直图像时间和一个垂直消隐期间构成;前者是垂直转移动作周期进行直至将所有行的信号都转移到水平CCD的时间,而后者是垂直转移动作停止状态所保持的时间。垂直图像期间,两个垂直转移动作的间隔时间为一个水平扫描周期;一个水平扫描周期由一个水平图像时间和一个水平消隐期间构成;前者是水平转移动作周期进行直至将一行信号全部转移完毕的时间,而后者是水平扫描动作停止状态所维持的时间。为了避免影响垂直转移动作,读出转移必须在垂直消隐期间完成;同样,为了避免影响水平转移动作,垂直转移动作也必须在水平消隐期间进行。

对于顺序扫描,CCD一幅图像的生成仅需一次读出转移,图像形成周期即场周期。顺序扫描由行间转移CCD的全像素读出方式来实现,如图6－19所示。一次读出转移输出所有感光单元收集的信号电荷;每个感光单元对应一个垂直CCD周期单元。

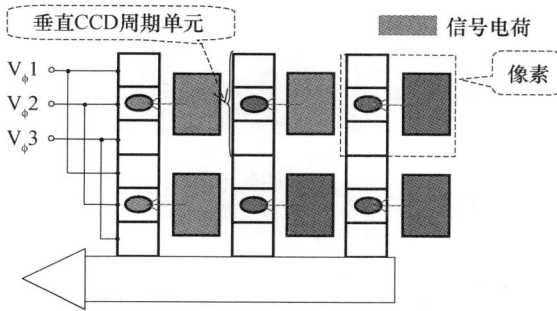

图6－19 全像素读出方式

对于隔行扫描,CCD一幅图像由奇偶两场组成。一幅图像的形成周期等于两个(即奇、偶)场周期。两场读出的信号分别形成图像的奇数行和偶数行数据。行间转移CCD的隔行扫描可由场读出或帧读出两种方式来实现,分别如图6－20和图6－21来实现。

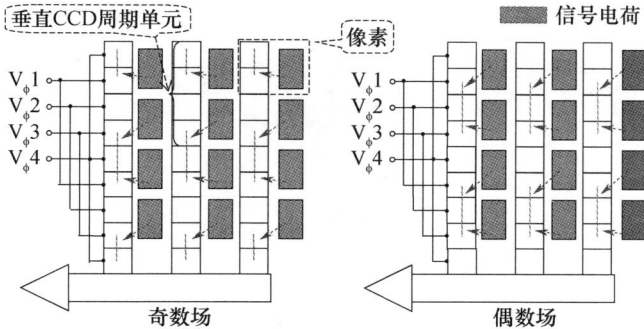

图6－20 场读出方式

场读出方式下,一幅图像的奇、偶两场的形成需要两次积分和两个读出转移动作;每一次读出转移读出所有像素内的信号;输出为奇场和偶场,各行分别做1、2 + 3、4 + 5、6 + 7…和1 + 2、3 + 4、5 + 6、7 + 8…的组合。

帧读出方式中,奇偶两场信号在同一个积分期间形成,分别通过两次读出转移动作来读出,一次读出转移动作仅读出奇数或偶数行像素;在第一场信号读出的瞬间,相机机械快门关闭,直到第一场信号传输完毕且第二场信号被读出才开启以进行下一幅图像的积分,即在第一场信号传输期间,第二场仍存储在收集势阱中,但不积分。

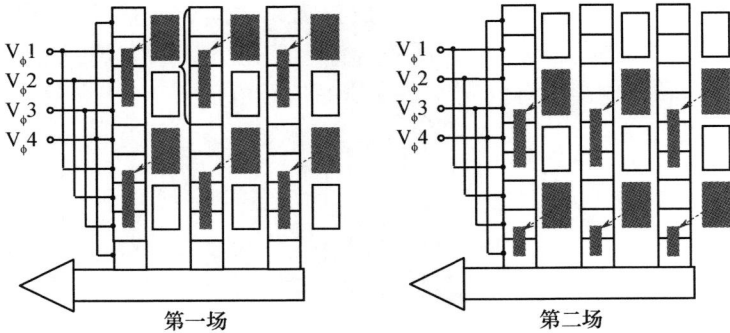

图 6 - 21　帧读出方式

2. 扫描型 CCD:线阵 CCD 与 TDI - CCD

线阵或 TDI - CCD 的特点是扫描景物以获取二维图像。分别介绍它们的扫描过程及相关参数设置原理。

考虑面阵 CCD 成像中的物像关系。将 CCD 像素矩阵通过镜头投影于物平面,如图 6 - 22 所示。根据物像共轭原理,在物平面上,整个感光阵列的像所覆盖的区域即相机的视场;单个像素的像所覆盖区域的尺寸即相机分辨率,由一个能在该像素上提供等光通量的点物来等效代替其像覆盖区;整个视场被离散为一个点物方阵,暂称为物面等效点阵,点阵中相邻两点的间距等于相机分辨率。

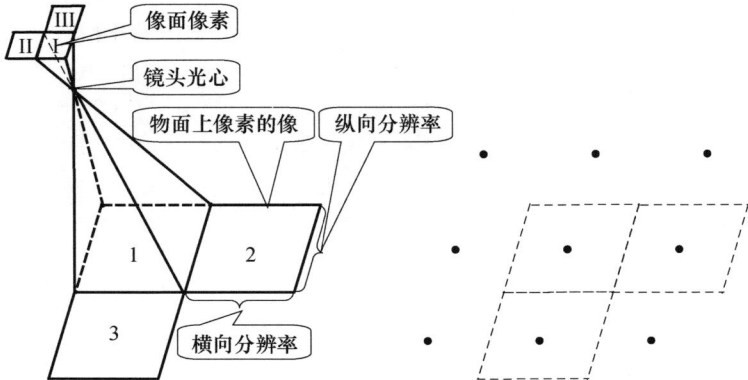

图 6 - 22　面阵像素通过镜头在物平面投影的示意图

用具有相同分辨率的线阵 CCD 扫描上述点阵以达到与面阵 CCD 相同的拍摄效果。

如图 6 – 23 所示,感光线阵此时正处在等效点物阵中 a 点所在列的正上方,且 a 点正对感光阵列的中心;O 点为 CCD 镜头的光心;则直线 Oa 即相机系统的主光轴。过主轴 Oa 作出线阵感光面的横向和纵向垂直平分面,并分别记为 1 号面和 2 号面。2 号面内 a 点所在阵列上的各点分别成像于感光线阵的各个像素上。1 号面内 a 点所在行上,则仅有 a 点成像于感光面;要使该行其他点也能成像于感光面上,像素阵列与物面点阵之间必须存在沿该行方向的相对运动。

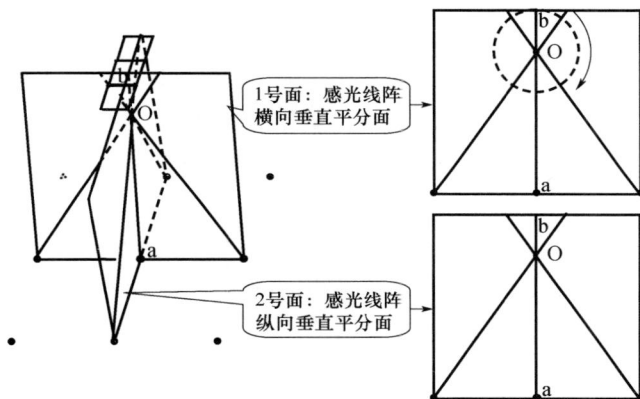

图 6 – 23　线阵相机纵向横向成像示意图

以镜头光心为参考点,该相对运动即像素及点阵围绕光心的转动,为避免图像失真,转动角速度 ω、相机角分辨率 θ 与相机驻留时间 τ 必须满足

$$\omega = \theta/\tau \qquad (6-12)$$

通常,像素横向尺寸 d 远小于像距 l,相机的横向角分辨率 θ 可表示为

$$\theta = \frac{d}{l}(\text{rad}) = \frac{180^\circ}{\pi}\frac{d}{l} \qquad (6-13)$$

如果转速大于该值,则两相邻点物的信号将有所重叠,输出图像中的景物相对于实际在横向被压缩;转速小于该值,则两相邻点物的积分信号之间,被相机自动插入信号,从而使输出图像的景物相对于实际被拉长。对于线阵 CCD,上述转动方向可顺可逆;对于 TDI – CCD,转动方向仅能朝其中的某一方向转动,以保证其累加积分过程。

图 6 – 24 所示为 TDI – CCD 的基本结构和累加积分原理。TDI – CCD 的像素分布为一面阵,面阵的其中一侧依次是一个读出栅和一个遮光的读出CCD。必须注意的是,图中 TDI – CCD 的感光像素在纵向以沟阻隔开,互不耦合;在横向能相互耦合以传输信号。TDI – CCD 累加积分级数等于其感光像

素的列数 N。

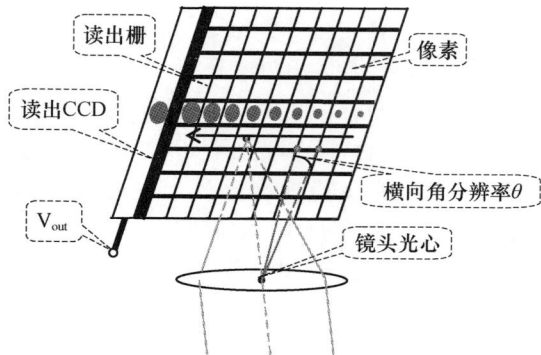

图 6 – 24　TDI – CCD 的结构和累加积分原理示意图

　　在扫描转动过程中,物面点阵中某一列点物开始进入 TDI – CCD 视场时,其点像位于芯片右边(图 6 – 24)第一列像素的右边缘上,像素与点像共轭对应。随着扫描转动,该列像点在第一列像素上自右向左移动,此即该列点物的第一级积分过程。当该列像点到达第一列像素的左边缘而进入右起第二行像素的右边缘时,第一级积分结束;第一级积分信号也在此瞬间被并行耦合传输至第二列像素的势阱中,第一列像素势阱被清空。该列像点开始在第二列像素上自右向左移动,其第二级积分开始;同时,后一列点物进入视场如同前一列像素那样开始其第一级积分。当一列点物的点像到达 TDI – CCD 第 N 列感光像素的左边缘时,它就完成了全部的 N 级积分累加;此时,其 N 级积分信号经输出栅并行进入 CCD 读出。与此同时,其后一列点物的点像开始进入第 N 列感光像素的右边缘,开始其第 N 级积分。综上所述,TDI – CCD 对某一个点物的完整扫描过程,相当于 N 列并排的线阵 CCD 以同样的扫描速度依次对该点完成扫描积分并完成信号叠加。

6.1.3　CDS 技术及 A/D 转换简介

　　相关双采样(CDS)及模数转换(A/D)是 CCD 图像传感器后处理系统中的基本环节,下面分别对它们的作用予以简介。

　　如图 6 – 25 所示,CDS 环节主要由采样保持(sample & hold)模块和差动放大器组成,其中采样保持模块又由开关、电容及高输入阻抗的缓冲放大器组成。图中的三个采样保持模块分别标记为 1、2、3。CCD 波形、采样脉冲和 CDS 处理后的波形时序关系也如图 6 – 25 所示;在 $t_1,t_3,t_5,t_7,\cdots$ 奇数时刻,采样模块 1 对 CCD 输出的复位电压采样并保持所采样的值输出。在 $t_2,t_4,t_6,t_8,\cdots$ 偶数时刻,采样模块 3 对数据部采样并保持所采样的值;采样模块 2 与模块 3 同步对模块 1 的输出值进行采样。最后,模块 2、模块 3 所采样的值经差动放大器处理后输出。图中,CDS 输出的波形中,朝上的脉冲是模块 2、模块 3 采样脉冲对输出系统影响的结果;朝下的脉冲是 CDS 正常输出值,其幅值是 CCD 输出的数据电压与复位电压之差 ΔV。

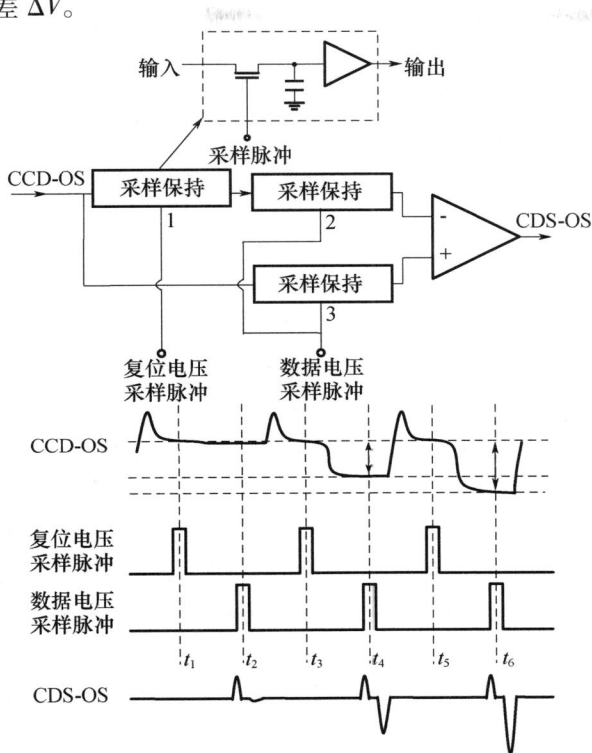

图 6 - 25 相关双采样(CDS)结构及功能示意图

模/数转换(A/D)将 CDS 输出的电压信号 ΔV 按其绝对值的大小转化成为数字信号(图 6 - 26)。其转化格式主要有 8bit 和 16bit 两种。一般而言,将 CCD 线性响应区的最大输出 $\Delta V_{\max}$ 及其以上的值转化为最大数字 255(8bit)或 65535(16bit)。数字图像中灰度值为 255(8bit)或 65535(16bit)的像素即是饱和像素。

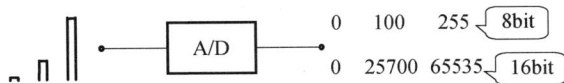

图 6 - 26 模/数转换示意图

6.2 可见光 CCD 的激光致眩效应与机理

激光可引起 CCD 光电器件成像性能的暂时下降或丧失,称为 CCD 的激光致眩效应。其中,基于 CCD 概念内禀属性而产生的,称为基本致眩;基于具体 CCD 器件的附属特性而产生的,称为特殊致眩。

6.2.1 基本激光致眩效应

随着辐照光强的逐渐增大,超出了 CCD 的光电转换、信号收集、传输和检测四项基本功能所对应的动态范围,CCD 将依次出现饱和、溢出串扰和过饱和的基本激光致眩效应。

1. 饱和效应

当激光超出 CCD 光电转换、收集的基本功能的动态范围时,出现饱和效应。辐照光较强,信号电子产生速率较高,收集的电子量达到或超过某预设极限值,则导致 CCD 相机系统的饱和效应。预设极限值可分为如下几种情况:①A/D 转换中某数字格式的最大值所对应的临界电荷量;②收集势阱的满阱电荷量,对于某些体沟道 CCD,满阱电荷量又区分为表面满阱量和溢出满阱量。据此,CCD 相机的饱和可区分为图像饱和、器件饱和,其中某些体沟道 CCD 的器件饱和又区分为表面饱和与溢出饱和。

CCD 对光的响应率取决于载流子产生率与收集率的乘积。产生率与光强成正比,收集率取决于耗尽区的尺寸。信号电荷的积累将缩减耗尽区的尺寸。在积分时间内,当耗尽区缩减可以忽略时,收集率可视为不变,CCD 处于对光强的线性响应状态;当耗尽区缩减不可忽略时,收集率降低,CCD 对光强的响应失去对光强的线性响应;耗尽区的缩减也意味着势阱的减小,直至势阱消失(满阱)的状态。为如实反映拍摄景物的相对光强分布,A/D 转换截取最大值通常在 CCD 线性响应区,因此,一般情况下,CCD 相机系统图像饱和阈值低于 CCD 器件饱和阈值。

另外,实际 CCD 器件中通常设计防饱和结构。有此结构的像素典型电势分布如图 6-27 所示,溢出沟道的存在降低了收集势阱的容量,这似乎降低了图像饱和与器件饱和的阈值之差;但基于光生电流与溢出电流稳态制约关系,收集势阱的阱外耗尽区域仍可以维持一定的电荷量,它们可以与阱内信号一起通过读出转移进入传输势阱而形成输出信号,即收集满阱不等于器件饱和。同样,由于光生电流与溢出的稳态关系,阱外电荷量随光强的增长率远低于阱内,这大大扩展了 CCD 非线性响应区的光强跨度,实质是增大了图像饱和与器件饱和的阈值之差。

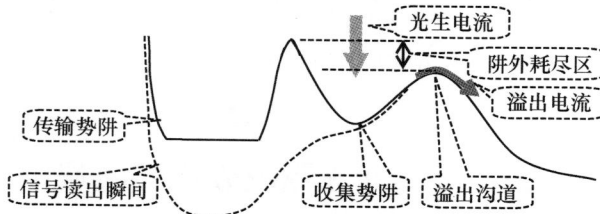

图 6-27 防饱和溢出示意图

如图 6-28 所示的光斑灰度分布中,光斑中饱和的部分变成平顶,此即图像饱和的实验现象。从 1064nm 激光辐照 DALSA IL-P3 型 CCD 芯片的实验中观察到了 CCD 器件由线性到非线性响应的过程,如图 6-29 所示:当中心激光功率密度由 0.10mW/cm^2 上升到 0.15mW/cm^2 时,中心单元的电压及相邻单元的电压同比例上升,表现为线性响应;当中心激光功率密度值由 0.15mW/cm^2 上升到 0.36mW/cm^2 时,中心单元电压与两侧相邻单元电压比例发生改变,体现出非线性响应。

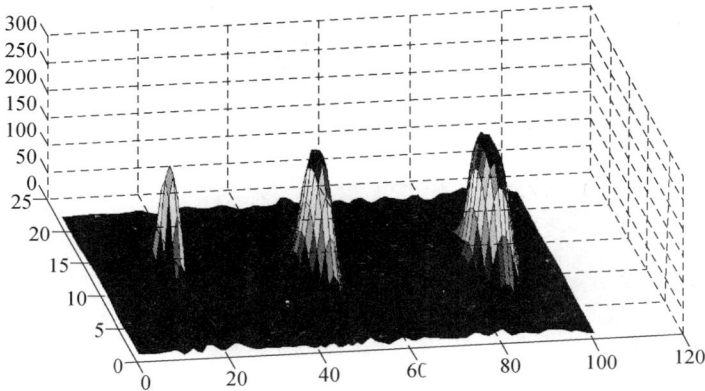

图 6-28　非饱和光斑与饱和光斑灰度分布对比图

DALSA IL-P3 型 CCD 芯片具有像素防饱和结构,从实验所得器件对激光光强的响应曲线(图 6-30)来看,其非线性响应的光强跨度较大,且非线性响应区内有一个斜率迅速下降的转折;根据前述分析,曲线斜率发生较大转折的原因是收集势阱满阱而阱外耗尽区开始随电荷继续积累开始缓慢缩减。

以下通过体沟道 CCD 单元的一维模型给出耗尽区尺寸、沟道电压随电荷量变化的关系公式,并据此分析给出表面饱和与溢出饱和的概念、临界电荷量及相应的饱和光强阈值公式。

如图 6-31 所示,自左向右分别为导体栅极、二氧化硅绝缘层、N 型掺杂硅单晶和 P 型掺杂硅单晶。其中,在存储有信号后,N 型掺杂层内部形成一块电中性区,将 N 型耗尽层分割为两部分。绝缘层及 N 型掺杂硅的厚度分别为 d、t,而 P 型衬底层的厚度可视为无穷大。以 SiO_2-Si 界面为原点、垂直界面的方向为 x 轴建立一维坐标系。SiO_2 绝缘层左右表面的位置坐标分别为 $-d$、0;N 型掺杂硅的左右表面位置坐标分别为 0、t;P 型掺杂硅的左右表面位置坐标分别为 t、$+\infty$。

为简化分析并实现解析计算,对该模型作如下假设或近似:

(1)理想绝缘层假设,即 SiO_2 层中无电荷,平带电压为零。

(2)掺杂均匀假设,即 N 型掺杂区内施主浓度及 P 型掺杂区内的受主浓度为常数,分别设为 N_D、N_A。

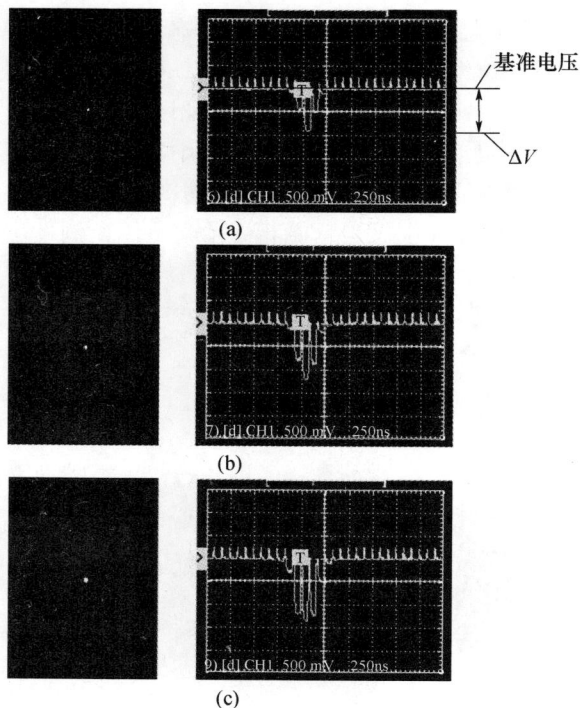

图 6 – 29　DALSA IL – P3 CCD 芯片对 1064nm 激光光强响应数据[6]

（a）辐照在中心像素上的激光功率密度为 0. 10mW/cm²；（b）辐照在中心像素上的
激光功率密度为 0. 15mW/cm²；（c）辐照在中心像素上的激光功率密度为 0. 36mW/cm²。

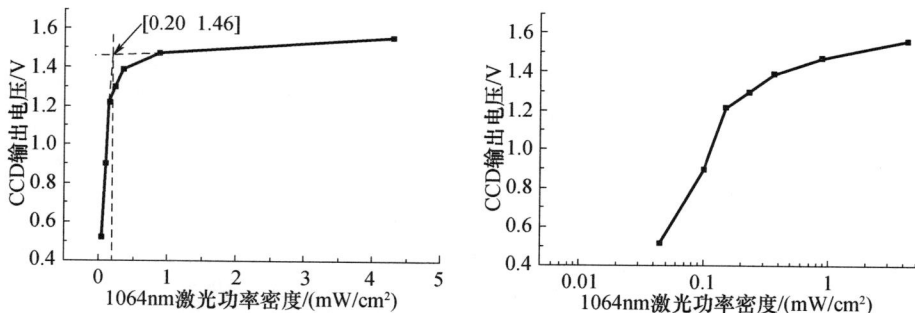

图 6 – 30　DALSA IL – P3 CCD 芯片对 1064nm 激光光强响应曲线[6]

（3）耗尽近似，即空间电荷区中的电子或空穴已全部耗尽，电荷全部由电离的施主或受主组成。

设 N 型和 P 型掺杂硅单晶内部空间电荷区边缘位置坐标为 x_{n1}、x_{n2} 和 x_p，其中前两者也是电荷存储区的左右边缘位置坐标。推导（过程见附录 G）得出耗尽区边界位置随信号电荷量绝对值 Q_s 的变化公式如下[7]：

导体 绝缘层　　　N型掺杂区　　　　　P型掺杂区

A　　B　　C　　D　　　　E

$-d$　　0　　x_1　　x_2　　t　　　$t+x_p$　　x

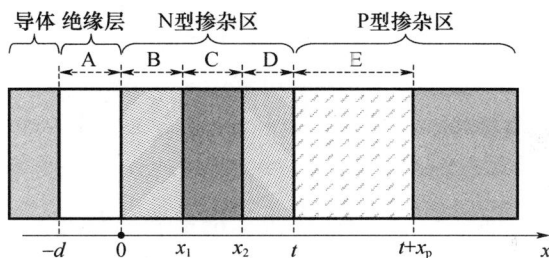

图 6 - 31　含信号电荷的体沟道 CCD 单元一维模型

$$x_{\mathrm{p}} = \sqrt{\left(1 + \frac{N_{\mathrm{D}}}{N_{\mathrm{A}}}\right)\left(t - \frac{Q_{\mathrm{S}}}{qN_{\mathrm{D}}}\right)^2 + 2\frac{\varepsilon_{\mathrm{Si}}d}{\varepsilon_{\mathrm{OX}}}\left(1 + \frac{N_{\mathrm{D}}}{N_{\mathrm{A}}}\right)\left(t - \frac{Q_{\mathrm{S}}}{qN_{\mathrm{D}}}\right) + \left(\frac{\varepsilon_{\mathrm{Si}}d}{\varepsilon_{\mathrm{OX}}}\right)^2 + 2\frac{\varepsilon_{\mathrm{Si}}V_{\mathrm{G}}}{qN_{\mathrm{A}}}} -$$
$$\left(t - \frac{Q_{\mathrm{S}}}{qN_{\mathrm{D}}}\right) - \frac{\varepsilon_{\mathrm{Si}}d}{\varepsilon_{\mathrm{OX}}} \tag{6-14}$$

$$x_1 = t - \frac{N_{\mathrm{A}}}{N_{\mathrm{D}}}x_{\mathrm{p}} - \frac{Q_{\mathrm{S}}}{qN_{\mathrm{D}}} \tag{6-15}$$

$$x_2 = t - \frac{N_{\mathrm{A}}}{N_{\mathrm{D}}}x_{\mathrm{p}} \tag{6-16}$$

式中:q 为单位电荷电量的绝对值。由耗尽层边缘位置公式,可以方便地给出沟道电压 $V_{\max}$(即电荷存储区电压)及表面电压 V_{S}($\mathrm{SiO_2 - Si}$ 界面电压)如下:

$$V_{\max} = \frac{qN_{\mathrm{A}}}{2\varepsilon_{\mathrm{Si}}N_{\mathrm{D}}}(N_{\mathrm{A}} + N_{\mathrm{D}})x_{\mathrm{p}}^2 \tag{6-17}$$

$$V_{\mathrm{S}} = V_{\mathrm{G}} + \frac{qN_{\mathrm{D}}d}{\varepsilon_{\mathrm{OX}}}x_1 \tag{6-18}$$

由式(6 - 14)及式(6 - 17)可知,信号电荷量越大,耗尽层尺寸和沟道最大电压越小。随着存储电荷量(Q_{S})的增大,当体沟道最大电压($V_{\max}$)与表面电压(V_{S})相等时,存储电荷将接触 $\mathrm{Si - SiO_2}$ 界面而引起表面俘获,这称为表面饱和。随着 Q_{S} 的增大,当沟道最大电压($V_{\max}$)与势垒沟道最大电压(记为 V_{barrier})持平时,存储电荷将越过势垒向相邻区域溢出,这称为溢出饱和。

表面饱和与溢出饱和的出现顺序由电极电压设置所决定。电极电压的高压 V_{GH} 与低压相下的沟道电压 $V_{\mathrm{barrier}} = V_{\max}(Q_{\mathrm{S}} = 0, V_{\mathrm{G}} = V_{\mathrm{GL}})$ 比较:当 $V_{\mathrm{GH}} > V_{\mathrm{barrier}}$ 时,随着信号电荷量的积累,先出现表面饱和;当 $V_{\mathrm{GH}} < V_{\mathrm{barrier}}$ 时,先出现溢出饱和;当 $V_{\mathrm{GH}} = V_{\mathrm{barrier}}$ 时,表面饱和与溢出饱和同时到达。

首先考虑先出现表面饱和的情况。表面饱和时,除了沟道电压等于表面电压之外,最直接的特征是信号电荷接触 $\mathrm{SiO_2 - Si}$ 界面,故有

$$x_1 = t - \frac{N_{\mathrm{A}}}{N_{\mathrm{D}}}x_{\mathrm{p}} - \frac{Q_{\mathrm{S}}}{qN_{\mathrm{D}}} = 0 \tag{6-19}$$

将式(6 - 14)中的 V_{G} 替换为电极高电压符号 V_{GH} 后代入式(6 - 19)并化简,得

$$\frac{N_D}{N_A}\left(1 + \frac{N_D}{N_A}\right)\left(t - \frac{Q_S}{qN_D}\right)^2 = 2\frac{\varepsilon_{Si}V_{GH}}{qN_A} \quad (6-20)$$

$$Q_{S-SF} = qN_D\left(t - \sqrt{\frac{2\varepsilon_{Si}N_A V_{GH}}{qN_D(N_A + N_D)}}\right) \quad (6-21)$$

这是表面满阱的临界电荷量。

表面饱和后，Q_S 继续增加，则超出 Q_{S-SF} 的部分一方面继续填充 N 耗尽区使 PN 结缩减，一方面在 SiO_2 - Si 界面处积累使界面电荷面密度不再为零，如图 6 - 32 所示。Q_S 分配为 SiO_2 - Si 表面集结部分 σ_S 和硅单晶体内存储部分 Q_S'，即

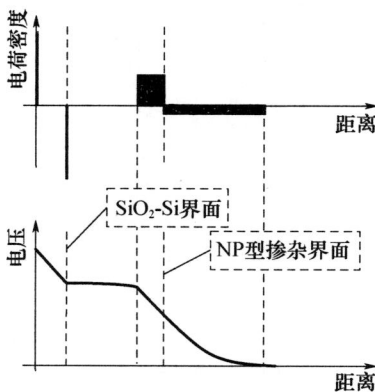

图 6 - 32　信号电荷量超过表面饱和量时的电荷密度
分布及电压分布示意图

$$Q_S = \sigma_S + Q_S' \quad (6-22)$$

式中：σ_S、Q_S' 为电荷量的绝对值。

此时，SiO_2 - Si 界面因积累电子，氧化层上的电压反向，即电极电压高于界面电压，如图 6 - 32 所示。由氧化层电容电压降及电极电压写出表面电压为

$$V_{max} = V_G - V_{OX} = V_G - \frac{\sigma_S d}{\varepsilon_{OX}} \quad (6-23)$$

体内电荷存储区为电中性、等势区，并已经接触表面。故表面电压等于体内存储区电压，所以也可以由 PN 结电压降给出其表达式为

$$V_{max} = \frac{qN_D}{2\varepsilon_{Si}N_A}(N_A + N_D)\left(t - \frac{Q_S'}{qN_D}\right)^2 \quad (6-24)$$

联立式(6-22)、式(6-23)和式(6-24)，消去 σ，得

$$\left(t - \frac{Q_S'}{qN_D}\right)^2 + 2\frac{\varepsilon_{Si}dN_A}{\varepsilon_{ox}(N_A + N_D)}\left(t - \frac{Q_S'}{qN_D}\right) - 2\frac{\varepsilon_{Si}dN_A}{\varepsilon_{ox}(N_A + N_D)}\left(t - \frac{Q_S}{qN_D}\right) -$$

$$\frac{2\varepsilon_{Si}N_A V_G}{eN_D(N_A + N_D)} = 0 \quad (6-25)$$

解方程式(6-25),得

$$t - \frac{Q'_S}{qN_D} = -\frac{\varepsilon_{Si}dN_A}{\varepsilon_{OX}(N_A+N_D)} \pm$$

$$\sqrt{\frac{2\varepsilon_{Si}N_A d}{\varepsilon_{OX}(N_A+N_D)}\left(t-\frac{Q_S}{eN_D}\right)+\left(\frac{\varepsilon_{Si}N_A d}{\varepsilon_{OX}(N_A+N_D)}\right)^2+\frac{2\varepsilon_{Si}N_A V_G}{eN_D(N_A+N_D)}}$$

$$(6-26)$$

Q'_S 存储区不会超出 $0 < x < t$,所以等式两边大于零," ± "号取 +。化简得

$$Q'_S = qN_D\left[t+\frac{\varepsilon_{Si}dN_A}{\varepsilon_{OX}(N_A+N_D)} - \right.$$
$$\left.\sqrt{\frac{2\varepsilon_{Si}N_A d}{\varepsilon_{OX}(N_A+N_D)}\left(t-\frac{Q_S}{eN_D}\right)+\left(\frac{\varepsilon_{Si}N_A d}{\varepsilon_{OX}(N_A+N_D)}\right)^2+\frac{2\varepsilon_{Si}N_A V_G}{eN_D(N_A+N_D)}}\right]$$

$$(6-27)$$

又由式(6-22)得

$$\sigma_S = Q_S - Q'_S \qquad\qquad (6-28)$$

式(6-27)及式(6-28)是信号电荷总量在体内存储和表面堆积的分布公式。

Q_S 继续增加,使 V_{max} 继续降低,达到势垒电压 $V_{barrier}$ 时,产生溢出饱和。将 $Q_S = 0$ 及电极所加的低电压 V_L 代入式(6-17),得到 $V_{barrier}$ 为

$$V_{barrier} = \frac{qN_A}{2\varepsilon_{Si}N_D}(N_A+N_D)\cdot$$

$$\left[-t-\frac{\varepsilon_{Si}d}{\varepsilon_{OX}}+\sqrt{\left(1+\frac{N_D}{N_A}\right)t^2+2\frac{\varepsilon_{Si}d}{\varepsilon_{OX}}\left(1+\frac{N_D}{N_A}\right)t+\left(\frac{\varepsilon_{Si}d}{\varepsilon_{OX}}\right)^2+2\frac{\varepsilon_{Si}V_{GL}}{qN_A}}\right]^2$$

$$(6-29)$$

将 $V_{barrier}$ 取代式(6-24)中的 V_{max},解得溢出饱和的 Q'_S 阈值为
$$Q'_{S-BF} = qN_A\cdot$$

$$\left[\left(1+\frac{N_D}{N_A}\right)t+\frac{\varepsilon_{Si}d}{\varepsilon_{OX}}-\sqrt{\left(1+\frac{N_D}{N_A}\right)t^2+2\frac{\varepsilon_{Si}d}{\varepsilon_{OX}}\left(1+\frac{N_D}{N_A}\right)t+\left(\frac{\varepsilon_{Si}d}{\varepsilon_{OX}}\right)^2+2\frac{\varepsilon_{Si}V_{GL}}{qN_A}}\right]$$

$$(6-30)$$

再将 $V_{barrier}$ 取代式(6-23)中的 V_{max},并将式中 V_G 换为 V_{GH},解得溢出饱和的 σ_S 阈值为

$$\sigma_{S-BF} = \frac{\varepsilon_{OX}}{d}V_{GH} - \frac{\varepsilon_{OX}qN_A}{2\varepsilon_{Si}d}\left(1+\frac{N_A}{N_D}\right)\cdot$$

$$\left[-t-\frac{\varepsilon_{Si}d}{\varepsilon_{OX}}+\sqrt{\left(1+\frac{N_D}{N_A}\right)t^2+2\frac{\varepsilon_{Si}d}{\varepsilon_{OX}}\left(1+\frac{N_D}{N_A}\right)t+\left(\frac{\varepsilon_{Si}d}{\varepsilon_{OX}}\right)^2+2\frac{\varepsilon_{Si}V_{GL}}{qN_A}}\right]^2$$

$$(6-31)$$

则溢出饱和的总电荷量阈值为

$$Q_{\text{S-BF}} = Q'_{\text{S-BF}} + \sigma_{\text{S-BF}} \tag{6-32}$$

其次考虑先达到溢出饱和的情况。将 V_{barrier} 取代式(6-17)中的 $V_{\max}$，将式(6-14)代入式(6-17)并将其中的 V_{G} 换为 V_{GH}，化简得

$$\left(\frac{Q_{\text{S}}}{qN_{\text{D}}}\right)^2 - 2\frac{Q_{\text{S}}}{qN_{\text{D}}} \cdot$$

$$\left[\left(1+\frac{N_{\text{A}}}{N_{\text{D}}}\right)\left(t+\frac{\varepsilon_{\text{Si}}d}{\varepsilon_{\text{OX}}}\right) - \frac{N_{\text{A}}}{N_{\text{D}}}\sqrt{\left(1+\frac{N_{\text{D}}}{N_{\text{A}}}\right)t^2 + 2\frac{\varepsilon_{\text{Si}}d}{\varepsilon_{\text{OX}}}\left(1+\frac{N_{\text{D}}}{N_{\text{A}}}\right)t + \left(\frac{\varepsilon_{\text{Si}}d}{\varepsilon_{\text{OX}}}\right)^2 + 2\frac{\varepsilon_{\text{Si}}V_{\text{GL}}}{qN_{\text{A}}}}\right] +$$

$$2\frac{\varepsilon_{\text{Si}}(V_{\text{GH}}-V_{\text{GL}})}{qN_{\text{D}}} = 0 \tag{6-33}$$

将方程 $\dfrac{Q_{\text{S}}}{qN_{\text{D}}}$ 一次项系数中的复杂表达式做如下代换：

$$b = \left(1+\frac{N_{\text{A}}}{N_{\text{D}}}\right)\left(t+\frac{\varepsilon_{\text{Si}}d}{\varepsilon_{\text{OX}}}\right) - \frac{N_{\text{A}}}{N_{\text{D}}}\sqrt{\left(1+\frac{N_{\text{D}}}{N_{\text{A}}}\right)\left(t+\frac{\varepsilon_{\text{Si}}d}{\varepsilon_{\text{OX}}}\right)^2 - \frac{N_{\text{D}}}{N_{\text{A}}}\left(\frac{\varepsilon_{\text{Si}}d}{\varepsilon_{\text{OX}}}\right)^2 + 2\frac{\varepsilon_{\text{Si}}V_{\text{GL}}}{qN_{\text{A}}}}$$

$$\tag{6-34}$$

则方程式(6-33)转化为

$$\left(\frac{Q_{\text{S}}}{qN_{\text{D}}}\right)^2 - 2b\frac{Q_{\text{S}}}{qN_{\text{D}}} + 2\frac{\varepsilon_{\text{Si}}(V_{\text{GH}}-V_{\text{GL}})}{qN_{\text{D}}} = 0 \tag{6-35}$$

求解得

$$Q_{\text{S-BF}} = qN_{\text{D}}\left(b \pm \sqrt{b^2 - 2\frac{\varepsilon_{\text{Si}}(V_{\text{GH}}-V_{\text{GL}})}{qN_{\text{D}}}}\right) \tag{6-36}$$

由于 $b>0$，且当 $V_{\text{GH}} = V_{\text{GL}}$ 时 $Q_{\text{S-BF}} = 0$，故"±"取"-"。

出现溢出饱和后，继续增加的信号电荷将越过势垒流向相邻势阱，因而难以再造成表面饱和，所以这种情况不再分析表面饱和。

溢出饱和与表面饱和同时达到的条件为

$$V_{\text{GH}} = V_{\text{barrier}} \tag{6-37}$$

其中 V_{barrier} 的表达式见式(6-29)。将式(6-37)代入式(6-36)或式(6-21)即可得到相应的饱和电量公式。

根据上文半导体耗尽区随信号电荷量变化的关系式及所求得的最大电荷量，结合 CCD 的积分时间，可以进一步写出 CCD 的饱和光强阈值。

设晶体表面处入射的光强为 I_0，则耗尽层边缘处的光强 I_{p} 为

$$I_{\text{p}} = (1-R)I_0 e^{-\alpha(t+x_{\text{p}})} \tag{6-38}$$

式中：R 为晶体表面的反射率；α 为硅晶体对入射光的吸收系数。进一步得到在耗尽区被吸收的光强为

$$\Delta I = I_0\left[1-(1-R)e^{-\alpha(t+x_{\text{p}})}\right] \tag{6-39}$$

硅晶体中的量子效率为 η，单位时间增加的信号电荷量为

$$\frac{dQ_S}{dt} = q\Delta n = q\eta I_0 \left[1 - (1-R)e^{-\alpha(t+x_p)} \right]/(h\nu) \qquad (6-40)$$

对于一定的积分时间 T_0，由式(6-40)进一步写出包含饱和光强 I_{0-S} 的公式为

$$\int_0^{Q_{S-sat}} \frac{h\nu}{1-(1-R)e^{-\alpha(t+x_p)}} dQ_S = \int_0^{T_0} q\eta I_{0-S} dt = q\eta T_0 I_{0-S} \qquad (6-41)$$

可得

$$I_{0-S} = \frac{h\nu}{q\eta T_0} \int_0^{Q_{S-sat}} \frac{1}{1-(1-R)e^{-\alpha(t+x_p)}} dQ_S \qquad (6-42)$$

在利用式(6-42)时，须将 x_p 与 Q_S 的关系式(6-14)代入其中；至于信号电荷的上限 Q_{S-sat}，可首先由式(6-21)、式(6-32)或式(6-36)求得，然后代入。若相机的电极设置使其先达到表面饱和，则用式(6-21)求得 Q_{S-SF}，代入式(6-42)得到 CCD 的表面饱和激光功率密度阈值；用式(6-32)求得 Q_{S-BF}，代入式(6-42)得这种情况下的溢出饱和激光功率密度阈值。若相机的电极设置使 CCD 先达到溢出饱和，则用式(6-36)求得 Q_{S-BF}，代入式(6-42)求得 CCD 溢出饱和激光功率密度阈值。

对于用户，CCD 器件内部掺杂区的尺寸及掺杂浓度是难以获取的，故很难通过理论的计算来求得 CCD 饱和信号电荷量及光饱和阈值的精确值。在实际工作中，需要通过实验来获取具体 CCD 器件的饱和阈值。

2. 溢出串扰效应

串扰是电学或通信领域的一个常用概念，其本质是一个信号对另外一个信号耦合产生干扰噪声。对于 CCD，就是一个像素中的信号对其他像素所产生的耦合影响。在 CCD 中，引起串扰的原因有很多，如漏光、反射、衍射及基底中性区的载流子扩散等。溢出串扰则是基于 CCD 器件满阱饱和的载流子溢出所产生的串扰。在激光辐照 CCD 过程中，相比于其他机制的串扰，溢出串扰的现象最为突出。

根据其产生机制和现象特征，溢出串扰可分为两类，命名为第一类溢出串扰、第二类溢出串扰[7]。

第一类溢出串扰产生的基本要素：载流子由收集势阱向传输沟道溢出；定向运动的传输势阱在经过溢出像素时得到溢出载流子，如图6-33(a)所示；读出转移动作前后，溢出至传输势阱的载流子造成对读出转移时刻这些传输势阱所在像素的串扰。

第二类溢出串扰[8-14]产生的基本要素：载流子从光辐照像素的势阱沿传输沟道向两侧溢出；传输势阱不动，近处势阱被填满后，载流子继续向外侧相邻的较远势阱溢出，如图6-33(b)所示；传输开始之前，所有得到溢出载流子的像素受到串扰。

两类溢出串扰都将造成穿越主光斑中心沿 CCD 传输沟道方向的亮线。但第二类溢出串扰所造成的亮线必定满足饱和、连续且通过光斑对称的特点，因为

同一沟道内,若两侧较近的势阱不被填满,载流子就不可能向更远的势阱溢出,且载流子向两侧溢出的概率是相等的。在第二类串扰中,载流子经过已被填满的势阱而向两侧较远的势阱溢出时,一部分将扩散至相邻沟道发生横向溢出,越是接近载流子产生的源头,这种横向溢出越严重,所以第二类串扰亮线从光斑向两侧逐渐变细。

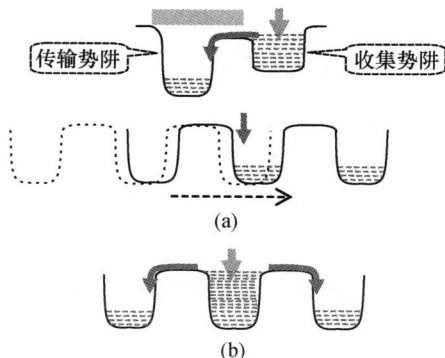

图 6-33 两类溢出串扰机制示意图
(a)第一类溢出串扰;(b)第二类溢出串扰。

在行间转移 CCD 中,第一类溢出串扰是第二类溢出串扰的前提和基础;第一类溢出串扰亮线的情况比较复杂,连续与脉冲激光引发的第一类溢出串扰有很大不同;且在第一类溢出串扰的影响下,行间转移面阵 CCD 中的第二类溢出串扰线丧失对称性。

首先,如图 6-34 所示,在连续激光辐照下,第一类溢出串扰线上的势阱不必填满,甚至不必达到图像饱和;也因为传输势阱仍远未填满,故载流子不可能在传输势阱间溢流,串扰亮线粗细均匀;若光生电流与溢出,电流将迅速达到稳态,溢出电流稳定,使路过的传输势阱得到载流子量基本相等,串扰线方向上,像素灰度均匀。

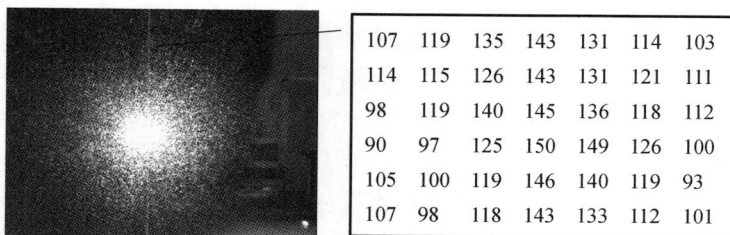

107	119	135	143	131	114	103
114	115	126	143	131	121	111
98	119	140	145	136	118	112
90	97	125	150	149	126	100
105	100	119	146	140	119	93
107	98	118	143	133	112	101

图 6-34 632.8nm CW 激光辐照 Sony ICX405AL 型 CCD 的第一类串扰现象

其次,若溢出电流开始产生的时刻位于信号转移的消隐期间,则在此后的第一场图像形成过程中,下游像素得不到溢出电荷,这一场信号中,仅对上游像素产生串扰效应;若溢出电流结束于信号转移的消隐期间,则最后一场含有串扰信号的图像中,仅存在对下游像素的串扰。当然,由于消隐期间极短,这种现象产生的概率极低。图 6 - 35 所示为单侧串扰现象。

图 6 - 35　单侧串扰现象

再次,读出转移动作将瞬间清空收集势阱。从空阱到再次填满收集势阱并产生溢出电流的时间段内,若有传输势阱经过,则构成光斑上缘的串扰缺口;而在溢出电流从产生到稳定的时间内,有传输势阱经过,则构成缺口与串扰线均匀部分之间的过渡区,如图 6 - 36 所示。

图 6 - 36　ICX217A1 CCD 的串扰线缺口现象[15]

最后,在重复脉冲激光辐照下,溢出电流将出现与激光光脉冲几乎完全同步的间断;脉冲期间,经过溢出像素的传输势阱得到载流子,构成亮点;脉冲的间隔时间,经过原溢出像素的传输势阱不能得到溢出载流子,这些势阱在读出转移时刻所在的像素构成亮点间隔,如图 6 - 37 所示。脉冲中间时刻与读出转移时刻的时间差,决定着脉冲所产生的次光斑中心与主光斑中心(溢出像素)的间距;该时间差在相邻两场图像间的变动,将引起相邻图像中次光斑与主光斑相对位置的改变,从而引起视频中次光斑的漂移运动[16],具体漂移运动规律及推导见附录 H。

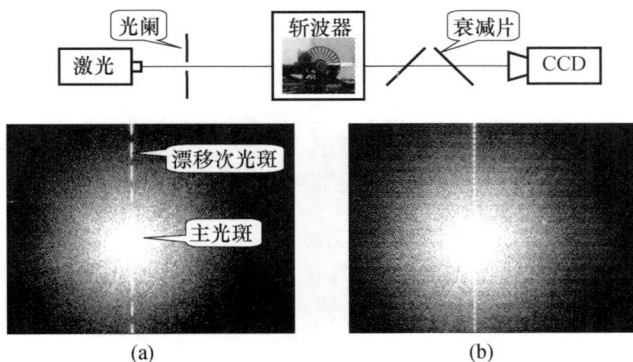

图 6 - 37　重复频率脉冲激光导致的漂移小光斑
(a)480Hz 重复频率;(b)1940Hz 重复频率。

第一类溢出串扰使光斑下游像素的各传输势阱始终存在一定量的电荷,读出转移时刻,这些电荷与收集电荷叠加,若其和超过传输势阱的容量,则多余电荷沿沟道溢出至两侧传输势阱,且部分扩散至相邻的沟道内,即产生第二类溢出串扰;在读出转移时刻,光斑中心像素上游的传输势阱中尚未经过溢出像素而得到电荷,所以光斑上游的第二类溢出串扰线较弱,第二类溢出串扰线丧失关于光斑的对称性,如图6-38所示。若第一类溢出串扰的电流较大,溢出载流子可直接填满所经过的传输势阱并继续沿沟道溢出而导致第二类溢出串扰。总之,在行间转移面阵CCD中,第一类溢出串扰是第二类溢出串扰的基础。

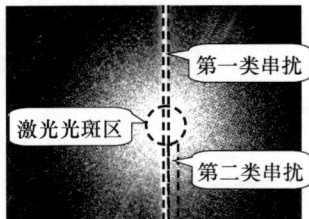

图6-38 第一、二类溢出串扰
并存的实验现象

3. 过饱和效应

一般认为,随光强增加,电信号增长的速度变慢称为饱和。过饱和效应是指饱和信号随光强的继续增加而发生下降的现象。在CCD中,过饱和效应寄生于CCD的串扰效应和检测过程中。

由于前述串扰效应的存在,CCD整个传输沟道中的所有势阱都可以被填满。CCD中,沟道内势垒低于沟阻势垒;尤其是体沟道CCD,反型层钳制效应所限制的沟道内最高势垒远低于沟阻势垒,如图6-39所示。填满所有传输势阱后的,剩余载流子可沿沟道以自激扩散及热扩散的方式直接进入检测势阱,而不再受传输时钟的时序限制。这将导致CCD的检测端在时钟决定的参考电平期间(图6-15中的t_2)得到信号电荷,如图6-40所示。

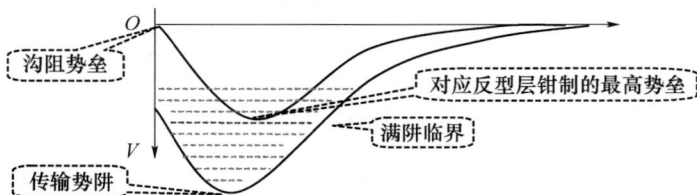

图6-39 体沟道CCD的最高势垒与满阱溢出状态

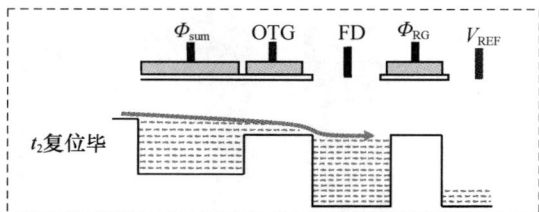

图6-40 过饱和状态下的载流子运动特征示意图

另外,参考图6-11,在势阱相互耦合期间(t_3),沟道电荷容量增加,而在势阱相互独立期间(t_1或t_5),沟道电荷容量降低。在势阱由互相耦合切换至互相独立时,沟道至检测端的溢出电流产生或增强;在势阱由互相独立切换至互相耦合时,沟道至检测端的溢出电流减弱或暂时中断。

电荷包检测周期内,传输势阱耦合与独立的切换次数等于驱动相数,且各切换时刻等间隔地分布在一个周期内。一般来说,CCD 至少需两相时钟,在参考电压期间至少有一个势阱由耦合切换至独立的状态。

信号电荷在参考电平期间大量注入检测端,造成参考电压下降;若检测端势阱被填满,参考电压下降至饱和位置,与饱和数据电压持平;实验采集到 CCD 过饱和波形,如图 6-41、图 6-42 所示,相对于正常波形,其参考电压发生下降,与饱和数据电压持平;这种波形经 CDS、A/D 环节处理后,等效于无光照的零信号,对应的图像区域呈黑色,如图 6-43、图 6-44 所示。

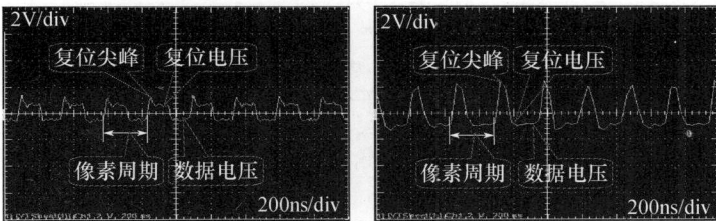

图 6-41　DALSA IL-P3 CCD 的正常、过饱和波形[17,18]

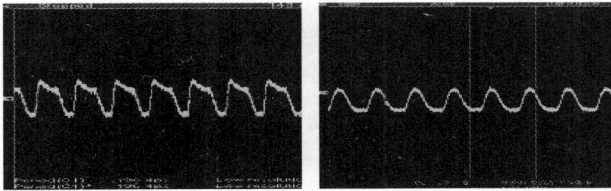

图 6-42　面阵 ICX 405AL CCD 的饱和、过饱和波形

图 6-43　扫描型 CCD 的过饱和图像
(a)线阵 CCD 过饱和图像(3.7mW);(b)TDI CCD 过饱和图像。

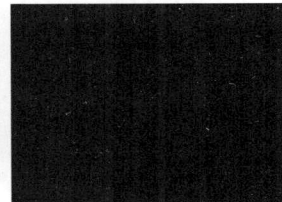

图 6-44　面阵 ICX 405AL
CCD 的过饱和图像

用两个电压控制开关控制一个电容的充放电过程,来模拟 CCD 对电荷的检测与复位;用其他电容连接直流偏置或时钟至检测电容,以模拟 CCD 电极偏置或时钟对输出的影响,CCD 输出结构等效电路如图 6-45 所示,模型中等级器件及相关参数见表 6-2。两个电压控制开关控制时钟的时序关系,决定着所模

拟的 CCD 工作状态。

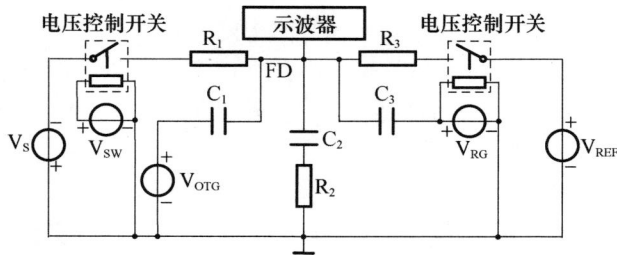

图 6 - 45　CCD 输出结构等效电路

表 6 - 2　等效器件及参数

名称	说　明	幅值
V_S	直流稳压电流	$-10V$
V_{SW}	电荷势阱电压时钟	
V_{OTG}	转移栅极的偏置电压	$2V$
V_{RG}	复位电压时钟	
V_{REF}	直流参考电压	$12V$
R_1	示波器与势阱之间的电阻	$2.4k\Omega$
R_2	示波器与地之间的电阻	100Ω
R_3	MOS 开关的等效重置电阻	$1.1k\Omega$
C_1	示波器与输出端的耦合电容	$2.0pF$
C_2	示波器电容	$5.1pF$
C_3	示波器与 MOS 重置开关的耦合电容	$2.0pF$

考察 CCD 电荷包检测的一个周期；正常工作时信号电荷的注入与复位时序关系作如下设置：

V_{RG} {Initial value：0V；pulse value：5V；delay time：0；Period：240ns；pulse width：20ns；}

V_{SW} {Initial value：0V；pulse value：5V；delay time：120ns；Period：240ns；pulse width：40ns；}

由 CCD 过饱和机制，在复位后的参考期间，设置对检测电容的一个充电动作，即将 V_{RG} 与 V_{SW} 作如下调整：

V_{RG} {Initial value：0V；pulse value：5V；delay time：0；Period：240ns；pulse width：20ns；}

V_{SW} {Initial value：0V；pulse value：5V；delay time：30ns；Period：240ns；pulse width：40ns；}

分别按上述正常、过饱和状态设置运行等效电路,得到 CCD 正常、过饱和仿真波形如图 6-46 所示。正常仿真波形中具备 CCD 波形中复位尖峰、复位电压和数据电压这三个基本要素,说明了所建模型的有效性。在此基础上,根据对过饱和状态的分析与设置,仿真所得过饱和波形与实验所得具备相同的本质特征,即参考电压与饱和数据电压持平。

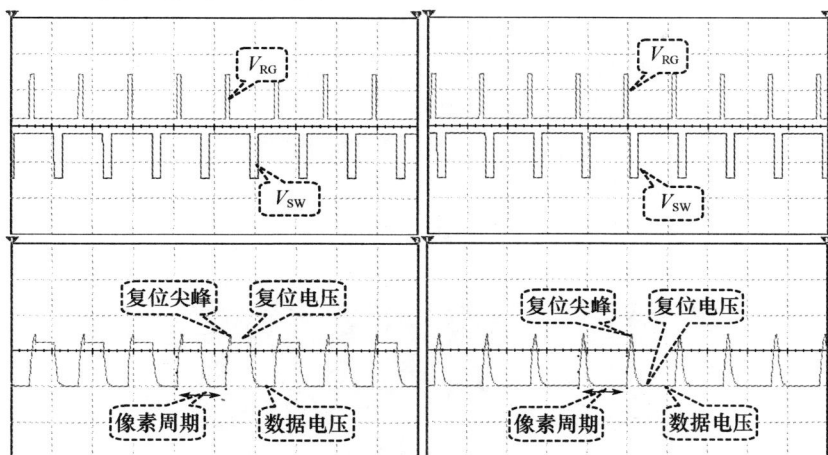

图 6-46　CCD 正常、过饱和波形的仿真结果

以行间转移面阵 CCD 为例,根据过饱和机理,给出过饱和与饱和光强阈值量级关系的大致估计方法。假设:激光集中在一个像素;收集势阱容量、垂直传输势阱、水平传输势阱的容量相等。设势阱容量 Q_m,垂直、水平传输时钟频率分别为 n_{Vf}、n_{Hf},垂直、水平沟道传输势阱数分别为 N_V、N_H,积分时间 T_0,饱和光生电流 I_S。垂直、水平沟道所有势阱均被填满时沟道传输的等效电流设为 I_{VE}、I_{HE}。忽略 CCD 非线性响应,则有

$$I_S = Q_m / T_0 \tag{6-43}$$

$$I_{VE} = Q_m n_{Vf} \tag{6-44}$$

$$n_{Vf} = N_V / T_0 \tag{6-45}$$

$$I_{VE} = N_V I_S \tag{6-46}$$

$$n_{Hf} = N_H n_{Vf} \tag{6-47}$$

$$I_{HE} = N_V N_H I_S \tag{6-48}$$

水平沟道所有传输势阱被填满的前提是溢出电流大于或等于 I_{HE},所以过饱和光强阈值至少为饱和阈值的 $N_V N_H$ 倍,即器件像素数目倍。因为在沟道填满的状态下,载流子向衬底的扩散损失较严重,所以实际的过饱和光强阈值比上述估计的值大。

6.2.2 特殊激光致眩效应

除了 CCD 四项基本属性以外,具体 CCD 器件中会采用一系列特殊技术而带来 CCD 的各种附属特性。这些附属特性会引起具体 CCD 的特殊激光致眩效应,例如,场读出方式引起的单场饱和现象[11],面阵 CCD 黑体基准技术引起的伪过饱和现象,面阵 CCD 动态电子快门引起的背景丢失及光斑振荡现象,扫描引起的"次光斑"现象和条纹图像现象以及衍射效应引起的规则亮点现象。

1. 场读出方式引起的单场饱和现象[11]

在场读出方式(见 6.1.2 节)中,CCD 输出图像奇、偶两场(奇、偶两场构成一帧)在时间上交替积分形成;若仅有一场受到激光的影响,则整个图像出现单场饱和现象,如图 6 - 47 所示。图像帧频为 25 Hz;每场周期为 20 ms,每帧周期为 40 ms。

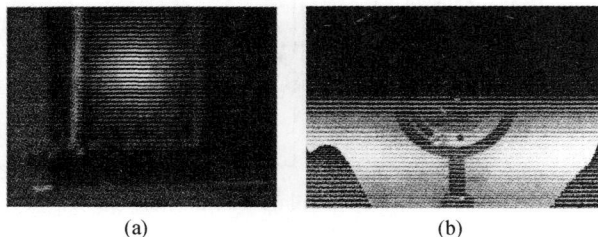

(a)	(b)

图 6 - 47 单场饱和现象

(a)0.1 ms 脉宽 532 nm 激光辐照时,隔行饱和现象;(b)2 ms 脉宽 1064 nm 激光辐照时,场饱和现象。

2. 面阵 CCD 黑体基准技术引起的伪过饱和现象

CCD 一整行输出信号中,除了有效像素信号以外,还有水平空转信号、光学黑体信号[1],如图 6 - 48 所示。其中,光学黑体信号源于那些感光二极管被遮光的像素,用以作为图像信号的黑体基准。在最终转化为数字图像之前,有效像素信号需减去黑体基准信号,这就是黑体基准技术。水平空转信号中暗电流成分较少,是用来观察像素信号含有暗电流大小的基准。

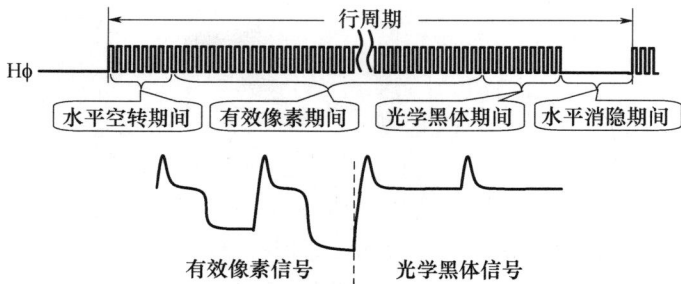

图 6 - 48 面阵 CCD 的光学黑体基准技术

过饱和效应产生的基础是所有的传输势阱均被填满。在辐照光强逐渐增强至过饱和出现的过程中间,必然出现一个光学黑体基准的势阱被填满的状态,如图 6 - 49 所示,有效像素的满阱信号与该黑体基准之差为零,提前出现了与过饱和效应相同的黑色视频;此时,就每个像素单元的波形来说,仍然具备复位尖峰、复位电平、数据电平三个基本要素,如图 6 - 50 所示。若不检测波形细节,从视频上看,这种状态容易被误认为是过饱和状态,故称之为伪过饱和状态。

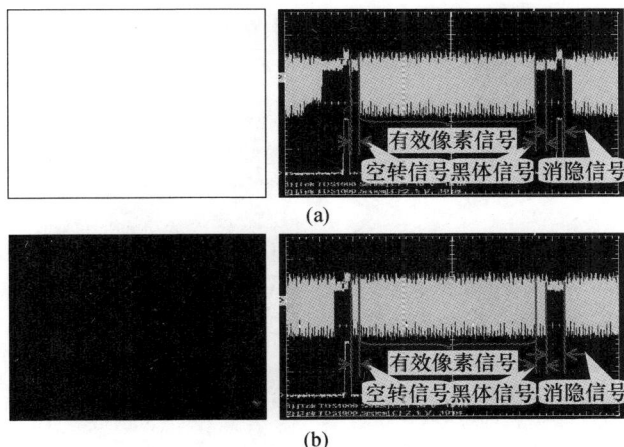

图 6 - 49　Sony ICX 405AL 型 CCD 光学黑体信号的势阱被填满

(a)全白屏饱和(1.4mW 激光);(b)伪过饱和现象(2.2mW 激光)。

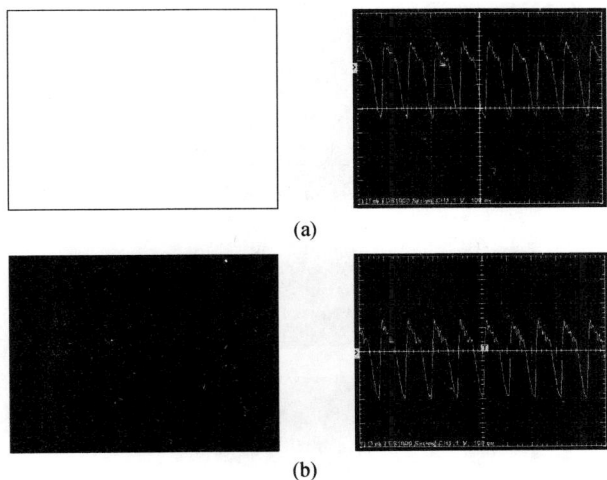

图 6 - 50　Sony ICX 405AL 型 CCD 伪过饱和的波形细节

(a)全白屏饱和(1.4mW 激光);(b)伪过饱和现象(2.2mW 激光)。

3. 面阵 CCD 动态电子快门引起背景丢失或光斑振荡现象

电子快门技术见 6.1.1 节,"动态"是指有效电子快门时间(即一场图像的有效积分时间)随信号的大小而自动调节。

用示波器测得一种面阵 CCD 相机的动态电子快门脉冲,如图 6-51 所示。因为每个电子快门脉冲都使收集势阱被彻底清空,在一个场周期内最后一个电子快门脉冲与读出转移脉冲的时间间隔为该场信号的有效积分时间,如图 6-51(b)所示。在垂直图像时间,电子快门脉冲靠数目的增减来调节有效积分时间,为了避免该脉冲对电荷检测的影响,电子快门必须发生在水平扫描的消隐期间,相邻电子快门的间隔等于水平扫描周期,如图 6-51(c)所示。在垂直消隐期间,没有水平扫描及电荷检测动作发生,所以电子快门脉冲可以发生在此期间的任意时刻,从而可以通过连续移动电子快门脉冲来调节有效积分时间。

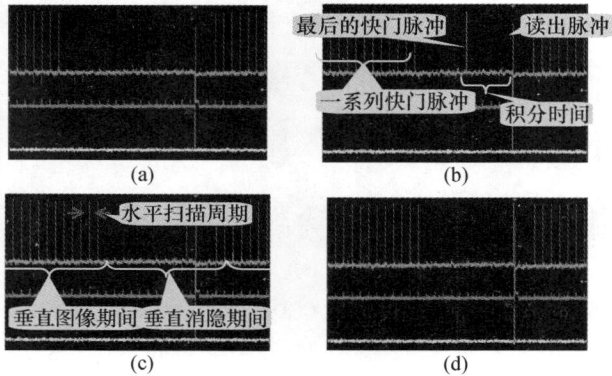

图 6-51 CCD 的动态电子快门脉冲与读出转移脉冲

如图 6-52 所示,对比全白屏与伪过饱和状态对应的电子快门脉冲,可知实际控制电子快门的反馈信号是 CCD 输出的视频。

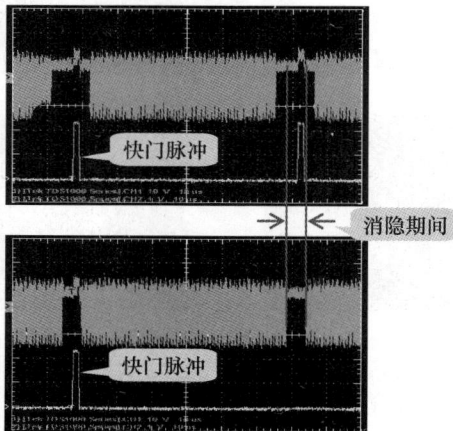

图 6-52 伪过饱和状态及全白屏饱和状态对应的电子快门脉冲数量对比

1）背景图像丢失现象

随着光强的增大，视频信号不断增强，有效积分时间不断降低，使固定亮度的实际背景积分信号越来越小，乃至变黑消失，如图 6-53 所示，此即激光辐照面阵 CCD 的背景图像丢失现象。

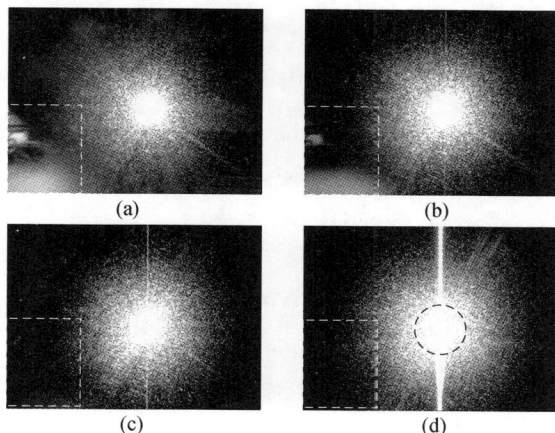

图 6-53 激光辐照下的背景丢失现象
(a)0.32μW 激光；(b)1.1μW 激光；(c)3.5μW 激光；(d)350μW 激光。

背景丢失突出了激光信号。如果没有动态电子快门压缩积分时间，当激光强度接近 mW 量级时，实验室中的激光散射光将会使整个屏幕饱和，代表激光能量集中区域的光斑（图 6-53(d)）就会被淹没。

2）脉冲激光光斑的振荡现象

在脉冲激光辐照下，只有在有效积分时间内，入射的激光脉冲才能形成辐照位置处的光斑信号。有效积分时间随视频信号强度不断变化，使入射的激光脉冲数目存在变化，则造成主光斑信号强度的振荡，如图 6-54、图 6-55 所示，这种现象称为脉冲激光光斑振荡现象。若有效积分时间缩减程度严重，导致期间无脉冲入射，则生成图像中无主光斑，如图 6-54(c)所示，这称为主光斑丢失现

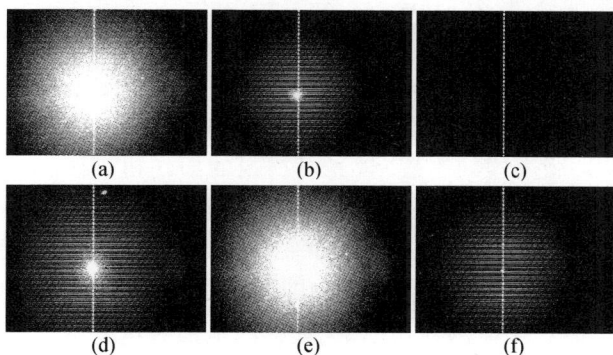

图 6-54 相邻图像之间的光斑振荡

象[19]。附录 I 给出了上述情况下光斑振荡的过程和避免出现光斑振荡的苛刻条件。

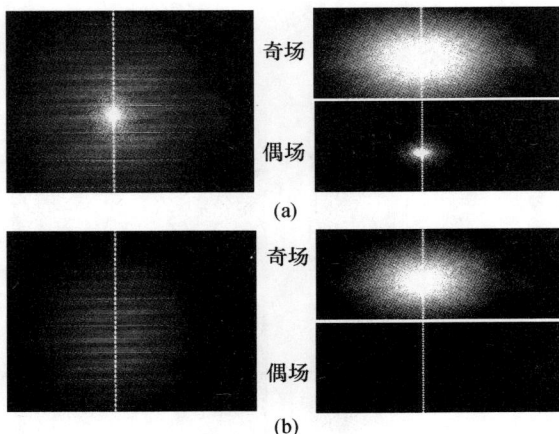

图 6 - 55　同幅图中奇、偶两场之间的光斑振荡

在垂直图像期间,各电子快门脉冲仅在水平消隐期间出现,它不影响水平图像期间光生信号在收集势阱中积累并溢出,信号电荷一旦溢出至传输势阱,则不再受电子快门的影响,这些溢出电荷形成前文提及的漂移光斑。

6.3　激光对 CCD 器件的损伤效应[20]

6.3.1　脉冲激光对 CCD 损伤的一般过程

激光辐照过程中,半导体材料对激光的响应经历能量吸收、转换等过程,该过程由最初的材料导带电子激发引起的浓度和能量的改变发展到后来的材料温升、激光损伤等宏观效应,相关物理过程的大致时间尺度如图 6 - 56 所示[21]。一个逐渐被接受的观点是,当脉宽大于 10ps 时,激光对材料的热损伤占主导地位;当脉宽小于 10ps 时,光学击穿行为占主导,此时为非热过程[21 - 29]。

长脉冲激光作用下,材料导带电子被加热,并将能量转移给晶格,当沉积的能量足够使材料熔化、汽化或者引起炸裂时,损伤发生。

随着超短脉冲激光器的出现,激光对材料的损伤机理研究进入超快领域。研究表明,长脉冲激光对材料的损伤阈值与脉宽的 1/2 次方成正比的关系在超短脉冲领域发生明显偏离[24]。超短脉冲激光具备极高的峰值强度,在材料中产生强烈的非线性效应,如多光子电离等,即使作用 SiO_2 等宽禁带材料也能够产生光致电离效应[24, 30, 31]。激光作用下,材料的电离程度升高,于是对光能量的吸收更加强烈,形成的正反馈过程,加速了损伤的发生。

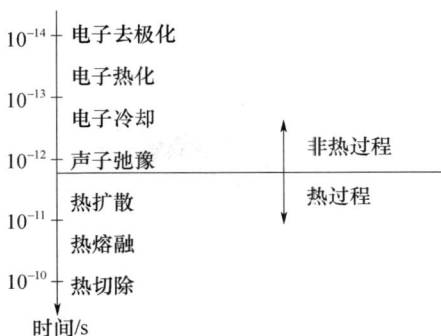

图6-56 介质材料在激光辐照下各物理过程的一般时间尺度

对热损伤过程的研究已较为成熟,但针对超短脉冲激光对材料的损伤机制还存在很多争论,如材料的光致电离机制、哪种机制占主导地位以及电离发生后电子能量的分布等问题[28,32]。比较统一的认识是,材料损伤可解释为价带电子向导带的非线性激发过程,包括雪崩电离和光致电离(包括多光子电离和隧穿电离),其中光致电离产生雪崩电离需要的种子电子,当自由电子浓度达到临界值时损伤发生。

CCD芯片结构较为复杂,由金属、氧化物绝缘层以及半导体材料等构成。强激光作用下,器件材料发生损伤。从器件工作性能的角度看,如果轻微的材料损伤不显著影响器件的正常工作,则一般可以不认为损伤发生,只有当材料损伤到一定程度,影响器件的正常工作时,才认为损伤发生。

激光对CCD的损伤效应研究一般从器件工作的电学层面和材料损伤两个层面进行。前者解释从图像中观察到的损伤现象是如何形成的,后者解释激光对材料的损伤过程,两者结合起来共同解释器件的损伤机理。

6.3.2 脉冲激光对CCD的损伤机理

脉冲激光损伤CCD的过程中,从输出图像上可将损伤效果分为三个阶段:白点损伤、白线损伤以及完全失效。这三个阶段是渐进的过程,在纳秒、皮秒以及飞秒脉冲激光作用下均已观察到,因此从CCD的电路系统层面来考察,各个损伤阶段的损伤机制应该是统一的。不同型号的器件,芯片结构不同,抗激光损伤能力也有差异,出现以上三个阶段损伤需要的激光功率也会有差异。CCD像素为MOS电容结构,其中一个极板可看做由半导体构成,SiO_2层(也有其他如SiON材料作为氧化绝缘层的器件)作为绝缘介质。电容在激光损伤过程中,电阻特性会发生改变。在纳秒脉冲作用下,随着损伤程度加深,电极间阻值的变化规律已有报道[33,34]。即随着损伤程度的加深,电阻值持续降低,临界失效时的阻值比正常阻值低一个量级以上。从CCD感光区域结构来看,电阻的构成应包括氧化层、耗尽区以及衬底。正常情况下,由于氧化层、半导体耗尽区的存在,两极间电阻达到若干兆欧,但随着激光损伤的深入,氧化层会被完全破坏,半导体中也会产生大量晶格缺陷从而导致电阻显著降低。

1. 白点损伤

脉冲激光辐照下,CCD 输出图像中最先出现白点损伤,如图 6 – 57 所示。图中为同一 CCD 芯片表面进行两次不同能量的单脉冲激光作用的结果,图像为芯片在暗背景下的输出。作用激光波长为 1064nm,脉宽为 33ns,左右两个白点对应的激光能量密度分别为 153mJ/cm^2 和 162mJ/cm^2。白点损伤刚发生时,从显微镜下观察芯片表面,发现对入射光透明的表面微透镜结构仍然较为完好,而透镜下的半导体材料出现损伤的痕迹,典型的轻微白点损伤形貌如图 6 – 58 所示。

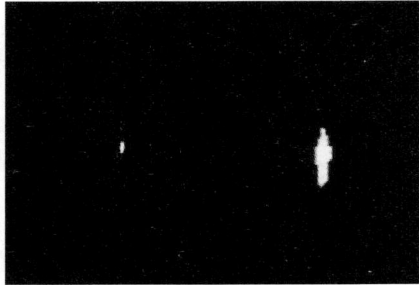

图 6 – 57　脉冲激光作用 CCD 图像中出现的白点损伤[20]

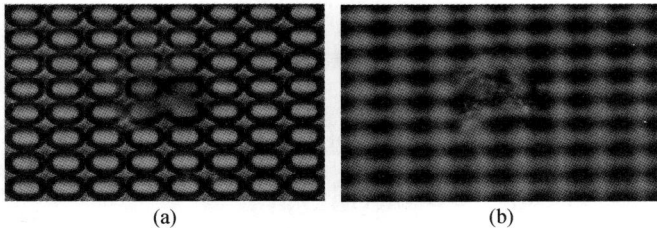

(a)　　　　　　　　　　　　　　(b)

图 6 – 58　轻微白点损伤形貌(显微镜放大 100 倍,152mJ/cm^2)
(a)微透镜表面;(b)微透镜以下。

随着脉冲激光能量密度的升高,这种白点损伤由最初的单个像素上出现发展到较大面积,达到甚至超过激光光斑大小,这是因为损伤的发生与激光损伤作用以及器件的工作原理都有关系,如氧化绝缘层击穿是由于激光对材料的损伤以及由于导带电子浓度的急剧改变引起绝缘层两端的电压升高超过其承受极限两种原因造成。无论有无光照,这些白点均存在,因此判断是由电注入形成。由 CCD 的工作原理推断,出现白点损伤的像素仍然能够正常将自身收集的大量电荷转移出去,在图像中形成饱和像素点,并且转移过程不影响周围的像素单元。结合像素结构,这应该只是像素感光区域出现损伤所造成,而转移势垒以及垂直 CCD 的电荷转移沟道并没有损伤。

暗背景下白点损伤仍然存在,因此将损伤点处的像素饱和归因于漏电流和暗电流,前者由氧化层击穿引起,后者主要由半导体晶格损伤所产生的缺陷引起。实际上,这两种电流在正常情况下也无法绝对消除,表现为噪声,而在损伤 CCD 中,两者的强度都会上升。

在白点损伤发生前,激光强度已经足以使 CCD 发生饱和、串扰。大量的光生载流子瞬间降低了半导体中耗尽层的厚度甚至使其完全消失,从而使半导体的电阻降低。由于氧化层、耗尽区以及半导体衬底的电阻为串联关系,因此电极上的驱动电压将大部分加载在氧化层两侧,使厚度为数十纳米量级的氧化层电场强度进一步升高,达到每厘米兆伏量级。强电场可以导致氧化层击穿,另一方面,激光辐照引起氧化层升温,也加速了击穿过程。白点损伤的最后阶段,激光能量密度超过硅材料的损伤阈值,当硅材料的损伤发生时,紧贴其上的氧化层也会被间接损伤。氧化层击穿导致漏电流升高,从而导致局部的像素饱和,输出图像中出现白点。

CCD 像素四周存在沟阻,相比而言,垂直 CCD 方向由于电荷转移沟道的存在,其防止电荷扩散的能力比水平方向弱。因而当强光激发的大量自由电子沿垂直 CCD 方向扩散到周围像素时,容易导致该像素氧化层的电击穿。图 6-57 表明,白点损伤沿着垂直 CCD 方向扩展的速度明显大于水平方向证实了这一点。

2. 白线损伤

进一步提高激光能量密度,CCD 输出图像中将出现白线损伤,如图 6-59 所示。作用激光波长为 1064nm,脉宽为 33ns,图中在同一 CCD 芯片表面上共进行了四次单脉冲损伤实验,由左至右对应的脉冲能量密度分别为 $160mJ/cm^2$、$180mJ/cm^2$、$191mJ/cm^2$ 以及 $178mJ/cm^2$。对比实验表明,无论纳秒、皮秒还是飞秒激光实验中,微透镜结构都已经剥落,像素感光区域出现损伤坑,典型损伤形貌如图 6-60 所示。

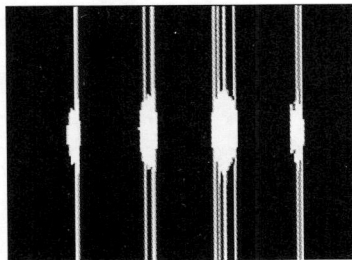

图 6-59 CCD 出现白线损伤[20]

207

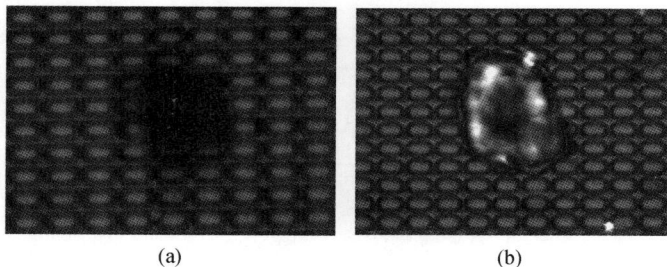

图 6 - 60　白线损伤形貌(显微镜放大 100 倍)
(a)轻微白线损伤形貌($170mJ/cm^2$);(b)较严重白线损伤形貌($183mJ/cm^2$)。

通过剥离芯片表面的微透镜结构并利用扫描电子显微镜(SEM)研究表明,白线损伤发生时,CCD 芯片表面的遮光层和电路系统形成的网格结构仍然较完好。损伤区域中心的 SEM 扫描图像以及对应的光学显微图像如图 6 - 61所示。从 SEM 图像上可看出,像素感光区域中的硅材料已经暴露出来,对应扫描图像中亮度较高的区域,遮光层只是在电路交叉的部分显露出来,因为线路交叉的原因导致该处的遮光层凸起较高,其他部分仍然掩埋在 SiO_2增厚层中。

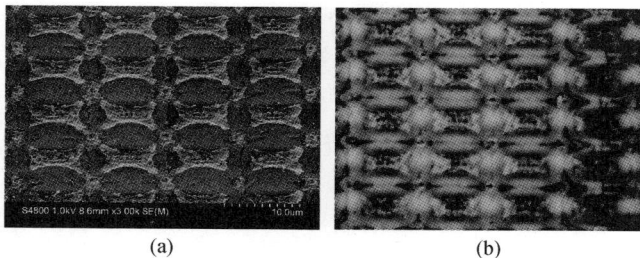

图 6 - 61　白线损伤坑中心[20]
(a)SEM 扫描图像;(b)光学显微镜拍摄图像。

有两个主要因素导致白线损伤:①氧化绝缘层损伤导致漏电流继续升高;②半导体损伤破坏了位于感光区域一侧的电荷转移势垒。两种因素共同导致大量的漏电流直接进入电荷转移沟道,从而使一列像素均出现饱和,在图像中显示为白线。此时,驱动电极和衬底电极之间的电阻值仍然较高,电极的驱动电压时序没有被破坏,未受损伤的 CCD 像素仍然能够正常转移电荷,因而在白线损伤区域以外,器件的感光性能仍然正常。

3. 完全失效

进一步升高作用激光的能量密度,CCD 发生失效损伤,输出图像黑屏。此时在整个损伤区域中心形成较大的损伤坑,如图 6 - 62 所示。作用激光的波长、脉宽与上文相同,脉冲能量密度为 $1.3J/cm^2$。

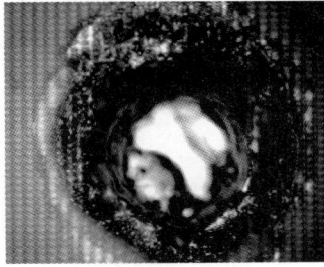

图 6 - 62　CCD 被严重损伤出现损伤坑[20]

由于 CCD 各行、列像素在工作上的相对独立性,因此少量的多晶硅导线断开并不能使整个 CCD 失效。测量驱动电极和衬底电极之间的电阻值在 $10^5\Omega$ 量级,因此判断失效损伤是由于两极间电阻降低导致驱动电压时序发生异常,从而破坏了电荷包的正常转移过程。

6.3.3　脉冲激光对 CCD 材料的损伤

半导体材料对激光的三种主要吸收机制:线性吸收[35]、双光子吸收和自由载流子吸收[36-38]。室温下,硅材料禁带宽度约 1.12eV,线性吸收系数曲线如图 6 - 4 所示,对波长 800nm 和 1064nm 的激光,吸收系数分别为 $8.5 \times 10^2 cm^{-1}$ 和 $11cm^{-1}$[39],这是在弱光条件下的情形。在强光辐照下,硅材料的吸收系数升高,对应的吸收深度减小。文献[36]报道,硅材料对 532nm 波长的皮秒脉冲(脉宽 25ps、能量 20μJ、脉冲峰值功率 0.8MW)的吸收深度小于 1μm。对于飞秒激光脉冲(620nm,100fs)辐照情形,文献[40]报道,在脉冲持续时间内,材料反射率明显升高,同时指出,在脉冲前沿,激光能量能够深入到材料中,但后续的脉冲能量被深度仅为 10nm 左右的材料吸收,从而使入射脉冲形状也会发生改变。

对 800nm 和 1064nm 波长的激光,单晶硅材料的双光子吸收率达到 2cm/GW 和 1.5cm/GW[38]。由线性吸收和双光子吸收等过程产生的导带电子进一步吸收激光能量形成自由载流子吸收[37]。自由载流子在光场中加速,当多余能量大于材料的禁带宽度时会发生碰撞电离,激发另一个价带电子到导带,同时自身损失相应部分的能量。新产生的自由电子重复以上过程,从而形成雪崩电离。另外,自由载流子还将从光场中获取的部分能量转移给晶格,使材料升温。在一阶近似下,自由载流子吸收系数为 $\alpha_{FC} = \sigma N$,σ 为吸收截面,N 为载流子浓度。吸收截面的经验公式为[38,41]

$$\sigma \approx 1.45 \times 10^{-17}\left(\frac{\lambda}{1550}\right)^2 \qquad (6-49)$$

式中:λ 为波长(nm)。因此得到 800nm 和 1064nm 波长下,吸收截面的大小分

别为 $3.9 \times 10^{-18} \mathrm{cm}^2$ 和 $6.8 \times 10^{-18} \mathrm{cm}$ [42]。

入射光强度沿材料深度方向上的变化以及自由电子浓度可以描述为[38]

$$\frac{\mathrm{d}I(z,t)}{\mathrm{d}z} = -\alpha_0 I(z,t) - \alpha_{\mathrm{TPA}} I^2(z,t) - \alpha_{\mathrm{FC}}(z,t) I(z,t) \qquad (6-50)$$

$$\frac{\partial N(z,t)}{\partial t} = \left[\alpha_0 + \frac{1}{2} \alpha_{\mathrm{TPA}} I(z,t) \right] \frac{I(z,t)}{\hbar\omega} + \gamma N(z,t) \qquad (6-51)$$

式中:α_0、α_{FC} 分别为线性吸收系数和自由载流子吸收系数;α_{TPA} 为双光子吸收率(cm/W);ω 为激光角频率;γ 为碰撞电离系数[43]。碰撞电离过程与光场强度相关,粗略估算可采用方程 $N = N_0 \mathrm{e}^{\gamma t}$,$N_0$ 为种子电子浓度,主要由线性吸收和双光子吸收产生。需要指出的是,强激光脉冲作用半导体材料的过程中,光激发的自由电子浓度以及对应的吸收深度是时间和深度的函数,是一个动态的过程。

CCD 芯片出现激光损伤并不一定导致输出图像上出现白线损伤和失效,只有当半导体材料的损伤达到一定程度时,才从 CCD 输出图像中观察到相应的损伤现象,那么不同脉宽激光对 CCD 损伤阈值的高低应归结为对硅材料的损伤效率(能量密度与损伤深度的比值)的高低。

纳秒脉冲作用下硅材料对激光以线性吸收为主,吸收系数小、吸收深度大,因此,纳秒脉冲对硅材料本身的损伤阈值比较高。然而,一旦损伤发生,由于吸收深度大以及热扩散时间较长等因素,对材料的损伤范围反而会更大。从 CCD 器件的角度看,损伤需要保证一定的深度,这正好符合纳秒脉冲的损伤特性,因此对 CCD 的损伤效果较好。对于皮秒和飞秒脉冲而言,严重的非线性效应导致吸收系数大、吸收深度小,同时材料对激光反射率也会提高。虽然对硅材料的表面损伤阈值较低,但是当激光能量密度达到一定水平时,能量的反射损失增加,同时强烈的非线性吸收阻碍了激光能量向半导体深处的传输,从而造成损伤深度也会更小,最终导致以 CCD 成像性能改变为判断标准的损伤阈值出现大幅度升高。

参考文献

[1] 张震. 可见光 CCD 的激光致眩现象与机理研究[D]. 长沙:国防科学技术大学,2010.

[2] 米本和也. CCD/CMOS 图像传感器基础与应用[M]. 北京:科学出版社,2006.

[3] Dash W C,Newman R. Intrinsic Optical Absorption in Single – Crystal Germanium and Silicon at 77K and 300K [J]. Physical Review,1955,99(4):1151 – 1155.

[4] Jellison Jr G E,Modine F A. Optical absorption of silicon between 1.6 and 4.7 e Vat elevated temperatures [J]. Appl. Phys. Lett. ,1982,41(2):180 – 182.

[5] Janesick James R. Scienfific Charge – Coupled Devices[M]. Bellingham,Was – hington USA:SPIE PRESS,2001.

[6] 张震,程湘爱,姜宗福. 可见光 CCD 对 1064nm 激光饱和响应的实验研究[J]. 中国激光,2010,37(增刊):131 – 135.

[7] 张震,程湘爱,姜宗福. BCCD 中耗尽层边缘位置随信号电荷量变化的解析公式[C]. 第十届全国物

理力学学术会议论文集,长沙:2009:119 - 127,151.

[8] Dyck R H,Steffe W. Effects of optical crosstalk in CCD image sensors[C]. in Proc. 5th Int. Conf on Applications of Charge - Coupled Devices. San Diego,CA,1978:1 - 55 - 1 - 61.

[9] Lavine P James,Chang Win - Chyi,Anagnostopoulos Constantine N. Monte Carlo Simulation of the Photoelectron Crosstalk in Silicon Imaging Devices[J]. IEEE Transactions on Computer - aided Design,CAD - 4(4),1985:531 - 535.

[10] Machet N,Hubert - Habart C,Baudinaud V. Study of the mechanism of electronic diffusion in a CCD camera subject to intense laser illumination[C]. RADECS 1997,97:417 - 423.

[11] 王金宝. 激光辐照可见光面阵 Si - CCD 探测器实验研究[D]. 长沙:国防科学技术大学,2003.

[12] 张震. 可见光 CCD 的激光辐照效应实验研究[D]. 长沙:国防科学技术大学,2005.

[13] 王世勇,付有余,郭劲. 脉冲激光辐照 CCD 面阵探测器系统局部的干扰效应研究[J]. 应用激光,2001,21(5):298,317 - 318.

[14] 张大勇,赵剑衡,王伟平,等. 1.319μm 连续 YAG 激光束对可见光面阵 CCD 系统的干扰研究[J]. 强激光与粒子束,2003,15(11):1050 - 1052.

[15] 张震,江天,程湘爱,等. CCD 强光串扰效应的串扰线缺口现象及其机制[J]. 强激光与粒子束,2010,22(7):1505 - 1510.

[16] 张震,程湘爱,姜宗福. 高重频脉冲激光引起 CCD 视频中的动态次光斑现象研究[J]. 应用激光,2010,30(1):45 - 49.

[17] 张震,程湘爱,姜宗福. 可见光 CCD 的光致过饱和现象[J]. 强激光与粒子束,2008,20(6):917 - 920.

[18] 张震,程湘爱,姜宗福. 强光致 CCD 过饱和效应机理分析[J]. 强激光与粒子束,2010,22(2):233 - 237.

[19] 张震,程湘爱,江天,等. 重频激光辐照面阵 CCD 的主光斑丢失现象及其原因[J]. 红外与激光工程,2010,39(增刊):429 - 432.

[20] 朱志武. 短脉冲激光对 CCD 探测器组件的辐照效应研究[D]. 长沙:国防科学技术大学,2013.

[21] von der Linde D,Tinten K S,Bialkowski J. Laser - solid interaction in the femtosecond time regime [J]. Appl. Sur. Sci. ,1997,109/110:1 - 10.

[22] 孙承伟,陆启生,范正修,等. 激光辐照效应[M]. 北京:国防工业出版社,2002.

[23] Mohsen A M,Bower R W,Mcgill T C,et al. Overlapping Gate Charge Coupled Devices [J]. Electronics Lett. ,1973.9(17):396 - 398.

[24] Du D,Liu X,Korn G,et al. Laser - induced breakdown by impact ionization in SiO_2 with pulse widths from 7 ns to 150 fs[J]. Appl. Phys. Lett. ,1994.64(23):3071 - 3073.

[25] Stuart B C,Feit M D,Herman S,et al. Nanosecond - to - femtosecond laser - induced breakdown in dielectrics[J]. Phys. Rev. B,1996.53(4):1749 - 1761.

[26] Lenzner M,Krüger J,Sartania S,et al. Femtosecond Optical Breakdown in Dielectrics[J]. Phys. Rev. Lett. ,1998.80(18):4076 - 4079.

[27] Tien An - Chun,Henry Kapteyn S B,Murnane Margaret,et al. Short - Pulse Laser Damage in Transparent Materials as a Function of Pulse Duration[J]. Phys. Rev. Lett. ,1999.82(19):3883 - 3886.

[28] Rethfeld B. Unified model for the free - electron avalanche in laser - irradiated dielectrics [J]. Phys. Rev. Lett. ,2004.92(18):187401.

[29] Chimier B,Uteza O,Sanner N,et al. Damage and ablation thresholds of fused - silica in femtosecond regime [J]. Phys. Rev. B,2011.84:094104.

[30] Chichkov B N,Momma C,Nolte S,et al. Femtosecond,picosecond and nanosecond laser ablation of solids

［J］. Appl. Phys. A,1996. 63:109 – 115.

［31］ Varel H,Ashkenasi D,Rosenfeld A,et al. Laser – induced damage in SiO_2 and CaF_2 with picosecond and femtosecond laser pulses［J］. Appl. Phys. A,1996. 62:293 – 294.

［32］ Otobe T,Yamagiova M,Iwata J I,et al. First – principles electron dynamics simulation for optical breakdown of dielectrics under an intense laser field［J］. Phys. Rev. B,2008. 77(16):165104.

［33］ 邱冬冬,张震,王睿,等. 脉冲激光对 CCD 成像器件的破坏机理研究［J］. 光学学报,2011. 31 (2):0214006.

［34］ 沈洪斌,沈学举,周冰,等. 532nm 脉冲激光辐照 CCD 实验研究［J］. 强激光与粒子束,2009. 21 (10):1449 – 1454.

［35］ Wang X,Shen Z H,Lu J,et al. Laser – induced damage threshold of silicon in millisecond,nanosecond,and picosecond regimes［J］. J. Appl. Phys. ,2010. 108:033103.

［36］ Merkle K L,Baumgart H,Uebbing R H,et al. Picosecond laser – pulse irradiation of crystalline silicon,. appl［J］. Phys. Lett,1982. 40(8):729 – 731.

［37］ Moison J M,Barthe F,Bensoussan M. Laser – induced nonlinear absorption in silicon:Free – carrier absorption versus thermal effects［J］. Phys. rev. B,1983. 27(6):3611 – 3619.

［38］ Sang Xinzhu,Tien E K,Ozdal Boyraz. Applications of two – photon absorption in silicon［J］. Journal of optoelectronics and advanced materials,2008. 11(1):15 – 25.

［39］ http://pveducation. org/pvcdrom/appendicies/optical – properties – of – silicon.

［40］ Hulin D,Combescot M,Bok J,et al. Energy – transfer during silicon irradiation by femtosecond laser – pulse ［J］. Phys. Rev. Lett. ,1984. 52(22):1998 – 2001.

［41］ Soref R A,Bennett B R. Electrooptical effects in silicon［J］. IEEE J. Quantum Electronics Lett. ,1987,23 (123).

［42］ Svantesson K G,Determination of the interband and the free carrier absorption constants in silicon at high – lever photoinjection［J］. J. Phys. D, 1979, 12:425.

［43］ Pronko P P,Vaurompay P A,Horvath C,et al. Avalanche ionization and dielectric breakdown in silicon with ultrafast laser pulses［J］. Phys. Rev. B,1998. 58(5):2387 – 2390.

第7章
激光对半导体材料的热和力学损伤

　　激光辐照半导体材料,首先半导体材料中的电子、声子、激子等与激光电磁场相互作用,吸收激光能量,然后通过弛豫过程将有序能转化为无序的热能。此时热能仍可能是高度局域化的,随后热能通过热传导在半导体材料内扩散,形成一定的温度场,导致在一定范围内材料性能、状态的变化。如果半导体材料对辐照激光的吸收系数很大,则仅有激光辐照表面附近很薄的一层半导体材料与激光相互作用。辐照过程中如果在这一薄层内积累了很多的热能,有可能导致材料熔化、汽化,甚至形成等离子体。

　　另外,热胀冷缩是绝大部分物体的基本属性。激光辐照半导体材料导致其温度升高,将引发半导体材料膨胀。当外部的约束或内部变形协调要求使得膨胀不能自由发生时,材料中就会出现附加应力。这种因温度变化而引起的应力称为热应力。当热应力超过材料的断裂强度时,将导致半导体材料断裂。

　　广义地,激光对半导体材料的损伤可定义为激光使半导体材料产生了可观测的不可逆变化。本章主要讨论激光对半导体材料的热和力学损伤,即激光辐照半导体材料产生的熔化、汽化等热损伤,以及热应力引起的断裂等力学损伤。熔化等热损伤的产生又常常通过半导体材料对探测光反射特性的变化来表征。半导体多为脆性晶体材料,激光辐照半导体材料如果不产生损伤,半导体材料的热和力学响应主要是热弹性响应,激光辐照对半导体的作用只是一次热冲击。激光辐照结束后,半导体通过与周围环境热交换可恢复到辐照前的状态。实验研究激光对半导体材料的辐照效应时多以对半导体材料的损伤为目的。

　　本章首先介绍连续激光、脉冲激光辐照半导体材料引起的损伤实验结果,然后简要介绍激光辐照半导体材料引起的温度变化、熔化以及热应力等基本理论,最后简要给出一些超短脉冲激光损伤半导体材料的实验及理论结果。

7.1　连续激光辐照半导体材料引起的热和力学损伤

　　近年来,研究连续激光对半导体材料损伤的文献较少。实验研究连续激光辐照半导体材料造成的损伤时,常以半导体材料表面反光特性的变化表征损伤的产生。文献[1,2]在研究波长为 $0.53\mu m$ 的激光辐照 GaAs 造成的损伤时，$0.53\mu m$ 激光既作为辐照主激光，也作为探测激光，实验光路如图 7-1 所示。激光器输出的单纵单横模激光偏振方向为竖直方向，偏振器 2 的偏振方向保持与激光器输出光偏振方向相同，通过旋转偏振器 1 来改变辐照到样品上的激光功率。通过分光元件用功率计实时监测激光功率。激光由焦距为 140mm 的透镜会聚后穿过观察屏上的小孔，垂直辐照在样品表面上，样品表面处的光斑尺寸约为 $30\mu m$（强度下降为最大值的 $1/e^2$ 对应的尺寸）。用 CCD 相机记录由样品表面反射到观察屏上的激光图案。激光辐照造成样品损伤后，反射到观察屏上的激光图案将发生变化。实验样品为 N 型掺 Si 的 GaAs 单晶，样品厚度 $350\mu m$，双面抛光。辐照到样品上的激光功率为 1.6W 时，观察屏上得到的典型反射光图案如图 7-2 所示。激光辐照不同时刻 GaAs 的 EPM（Electron Probe Microscope）显微照片见图 7-3。

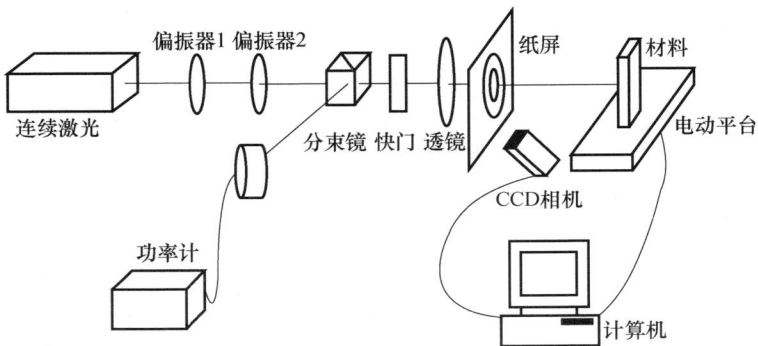

图 7-1　$0.53\mu m$ 连续激光辐照 GaAs 实验光路示意图（取自文献[2]）

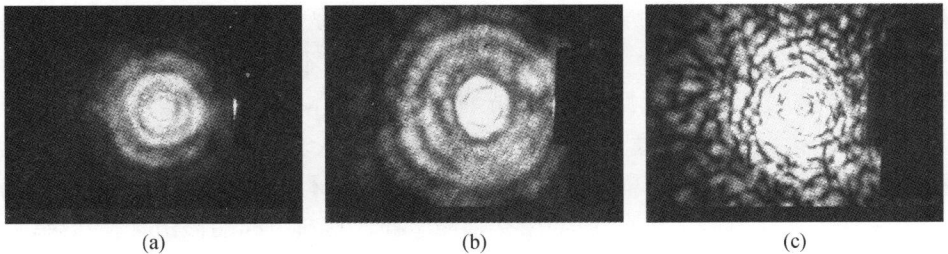

(a)　　　　　　　(b)　　　　　　　(c)

图 7-2　观察屏上的典型反射光图案（取自文献[1]）
(a)50s；(b)80s；(c)150s。

在激光刚开始辐照阶段（<6s），观察屏上的反射光越来越亮，表明随着激光辐照时间的增加，样品表面反射率越来越大，但这一阶段 GaAs 表面并没有产生损伤。随后，观察屏上的反射光出现扰动，在扰动刚开始出现时（6s）即停止辐照进行显微观察，此时的 EPM 显微照片见图 7-3(a)，此时并没有出现熔化

损伤的形貌，只是光斑中心区域比外围更明亮。进行组分分析表明中心明亮区域的 As 元素有稍微的减少，这是由 GaAs 分解后 As 元素升华造成的。Ga 元素富集区表现出的反射率更高，其物理性能比起未辐照前的状态也会有所不同。因此可以将 GaAs 分解 As 元素减少定义为损伤的开始。

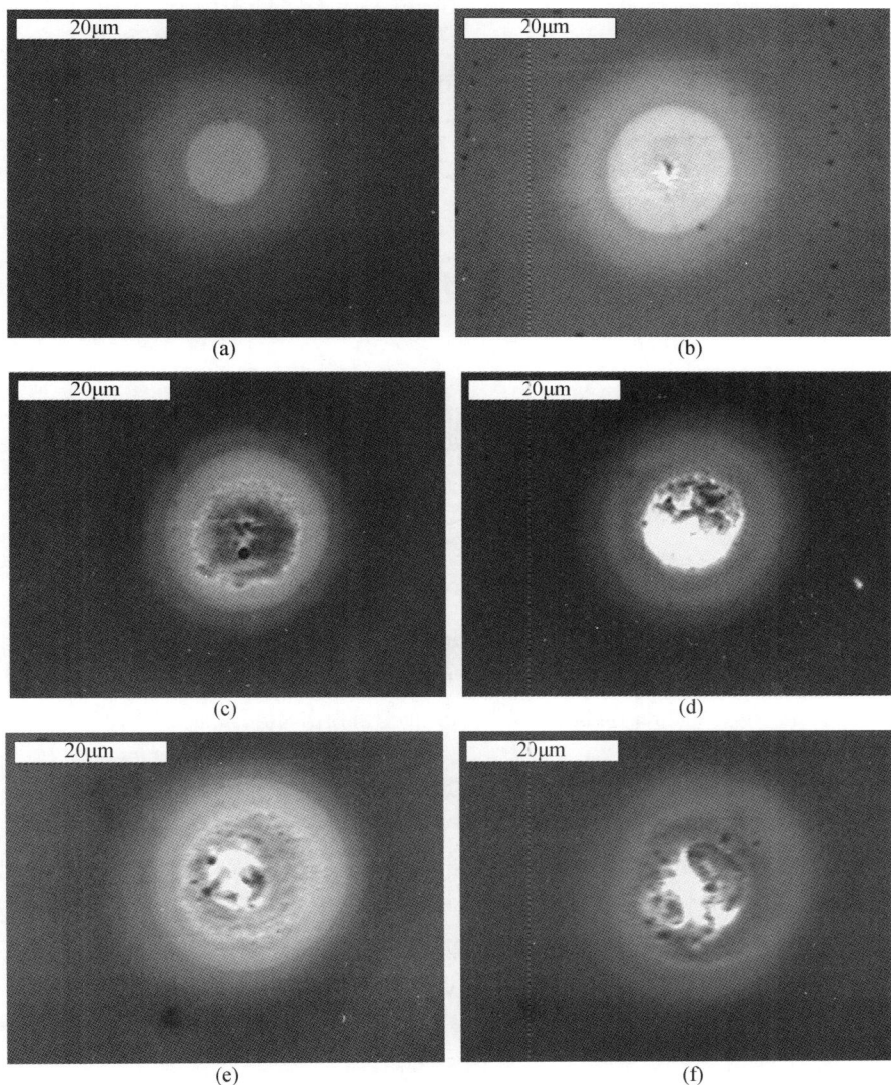

图 7 – 3　1.6W 激光辐照 GaAs 导致损伤的 EMP 显微照片（取自文献[1]）
(a)6s;(b)19s;(c)50s;(d)80s;(e)150s;(f)360s。

随着激光辐照的持续，反射光的扰动越来越强，到 19s 时，反射光的图案突然出现了分裂，此时的 EPM 显微照片见图 7 – 3(b)，显示出熔化再凝结导致的表面凹凸不平结构。组分分析表明 As 元素进一步减少并且有了 O 元素的出现。而下一个时间段明显的现象就是反射光出现微弱的类似衍射环状图样，随着激光的持续照射，反射光的类似衍射图样越来越明显，衍射环越来越多、越来越密，如图 7-2(a)~(c)所示。这一阶段的表面形貌见图 7-3(c)~(e)，可以看出熔化再凝结形成的凹凸不平区域越来越大。表面处的组分中 As 元素越来越少，O 元素越来越多，辐照约 80s 时的组分分析显示 O 元素含量约为 10%。到 360s 后反射光不再有明显变化，这时中央损伤区的组分只有 Ga 和 O，而几乎没有 As，表面形貌如图 7-3(f)所示。

改变辐照到样品上的激光功率，上述一系列现象和损伤出现的时间也不同。GaAs 的材料分解损伤阈值见图 7-4。

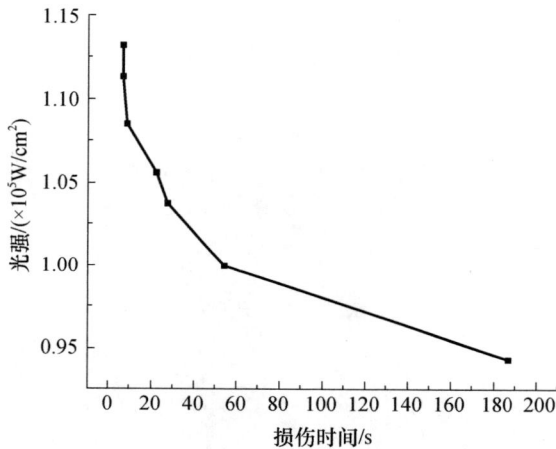

图 7-4   0.53μm 连续激光辐照 GaAs 的分解损伤阈值(取自文献[1])

不论是 GaAs 分解及 As 元素升华，还是随后发生的熔化损伤，都与样品表面的温度密切相关。在小光斑的连续激光辐照下，激光作用时间较长，横向热传导对光斑区内的温升过程影响很大，因此图 7-4 给出的损伤阈值只是文献[1]中使用的光斑尺寸下的结果。

研究 1.06μm 连续激光对 GaAs 的辐照效应时，实验光路如图 7-5 所示。辐照主激光为 LD 侧面泵浦、工作于 TEM_{00} 模式的 1.06μm 连续激光，经焦距为 140mm 的凸透镜会聚垂直入射到样品表面，样品表面的光斑半径约 270μm。实验样品仍为 350μm 厚表面抛光 N 型掺 Si 的 GaAs 单晶。由于样品表面反射的 1.06μm 激光无法用可见光波段探测器观察，另外用一束独立的 He-Ne 连续激光作为探测光，探测光强度比辐照主激光弱得多，其热作用可以忽略。He-Ne 激光倾斜地照射到 GaAs 样品上，在样品表面 He-Ne 光斑覆盖住辐照主激光的光斑，从样品表面反射的探测光经焦距 50mm 的凸透镜变换后被观察屏或者 CCD 接收，通过观察屏上反射光强度以及空间分布的变化确定样品产生损伤的时间。

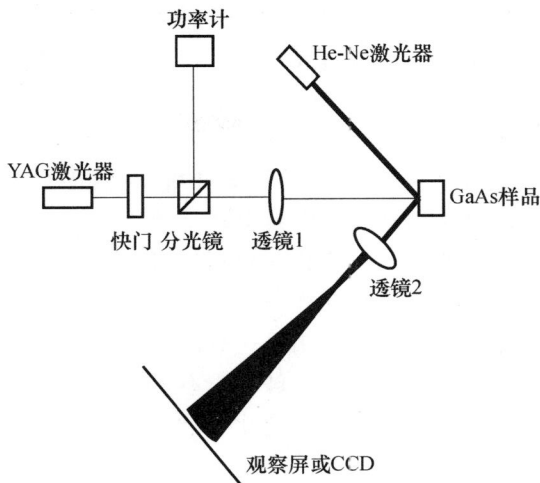

图 7 - 5 1.06μm 连续激光辐照 GaAs 实验光路示意图(取自文献[2])

辐照到样品表面激光功率为 4W 时,观察屏上探测光变化及样品表面的损伤情况分别见图 7 - 6 和图 7 - 7。随着激光辐照时间的增加,观察屏上的反射光先

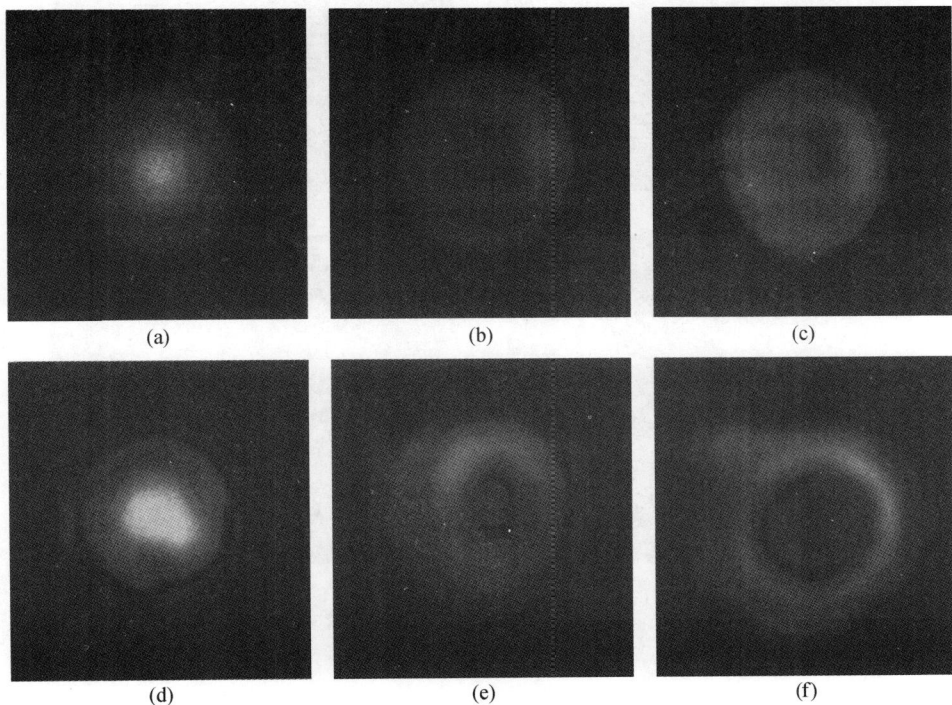

图 7 - 6 反射到观察屏上的 He - Ne 光图案(取自文献[2])

(a)0s;(b)14.8s;(c)15s;(d)16.8s;(e)20s;(f)>40s。

是逐渐变强,随后反射光斑的中心区域出现圆形的暗区,见图7-6(b)。此时的样品表面形貌如图7-7(a)所示,在模糊的圆形边界区域内反射率与其他区域有所不同,但组分变化十分微弱。再后,He-Ne反射光斑的中央暗区逐渐变大并向外扩展,周围隐约出现微弱的类似衍射条纹,见图7-6(c)。接下来,中央由暗变亮并交替进行,条纹变亮并增多,典型图案见图7-6(d)。此时的损伤形貌如图7-7(b)所示,圆形区域内外对比更为明显,轮廓也更加清晰,组分分析表明,圆形区域内部As含量出现轻微的降低。再后来,He-Ne光反射光斑中心出现明显亮暗交替,并从内向外扩展为花样条纹,见图7-6(e)。这时的样品损伤形貌如图7-7(c)所示,中央出现具有明显边界的损伤区域,材料表面As元素含量进一步降低。最后,探测光的反射光斑形成不规则的光分布,如图7-6(f)所示,表明样品表面出现凹凸不平的形貌变化,此时的形貌见图7-7(d),可看到产生了明显的烧蚀凹坑。

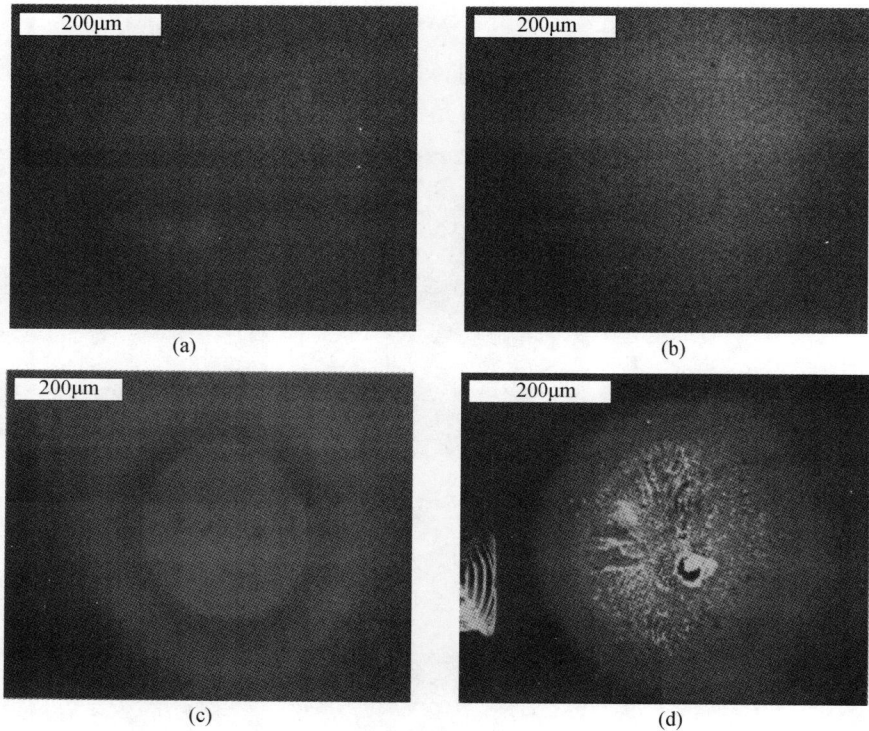

图7-7 GaAs样品的损伤形貌(取自文献[2])

(a)14.8s;(b)16.8s;(c)20s;(d)40s。

本征 GaAs 的禁带宽度 $E_g = 1.43eV$,对应的长波吸收限为 $0.867\mu m$。$0.53\mu m$ 激光光子能量大于 GaAs 的禁带宽度,GaAs 材料对 $0.53\mu m$ 激光的吸收主要是由于带间跃迁。而 $1.06\mu m$ 激光光子能量小于 GaAs 的禁带宽度,单个光子不能引起带间跃迁。GaAs 材料对 $1.06\mu m$ 激光应该是透明的,但实验结果表明,未掺杂的 GaAs 材料对 $1.06\mu m$ 激光仍有一定吸收,且也会产生光电导现象[3]。GaAs 材料吸收 $1.06\mu m$ 激光产生光电导现象的机制主要有:双光子吸收,价带电子同时吸收两个光子跃迁到导带形成载流子;热激发,价带电子吸收热能跃迁到导带形成载流子;杂质吸收,价带电子借助杂质能级跃迁到导带形成载流子;等等。

赝二元合金 $Hg_{1-x}Cd_xTe$ 在相当大的组分范围内具有半导体的性质。HgTe 是半金属,CdTe 是半导体,由于它们可以以任意配比化合,通过调整组分 x 就能得到不同禁带宽度的半导体材料 $Hg_{1-x}Cd_xTe$。常温下禁带宽度从 $x=0.17$ 时的 $0eV$ 到 $x=1$ 时的 $1.6eV$,随组分 x 近似线性变化。使用不同组分的 $Hg_{1-x}Cd_xTe$ 制作红外探测器,能够探测到 $1\sim30\mu m$ 的红外辐射。实际应用中,通常被用作分别响应 $1\sim3\mu m$、$3\sim5\mu m$ 或 $8\sim14\mu m$ 大气窗口的红外材料。研究连续波 CO_2 激光对 $Hg_{1-x}Cd_xTe$ 的损伤时,实验光路与图 7-5 类似,辐照到表面抛光 $Hg_{1-x}Cd_xTe$ 样品上的 TEM_{00} 单模 CO_2 激光高斯光束半径 2.4mm,探测用的 He-Ne 激光经 $Hg_{1-x}Cd_xTe$ 样品反射后聚焦到 PIN 光电二极管上。CO_2 激光辐照造成 $Hg_{1-x}Cd_xTe$ 的损伤后,其反射率发生明显变化,导致 PIN 光电二极管的输出信号变化,根据反射率的变化确定损伤阈值时间。连续波 CO_2 激光对不同组分 $Hg_{1-x}Cd_xTe$ 样品的损伤阈值见图 7-8。图中结果表明,随着激光功率密度的减小,样品产生损伤的阈值时间迅速增加。可以推断,当激光功率密度小于某一值时,不论辐照多长时间都不会导致 $Hg_{1-x}Cd_xTe$ 样品的表面损伤。在上述实验条件下,功率密度为 $11.4W/cm^2$ 的激光辐照 $Hg_{0.82}Cd_{0.18}Te$ 产生损伤的时间约为 240s,可近似认为激光功率密度小于 $11.4W/cm^2$ 时就不会造成 $Hg_{0.82}Cd_{0.18}Te$ 样品的损伤。图 7-8 还表明,不同组分 $Hg_{1-x}Cd_xTe$ 的损伤阈值差别不大。

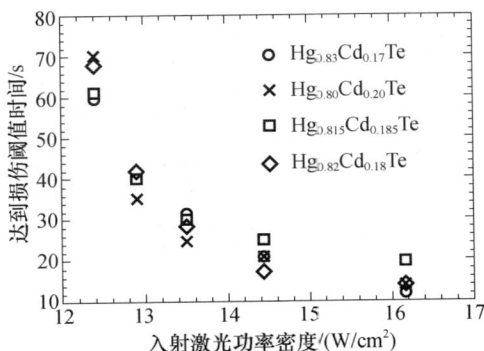

图 7-8　连续波 CO_2 激光对 HgCdTe 的损伤阈值(取自文献[4])

7.2 脉冲激光辐照半导体材料引起的热和力学损伤

由于光电探测器件的光敏材料大多是半导体,研究脉冲激光对半导体材料的损伤具有特殊意义。自20世纪70年代以来,有许多学者研究了脉冲激光对半导体材料的损伤,给出了损伤阈值[5]。然而,不同文献中对损伤及损伤阈值的定义并不统一,观察损伤的方法也不相同,使大量的实验数据之间难以比较。本节主要介绍近年来发表的脉冲激光辐照损伤半导体材料的实验结果,以对脉冲激光辐照半导体造成的损伤形貌有直观的认识。

7.2.1 脉冲激光对硅的热和力学损伤

硅(Si)具有优良的半导体性质,是现代最主要的半导体材料。近年来,实验研究脉冲激光对Si材料损伤的文献较多,所用激光波长主要有$1.06\mu m$的近红外激光及$0.248\mu m$的紫外激光等。脉冲激光辐照Si材料造成的热损伤主要是熔融及熔化物飞溅,力学损伤主要是裂纹。

由Nd:YAG激光器发出的波长为$1.06\mu m$、脉冲宽度为10ns的脉冲激光束经焦距为63mm石英透镜会聚后垂直照射在Si靶表面,靶面上的光斑直径约为0.66mm。功率密度为$2.92\times10^8 W/cm^2$的单脉冲激光照射硅样品造成的损伤形貌扫描电镜照片见图7-9。图中上半部分是下半部分标示区域放大后的图像,由图可见,激光造成了明显的Si表面形貌改变,在烧蚀区域边缘出现有液体溅射现象。

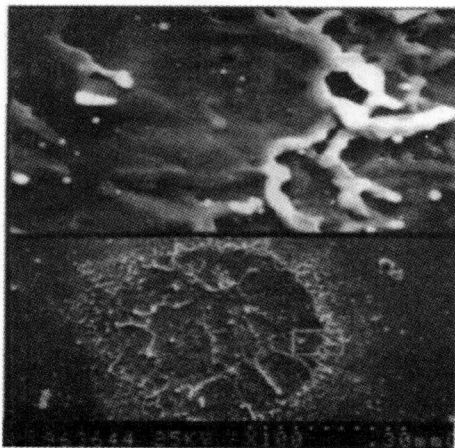

图7-9 $2.92\times10^8 W/cm^2$的单脉冲激光辐照Si造成的损伤(取自文献[6])

在上述激光功率密度、光斑尺寸条件下,以10Hz的重复频率辐照10个脉冲后硅样品的损伤形貌见图7-10。由图7-9和图7-10可见,不论是单个脉冲,还是10个脉冲辐照,都对硅样品表面造成了熔化烧蚀损伤,样品表面变得凸凹不平,烧蚀区域的边缘处有明显的液滴飞溅现象。10 个脉冲后,硅样品烧蚀区边缘呈浪花状,液滴飞溅距离比单个脉冲辐照时的更远。从图 7 - 9 和图 7 - 10(b)中的局部放大图中都可见到烧蚀区内形成了一些小的坑洞,这是由气泡破裂造成的。在脉冲激光辐照下,光斑区内硅样品的温度迅速升高,样品表面熔化,熔融态的 Si 材料继续吸收激光能量,温度进一步升高甚至使样品表面沸腾汽化,样品内局部区域产生沸腾现象形成气泡,气泡破裂后在样品表面形成小坑洞。脉冲激光辐照硅样品导致的表面汽化以及周围环境气体的温度急剧升高,使得样品表面附近的气体压力急剧增大,高压气体导致熔融状态的 Si 材料向四周飞溅。

在图 7 - 10(b)的左上角可见到激光辐照导致的裂纹,表明 Si 样品在脉冲激光作用下产生了断裂破坏。固体材料的破坏过程是与湍流相并列的两大力学难题之一,是力学家与材料学家为之奋斗了近一个世纪的多尺度、跨学科命题[64]。图 7 - 10(b)的左上角所示的裂纹尺度属于细观力学的范畴,在进行细

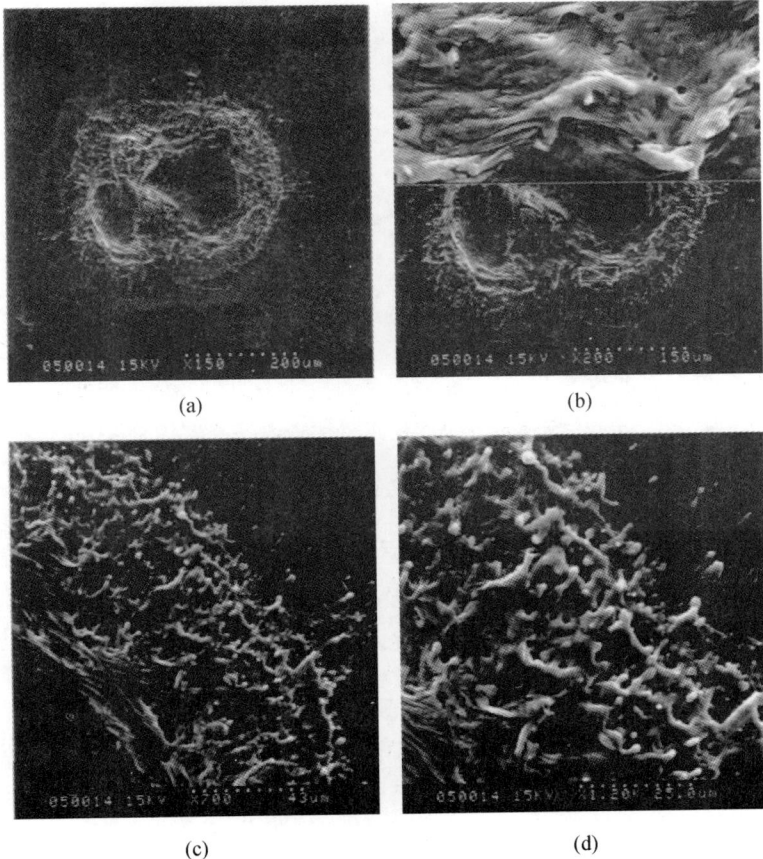

(a)　　　　　　　　　　(b)

(c)　　　　　　　　　　(d)

图 7 - 10　2.92 × 10^8 W/cm^2 的 10 个脉冲辐照 Si 造成的损伤(取自文献[6])
(a)损伤全貌;(b)损伤区域局部放大;(c)烧蚀区边缘局部放大;(d)烧蚀区边缘。

观损伤力学研究时主要关注在力学载荷作用下,微孔洞与微裂纹的成核、长大、汇聚,以及细观损伤与主干裂纹的交互作用。脉冲激光辐照 Si 样品产生的力学载荷主要有,固态 Si 样品吸收激光能量后温度升高引发热膨胀,内部变形协调要求使得膨胀不能自由发生时就会出现附加的热应力(相关的计算公式参见 7.4.1 节);另外,脉冲激光辐照 Si 样品可能导致表面薄层材料的剧烈汽化,蒸气的压力较高(蒸气压的计算公式参见 7.4.2 节),引发在固态 Si 样品中传播的应力波。

在同样的光斑尺寸下,$2.0 \times 10^8 \, \text{W/cm}^2$ 的 10 个脉冲以 10Hz 的重复频率辐照后辐照区底部的形貌见图 7-11。图中可更清晰地看到辐照区底部形成的裂纹。相交裂纹间的夹角基本为 60° 或 120°。单晶 Si 在常压下为金刚石结构,晶格常数 $a = 0.543 \text{nm}$,(1 1 1)、(1 1 0)、(1 0 0) 面的面间距分别为 $\sqrt{3}a/4$、$\sqrt{2}a/4$、$a/4$,这些面的结合力较弱,容易沿这些面形成裂纹。文献[7]没有说明图 7-11 中所用 Si 样品的切割方向,沿(1 1 1)面切割的立方晶体满足 C_3 对称,容易在与(1 1 1)垂直的面上形成夹角基本为 60° 或 120° 的裂纹。

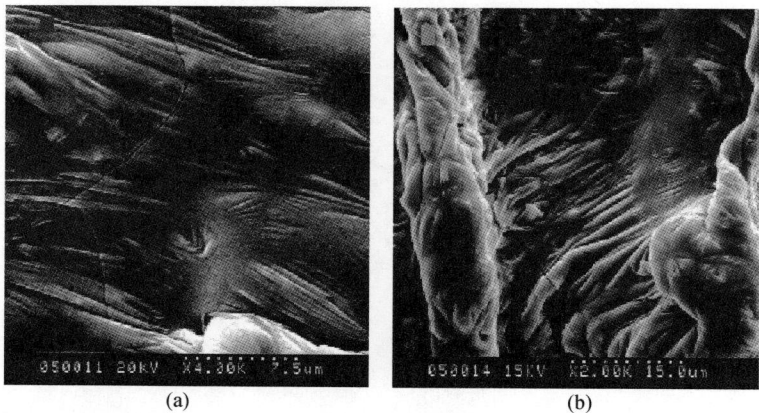

图 7-11　$2.0 \times 10^8 \, \text{W/cm}^2$ 的 10 个脉冲辐照区底部形貌(取自文献[7])

研究波长为 $0.248 \mu\text{m}$ 的紫外激光对 Si 的热和力学损伤时,使用的激光器重复频率为 10Hz,脉冲宽度为 25ns,单脉冲最大能量可达 700mJ。辐照到样品上的光斑尺寸为 $2.90 \text{mm} \times 1.70 \text{mm}$。功率密度为 $8.1 \times 10^7 \, \text{W/cm}^2$ 的 10 个脉冲辐照后 Si 表面的损伤形貌见图 7-12。与图 7-10 对比,尽管图 7-12 中使用的 $0.248 \mu\text{m}$ 紫外激光功率密度更低,但产生的熔融现象却比图 7-10 中严重得多。单晶 Si 的禁带宽度 $E_g = 1.1 \text{eV}$,对应波长为 $1.13 \mu\text{m}$,也就是说,Si 对波长小于 $1.13 \mu\text{m}$ 的光都能产生本征吸收。然而由于 Si 的价带最高能量状态和导带最低能量状态的波矢 k 值不同,Si 的本征吸收又分为电子的直接跃迁吸收和间接跃迁吸收。光子能量大、动量小,在以能量为纵坐标波矢为横坐标的图中,光子的作用只能竖直地把电子从价带顶提升到导带底;而声子能量小、动

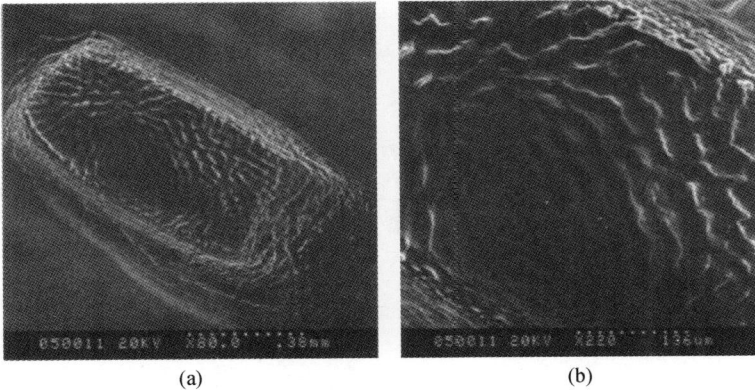

(a)   (b)

图 7-12 $8.1 \times 10^7 \text{W/cm}^2$ 的 10 个紫外激光脉冲辐照 Si 造成的损伤(取自文献[6])

(a)损伤全貌;(b)中心区局部放大。

量大,声子的作用只能横向地把电子移到另一个倒格矢的位置。光子和声子联合起来,才能使电子从价带顶跃迁到 k 值不同的导带底完成间接跃迁。间接跃迁是一个二级过程,间接跃迁引起的光吸收强度远远小于直接跃迁吸收的强度[65]。波长小于 $1.13\mu\text{m}$ 即可被 Si 的电子间接跃迁吸收,但只有波长小于 $0.36\mu\text{m}$ 才能产生直接跃迁吸收。对应于这两种吸收方式的吸收系数明显不同,对能量略大于禁带宽度的光(即 $1.0\mu\text{m}$,1.25eV 左右)的吸收系数为 75cm^{-1}(间接跃迁),而直接跃迁(3.45eV 以上)时的吸收系数大于 10^6cm^{-1}。由于 $0.248\mu\text{m}$ 紫外激光的光子能量为 5.01eV,因此 Si 对紫外激光的吸收系数远远高于对红外激光的吸收系数。尽管图 7-12 中使用的激光功率密度比图 7-10 中使用的更低,但紫外激光辐照时薄层内积累了更多的能量,产生的熔融损伤更严重。

　　Si 材料的表面状态对激光辐照引起的热和力学损伤影响很大。用 0.3mm 厚的 N 型 Si 单晶制作的实验样品,先用氧化铝研磨,再用粒径 $4\mu\text{m}$ 的金刚石研磨膏抛光,最后用粒径 $0.1\mu\text{m}$ 的金刚石研磨膏抛光,制成良好光学镜面的实验样品。为研究样品表面状态对辐照效应的影响,对上述完成的实验样品再用适当粒径的氧化铝研磨,分别制成表面粗糙度为 $1\mu\text{m}$ 和 $10\mu\text{m}$ 的样品。另一种是表面局部化学腐蚀的样品,在表面粗糙度为 $1\mu\text{m}$ 的样品上用少量的化学腐蚀剂,去除最表层的研磨损伤层直到表面有显著改善。上述所有样品都是制作完成后马上用于激光辐照实验。实验中使用的激光为 $1.06\mu\text{m}$ 的钕玻璃激光,脉冲宽度为 $300\mu\text{s}$,单脉冲辐照。用透镜将 TEM_{00} 模的高斯光束聚焦到实验样品上。

　　对于表面粗糙度为 $10\mu\text{m}$ 的 Si 样品,功率密度为 $1.5 \times 10^5 \text{W/cm}^2$ 的激光辐照可造成其表面损伤。图 7-13(a)给出了损伤区域的 SEM 显微照片和光学显微照片(插入的小图),从图中可以看到激光辐照引起的局部熔化。图中的黑点为氧化铝颗粒。图 7 - 13(b)为损伤区域的局部放大 SEM 照片,从中可看到清晰的裂纹。

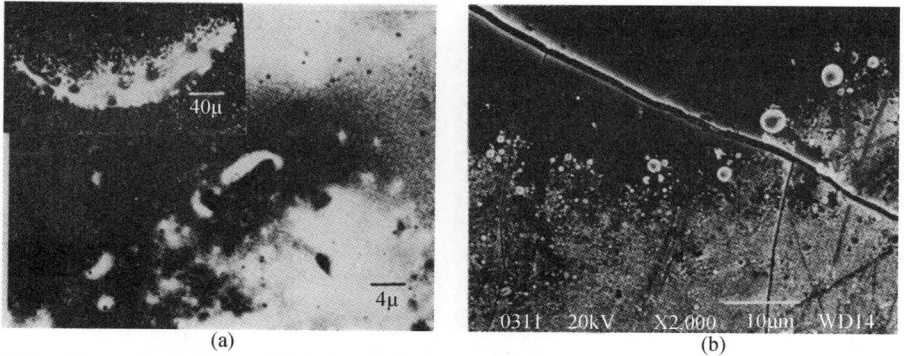

图 7 - 13 $1.5 \times 10^5 \, \text{W/cm}^2$ 激光辐照粗糙度 10mm 的 Si 造成的表面损伤(取自文献[8])
(a)熔化区域;(b)形成裂纹。

图 7 - 14(a)为功率密度 $1.75 \times 10^5 \, \text{W/cm}^2$ 条件下,激光辐照表面粗糙度为 $10 \mu\text{m}$ 的 Si 样品造成损伤的光学显微照片。图中显示了形成烧蚀坑的早期阶段,并且伴有裂纹存在。图 7 - 14(b)为图 7 - 14(a)中标示的 A 区域的局部放大 SEM 显微照片。图中可见,在损伤区域外围表面高于内部表面,并且沿着损伤区域的边界产生了裂纹。

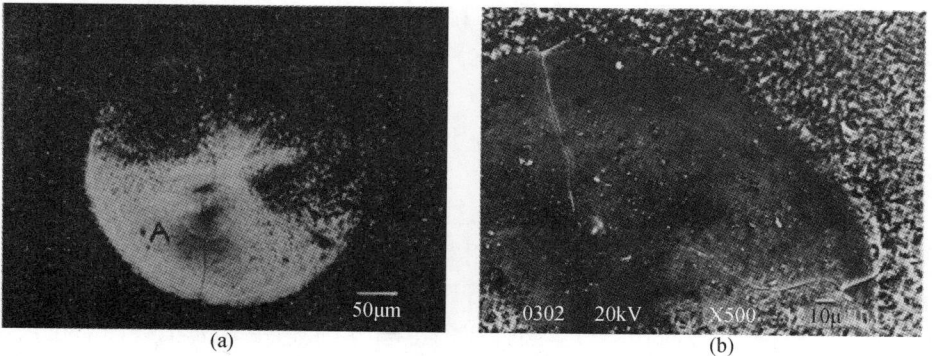

图 7 - 14 $1.75 \times 10^5 \, \text{W/cm}^2$ 激光辐照粗糙度为 $10 \mu\text{m}$ 的 Si 造成的损伤(取自文献[8])
(a)损伤全貌;(b)局部放大。

功率密度为 $2.0 \times 10^5 \, \text{W/cm}^2$ 的激光辐照表面粗糙度为 $10 \mu\text{m}$ 的 Si 样品造成损伤的 SEM 显微照片见图 7 - 15。图中可见由热应力、应力波导致的多条裂纹。脉冲激光辐照 Si 样品引发的热应力变化是很复杂的,激光辐照时的升温过程、Si 样品温度升高热软化及熔化后力学强度丧失、辐照结束后的降温过程都会影响热应力的分布。图 7 - 15 中所示裂纹是在升温过程还是在降温过程中形成的有待进一步研究确定。激光功率密度增加到 $2.25 \times 10^5 \, \text{W/cm}^2$ 时,显著的损伤集中在一圆形区域内,形成一明显的烧蚀坑,损伤区域的光学显微照片见图 7 - 16。

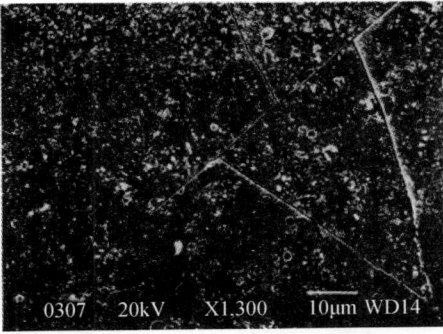 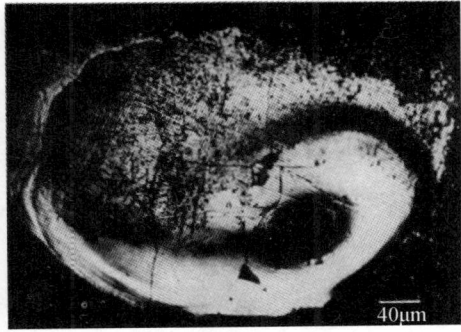

图7-15 2.0×10^5 W/cm^2激光辐照粗糙度 图7-16 2.25×10^5 W/cm^2激光辐照粗糙度
为10μm的Si造成的损伤(取自文献[8]) 为10μm的Si造成的损伤(取自文献[8])

图7-17(a)给出了功率密度为2.4×10^5 W/cm^2条件下,激光辐照表面粗糙度为10μm的Si样品造成损伤的光学显微照片,可见激光辐照产生了较深的烧蚀坑。在烧蚀坑的凹陷表面上可见有几个同心圆,不同的圆环之间则为陡峭的台阶。烧蚀坑中心部位的SEM显微照片见图7-17(b)。烧蚀坑底部出现了一系列微型凹坑,每个微型凹坑的周边又稍有凸起。烧蚀坑底部中心附近的裂纹也十分显著。2.4×10^5 W/cm^2的激光辐照粗糙度为10μm的Si样品产生的烧蚀坑最大深度为(35±5)μm。

上述结果表明,对于表面粗糙度为10μm的Si样品,随着功率密度的增加,激光辐照造成的损伤也越发严重。

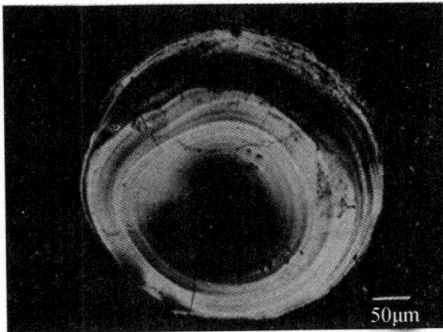 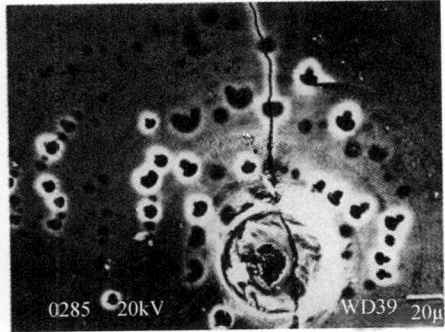

(a) (b)

图7-17 2.4×10^5 W/cm^2激光辐照粗糙度为10μm的Si造成的损伤(取自文献[8])
(a)损伤全貌;(b)烧蚀坑底部放大。

对于不同表面状况的Si样品,表面越光滑,产生损伤所需的激光功率密度也越高。表面粗糙度为10μm的Si样品1.5×10^5 W/cm^2的激光辐照可造成其表面的损伤,而表面粗糙度为1μm的Si样品1.75×10^5 W/cm^2的激光辐照才能造成其表面的损伤,损伤的光学显微照片见图7-18。激光辐照后的表面比辐照前稍微光滑一些,这是由于机械研磨时造成的表面缺陷在激光辐照产生局部熔化时得到了一定的修复。

造成粗糙度为 $1\mu m$ 并经化学腐蚀的 Si 样品损伤所需的激光功率密度为 $2.15 \times 10^5 W/cm^2$,激光辐照区域的光学显微图片见图 7-19,可见在激光辐照区域产生了表面熔化。

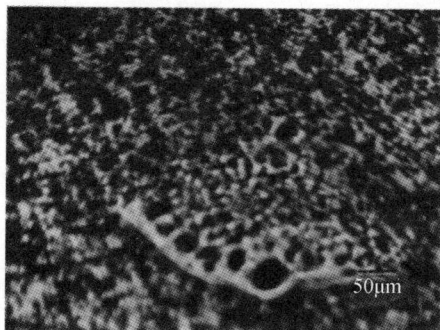

图 7-18 $1.75 \times 10^5 W/cm^2$ 激光辐照粗糙度为 $1\mu m$ 的 Si 造成的损伤(取自文献[8])

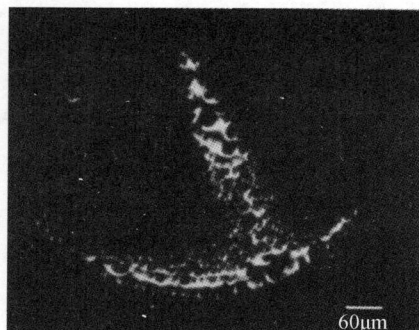

图 7-19 $2.15 \times 10^5 W/cm^2$ 激光辐照化学腐蚀的 Si 造成的损伤(取自文献[8])

对于抛光的 Si 样品,$2.6 \times 10^5 W/cm^2$ 的激光辐照才能造成其表面的损伤,激光辐照区产生了熔化再凝结,其光学显微照片见图 7-20。

在相同功率密度的激光辐照下,表面越粗糙的 Si 样品产生的损伤也越严重。$2.6 \times 10^5 W/cm^2$ 的激光辐照抛光的 Si 样品仅能造成轻微的损伤(图 7-20)。同样功率密度的激光辐照化学腐蚀的 Si 样品造成熔化再凝结现象则显著得多,损伤形貌如图 7-21 所示。$2.6 \times 10^5 W/cm^2$ 的激光辐照粗糙度分别为 $10\mu m$ 和 $1\mu m$ 的 Si 样品造成的损伤分别见图 7-22 和图 7-23,在这两种样品上都形成了带有阶梯边缘的烧蚀坑,且在粗糙度为 $10\mu m$ 的 Si 样品烧蚀坑底部产生了碎裂。

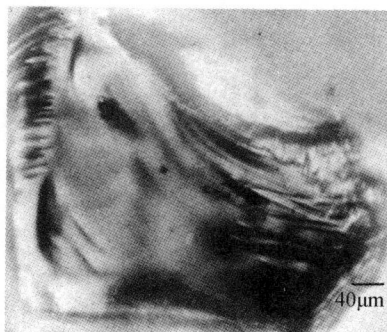

图 7-20 $2.6 \times 10^5 W/cm^2$ 激光辐照抛光的 Si 造成的损伤(取自文献[8])

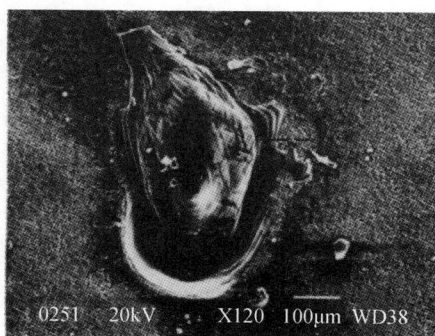

图 7-21 $2.6 \times 10^5 W/cm^2$ 激光辐照化学腐蚀的 Si 造成的损伤(取自文献[8])

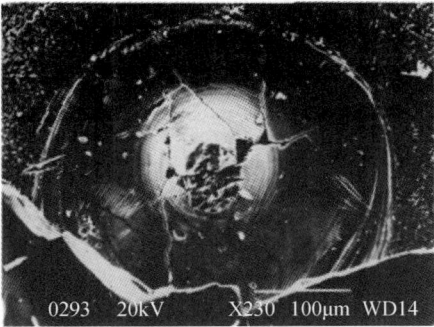

图 7 - 22 $2.6 \times 10^5 W/cm^2$ 激光辐照粗糙度为 10μm 的 Si 造成的损伤(取自文献[8])

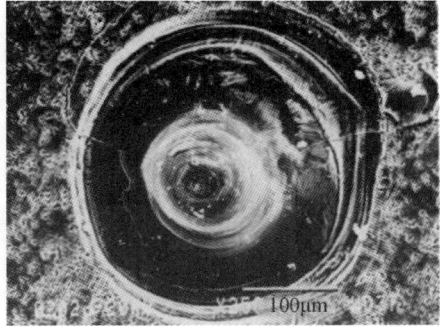

图 7 - 23 $2.6 \times 10^5 W/cm^2$ 激光辐照粗糙度为 ⎯μm 的 Si 造成的损伤(取自文献[8])

对于 ms 脉冲激光辐照 Si 产生的热和力学损伤,使用 1.06μm 的 Nd:YAG 激光进行了研究,激光器输出的脉宽为 2ms,单脉冲辐照,能量 0.5 ~ 20J。高斯分布的激光束由焦距 250mm 的凸透镜聚焦在单晶 Si 样品上,聚焦光斑的半径为 300μm。样品表面抛光,尺寸为 30mm × 20mm × 4mm。不同能量密度的 ms 脉冲激光辐照 Si 样品造成的损伤见图 7 - 24。能量密度 $E = 283J/cm^2$ 的激光辐

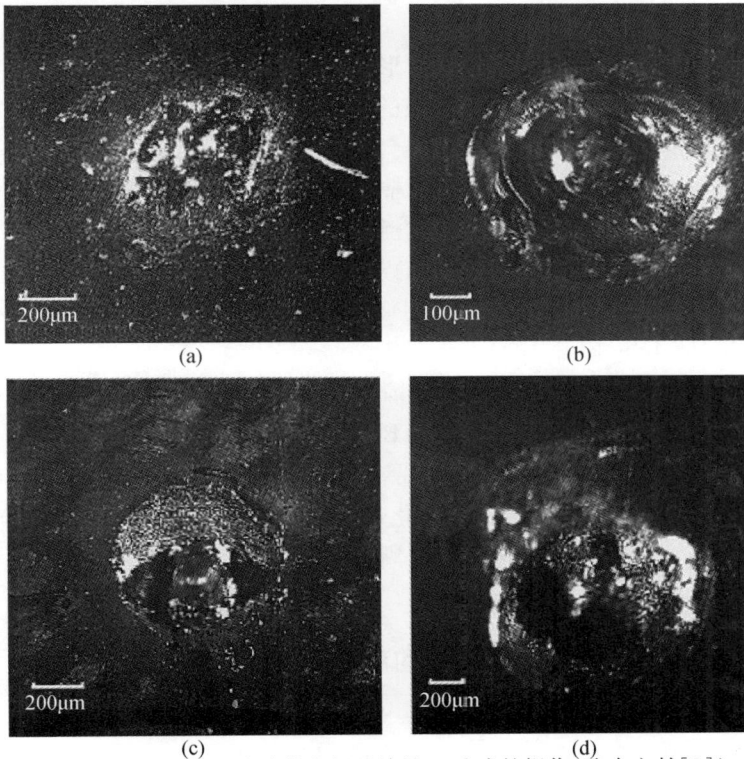

(a)

(b)

(c)

(d)

图 7 - 24 脉宽 2ms 脉冲激光辐照单晶 Si 造成的损伤(取自文献[9])
(a)$E = 283J/cm^2$;(b)$E = 849J/cm^2$;(c)$E = 1033J/cm^2$;(d)$E = 4246J/cm^2$。

照造成了 Si 样品的表面熔化,但损伤仅限表面,没有形成明显的烧蚀坑。$E = 849\text{J/cm}^2$ 和 $E = 1033\text{J/cm}^2$ 的激光辐照 Si 样品形成了圆形碗状的较深烧蚀坑,烧蚀坑的侧壁有很好的对称性。$E = 849\text{J/cm}^2$ 时的底部较为平坦,$E = 1033\text{J/cm}^2$ 时的底部有锥状凸起。在激光辐照过程中,可见到熔化物的剧烈飞溅。$E = 4246\text{J/cm}^2$ 的激光辐照 Si 样品形成了很深的锥状烧蚀坑。烧蚀坑的侧壁随机地分布着一些尖锐的堆积物。产生这种损伤的过程如下:由于辐照激光的能量密度很高,光斑内的 Si 材料被加热到沸点以上引发剧烈的汽化膨胀,汽化物的膨胀反冲作用导致烧蚀坑内沸腾的熔化物向外喷射,熔化物沿烧蚀坑侧壁流动并堆积在烧蚀坑周围。激光辐照结束后未喷出的小滴再凝结在烧蚀坑的底部及侧壁上。

为了直接观察较高能量密度的激光辐照 Si 样品形成很深锥状烧蚀坑的侧壁形貌,将两块 Si 样品紧密地固定在一起,激光束聚焦在两块 Si 样品的连接处,激光辐照后将两块 Si 样品分开即可直接观察锥状烧蚀坑的侧壁形貌。能量密度分别为 2017J/cm^2、1733J/cm^2 和 1273J/cm^2 的激光辐照 Si 样品形成锥状烧蚀坑的侧壁形貌见图 7 - 25。图中表明,激光能量密度越高,辐照 Si 样品产生的烧蚀坑也越深。

激光辐照下,Si 样品温度升高及形成的很大的温度梯度导致样品内产生较强的热应力,若热应力超过样品的临界应力则会引起样品断裂,形成裂纹。毫秒脉冲激光辐照 Si 可产生两类不同的裂纹。353J/cm^2 的激光辐照 0.5mm 厚 Si 样品产生了从中心向损伤区边缘传播的直线裂纹,见图 7 - 26(a)。566J/cm^2 的激光辐照 4mm 厚 Si 样品产生了围绕烧蚀坑的环状裂纹,如图 7 - 26(b) 中箭头所

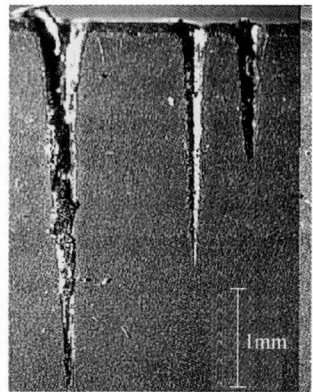

图 7 - 25 很深锥形烧蚀坑侧壁形貌
(取自文献[9])

指。在高斯分布的激光束辐照下,光斑中心处 Si 样品表面的温升最高,光斑附近的温度绕光轴呈轴对称分布,样品尺寸较大时,光斑附近的应力也呈轴对称分布。可能是光斑内的 Si 材料熔化后力学强度丧失突然卸载,在烧蚀坑周围形成了拉应力,拉应力超过烧蚀坑周围相应温度下的断裂强度产生了环状裂纹。

7.2.2 脉冲激光对砷化镓的热和力学损伤

砷化镓(GaAs)也是一种常用的半导体材料,具有优良的综合性能,在电子工程方面的应用价值仅次于 Si 排在第 2 位。实验研究脉冲激光辐照 GaAs 晶体造成的损伤时,使用的是波长 1.06μm 的 Nd:YAG 激光,激光脉冲半高宽 FWHM

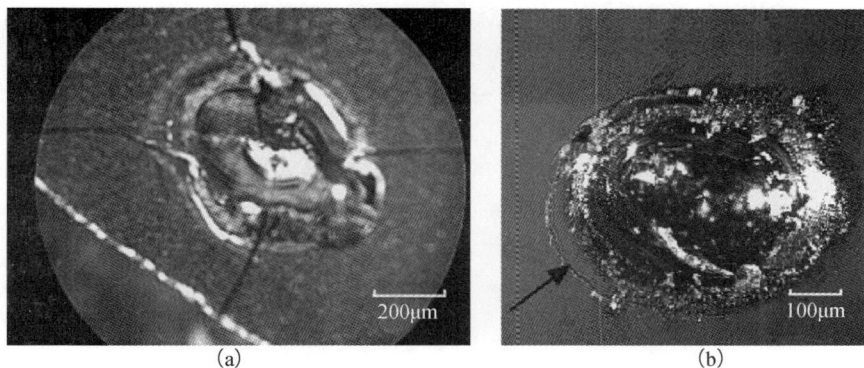

图 7 - 26 长脉冲激光辐照下单晶 Si 内产生的裂纹(取自文献[9])

(a)$E=353\text{J/cm}^2$,样品厚 0.5mm;(b)$E=566\text{J/cm}^2$,样品厚 4mm。

(Full Width at Half Maximum)20ns,实验光路如图 7 - 27 所示。高斯分布的 TEM$_{00}$模激光经焦距 450mm 的透镜会聚到样品表面,焦点处光斑尺寸约为 500μm。通过改变激光器的出光能量及样品与透镜之间的距离控制样品上的能量密度,样品上的光斑尺寸用刀口法进行测量。另用一束 He - Ne 激光探测样品表面的变化,样品上的 He - Ne 激光光斑小于 YAG 激光光斑。实验中使用的样品为未掺杂 GaAs 单晶,辐照面精细抛光。如果激光辐照造成了 GaAs 晶体表面的损伤,其对 He - Ne 激光的反射率将发生变化。图 7 - 28 给出了相对反射率随辐照到样品表面的激光能量密度的变化。如将相对反射率变化 10% 对应的能量密度定义为激光损伤阈值 F_{th},则该实验条件下的损伤阈值 $F_{th}=0.9\text{J/cm}^2$。

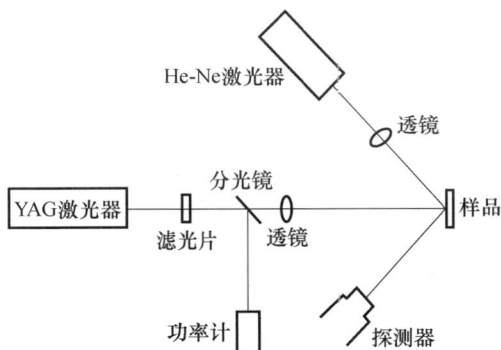

图 7 - 27 脉冲激光辐照抛光样品光路示意图(取自文献[10])

对于多个激光脉冲辐照 GaAs 样品造成的热和力学损伤,取单脉冲的能量密度小于 F_{th},以不同的重复频率辐照多个脉冲,观察多脉冲辐照对 GaAs 样品的损伤。当单脉冲能量密度为 0.7J/cm^2 时,分别以 0.1Hz、1Hz、2Hz 和 20Hz 的重复频率辐照多个脉冲导致的相对反射率变化见图 7 - 29。可见在该能量密度

229

下,重复频率小于或等于1Hz时多脉冲辐照仍不能造成GaAs样品的损伤,重复频率大于1Hz的多脉冲辐照可造成GaAs样品的损伤。

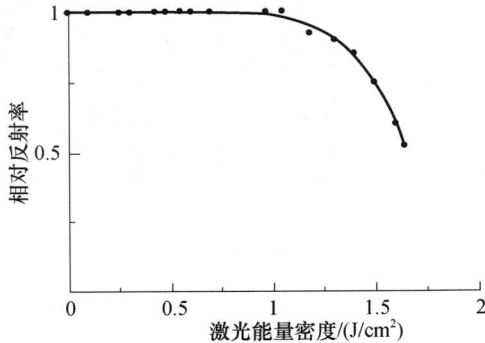

图7-28　相对反射率随能量密度的变化(取自文献[10])

图7-30给出了0.9J/cm²的激光以20Hz重复频率多脉冲辐照导致的相对反射率变化。可见多脉冲辐照造成了相对反射率显著下降,40个脉冲辐照后相对反射率下降到0.36。

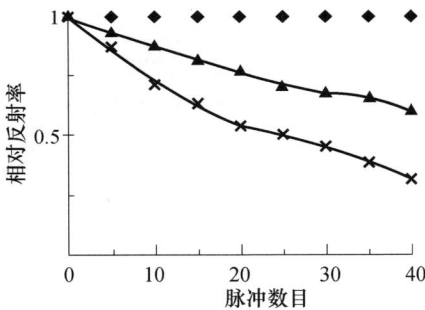

图7-29　0.7J/cm²激光辐照相对反射率变化
(◆0.1Hz与1Hz重合,▲2Hz,×20Hz)

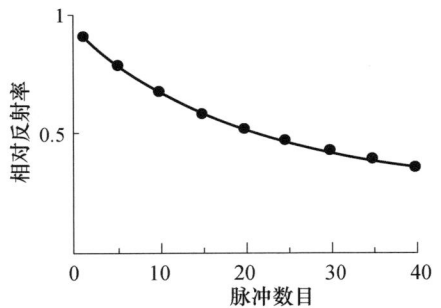

图7-30　0.9J/cm²激光20Hz多脉冲辐照
相对反射率变化(取自文献[10])

多个脉冲辐照GaAs样品造成的典型损伤如图7-31和图7-32所示。图7-31对应实验中所用激光为波长1.06μm的TEM$_{00}$横模激光,激光脉冲半高宽FWHM为45ns,重复频率15Hz。聚焦到表面抛光GaAs样品上的光斑直径为580μm。平均能量密度为0.51J/cm²的3个脉冲辐照造成的损伤形貌见图7-31(a),图7-31(b)为平均能量密度为0.38J/cm²的30个脉冲辐照造成的损伤。图7-32对应实验中的激光波长也是1.06μm,但FWHM=10ns,重复频率10Hz。用焦距460mm的透镜聚焦到表面抛光的GaAs样品上,光斑内光强近似为高斯分布,光斑半径约为170μm。单脉冲能量密度为2.06J/cm²的30个脉冲辐照GaAs样品造成了极为严重损伤,整个光斑辐照区都可看到沸腾汽化的迹象。

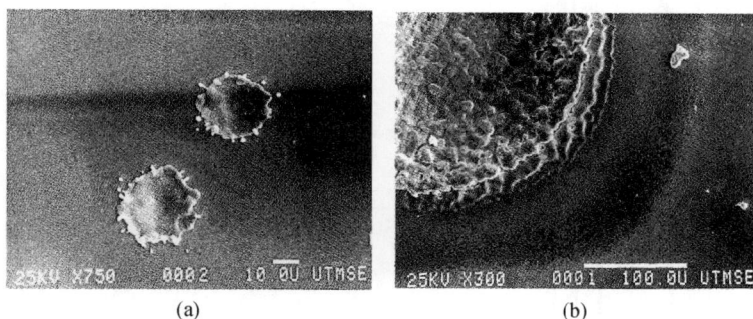

(a)   (b)

图 7 - 31 　 多脉冲激光辐照 GaAs 晶体造成的典型损伤形貌(取自文献[11])

(a)0.51J/cm^2,3 个脉冲;(b)0.38J/cm^2,30 个脉冲。

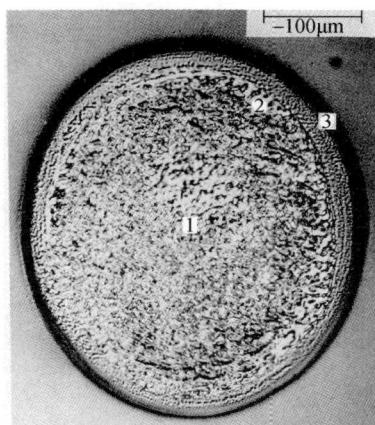

图 7 - 32 　 2.06J/cm^{2}的 30 个脉冲辐照 GaAs 造成的损伤(取自文献[12])

　　研究氙灯泵浦电光调 Q 的 Nd:YAG 激光单脉冲辐照 GaAs 样品造成的损伤时,激光脉冲半高宽 FWHM = 16ns,波长 1.06μm、TEM$_{00}$ 模的激光由焦距 50mm 透镜聚焦垂直辐照表面抛光掺 Si 的 N 型 GaAs 样品,样品上光斑半径为 0.4mm (1/e^2半径)。用不同能量密度的单脉冲激光辐照,根据从样品表面反射的探测光变化确定损伤阈值。略高于损伤阈值的单脉冲激光辐照 GaAs 样品造成的损伤见图 7 - 33。能量密度为 1.2J/cm^{2}的单脉冲辐照造成 GaAs 样品的损伤形貌见图 7 - 33(a),图 7 - 33(b)是图 7 - 33(a)的局部放大,由图可见,激光辐照在样品表面形成了几个直径数微米的小坑。能量密度更大的单脉冲辐照后样品表面可见有明显的熔化再凝结现象,并形成了圆形波纹,见图 7 - 33(c) ~ (f)。可以认为,单脉冲激光辐照导致 GaAs 样品熔化损伤的阈值约为 1.4J/cm^2。随着激光能量密度的增加,圆形熔化再凝结的面积有了明显扩大。利用 EPM (Electron Probe Microanalyzer)分析仪测量结果表明,损伤区样品组分没有明显变化。

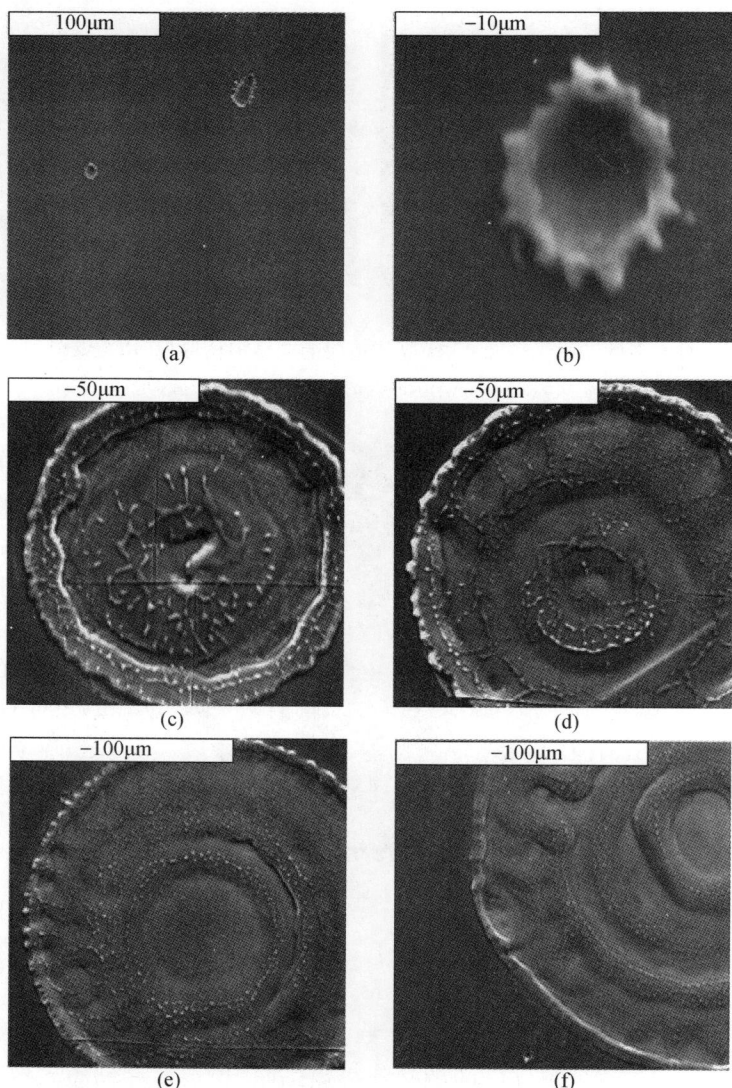

图7-33 1.06mm单脉冲激光辐照GaAs造成的损伤(取自文献[13])
(a)1.2J/cm²;(b)(a)中局部放大;(c)1.4J/cm²;(d)1.6J/cm²;(e)1.7J/cm²;(f)2.0J/cm²。

激光辐照 GaAs 材料导致的熔化再凝结过程中也可看到结晶现象的发生。波长 1.06μm 的 Nd:YAG 激光辐照 0.95mm 厚的 GaAs 单晶样品,样品上的光斑尺寸不超过 1mm。对于脉宽 3ms 的矩形脉冲,单脉冲辐照造成 GaAs 样品熔化的阈值约为 2.2×10^4 W/cm²。功率密度较熔化阈值高一个量级时,2.2×10^5 W/cm² 的激光辐照后 GaAs 样品的形貌见图 7-34。由图可见激光辐照造成了 GaAs 样品的熔化,熔化再凝结的区域可看到有结晶的迹象。样品的后表面也有与前表面相似的熔化区域,且后表面也可看到结晶迹象。

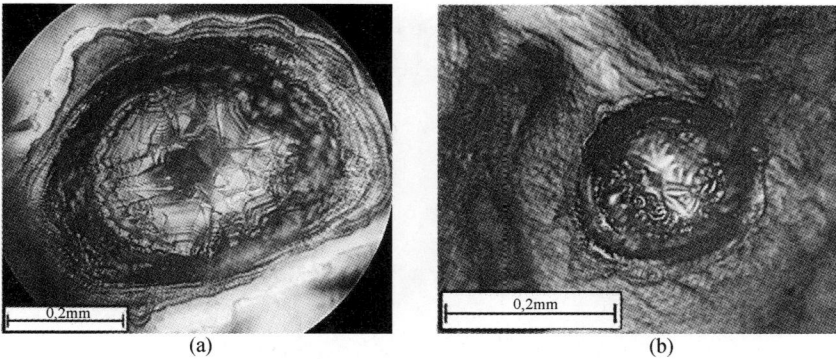

图 7 - 34　1.06mm 脉冲激光辐照 GaAs 造成的损伤(取自文献[14])
(a)前表面形貌;(b)后表面形貌。

在进行 1.06μm 连续与脉冲激光联合辐照下 GaAs 材料损伤的实验研究时,先用 1.06μm 的连续激光辐照 GaAs 材料一段时间,再用 1.06μm 的脉冲激光辐照,测量脉冲激光对 GaAs 材料的损伤阈值。连续激光的光束半径约 1.2mm,脉冲激光的光束半径为 0.65mm,脉宽 1μs。并束后用凸透镜对连续激光和脉冲激光聚焦,GaAs 样品放在焦点附近。脉冲激光聚焦在样品上的面积为 $1.04 \times 10^{-4} cm^2$。连续激光的作用可使脉冲激光的损伤阈值降低[15]。单独使用脉冲激光时,测得 GaAs 材料的损伤阈值为 $3.72 \times 10^6 W/cm^2$。实验中设定连续激光对 GaAs 样品的辐照时间为 10s,辐照到 7s 时用脉冲激光辐照。在连续激光的功率密度分别为 $96.9 W/cm^2$、$192.5 W/cm^2$、$265.5 W/cm^2$ 时,相应的脉冲激光损伤阈值分别为 $2.81 \times 10^6 W/cm^2$、$2.47 \times 10^6 W/cm^2$、$1.99 \times 10^6 W/cm^2$。连续与脉冲激光联合辐照 GaAs 材料产生的损伤主要是热学损伤,同时伴有力学损伤。激光辐照造成了 GaAs 材料的熔化,辐照结束后样品表面形成了熔融小坑且有熔化物溅出,熔融坑的周围产生了裂纹。

由于 GaAs 材料对 0.53μm 和 1.06μm 激光的吸收机制不同,这两种激光对 GaAs 材料的辐照会有较大差异。

采用氙灯泵浦电光调 Q 的 Nd:YAG 激光腔外倍频,研究 0.53μm 激光辐照 GaAs 材料造成的损伤。与图 7 - 33 对应的实验条件类似,TEM$_{00}$ 模的激光由透镜聚焦垂直辐照抛光掺 Si 的 N 型 GaAs 样品表面,样品上光斑半径为 0.8mm (1/e^{2}半径)。GaAs 材料对 0.53μm 激光可以产生本征吸收,吸收系数较大,损伤阈值较小。激光单脉冲辐照导致样品表面熔化损伤的阈值约为能量密度 0.27J/cm^2,相应的功率密度为 $1.9 \times 10^7 W/cm^2$。脉冲能量接近但低于这个阈值的激光作用下,样品表面没有可以观察到的力学上的损伤,仅能对比分辨出作用区域与未作用区域有所不同。增大激光脉冲能量,材料的损伤程度也变大。激光能量密度略高于损伤阈值时的损伤形貌如图 7 - 35 所示。可见损伤主要表现为材料表层的熔化后重凝固形成的烧蚀和皱状结构。用电子探针进行成分分析表明,在辐照中心区域的损伤处,砷含量轻微下降,是由高温下砷原子蒸发造成,在略微靠外的高斯光半径范围内,砷元素成分的减少量更为微弱。而在整个激光辐照范围内,都没有探测到 O 元素。样品的损伤深度很浅,用原子力显微镜测得的损伤深度约小于 $1\mu m$。

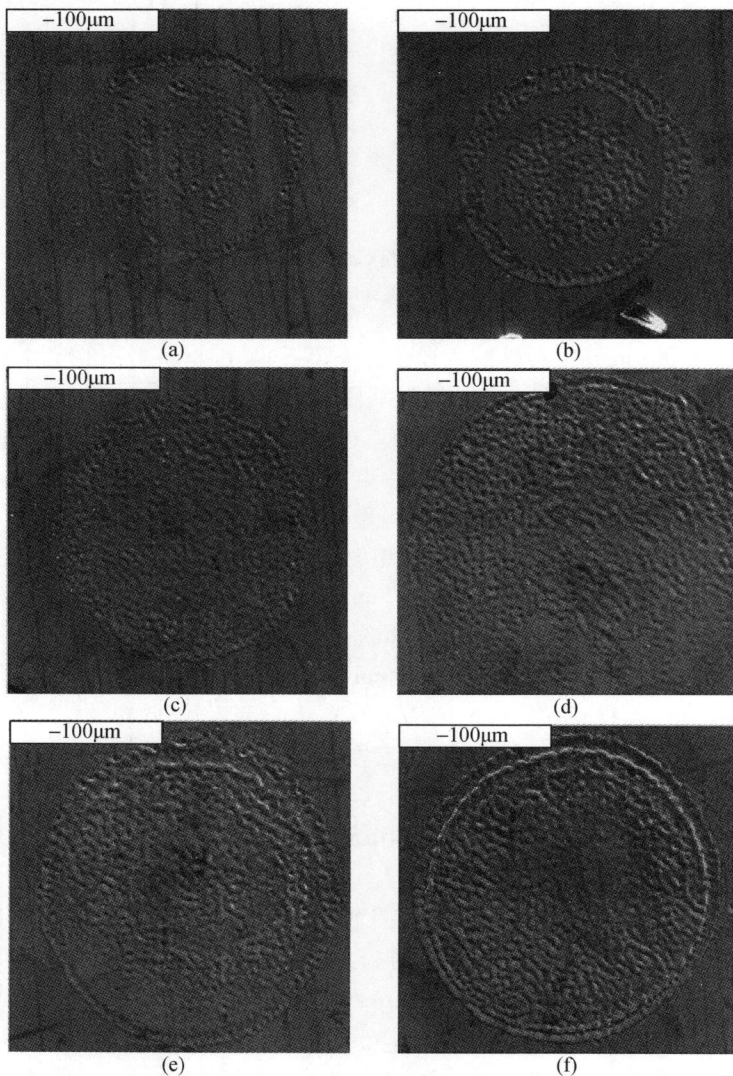

图 7 – 35 0. 53mm 单脉冲激光辐照 GaAs 造成的损伤(取自文献[13])
(a)0. 27J/cm²;(b)0. 298J/cm²;(c)0. 31J/cm²;(d)0. 33J/cm²;(e)0. 34J/cm²;(f)0. 36J/cm²。

7. 2. 3 脉冲激光对碲镉汞的热和力学损伤

仍采用如图 7 – 27 所示的实验光路,研究脉宽 20ns 的 Nd:YAG 激光辐照抛光 P 型碲镉汞(HgCdTe)样品造成的损伤。高斯分布的 TEM₀₀ 模激光经焦距

200mm 的透镜会聚到样品表面,焦点处的光斑尺寸约为 1mm。通过改变激光器的出光能量及样品与透镜之间的距离控制样品上的能量密度,改变样品与透镜之间的距离后用刀口法实际测量样品上的光斑尺寸。另用一束 He-Ne 激光探测样品表面的变化,样品上的 He-Ne 激光光斑小于 YAG 激光光斑。实验中使用的样品辐照面精细抛光。激光辐照造成 HgCdTe 样品表面的损伤后,其反射率将发生变化。将相对反射率变化 10% 对应的能量密度定义为激光损伤阈值 F_{th}。

脉宽 20ns 的 1.06μm 激光多个脉冲辐照 HgCdTe 样品造成损伤的发展情况见图 7-36。图 7-36(a) 给出的是能量密度为损伤阈值 F_{th} 的 10 个脉冲以 1Hz 的重复频率辐照 HgCdTe 造成损伤。图中可见熔化再凝结的迹象。损伤区表现出的白色明亮区域是由于 Hg 元素升华导致的 Cd/Te 聚集造成的。5 倍损伤阈值 $5F_{th}$ 的 10 个脉冲以 1Hz 的重复频率辐照后 HgCdTe 的损伤形貌见图 7-36(b)。从图 7-36(b) 中可直观地看到 HgCdTe 的形貌变化更加明显。光斑的周围可看到 Cd/Te 聚集导致的白色区域,损伤区域的周围有飞溅粒子再沉积的残余物。图 7-36(c) 为 10 倍损伤阈值 $10F_{th}$ 的 10 个脉冲以 1Hz 的重复频率辐照后 HgCdTe 的损伤形貌。激光辐照造成的熔化再凝结及周围白色区域都较图 7-36(a) 和 7-36(b) 中的更为显著。

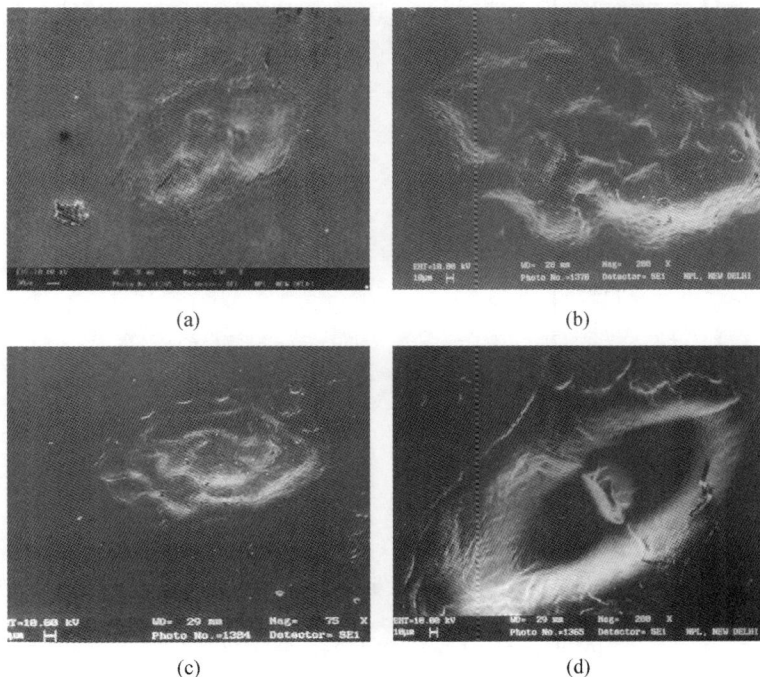

(a)　　　　　　　　　　(b)

(c)　　　　　　　　　　(d)

图 7-36　多个激光脉冲辐照 HgCdTe 造成的损伤(取自文献[16])
(a)脉冲数 10,频率 1Hz,单脉冲能量密度 F_{th};(b)脉冲数 10,频率 1Hz,单脉冲能量密度 $5F_{th}$;
(c)脉冲数 10,频率 1Hz,单脉冲能量密度 $10F_{th}$;(d)脉冲数 300,频率 20Hz,单脉冲能量密度 F_{th}。

能量密度为损伤阈值 F_{th} 的 300 个脉冲以 20Hz 的重复频率辐照 HgCdTe 造成损伤见图 7 - 36(d)。外围是粗糙的白色明亮区域,在中间位置形成了一个明亮的岛状区域。外围区域产生了许多的珠状物质,珠的尺寸随着距中心距离增加而减小。据此推断外围的明亮区域是由一系列脉冲辐照产生的珠状飞溅物累积结合造成的。

脉宽为 10ns 的 1.06μm 激光经焦距 63mm 的透镜会聚辐照抛光的 HgCdTe 样品,样品上的光斑的直径为 0.66mm。功率密度为 2.0×10^8 W/cm² 的激光辐照 HgCdTe 样品造成的损伤见图 7 - 37。图 7 - 37(a)为单脉冲辐照后的损伤形貌,图 7 - 37(b)为以重复频率 10Hz 辐照 10 个脉冲造成的损伤。激光辐照后抛光的 HgCdTe 表面变得凹凸不平,并形成了规则的环状条纹结构,另外在烧蚀区域边缘有液体溅射现象。液滴主要是在样品表面受热熔化形成的。图 7 - 37(b)与图 7 - 37(a)相比,亮度明显增加,说明 10 个脉冲辐照后表面对可见光的反射率有了明显增大。10 个脉冲辐照后 HgCdTe 样品损伤区域的局部放大图片见图 7 - 38,图 7 - 38 中上半部分是下半部分中标示区域放大 5 倍的结果。由图 7 - 38 可见环状条纹的振幅比单脉冲辐照时的更大,样品表面有更多的液滴出现,液体溅射现象更为明显,而且溅射的距离更远,在烧蚀区域边缘呈浪花状,表明多个脉冲辐照有明显的累积效应。这是由于单脉冲激光辐照已使得样品表面温度升高产生熔化,以 10Hz 重复频率的 10 个激光脉冲辐照样品时,前面激光脉冲辐照引起的高温尚未有效冷却甚至熔化区域尚未完全凝结之前,下一个脉冲就已经到达样品表面,使得样品温度再次升高,熔化程度更加严重,损伤效果更加明显。

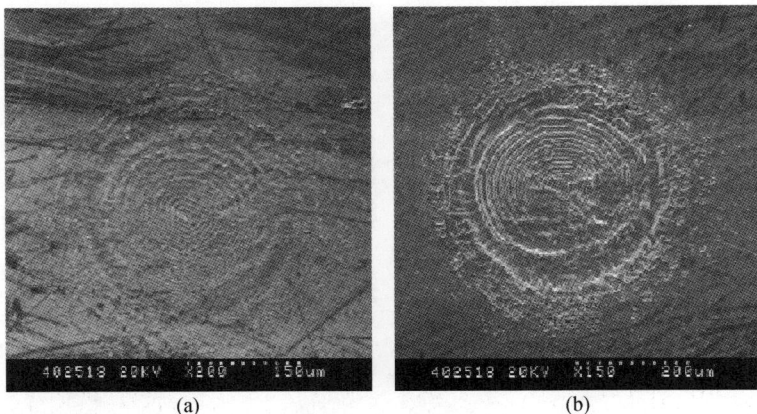

(a)   (b)

图 7 - 37 2.0×10^8 W/cm² 的激光辐照 HgCdTe 造成的损伤(取自文献[17])

(a)单脉冲;(d)10 个脉冲。

图 7 - 39 给出了功率密度分别为 2.0×10^8 W/cm²、7.0×10^8 W/cm²、1.6×10^9 W/cm²、6.7×10^9 W/cm² 的单脉冲激光辐照 HgCdTe 样品造成的损伤。如上

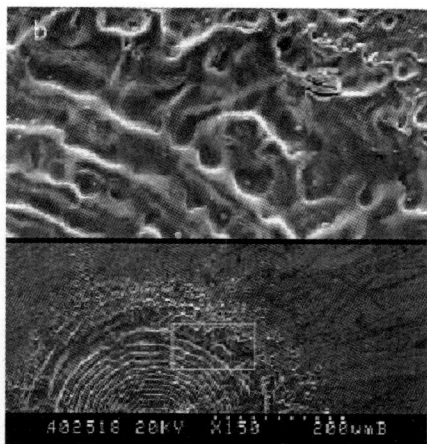

图 7 - 38　2.0×10^8 W/cm² 的 10 个脉冲辐照 HgCdTe 造成的损伤
（取自文献[17]）

所述,2.0×10^8 W/cm² 的激光辐照对 HgCdTe 样品的损伤主要表现为环状波纹和液体飞溅,见图 7 - 39(a)。而图 7 - 39(b)给出的 7.0×10^8 W/cm² 单脉冲激光辐照后 HgCdTe 样品表面变得相当粗糙,有明显的断裂现象。并且断裂区的亮度增加,说明此时材料表面的反射率明显增大。如图 7 - 39(c)所示,激光功率密度增加到 1.6×10^9 W/cm² 时,激光辐照表面的断裂现象消失,只能看到表面变得粗糙,有熔化物质形成。但当激光能量密度继续增加到 6.7×10^9 W/cm² 时,受辐照的 HgCdTe 表面遭到严重损伤,见图 7 - 39(d),表面不仅出现了明显的断裂、碎裂现象,而且,碎裂区域面积比功率密度 7.0×10^8 W/cm² 时大得多,且断裂发生在整个烧蚀区,碎裂的程度也更强。

图 7 - 39(b)和图 7 - 39(d)中激光光斑区域都出现了断裂,但激光功率密度介于两者之间的图 7 - 39(c)却没有出现断裂。对这种现象可作如下解释。在图 7 - 39(b)对应的激光辐照条件下,样品表面也产生了熔化、汽化,表面剧烈汽化以及周围环境气体的温度急剧升高使得样品表面附近的气体压力急剧增大,高压气体导致了熔化物向四周飞溅。在激光辐照过程中,未熔化的固态样品内形成了很大的温度梯度,产生了很强的热应力,热应力超过材料的断裂强度即可引起断裂。激光能量密度增加到 1.6×10^9 W/cm² 时,激光辐照下 HgCdTe 表面附近已经形成了等离子体,由于等离子体对激光的强烈吸收,辐照到样品的激光受到屏蔽,样品吸收的激光能量减少,温度梯度变小,产生的热应力不足以使样品发生断裂。而此时的等离子体密度也不够高,等离子体压缩周围空气形成的激光支持爆轰波(LSD 波)不够强烈,波后压力也不足以使表面发生断裂。所以在图 7 - 39(c)中只看到了一些熔化物质,没看到明显的断裂现象。当激光功率密度进一步增加到 6.7×10^9 W/cm² 时,HgCdTe 表面在极短的时间内就产生

了稠密的等离子体,等离子体迅速膨胀,并且在膨胀过程中压缩周围气体进行形成了较强的 LSD 波,LSD 波后的高压作用到 HgCdTe 样品上,导致样品表面出现更明显的断裂。

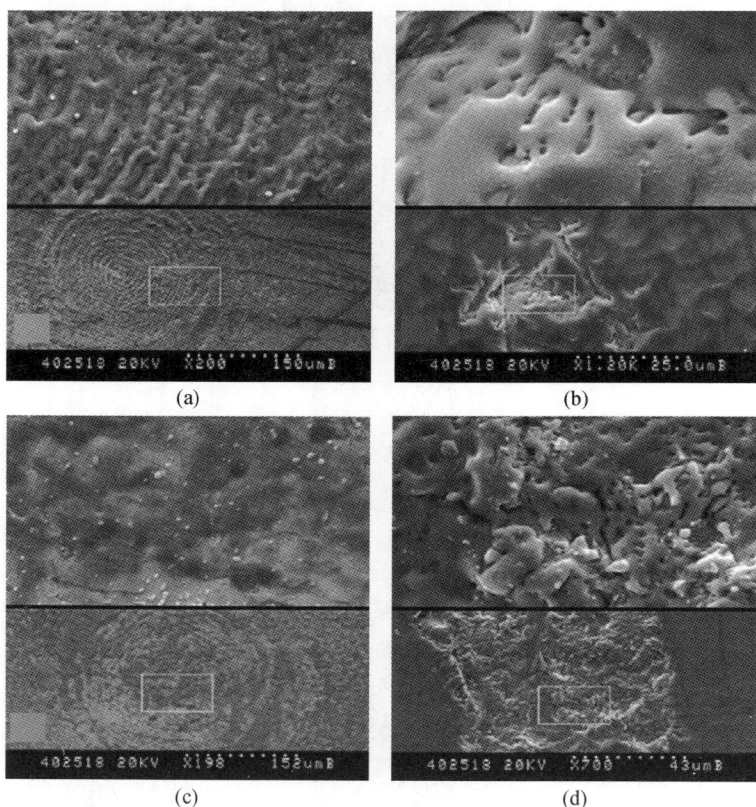

图 7-39　不同功率密度单脉冲辐照 HgCdTe 造成的损伤(取自文献[18])
(a)$2.0 \times 10^8 \mathrm{W/cm^2}$;(b)$7.0 \times 10^8 \mathrm{W/cm^2}$;(c)$1.6 \times 10^9 \mathrm{W/cm^2}$;(d)$6.7 \times 10^9 \mathrm{W/cm^2}$。

7.2.4　脉冲激光对锑化铟的热和力学损伤

　　仍采用如图 7-27 所示的实验光路,研究脉宽 20ns 的 Nd:YAG 激光辐照抛光的锑化铟(InSb)晶体造成的损伤。高斯分布的激光经焦距 450mm 的透镜汇聚到样品表面,样品上的光斑尺寸约为 1mm。将相对反射率变化 10% 对应的能量密度定义为激光损伤阈值 F_{th},则该实验条件下的损伤阈值 $F_{th} = 1.3 \mathrm{J/cm^2}$。

　　在损伤阈值 F_{th} 的能量密度条件下,激光辐照 InSb 晶体造成损伤的 SEM 显微照片见图 7-40。图 7-40(a)为单个脉冲激光辐照造成的损伤,可见明显的熔化再凝结的迹象。图 7-40(b)为以 1Hz 的重复频率 25 个脉冲辐照造成的损伤,熔化再凝结现象的累积效应更加明显。图 7 - 40(c)为熔化再凝结外围边缘的局部图像,上述两种情况下边缘损伤形貌相似。

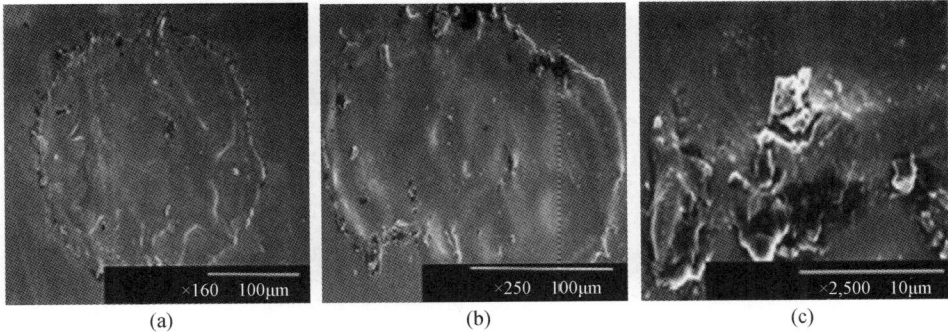

图 7 - 40　损伤阈值 F_{th} 的激光辐照 InSb 晶体造成的损伤(取自文献[19])
(a)单脉冲;(b)25 个脉冲;(c)边缘局部。

在 5 倍损伤阈值 $5F_{th}$ 的能量密度条件下,单个激光脉冲辐照 InSb 晶体造成损伤的 SEM 显微照片见图 7 - 41。图 7 - 41(a)表明 5 倍损伤阈值的单脉冲激光辐照造成的损伤主要也是熔化及再凝结,从图 7 - 41(b)可见损伤区域的外围处形成了波纹状图案。图 7 - 42 给出了 $5F_{th}$ 的能量密度条件下,25 个脉冲以 1Hz 的重复频率辐照造成的损伤,损伤可主要分为两个区域,中心区域呈现为均匀的熔化状态,图 7 - 42(b)呈现的外围区域一系列条纹表明有结晶现象。

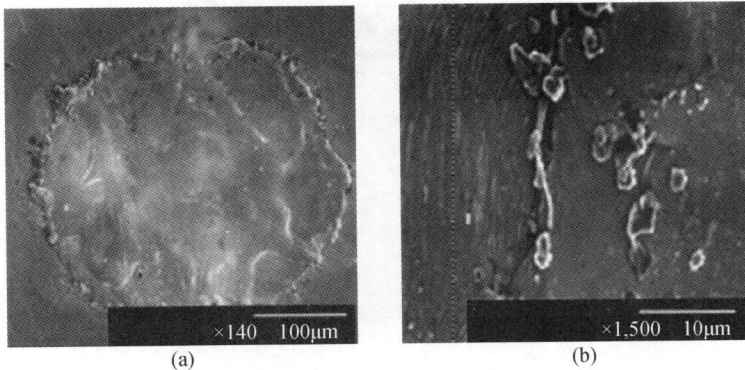

图 7 - 41　$5F_{th}$ 的单脉冲激光辐照 InSb 晶体造成的损伤(取自文献[19])
(a)总体损伤形貌;(b)外围局部损伤形貌。

在损伤阈值 F_{th} 的能量密度条件下,以 20Hz 的重复频率辐照 20 个脉冲造成的损伤见图 7 - 43,损伤主要呈现为熔化再凝结,外围有许多的飞溅物,损伤边缘多处存在条纹状结晶迹象。$5F_{th}$ 的能量密度条件下,以 20Hz 重复频率辐照 20 个脉冲造成的损伤如图 7 - 44 所示,图 7 - 44(a)表明激光辐照形成了较为完整了熔化再凝结损伤边界,图7-44(b)为外围区域飞溅物凝结的典型图片。

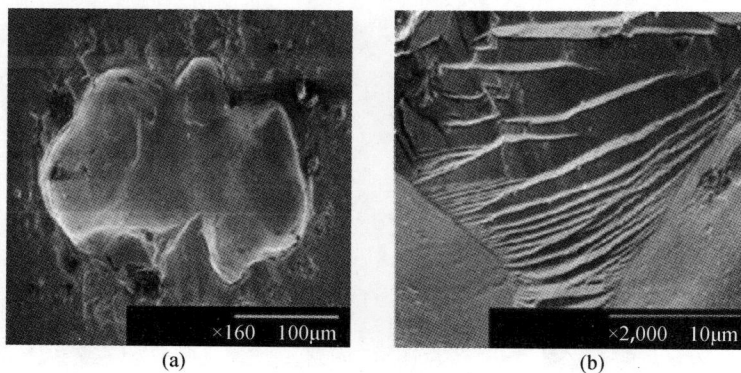

(a)

(b)

图7-42 5F_{th}的25个脉冲激光辐照 InSb 晶体造成的损伤(取自文献[19])

(a)总体损伤形貌;(b)外围局部损伤形貌。

图7-43 F_{th}条件下,20个脉冲以20Hz频率辐照 InSb 造成的损伤

(取自文献[19])

(a)

(b)

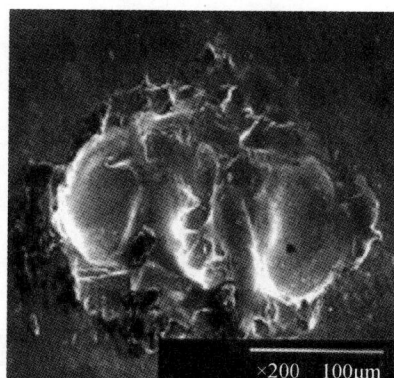

图7-44 5F_{th}条件下,20个脉冲以20Hz频率辐照 InSb 造成的损伤(取自文献[19])

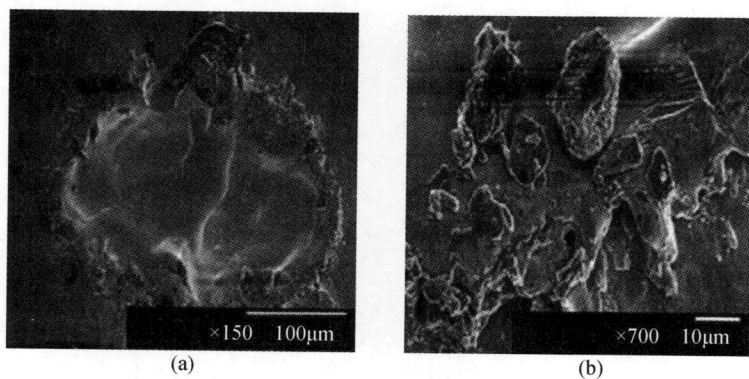

(a)总体损伤形貌;(b)外围局部损伤形貌。

与 7.2.1 节中讨论 Si 的表面状态对激光辐照引起损伤的影响时类似,InSb 的表面状态对激光辐照引起损伤也有很大的影响。0.5mm 厚的 N 型 InSb 样品先用氧化铝研磨,再依次用粒径 $4\mu m$、$2\mu m$、$1\mu m$ 的金刚石研磨膏抛光,最后用粒径 $0.1\mu m$ 的金刚石研磨膏抛光,制成精细抛光的实验样品。为研究样品表面状态对辐照效应的影响,对上述完成的实验样品再用适当粒径的氧化铝研磨,分别制成表面粗糙度为 $1\mu m$ 和 $10\mu m$ 的样品。使用波长 $1.06\mu m$、脉冲宽度 $300\mu s$ 激光辐照不同表面状态的 InSb 样品。用透镜将 TEM_{00} 模的高斯光束聚焦到实验样品上,光斑尺寸约为 1mm。实验结果表明,在脉冲激光辐照下,越粗糙的材料表面越容易产生损伤。对于粗糙度为 $10\mu m$ 的 InSb 样品,功率密度为 $1.9 \times 10^4 W/cm^2$ 的激光辐照可造成其表面的损伤,损伤的表现形式为材料的迁移。粗糙度为 $1\mu m$ 的 InSb 样品,功率密度增加到 $2.1 \times 10^4 W/cm^2$ 时才能看到表面损伤。而对于精细抛光的 InSb 样品,功率密度需要进一步增加到 $2.6 \times 10^4 W/cm^2$ 时才能看到表面损伤[20]。

7.2.5　脉冲激光对其他半导体材料的热和力学损伤

脉冲激光对锗(Ge)、硒化锌(ZnSe)、硫化锌(ZnS)、碲化镉(CdTe)等其他半导体材料的热和力学损伤研究相对较少,本小节一并简要给出一些实验结果。

由于 Ge、ZnSe、ZnS 在 $10.6\mu m$ 波段具有很低的吸收系数,它们被广泛用作 CO_2 激光系统中的光学元件。实验研究脉冲 CO_2 激光对它们的损伤形式、获取损伤阈值,有较高的实际应用价值。实验中使用的激光脉冲形状归一化后如图 7 - 45 所示,由一个脉宽 140ns 的尖峰和约为 $3.5\mu s$ 的长尾组成。利用焦距为 550mm 的透镜聚焦辐照 Ge 等样品,样品上的光斑尺寸为 2cm。采取光斑均匀化措施后归一化的光斑内能量分布如图 7 - 46 所示。研究不同能量密度的激光对半导体材料的损伤效应时,将激光能量密度定义为光斑内图 7 - 46 所示平顶部分的能量除以平顶部分对应的面积。

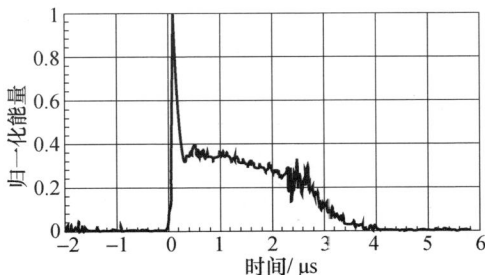

图 7 - 45　激光脉冲波形示意图(取自文献[21])

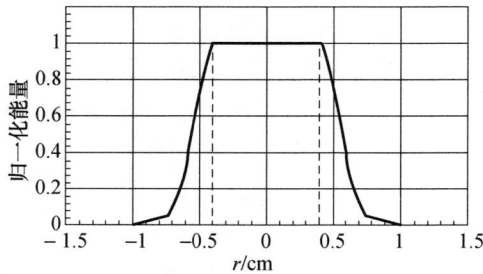

图 7-46　光斑内能量分布示意图(取自文献[21])

实验中使用的 Ge、ZnSe、ZnS 样品都有两种,一种是厚度为 5mm 的 IRTRAN 多晶样品,另一种是厚度为 3mm 的化学气相沉积 CVD(Chemical Vapor Deposition)样品。对于多晶 Ge 样品,能量密度 8~9.3J/cm² 的激光辐照对样品的前、后表面都会造成损伤。9.3J/cm² 的激光辐照后多晶 Ge 前表面的 SEM 显微照片见图 7-47(a)。前表面的损伤主要表现为直径 10~100μm 的烧蚀坑。图 7-47(b)给出的是 11.3J/cm² 激光辐照对多晶 Ge 后表面造成损伤的 SEM 显微照片,后表面的损伤表现为一些条状物。随着激光能量密度的提高,前表面烧蚀坑的数量和尺寸都增加。39.5J/cm² 的激光辐照后,CVD Ge 前表面的烧蚀坑数目很多,烧蚀坑的直径大都小于或等于 200μm,在激光辐照的大部分区域都有烧蚀坑,如图 7-47(c)所示。激光能量密度增加后,Ge 样品后表面的损伤也变得更加严重,见图 7-47(d)~(f)。

在激光能量密度较低时,样品的前、后表面同时出现损伤。实验中未发现等离子体的产生。

如图 7-48 所示,不论是前表面的烧蚀坑,还是后表面的条状物周围,都有明显的熔化物,而在样品的其他位置则看不到熔化损伤。前表面由于激光辐照产生的随机分布烧蚀坑,表明样品缺陷对损伤的形成有很重要的作用。样品中的杂质对激光的吸收系数较大,激光辐照下杂质处形成的局部高温成为后续损伤的诱因。后表面产生的条状损伤成组出现,主要聚集在加工样品时产生的机械划痕处,如图 7-47(b)、图 7-47(f)所示。显微分析表明后表面的条状熔化物的间距基本相同,为(2±0.5)μm。

由于 IRTRAN 多晶 ZnSe 材料在可见光波段是透明的,可以直接观察激光辐照 5mm 厚多晶 ZnSe 样品造成的体损伤。脉冲 CO₂ 激光对 ZnSe 样品的损伤阈值为 10.2~11.9J/cm²。首先出现的损伤包括前、后表面上平均直径为 20~40μm 的烧蚀坑,以及晶体内部的直径 100~200μm 的微爆炸孔洞,见图 7-49(a)。实验中没有探测到等离子体的形成。激光能量密度增加到 13J/cm² 时,样品表面出现少量的裂纹。激光能量密度再提高时,样品表面的烧蚀坑尺寸增大到 60~800μm,且烧蚀坑的数目、体内微爆炸孔洞数以及裂纹数都增加。11.9J/cm² 的激光辐照多晶 ZnSe 样品造成的损伤见图 7 - 49（b）和图 7 - 49（c）。图 7 - 49（c）展现了另一种损伤形态，即由尺度约为 20μm 的小平面组成的镶嵌图案，各小平面被小裂缝分开。这种损伤首先出现在前表面，损伤区域的直径约为 100μm ~ 3mm。

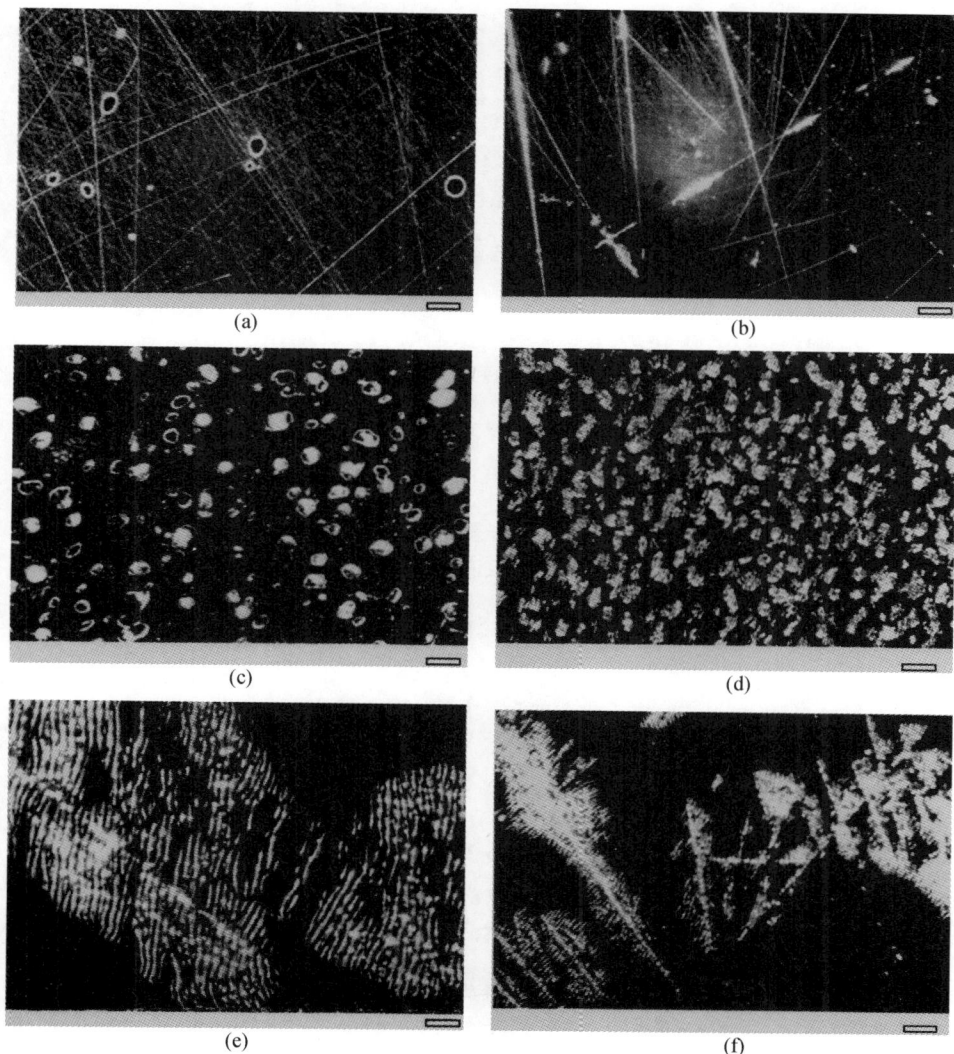

图 7 - 47　不同能量密度 CO₂激光辐照 Ge 样品造成的损伤（取自文献［21］）

（a）多晶 Ge 前表面，9.3J/cm²，mark = 200μm；（b）多晶 Ge 后表面，11.3J/cm²，mark = 50μm；
（c）CVD Ge 前表面，39.5J/cm²，mark = 200μm；（d）CVD Ge 后表面，39.5J/cm²，mark = 200μm；
（e）CVD Ge 后表面，39.5J/cm²，mark = 10μm；（f）多晶 Ge 后表面，34.5J/cm²，mark = 20μm。

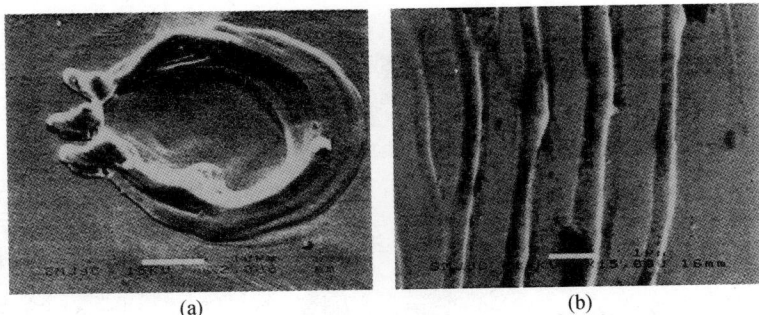

(a)

(b)

图 7-48　75.5J/cm² 的 CO_2 激光辐照 CVD Ge 造成的损伤（取自文献[21]）

（a）前表面，mark = 10μm；（b）后表面，mark = 1μm。

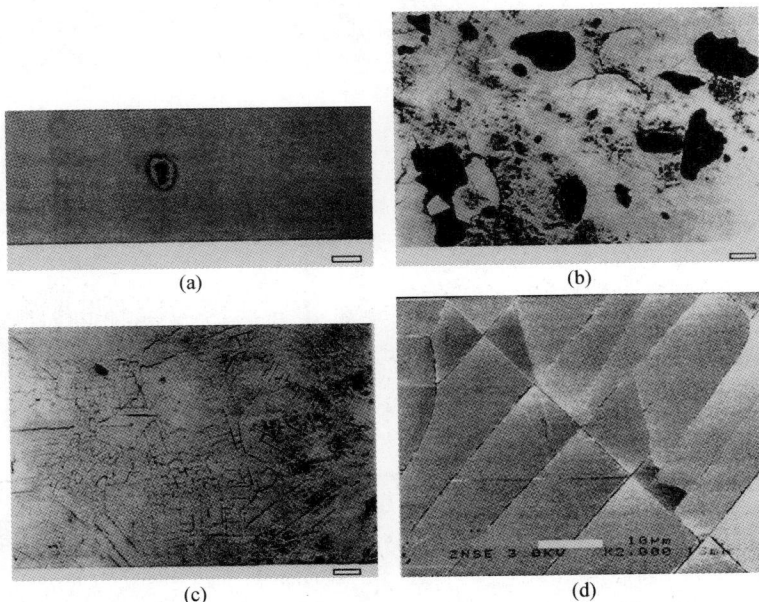

(a)

(b)

(c)

(d)

图 7-49　不同能量密度 CO_2 激光辐照 ZnSe 样品造成的损伤（取自文献[21]）

（a）多晶 ZnSe 体内、10.2J/cm²、mark = 200μm；（b）多晶 ZnSe 前表面、21.5J/cm²、mark = 200μm；

（c）多晶 ZnSe 前表面、21.5J/cm²、mark = 10mm；（d）CVD ZnSe 前表面、19.3J/cm²、mark = 10mm。

　　由于 3mm 厚的 CVD ZnSe 样品的质量比多晶 ZnSe 样品的质量好得多，用显微镜观察 CVD ZnSe 样品未发现明显的杂质，而多晶 ZnSe 样品用裸眼观察即可看到晶体内有许多黑色的杂质。脉冲 CO_2 激光辐照 3mm 厚的 CVD ZnSe 样品产生的表面烧蚀坑减小，平均直径为 5~20μm。CVD ZnSe 样品内部几乎没有微爆炸孔洞，但镶嵌图案类的损伤依然存在，如图 7-49（d）所示。这些镶嵌图案损伤的典型高度为 50~100nm，而未损伤区域则较平，表面粗糙度仅几纳米。镶嵌图案中的小平面相对周围表面稍有增高，增高主要可能是由样品吸收激光能量后温度急剧变化引起的很强的热应力造成的。ZnSe 为闪锌矿结构，它是由两类原子各自组成的面心立方晶格,沿空间对角线彼此位移1/4空间对角线长度套构而成。文献[21]没有说明图7-49中所用ZnSe样品的切割方向,但图7-49(d)所示的镶嵌图案类损伤基本呈90°夹角,在沿(1,0,0)面切割的立方晶系晶体满足C_2对称,容易形成沿夹角基本为90°的裂纹。

脉冲CO_2激光对ZnS的损伤阈值为$9.8 \sim 12.2 J/cm^2$,损伤形态与上述ZnSe的情形类似,也主要是表面的烧蚀坑和样品内部的微爆炸孔洞。随着激光能量密度的增加,表面烧蚀坑的数目和尺寸都增加,并且也会产生镶嵌图案类的损伤。脉冲CO_2激光辐照ZnS导致的典型损伤见图7-50。

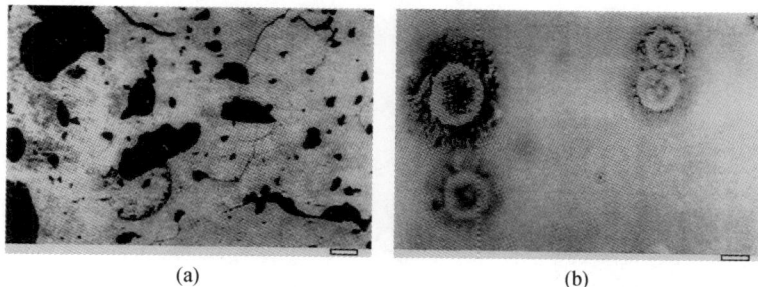

(a) (b)

图7-50　不同能量密度CO_2激光辐照ZnS样品造成的损伤(取自文献[21])

(a)多晶ZnS前表面、$19 J/cm^2$、$mark = 200 \mu m$;(b)CVDZnS体内、$44 J/cm^2$、$mark = 200 \mu m$。

研究脉宽20ns的$1.06 \mu m$激光辐照对CdTe、CdZnTe材料的损伤效应时,采用的研究方法及实验条件与图7-36对应的方法及条件类似。仍是先按图7-27所示光路确定出CdTe、CdZnTe样品的损伤阈值F_{th},再以损伤阈值或高于损伤阈值的激光辐照样品,观察样品的损伤情况。图7-51给出了不同能量密度的10个激光脉冲辐照CdTe样品造成的损伤。能量密度F_{th}的10个脉冲以1Hz的重复频率辐照CdTe样品造成的损伤表现为熔化再凝结,见图7-51(a)。$5F_{th}$的10个脉冲以1Hz的重频辐照CdTe样品导致的熔化再凝结更加严重,如图7-51(b)所示,并且环绕损伤的外围积累有球状的飞溅物,见图7-51(c)。图7-51(d)呈现了$10F_{th}$的10个脉冲以1Hz的重频辐照CdTe样品导致的熔化再凝结积累情况。

能量密度为F_{th}的300个脉冲以20Hz的重复频率辐照CdTe样品造成的损伤见图7-52,由图7-52可见,激光辐照形成了既深又宽的烧蚀坑,烧蚀坑内可见有较大的再凝结块。

多个激光脉冲辐照CdZnTe样品造成损伤的发展情况见图7-53。能量密度为F_{th}的10个脉冲以1Hz的重频辐照后样品上可见有熔化再凝结的迹象。$5F_{th}$的10个脉冲以1Hz的重频辐照后CdZnTe的熔化再凝结有累积效应。$10F_{th}$的10个脉冲以1Hz的重频辐照后CdZnTe的熔化再凝结较图7-53(a)和

7 - 53(b)中的更为显著。能量密度为 F_{th} 的 300 个脉冲以 20Hz 的重频辐照 HgZnTe造成损伤见图 7 - 53(d)。外围是粗糙的白色明亮区域,在中间位置形成了明亮的岛状区域。上述损伤情况与图 7 - 36 所示的 HgCdTe 的损伤发展过程极为相似。与脉冲激光辐照 HgCdTe 造成损伤明显不同的是 CdZnTe 样品中出现了裂纹,如图 7 - 54 所示。

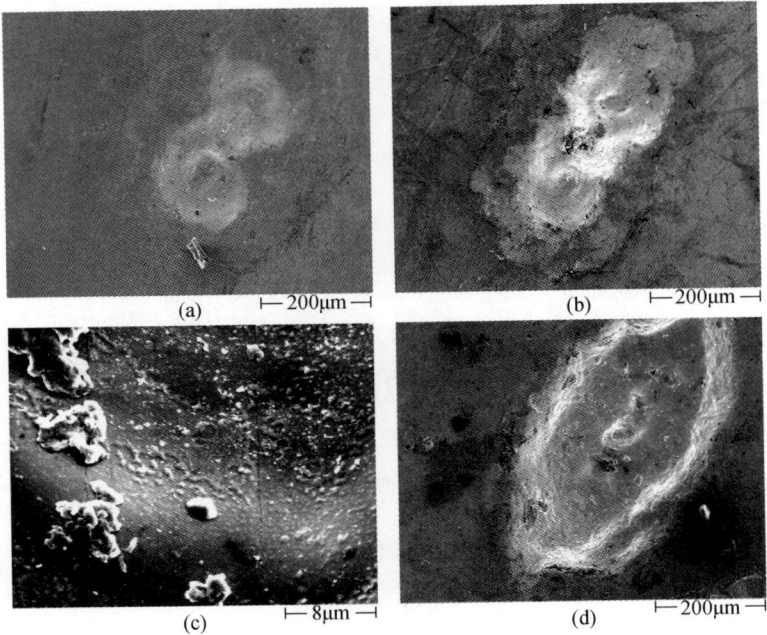

图 7 - 51　不同能量密度 10 个激光脉冲辐照 CdTe 样品造成的损伤

(取自文献[16])

(a)F_{th}损伤全貌;(b)5F_{th}损伤全貌;(c)5F_{th}外围局部放大;(b)10F_{th}损伤全貌。

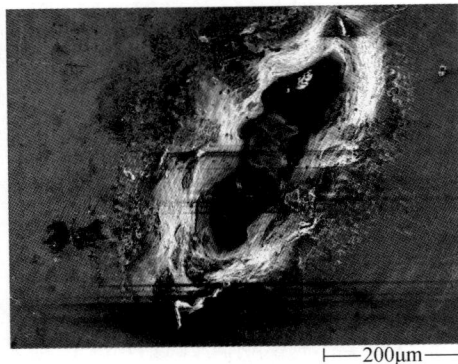

图 7 - 52　F_{th}的 300 个脉冲以 20Hz 重频辐照 CdTe 样品造成的损伤

(取自文献[16])

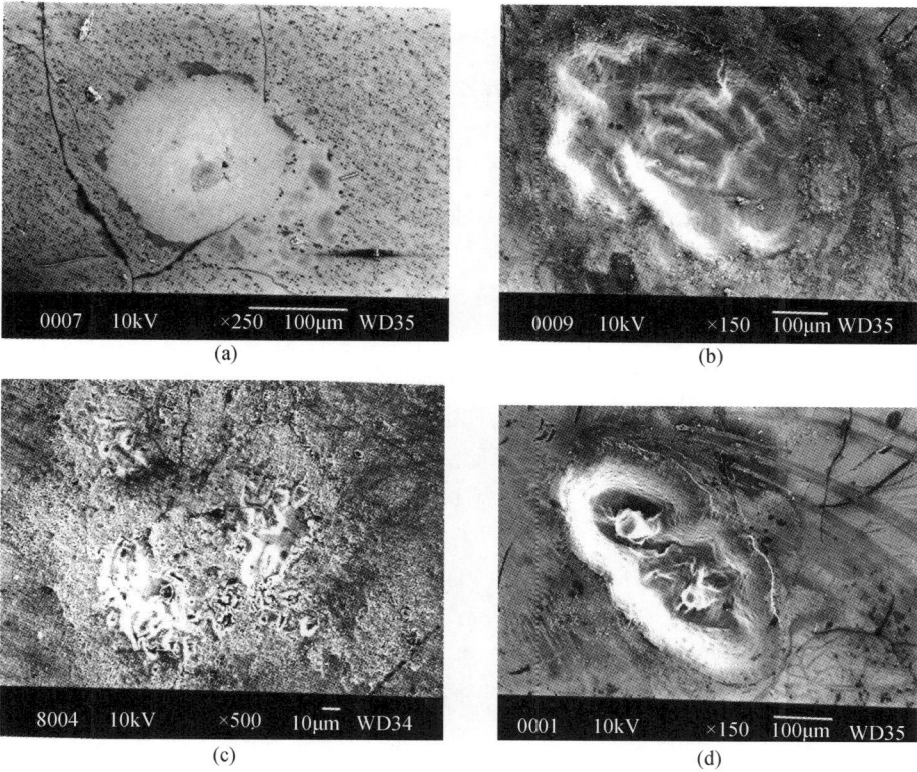

图 7-53　多个激光脉冲辐照 CdZnTe 造成的损伤(取自文献[16])
(a)F_{th}的 10 个脉冲,1Hz;(b)5F_{th}的 10 个脉冲,1Hz;
(c)10F_{th}的 10 个脉冲,1Hz;(d)F_{th}的 300 个脉冲,20Hz。

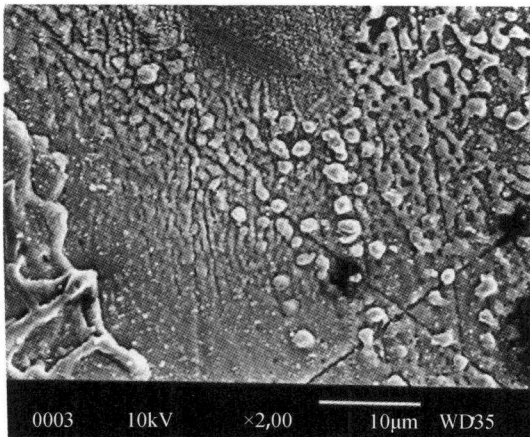

图 7-54　脉冲激光辐照后 CdZnTe 样品中出现的裂纹(取自文献[16])

247

7.2.6 脉冲激光辐照半导体材料产生的周期状波纹

激光辐照半导体材料时,往往会在半导体材料表面形成自发的周期性波纹,也称为激光引起的周期表面结构 LIPSS(Laser – Induced Periodic Surface Structure)。激光辐照半导体表面形成波纹的机制非常复杂,形成的波纹图像差异很大,波纹的宽度也相差很大。重频 10Hz、脉宽 25ns、功率密度为 $8.1 \times 10^7 \mathrm{W/cm^2}$ 的 10 个紫外激光脉冲辐照后,Si 表面形成的波纹宽度在 20μm 以上,见图 7 – 12。脉宽为 2ms 的 1.06μm 激光聚焦单晶 Si 样品,光斑的半径为 300μm。能量密度为 708J/cm² 的激光辐照后 Si 样品的损伤形貌如图 7 – 55 所示。在烧蚀坑周围形成了同心的环状周期波纹,波纹间距为 (15 ± 5) μm。脉宽 10ns 的 1.06μm 激光聚焦辐照 HgCdTe 样品,样品上的光斑的直径为 0.66mm。功率密度为 $2.0 \times 10^8 \mathrm{W/cm^2}$ 的 10 个脉冲辐照后 HgCdTe 样品表面形成了清晰的环状周期波纹,见图 7 – 37,波纹间距约为 14μm。而图 7 – 47 和图 7 – 48 给出的 10.6μm 辐照 Ge 样品在后表面形成的条状波纹间距为 (2 ±0.5) μm。

脉宽 10ns 的 1.06μm 激光聚焦辐照 GaAs 样品,样品上的光斑的直径为 0.66mm。功率密度为 $1.6 \times 10^9 \mathrm{W/cm^2}$ 的激光辐照 GaAs 样品造成的损伤见图 7 – 56,可见在损伤区域外围也形成了周期性波纹,波纹间距约为 0.9μm。由于 LIPSS 的形成波纹机制非常复杂,形成的波纹宽度等特征差异很大。尽管有许多学者都对此现象进行了研究[18,22-29],但目前对 LIPSS 的产生机制尚没有统一的理论解释。有些学者用光学模型解释,把 LIPSS 的起因归结为入射光波与表面散射光干涉作用。当样品表面存在尘埃、划痕或缺陷时,入射激光辐照到

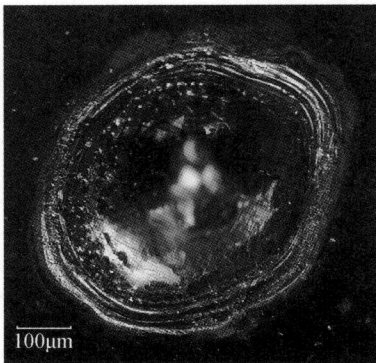
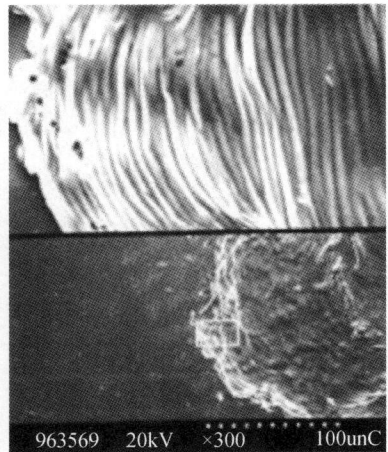

图 7 – 55　脉宽 2ms、E =708J/cm² 激光辐照 Si 样品产生的烧蚀坑及环状波纹（取自文献[9]）

图 7 – 56　脉宽 10ns、$1.6 \times 10^9 \mathrm{W/cm^2}$ 的激光辐照 GaAs 样品造成的损伤（取自文献[22]）

样品表面时会产生散射,散射光与入射光产生干涉,引起激光强度重新分布,光强的地方温升高,高温区表面张力小,高温液体会明显向两边低温区移动,从而形成了规则的周期性结构。具有波纹状的液体在快速固化的过程中被保留下来,就形成了材料表面的波纹结构。也有学者提出了激光驱动横向声波模型,认为在各向异性的晶体中,波不能完全分成纵波和横波,而是一种混杂形式。只是在某些特定方向上,波才以纯纵波或纯横波的形式传播,波在晶体里的传播形成了材料表面的条纹结构。如果波纹宽度与辐照的激光波长相近,一般可用光学模型解释,当波纹较宽时则可用横向声波模型解释,具体的各种理论解释参见相关文献。

7.3 激光辐照半导体材料热效应的基本方程

从前两节给出的连续及脉冲激光辐照半导体材料产生损伤的实验研究结果来看,热损伤主要表现为熔化、烧蚀(包括汽化及液滴的飞溅离开半导体表面)。基本的物理过程包括半导体材料中的电子、激子和晶格声子等各种粒子与激光电磁场相互作用吸收激光能量,吸收能量后处在非平衡态的各种粒子向平衡态弛豫将吸收的激光能量转化为无序的热能。高度局域化的热能通过热传导在半导体材料内扩散,形成一定的温度场。较高功率密度激光辐照下,光斑内的半导体材料温度超过其熔点、沸点时,导致材料熔化、汽化。本节简要介绍半导体材料内的热传导方程以及熔化、汽化的处理方法。

7.3.1 热传导基本方程

在固体材料中,热量传递的方式主要是热传导。引入单位时间内通过单位面积传导的热量 q,即热流密度矢量。热流密度矢量正比于温度梯度 ∇T,即 $q = -k \nabla T$,其中 k 为热传导系数。在各向同性材料中,k 为与方向无关的数,热流密度矢量的方向垂直于等温面。

半导体材料多为晶体,晶体材料的热传导可能表现为各向异性,热传导系数为二阶张量 k。热流密度矢量表示为

$$q = -k \cdot \nabla T = -k_{ij} \frac{\partial T}{\partial x_j} e_i \qquad (7-1)$$

式中:k_{ij} 为热传导系数分量;$x_j(j=1,2,3)$ 为 x、y、z 方向上的坐标;$e_i(i=1,2,3)$ 代表 x、y、z 方向上的基矢量。此处采用了求和约定,在本章中,如无特殊说明,表达式中一项内重复出现的下标都代表从 1~3 求和。

根据不可逆过程热力学的相关理论,热传导系数分量满足(此处对重复下标不求和)

$$k_{ij} = k_{ji}; i,j = 1,2,3$$
$$k_{ii} > 0$$

$$k_{ii}k_{jj} - k_{ij}^2 > 0$$

由此可见,晶体材料的热传导系数为对称的二阶张量,有 6 个独立的分量。当晶体具有对称性,并且坐标轴被选择在合适的结晶方向上时,独立的分量数减少。记各晶系惯用元胞的三个基矢量 a、b、c 的长度分别为 a、b、c,基矢量 b 与 c 之间的夹角为 α,c 与 a 之间的夹角为 β,a 与 b 之间的夹角为 γ。表 7 - 1 给出了各晶系基矢量之间的关系及在适当选取坐系下的热传导系数[30]。

表 7 - 1 晶体的热传导系数

晶　系	基矢量之间的关系	热传导系数二阶张量	独立分量个数
三斜晶系 (1)	$a \neq b \neq c$ $\alpha \neq \beta \neq \gamma$	$\begin{bmatrix} k_{11} & k_{12} & k_{13} \\ k_{12} & k_{22} & k_{23} \\ k_{13} & k_{23} & k_{33} \end{bmatrix}$	6
单斜晶系 (2)	$a \neq b \neq c$ $\alpha = \gamma = 90°$ $\beta \neq 90°$	$\begin{bmatrix} k_{11} & k_{12} & 0 \\ k_{12} & k_{22} & 0 \\ 0 & 0 & k_{33} \end{bmatrix}$	4
正交晶系 (4)	$a \neq b \neq c$ $\alpha = \gamma = \beta = 90°$	$\begin{bmatrix} k_{11} & 0 & 0 \\ 0 & k_{22} & 0 \\ 0 & 0 & k_{33} \end{bmatrix}$	3
正方晶系 (10)	$a = b \neq c$ $\alpha = \gamma = \beta = 90°$	$\begin{bmatrix} k_{11} & 0 & 0 \\ 0 & k_{11} & 0 \\ 0 & 0 & k_{33} \end{bmatrix}$	2
六方晶系 (8)	$a = b \neq c$ $\alpha = \beta = 90°,$ $\gamma = 120°$	$\begin{bmatrix} k_{11} & 0 & 0 \\ 0 & k_{11} & 0 \\ 0 & 0 & k_{33} \end{bmatrix}$	2

（续）

晶　系	基矢量之间的关系	热传导系数二阶张量	独立分量个数
三角晶系 (9)	$a = b = c$ $\alpha = \beta = \gamma \neq 90°$	$\begin{bmatrix} k_{11} & 0 & 0 \\ 0 & k_{11} & 0 \\ 0 & 0 & k_{33} \end{bmatrix}$	2
立方晶系 (12)	$a = b = c$ $\alpha = \beta = \gamma = 90°$	$\begin{bmatrix} k_{11} & 0 & 0 \\ 0 & k_{11} & 0 \\ 0 & 0 & k_{11} \end{bmatrix}$	1

若任意选取的坐标系 x_i' 轴与上述适当选取坐标系 x_j 轴之间的夹角余弦为 C_{ij}，则任意选取坐标系下的热传导系数分量为

$$k_{ij}' = C_{il} C_{jm} k_{lm} \qquad (7-2)$$

在半导体材料中任取一小体元，通过其表面流入的热量加上其内部产生的热量等于小体元中能量的积累，由此可推出半导体材料内的热传导方程：

$$-\nabla \cdot \boldsymbol{q} + g = \rho c \frac{\partial T}{\partial t} \qquad (7-3)$$

式中：g 为体热源项，是单位时间内单位体积材料产生的热量；ρ 为材料的密度；c 为比热容。将热流密度矢量表达式代入，如果热传导系数分量不随坐标变化，半导体材料内的热传导方程为

$$k_{ij} \frac{\partial^2 T}{\partial x_i \partial x_j} + g = \rho c \frac{\partial T}{\partial t} \qquad (7-4)$$

要确定热传导方程的解，须给定边界条件和初始条件。边界条件分以下三类。

第一类边界条件：

给定边界上的温度，即

$$T|_s = f(\boldsymbol{x}, t) \qquad (7-5)$$

对于使用中需要制冷的半导体探测器，探测器安装在热容量很大的热沉上，安装面的热沉温度基本不变，即可视为第一类边界条件。

第二类边界条件：

给定边界上的热流密度，即

$$\boldsymbol{q} = (-\boldsymbol{k} \cdot \nabla T)_n = \boldsymbol{f}(\boldsymbol{x}, t) \qquad (7-6)$$

激光辐照吸收系数很大的材料时，辐照面处很薄的薄层材料内吸收大量激

光能量,吸收的激光能量大部分通过弛豫过程转化为热能。此时可简化为给定热流密度的边界条件,激光辐照面处的热流密度,即

$$(-\boldsymbol{k} \cdot \nabla T)_n = \eta I(\boldsymbol{x},t) \tag{7-7}$$

式中:$(-\boldsymbol{k} \cdot \nabla T)_n$ 为沿辐照面法线方向的热流密度;η 为材料的热耦合系数,代表材料表面薄层吸收的能量中转换为热能的部分与入射激光能量之比;$I(\boldsymbol{x},t)$ 为入射激光的功率密度。

第三类边界条件:

给定边界处的对流换热条件。设边界处环境的温度为 T_a,由牛顿冷却定律,即传热量正比于界面温度 $T|_S$ 与环境温度之差,有

$$(-\boldsymbol{k} \cdot \nabla T)_n = h(T|_S - T_a) \tag{7-8}$$

式中:h 为对流换热系数。

对于立方晶系的半导体材料,如元素半导体材料硅和锗的金刚石型晶体结构、化合物半导体砷化镓和磷化镓的闪锌矿结构都属立方晶系,热传导系数张量为球形张量,只有一个材料常数,与各向同性材料中的热传导特性相同。可给出几种简单的激光辐照条件下立方晶系半导体材料内的温度分布[31]。

1. 脉宽为 t_p 的矩形脉冲激光辐照,表面加热条件下半无限大温度场

功率密度为 I_0 的连续激光从 $t=0$ 时开始辐照 $x>0$ 半无限大物体,若物体为各向同性或立方晶系材料,且材料对入射激光的吸收系数很大,材料对激光的吸收仅发生在极薄的一层内,此时可将方程式(7-4)中的体热源项去除,热传导方程可简化为

$$k \frac{\partial^2 T}{\partial x^2} = \rho c \frac{\partial T}{\partial t} \tag{7-9}$$

材料对激光的吸收简化处理为边界条件,即

$$\left.\frac{\partial T}{\partial x}\right|_{x=0} = \eta I_0 \tag{7-10}$$

若初始时刻 $T=0$,则连续激光辐照半无限大物体的解为

$$T(x,t) = \frac{2\eta I_0}{k} \sqrt{at}\, \mathrm{ierfc}\left(\frac{x}{2\sqrt{at}}\right) \tag{7-11}$$

式中:$a = \dfrac{k}{\rho c}$ 为材料的热扩散率;$\mathrm{ierfc}(\eta)$ 为余误差函数的一次积分,$\mathrm{ierfc}(\eta) = \int_{\eta}^{\infty} \mathrm{erfc}(\eta)\,\mathrm{d}\eta$,余误差函数 $\mathrm{erfc}(\eta) = 1 - \mathrm{erf}(\eta) = 1 - \dfrac{2}{\sqrt{\pi}} \int_{0}^{\eta} e^{-\eta^2}\,\mathrm{d}\eta$。

$x = 2\sqrt{at}$ 处的温度约为激光辐照表面温度的9%,常将 $2\sqrt{at}$ 称为热扩散深度。对于所关注时刻 t,若物体厚度远大于 $2\sqrt{at}$,则可将物体近似视为无限厚。而光斑半径远大于 $2\sqrt{at}$ 时,对光斑中心附近来说,可近似视为光斑无限大。

对于脉宽为 t_p 的矩形脉冲激光辐照吸收系数很大的半无限物体情形,激光辐照过程中,$t \leqslant t_p$,温度场仍由式(7-11)表示。激光停止辐照后,$t \geqslant t_p$,热量进一步向物体内部传递,温度场为

$$T(x,t) = \frac{2\eta I_0}{k}\left\{ \sqrt{at}\,\mathrm{ierfc}\left(\frac{x}{2\sqrt{at}}\right) - \sqrt{a(t-t_p)}\,\mathrm{ierfc}\left[\frac{x}{2\sqrt{a(t-t_p)}}\right]\right\}$$

$$(7-12)$$

2. 连续波、高斯分布激光表面加热下半无限大温度场

光斑内激光强度呈高斯分布,即

$$I(r) = I_0 \cdot \mathrm{e}^{-r^2/\omega^2} \qquad (7-13)$$

式中:ω 为光斑半径;r 为考察点到光斑中心的距离。连续激光辐照吸收系数很大的半无限物体的温度场为

$$T(r,x,t) = \frac{\eta I_0 \omega^2}{k}\sqrt{\frac{a}{\pi}}\int_0^t \frac{\mathrm{d}t'}{\sqrt{t'}(4at'+\omega^2)}\mathrm{e}^{-x^2/4at'-r^2/(4at'+\omega^2)} \quad (7-14)$$

辐照面上光斑中心的温度为

$$T(0,0,t) = \frac{\eta I_0 \omega}{k\sqrt{\pi}}\arctan\frac{\sqrt{4at}}{\omega} \qquad (7-15)$$

3. 连续激光,表面加热下有限厚无限大板的温度场

有一厚度为 l 的无限大板,初始时刻各点温度 $T=0$,从 $t=0$ 开始,功率密度为 I_0 的连续激光均匀辐照 $x=0$ 表面,$x=l$ 表面绝热。此问题的解为

$$T(x,t) = \frac{\eta I_0 t}{\rho c l} + \frac{\eta I_0 \cdot l}{k}\left[\frac{3(l-x)^2-l^2}{6l^2} - \frac{2}{\pi^2}\sum_{n=1}^{\infty}\frac{(-1)^n}{n^2}\mathrm{e}^{-n^2\pi^2 at/l^2}\cos\frac{n\pi(l-x)}{l}\right]$$

$$(7-16)$$

在材料参数不随温度变化时,还可给出一些其他简单情况下激光辐照立方晶系半导体材料的温度场解析解。但半导体材料的物性参数随温度变化时,热传导方程变为非线性方程,难以给出解析解。此时可采用数值方法求解,许多结构力学软件如 ANSYS、ABAQUS 等都可计算二维、三维不定常温度场。

7.3.2　激光辐照半导体材料引起的熔化和汽化

如果半导体材料对入射激光的吸收系数很大,则在激光辐照的材料表面薄层内吸收大量激光能量,温度升高。当表面温度达到熔化温度 T_m 时,开始进入熔化过程,此后材料内存在固态、液态两个区,固、液两相之间存在着移动的分界面,在熔化过程中,这个分界面始终存在。它把热物性参数不同的固、液两相分离开,固相和液相区要分别计算。

考虑无限大均匀光斑辐照下半无限半导体材料的熔化过程。如图 7-57 所

示,t 时刻的固液界面位于 $x=S(t)$ 处。固液界面上要吸收相变潜热,因此固、液两相区在交界面处热流密度不连续,两相界面处的边界条件表现出非线性的特点。用下标 s 表示固相中的物理量,下标 l 表示液相中的物理量,相变界面上的边界条件如下[30]。

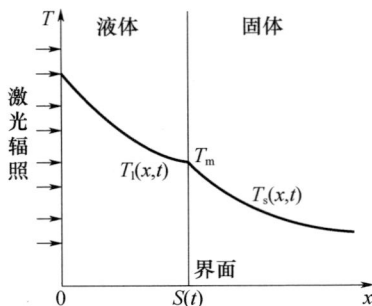

图 7 – 57　激光辐照下固液两相内温度分布示意图

1. 温度连续条件

固液两相在界面处的温度相等,都等于物质的熔化温度,即

$$T_s(x,t) = T_1(x,t) = T_m \tag{7 – 17}$$

式中:T_s、T_1 分别为固相、液相温度。

2. 能量平衡条件

固液界面上,通过液相流向界面的热量减去通过固相流出界面的热量,等于界面处半导体材料相变吸收的潜热,即

$$q_1 - q_s = \rho L \frac{dS(t)}{dt} \tag{7 – 18}$$

式中:q_1、q_s 分别为液、固两相处向 x 正向的热流密度;L 为单位质量物质的熔化潜热;ρ 为密度(界面处固、液两相密度相等)。

对于如图 7 – 57 所示的一维熔化问题,温度梯度矢量垂直于激光辐照面。但由于半导体材料的各向异性,热流密度矢量并不与激光辐照面垂直。由式(7 – 1)可知,在固相中的热流密度分量为

$$(q_s)_x = - (k_s)_{11} \frac{\partial T_s}{\partial x}, (q_s)_y = - (k_s)_{21} \frac{\partial T_s}{\partial x}, (q_s)_z = - (k_s)_{31} \frac{\partial T_s}{\partial x}$$

熔化后的液相可视为各向同性材料,若液相内的传热也是单纯的热传导,则

$$q_1 = - k_1 \frac{\partial T_1}{\partial x}$$

一维熔化问题只需考虑 x 方向的热流密度,固液界面上的能量平衡条件为

$$(k_s)_{11} \frac{\partial T_s}{\partial x} - k_1 \frac{\partial T_1}{\partial x} = \rho L \frac{dS(t)}{dt} \tag{7 – 19}$$

若将表面开始熔化的时刻记作时间的起点,则无限大光斑辐照半无限大半

导体材料引起的熔化过程可抽象为如下的初、边值问题。

$$
\begin{cases}
\dfrac{\partial T_s}{\partial t} = a_s \dfrac{\partial^2 T_s}{\partial x^2} \\[2mm]
\dfrac{\partial T_1}{\partial t} = a_1 \dfrac{\partial^2 T_1}{\partial x^2} \\[2mm]
T_s = T_1 = T_m ; \quad x = S(t), \quad t > 0 \\[2mm]
(k_s)_{11} \dfrac{\partial T_s}{\partial x} - k_1 \dfrac{\partial T_1}{\partial x} = \rho L \dfrac{\mathrm{d}S(t)}{\mathrm{d}t}; \quad x = S(t), \quad t > 0 \\[2mm]
- k_1 \dfrac{\partial T}{\partial x} = \eta I_0 ; \quad x = 0 \\[2mm]
T_s(x,t) = T_0 ; \quad x \to \infty \\[2mm]
T_s(x,0) = T_0 \\[2mm]
S(0) = 0
\end{cases}
\qquad (7-20)
$$

式中：$a_s = \dfrac{(k_s)_{11}}{\rho c_s}$；$a_1 = \dfrac{k_1}{\rho c_1}$。

　　上述熔化模型适用于纯水一类物质,熔化发生在一很窄的温度范围,在数学上采用了一个几何面来描述。然而,对于混合物及合金等材料,熔化发生在较宽的温度范围,例如某种铝合金在温度升到 566℃ 时就开始熔化,到 591℃ 时才熔化结束完全变为液态。这类材料发生熔化时,存在一个固液共存的两相区,需要确定固相、两相和液相区的温度分布。在实际计算时,常采用 H. S. Carslaw 和 J. C. Jaeger 提出的简化分析方法,即假定相变潜热 L 在两相区内均匀释放,它的影响等价于将 $L/(T_{ml} - T_{ms})$ 加到固液混合物的比热容上[32],T_{ml} 和 T_{ms} 分别为熔化结束和熔化开始的温度。在固液共存的两相区,材料比热容用修正的当量比热容来替代,即 $c_{sl}^* = c_{sl} + L/(T_{ml} - T_{ms})$,$c_{sl}$ 为固液混合物的比热容。这样处理后,问题就转换为无相变潜热的三区域变比热容问题,三个区域的比热容分别为 c_s、c_{sl}^*、c_1。

　　从物理实质上讲,半导体材料吸收的激光能量中有一部分用于使电子从价带跃迁到导带,并不会转化为热量。文献[33]在不考虑散射以及吸收的激光能量全部转化为热的近似下,将式(7-4)中的体热源项 g 表示为 $(1-R)$ $\alpha I_0 e^{-\alpha x}$ 简化得到一维热传导方程,考虑 HgCdTe 材料的物性参数随温度变化,计算了脉冲红宝石激光辐照下 HgCdTe 材料的响应。激光辐照表面采用绝热边界,无限远处温度为常数。激光脉冲的脉宽 50ns,波形为三角形。熔化前的吸收系数取 $2.0 \times 10^4 \mathrm{cm}^{-1}$,熔化后吸收系数取 $1.5 \times 10^4 \mathrm{cm}^{-1}$。图 7-58 (a)给出了不同能量密度下熔化层深度随时间的变化。HgCdTe 材料从 710℃ 开始熔化,到 780℃ 完全变为液态。样品表面最高温度随激光能量密度的变化如图 7-58(b)所示。由图 7-58 可见,当激光能量密度为 $E_m = 0.18 \mathrm{J/cm}^2$

时,HgCdTe 样品表面的最高温度即达到 710℃,材料开始熔化,直到激光能量密度 $E_i = 0.485 \text{J/cm}^2$,样品表面的最高温度基本保持不变,之后随着激光能量密度的增加,样品表面的温度也再次升高,到 $E_{tm} = 0.585 \text{J/cm}^2$ 时,样品表面的最高温度达到 780℃,表面完成熔化,全部变为液态。再进一步增加激光能量密度时,将导致样品表面温度进一步升高,表面温度达到沸点时将引起 HgCdTe 的剧烈汽化。

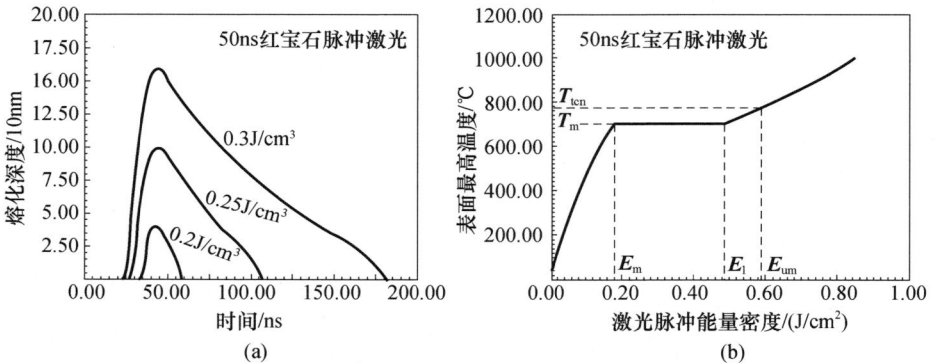

图 7 - 58　50ns 红宝石激光辐照下 HgCdTe 材料的响应(取自文献[33])
(a)熔化层深度随时间的变化;(b)表面最高温度随能量密度的变化。

激光辐照吸收系数较大的半导体材料时,在半导体材料被辐照表面薄层内沉积大量能量,引起材料的升温及表面处相变,发生熔化、汽化。如果激光功率密度很高,脉宽很短,则物体表面的热扩散层很薄,汽化的总质量很小,但蒸气的温度和压力较高,膨胀速度很快,对凝聚态介质的反冲冲量较大,引起的力学效应将占主导地位。但对于功率密度不很高的连续或准连续激光,蒸气温度比物质的正常汽化点高出不多,蒸气对入射激光基本透明,汽化阵面处的热辐射损失及蒸气压力对凝聚态介质中的物理过程的影响可忽略不计。这种情况下的处理方法与上述处理熔化时的相似。由于汽化物质飞散离开半导体材料,激光辐照表面即为汽化阵面。如果激光能量在半导体材料内的沉积深度很浅,将吸收的激光能量作为边界条件处理,激光辐照过程中汽化阵面的能量平衡条件为

$$\eta I_0 = \rho L_v \frac{\text{d}S_v(t)}{\text{d}t} - k_1 \frac{\partial T_1}{\partial x} \qquad (7-21)$$

式中:η 为半导体材料对入射激光的热耦合系数;I_0 为激光功率密度;L_v 为汽化潜热;$S_v(t)$ 为汽化阵面的位置。

对于高斯光斑辐照较大尺寸半导体材料引起的温度变化过程,可以采用轴对称二维热传导模型描述。若材料对激光能量的吸收为体吸收,王茜等在吸收的激光能量全部转化为热的近似下,将热传导方程中的体热源项表示为[34] $g = (1-R)I_0\alpha e^{-\frac{r^2}{\omega^2}}e^{-\alpha x}$。取熔化前、后的反射率 R 分别为 0.33 和 0.72,熔化前、

后的吸收系数 α 分别为 $50\mathrm{cm}^{-1}$ 和 $8.6 \times 10^5 \mathrm{cm}^{-1}$,各边界都采用绝热边界时,
图 7 – 59(a)给出了不同脉冲能量、脉宽 1ms 的矩形脉冲 $1.06\mu\mathrm{m}$ 激光辐照
1mm 厚 Si 靶条件下,激光辐照面光斑中心处的温度变化曲线。由图 7 – 59 可
见,脉冲能量为 0.1J、对应的能量密度为 $79.6\mathrm{J/cm}^2$ 时,Si 表面的最高温度为
1246K。当脉冲能量及能量密度分别增加到 $0.2\mathrm{J}、159\mathrm{J/cm}^2$ 时,Si 表面光斑中心
的温度可达 2081K。Si 的熔点为 1412K,利用线性插值估算 1ms 脉宽激光对 Si
的熔化损伤阈值约为 $122\mathrm{J/cm}^2$ 。高斯分布的脉宽 10ns 矩形脉冲激光辐照下,
1mm 厚 Si 靶表面光斑中心处的温度变化曲线见图 7 – 59(b)。脉冲能量分别为
0.3mJ 和 0.42mJ、对应的能量密度分别为 $3.82\mathrm{J/cm}^2$ 和 $5.35\mathrm{J/cm}^2$ 时,Si 表面的
最高温度分别达到 975K 和 1444K。同上面一样用线性插值估算 10ns 脉宽激光
对 Si 的熔化损伤阈值约为 $5.22\mathrm{J/cm}^2$ 。

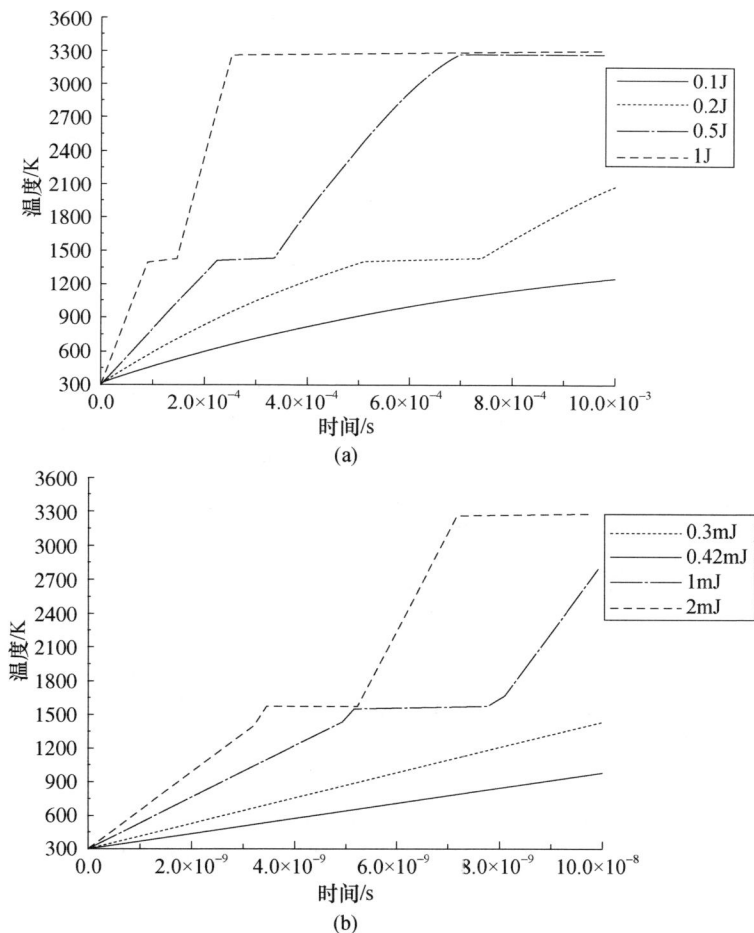

图 7 – 59　不同能量密度激光辐照下 Si 表面光斑中心处的温度变化曲线(取自文献[34])
(a)脉宽 1ms 矩形脉冲;(b)脉宽 10ns 矩形脉冲。

采用有限元、有限差分方法,可以方便地计算激光辐照半导体材料引起的温度变化,得到不定常的温度场。但激光功率密度较高、辐照时间较长时,半导体材料可能出现熔化、汽化等烧蚀效应,这会给有限元、有限差分计算带来困难。有限元计算中常采用删除(杀死)单元的方法模拟熔化物移除及汽化[66]。而采用无网格的分子动力学[67]、光滑粒子动力学[68]等方法模拟烧蚀效应较为方便。

7.3.3　非傅里叶热传导简介

前面介绍的热传导方程、激光辐照半导体材料引起的熔化和汽化基于的是傅里叶定律,而傅里叶定律是宏观热传导规律的经验总结。对于大多数工程问题,经典傅里叶理论的适用性是毋庸置疑的。傅里叶定律的理论基础是宏观的连续介质假设,然而从微观上看材料是不连续的,研究热传导的微观机制时需要考虑微观粒子运动导致的热量传递,包括热载流子(自由电子和声子等)从高温区向低温区扩散输运的热量。另外,傅里叶定律不涉及热传递时间,它本身隐含了热传递速度无限大的假设,对于热作用时间较长的稳态及热传递速度较快的非稳态传热过程无疑是适用的。但对于超短脉冲激光辐照半导体材料引起的急速加热问题,则需要考虑热载流子的弛豫时间对热传导的影响。文献[69]提出:由于忽略了材料的微观结构及尺度,傅里叶定律仅在下述范围成立:

$$\frac{L}{\Lambda} \gg 0(1); \frac{t}{\tau} \gg 0(1); T \gg 0K \qquad (7-22)$$

式中:L 为所讨论热传导问题的特征物理尺寸;Λ 为热载流子的平均自由程;t 为物理时间;τ 为热载流子的平均弛豫时间。

在超短脉冲激光辐照等极端加热条件下,出现了一些偏离傅里叶定律的热传导效应,这些效应称为热传导的非傅里叶效应。对于傅里叶热传导理论不能描述的极端加热条件下的热传导现象,许多学者从不同的物理现象出发,建立了各种非傅里叶热传导模型。文献[70,71]系统地介绍了非傅里叶热传导的研究进展。文献[70]简要介绍了单相延迟模型、微观两步模型、双相延迟模型等六种非傅里叶热传导模型,综述了双曲型非傅里叶导热模型的解及热波传播特性,介绍了非傅里叶热传导的应用及实验研究。文献[71]指出,除了[70]中介绍的六种模型以外,至少还存在热传播的随机不连续扩散模型、基于玻耳兹曼的声子热输运模型等五种非傅里叶热传导模型,介绍了非傅里叶导热模型及理论求解、室温条件下傅里叶导热的实验研究等方面的内容。阅读文献[69-71]即可了解非傅里叶热传导的研究概貌及进展。这里只简要介绍单相延迟等三种模型。

1. 单相延迟模型

傅里叶热传导理论没有考虑热传导的速度问题,而在超短脉冲激光辐照半导体材料的急速加热问题中,需要考虑热传导中的弛豫行为,即用波动导热理论

来描述短时间内的热传导。根据波动导热理论,在热流矢量和温度梯度之间存在一个延迟时间 τ,即

$$q(x,t+\tau) = -k \cdot \nabla T(x,t) \qquad (7-23)$$

其中,延迟时间 τ 代表热载流子碰撞所需要的时间,是材料的固有特性。式(7-23)有明确的物理思想,t 时刻形成的温度梯度,经时间 τ 的延迟导致 $t+\tau$ 时刻的热流矢量。延迟时间 τ 很小,对式(7-23)进行泰勒展开,只取到线性项,则

$$q(x,t) + \tau \frac{\partial q(x,t)}{\partial t} = -k \cdot \nabla T(x,t) \qquad (7-24)$$

这由 Cattaneo 和 Vernotte 于 1958 年独立提出,又被称为 CV 波模型。将式(7-24)与热传导方程式(7-3)联合,即可得到通常所见的双曲型热传导方程:

$$\rho c\left(\frac{\partial T(x,t)}{\partial t} + \tau \frac{\partial^2 T(x,t)}{\partial t^2}\right) = \nabla \cdot [k \cdot \nabla T(x,t)] + g(x,t) + \tau \frac{\partial g(x,t)}{\partial t} \qquad (7-25)$$

如果延迟时间 τ 等于 0,此方程退化为经典的抛物型傅里叶热传导方程。

文献[70]综述了许多学者对延迟时间 τ 的研究结果,在常温下 τ 的大致范围:对金属 $10^{-14} \sim 10^{-11}$s,对气体 $10^{-10} \sim 10^{-8}$s,而液体和绝缘体的 τ 介于上述两类的之间。可见,一般工程材料的 τ 都在纳秒到皮秒量级,如果物理过程发生在微秒或更长的时间,热传导的非傅里叶效应就不太明显。

双曲型热传导方程因其形式简单、物理意义明确,在分析热传导的非傅里叶效应时获得了广泛应用。求解双曲型热传导方程所得的介质内热传播具有明显的波动特征,即热波。许多学者致力于用理论分析和数值计算的方法求解双曲型热传导方程,揭示非傅里叶温度场及热波传播特性。仅文献[70]中就综述了近 20 篇文献的研究结果,当物理时间 t 与延迟时间 τ 可比拟、t/τ 在 $1 \sim 10$ 之间时,温度分布呈现出明显的非傅里叶特征,双曲型热传导方程的解明显不同于抛物型傅里叶热传导方程的解。这些文献求解的主要是半无限大物体、无限大平板等一维问题,对二维、三维问题很少涉及。

2. 微观两步模型

文献[70]简要介绍了 Anisinov、Qiu 和 Tien 提出的微观两步模型。超短脉冲激光辐照金属薄膜时,激光的作用首先使金属膜中的自由电子气温度升高,第二步再通过自由电子与声子的相互作用使金属晶格温度升高。基本方程有

$$\begin{cases} c_e \dfrac{\partial T_e}{\partial t} = \nabla \cdot (k \nabla T_e) - G(T_e - T_1) \\ c_1 \dfrac{\partial T_1}{\partial t} = G(T_e - T_1) \end{cases} \qquad (7-26)$$

式中:c_e、T_e 分别为电子的比热容和温度;k 为电子的热传导系数;G 为描述电子和声子之间热交换的耦合因子;c_1、T_1 分别为晶格的比热容和温度。

式(7-26)中的两个方程联合,消去电子温度 T_e 可得仅含晶格温度 T_l 的方程,消去 T_l 可得仅含 T_e 的方程。仅含 T_l 或 T_e 的方程形式上完全相同:

$$\begin{cases} \nabla\cdot(k\,\nabla T_l) + \dfrac{c_l}{G}\dfrac{\partial}{\partial t}\nabla\cdot(k\,\nabla T_l) = (c_e+c_l)\dfrac{\partial T_l}{\partial t} + \dfrac{c_e c_l}{G}\dfrac{\partial^2 T_l}{\partial t^2} \\[3mm] \nabla\cdot(k\,\nabla T_e) + \dfrac{c_l}{G}\dfrac{\partial}{\partial t}\nabla\cdot(k\,\nabla T_e) = (c_e+c_l)\dfrac{\partial T_e}{\partial t} + \dfrac{c_e c_l}{G}\dfrac{\partial^2 T_e}{\partial t^2} \end{cases} \quad (7-27)$$

虽然方程式(7-26)中描述自由电子气传热时采用的仍是传统的傅里叶热扩散模型,且该模型是针对金属薄膜提出的,没有引入含晶格温度梯度的项,即没有考虑晶格中的热传导。但式(7-26)的两个方程联合得到的仅含 T_l 或 T_e 的方程中都有关于时间的二阶导数项,表现出热传播的波动特征。

在研究超短脉冲激光辐照较厚材料引起的温度变化时,方程式(7-26)中需引入含晶格温度梯度的项。

尽管对非傅里叶热传导的研究已超过了半个多世纪,但总的来说主要进行的还是理论研究,实验结果相当匮乏。Qiu 和 Tien 设计了一种很巧妙的方法,实验研究了超短脉冲激光辐照金和铬多层金属薄膜导致的非傅里叶传热过程。激光器输出的脉宽 100fs 激光被分为两束,占光强份额 90% 的主光束用来加热金属薄膜,光强份额 10% 的作为探测光。激光辐照金属膜导致其内部自由电子温度升高,进而引起反射率的变化。测得探测光反射率的变化即可计算出金属内自由电子温度的变化。通过改变探测光与主光束之间的延迟时间,最终可得到金属薄膜受超短脉冲激光辐照后的整个瞬态温度变化过程。厚 20nm 的单层金箔受 100fs 脉冲激光辐照后表面自由电子的温度变化见图 7-60。图 7-60 中圆圈为实验测量结果,实线为上述微观两步模型的计算结果,虚线为传统的傅里叶热传导模型的计算结果。可见微观两步模型的计算结果与实验结果吻合较好。

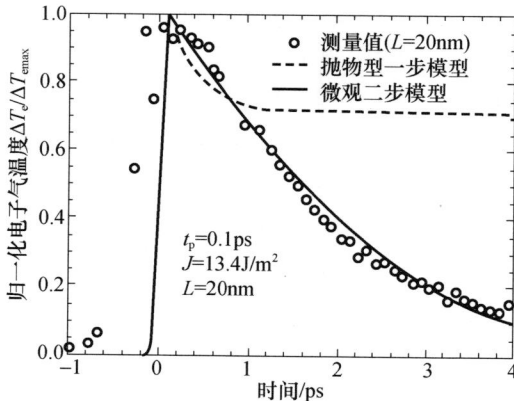

图 7-60 超短脉冲激光辐照 20nm 厚金箔引起的表面电子温度变化
(取自文献[70])

260

3. 双相延迟模型

单相延迟模型考虑了热流矢量和温度梯度之间的时间延迟,但仍认为温度梯度和能量输运是瞬时响应的,没有延迟。Tzou 提出把微结构的影响都归结到延迟上,用双相延迟模型描述非傅里叶传热过程[72]。他以微观两步模型为例,在超短脉冲激光辐照下,金属膜中的自由电子首先吸收激光能量温度升高,再通过电子与声子的相互作用使金属晶格温度升高,晶格的温度升高有一延迟,温度梯度与热流矢量之间的延迟可能是这种相互作用的结果。双相延迟模型对热流矢量和温度梯度均引入延迟时间:

$$q(x, t + \tau_q) = -k \cdot \nabla T(x, t + \tau_T) \qquad (7-28)$$

式(7-28)表明,在空间位置 x 处于时刻 $t + \tau_T$ 形成的温度梯度,引起了 $t + \tau_q$ 时刻的热流。延迟时间 τ_q 和 τ_T 均为正值,是材料的固有特性。当 $\tau_q > \tau_T$ 时,可认为热量流动是由较早时刻建立的温度梯度引起的,温度梯度为因热流矢量是果;相反情况,$\tau_T > \tau_q$ 时,温度梯度可作为热量流动的结果,热流矢量为因温度梯度是果[73]。$\tau_q = \tau_T = 0$ 时,双相延迟模型退化为传统的傅里叶热传导模型。对式(7-28)进行泰勒展开,只取到线性项:

$$q(x, t) + \tau_q \frac{\partial q(x, t)}{\partial t} = -k \cdot \left[\nabla T(x, t) + \tau_T \frac{\partial}{\partial t}(\nabla T(x, t)) \right] \quad (7-29)$$

将式(7-29)与热传导方程式(7-3)联合,即可得到以温度表述的双相延迟模型热传导方程:

$$\nabla \cdot (k \cdot \nabla T) + \tau_T \nabla \cdot \left(k \cdot \frac{\partial}{\partial t}(\nabla T) \right) + g + \tau_q \frac{\partial g}{\partial t} = \rho c \frac{\partial T}{\partial t} + \tau_q \frac{\partial}{\partial t}\left(\rho c \frac{\partial T}{\partial t} \right)$$

$$(7-30)$$

在体热源项 $g = 0$ 且热传导系数分量不随坐标变化的各向同性导热情况下,双相延迟模型热传导方程简化为

$$\nabla^2 T + \tau_T \frac{\partial}{\partial t}(\nabla^2 T) = \frac{\rho c}{k} \frac{\partial T}{\partial t} + \tau_q \frac{\rho c}{k} \frac{\partial^2 T}{\partial t^2} \qquad (7-31)$$

文献[74]采用有限差分方法对双相延迟模型的非傅里叶传热问题进行了数值计算,通过改变 τ_q 和 τ_T 的取值,揭示了双相延迟模型向其他模型的转化,结果如图7-61所示。当 $\tau_T / \tau_q = 0$ 时,双相延迟模型转化为单相延迟模型,非傅里叶导热表现为热波形式;$0 < \tau_T / \tau_q < 1$ 时,热传播以扩散和波动的混合方式进行,τ_T 越大扩散传播的特征越明显;$\tau_T / \tau_q = 1$ 时,双相延迟模型的非傅里叶导热形式类似于传统傅里叶定律所描述的热扩散传播方式;$\tau_T / \tau_q > 1$ 时,非傅里叶导热表现为超扩散方式,介质内的热传播速度表观上比傅里叶扩散传播更快。

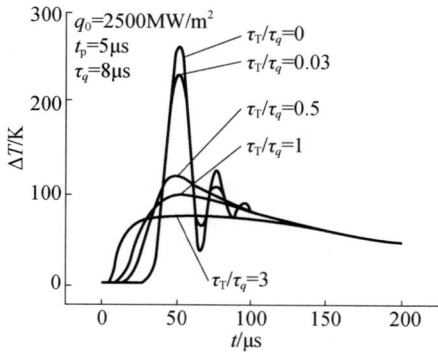

图 7 - 61　双相延迟模型向其他模型的转化（取自文献［74］）

7.4　激光辐照半导体材料力学效应的基本方程

7.2 节给出的脉冲激光辐照半导体材料导致力学损伤的实验研究结果表明，力学损伤主要表现为半导体材料的断裂，而熔化物的飞溅则起因于激光辐照导致的剧烈汽化的作用。本节简要介绍描述引起半导体材料断裂的热应力基本方程以及剧烈汽化的高压气体流动控制方程。

7.4.1　热弹性力学基本方程

激光辐照下半导体材料的温度升高，导致半导体材料膨胀。当外部的约束或内部变形协调要求使得膨胀不能自由发生时，材料中就会出现附加的热应力。描述半导体材料由于温度变化产生热应力的基本方程有平衡（运动）方程、几何方程、物理方程。

由于平衡（运动）方程只与物体的受力或运动有关，与产生力的原因无关，也与物体性质无关，因此各向异性材料热弹性力学的平衡方程与一般弹性力学中的平衡方程完全相同。平衡方程（或等号右侧取括号内的项，称为运动方程）为[35,36]

$$\frac{\partial \sigma_{ij}}{\partial x_j} + F_i = 0 \quad \left(\rho \frac{\partial^2 u_i}{\partial t^2} \right) \quad i = 1,2,3 \qquad (7-32)$$

式中：σ_{ij} 为应力张量的分量，应力张量为一对称的二阶张量；F_i 为单位体积介质所受的体积力在 x_i 轴上的分量；ρ 为密度；u_i 为质点位移在 x_i 轴上的分量。

几何方程描述的是应变 ε 与位移 u 之间的纯几何关系，它与引起位移的原因无关，也与物体性质无关。各向异性材料热弹性力学的几何方程仍与一般弹性力学中的方程完全相同。在小变形情况下，有

$$\varepsilon_{ij} = \frac{1}{2} \left(\frac{\partial u_i}{\partial x_j} + \frac{\partial u_j}{\partial x_i} \right) \quad i = 1,2,3; j = 1,2,3 \qquad (7-33)$$

应变张量也是对称的二阶张量。

在线性热弹性力学中,当物体既受外力,又受温度作用时,物体内质点发生的位移和相应的应变可由这两种因素分别产生的位移和应变代数叠加。如果 u'、ε' 和 u''、ε'' 分别表示外力作用和温度作用下产生的位移和应变,那么 $u'+u''$、$\varepsilon'+\varepsilon''$ 就是物体在外力和温度共同作用下的位移和变形[36]。

对于线弹性各向异性物体,外力作用产生的应变与作用力成正比,即广义虎克定律:

$$\varepsilon'_{ij} = S_{ijkl}\sigma_{kl} \tag{7-34}$$

式中:四阶张量 S_{ijkl} 称为弹性柔度张量,它是一对称的四阶张量。

当物体内发生温度变化 $T = T_2 - T_1$ 时,物体中的微元体将要产生热膨胀。在自由膨胀的情况下,不产生热应力。对各向同性材料,长度为 ds 的微线元膨胀后成为 $ds' = (1+\alpha T)ds$,α 为线膨胀系数。自由膨胀情况下的应变分量为 $\varepsilon_{11} = \varepsilon_{22} = \varepsilon_{33} = \varepsilon_T = \alpha T$,$\varepsilon_{12} = \varepsilon_{13} = \varepsilon_{23} = 0$,即对各向同性物体,热膨胀只产生正应变不产生剪应变。而对各向异性物体,由于不同方向上的热膨胀系数不同,温度变化也会产生剪应变,由温度变化产生的热应变可表示为

$$\varepsilon''_{ij} = \alpha_{ij}T \tag{7-35}$$

由于应变是对称的二阶张量,温度是标量,所以热膨胀系数 α_{ij} 也应是对称的二阶张量。

在实际计算中,常常利用质点的三个坐标方向的位移分量 u、v、w,引入如下的应变分量:

$$\varepsilon_x = \frac{\partial u}{\partial x}; \varepsilon_y = \frac{\partial v}{\partial y}; \varepsilon_z = \frac{\partial w}{\partial z}$$

$$\gamma_{xy} = \frac{\partial u}{\partial y} + \frac{\partial v}{\partial x}; \gamma_{xz} = \frac{\partial u}{\partial z} + \frac{\partial w}{\partial x}; \gamma_{yz} = \frac{\partial v}{\partial z} + \frac{\partial w}{\partial y} \tag{7-36}$$

应当指出,式(7-33)引入的应变分量构成二阶张量。而式(7-36)引入的应变分量不满足张量的定义及运算法则,并不能构成张量。

将弹性柔度张量的下标进行简化,记 $s_{11} = S_{1111}$,$s_{12} = S_{1122}$ 等,即 s 的下标 1、2、3、4、5、6 分别对应 S 的双下标 11、22、33、23、31、12。式(7-34)变为

$$\begin{pmatrix} \varepsilon'_x \\ \varepsilon'_y \\ \varepsilon'_z \\ \gamma'_{yz} \\ \gamma'_{zx} \\ \gamma'_{xy} \end{pmatrix} = \begin{pmatrix} s_{11} & s_{12} & s_{13} & s_{14} & s_{15} & s_{16} \\ s_{21} & s_{22} & s_{23} & s_{24} & s_{25} & s_{26} \\ s_{31} & s_{32} & s_{33} & s_{34} & s_{35} & s_{36} \\ s_{41} & s_{42} & s_{43} & s_{44} & s_{45} & s_{46} \\ s_{51} & s_{52} & s_{53} & s_{54} & s_{55} & s_{56} \\ s_{61} & s_{62} & s_{63} & s_{64} & s_{65} & s_{66} \end{pmatrix} \begin{pmatrix} \sigma_x \\ \sigma_y \\ \sigma_z \\ \tau_{yz} \\ \tau_{zx} \\ \tau_{xy} \end{pmatrix} \tag{7-37}$$

式中:$[s_{ij}]$ 为弹性柔度矩阵。由于 S_{ijkl} 为对称的四阶张量,弹性柔度矩阵是一对

称矩阵。即对各向异性材料,最多有21个独立的弹性柔度系数。

对于温度变化引起的应变也可进行类似的形式变换。根据线性热弹性力学,总应变是由热应变与应力引起的应变的线性叠加。由此可得到热弹性的物理方程,即含有温度变化的广义虎克定律:

$$
\begin{pmatrix} \varepsilon_x \\ \varepsilon_y \\ \varepsilon_z \\ \gamma_{yz} \\ \gamma_{zx} \\ \gamma_{xy} \end{pmatrix} = \begin{pmatrix} s_{11} & s_{12} & s_{13} & s_{14} & s_{15} & s_{16} \\ s_{21} & s_{22} & s_{23} & s_{24} & s_{25} & s_{26} \\ s_{31} & s_{32} & s_{33} & s_{34} & s_{35} & s_{36} \\ s_{41} & s_{42} & s_{43} & s_{44} & s_{45} & s_{46} \\ s_{51} & s_{52} & s_{53} & s_{54} & s_{55} & s_{56} \\ s_{61} & s_{62} & s_{63} & s_{64} & s_{65} & s_{66} \end{pmatrix} \begin{pmatrix} \sigma_x \\ \sigma_y \\ \sigma_z \\ \tau_{yz} \\ \tau_{zx} \\ \tau_{xy} \end{pmatrix} + T \begin{pmatrix} \alpha_1 \\ \alpha_2 \\ \alpha_3 \\ \alpha_4 \\ \alpha_5 \\ \alpha_6 \end{pmatrix} \quad (7-38)
$$

对半导体晶体材料,利用晶体的对称性,将坐标轴选择在合适的结晶方向上时,弹性柔度矩阵及热膨胀系数的独立分量数便可减少。各晶系的弹性柔度矩阵及热膨胀系数如表7-2所列[37,38]。作为对比,表中最后也给出了各向同性的结果。

表7-2 晶体的弹性柔度矩阵及热膨胀系数

晶系	弹性柔度矩阵,柔度系数个数	热膨胀系数张量,矩阵,热膨胀系数个数
三斜晶系	$\begin{pmatrix} s_{11} & s_{12} & s_{13} & s_{14} & s_{15} & s_{16} \\ s_{12} & s_{22} & s_{23} & s_{24} & s_{25} & s_{26} \\ s_{13} & s_{23} & s_{33} & s_{34} & s_{35} & s_{36} \\ s_{14} & s_{24} & s_{34} & s_{44} & s_{45} & s_{46} \\ s_{15} & s_{25} & s_{35} & s_{45} & s_{55} & s_{56} \\ s_{16} & s_{26} & s_{36} & s_{46} & s_{56} & s_{66} \end{pmatrix}$, 21	$\begin{bmatrix} \alpha_{11} & \alpha_{12} & \alpha_{13} \\ \alpha_{12} & \alpha_{22} & \alpha_{23} \\ \alpha_{13} & \alpha_{23} & \alpha_{33} \end{bmatrix}$, $\begin{pmatrix} \alpha_1 \\ \alpha_2 \\ \alpha_3 \\ \alpha_4 \\ \alpha_5 \\ \alpha_6 \end{pmatrix}$, 6
单斜晶系	$\begin{pmatrix} s_{11} & s_{12} & s_{13} & 0 & s_{15} & 0 \\ s_{12} & s_{22} & s_{23} & 0 & s_{25} & 0 \\ s_{13} & s_{23} & s_{33} & 0 & s_{35} & 0 \\ 0 & 0 & 0 & s_{44} & 0 & s_{46} \\ s_{15} & s_{25} & s_{35} & 0 & s_{55} & 0 \\ 0 & 0 & 0 & s_{46} & 0 & s_{66} \end{pmatrix}$, 13	$\begin{bmatrix} \alpha_{11} & 0 & \alpha_{13} \\ 0 & \alpha_{22} & 0 \\ \alpha_{13} & 0 & \alpha_{33} \end{bmatrix}$, $\begin{pmatrix} \alpha_1 \\ \alpha_2 \\ \alpha_3 \\ 0 \\ \alpha_5 \\ 0 \end{pmatrix}$, 4
正交晶系	$\begin{pmatrix} s_{11} & s_{12} & s_{13} & 0 & 0 & 0 \\ s_{12} & s_{22} & s_{23} & 0 & 0 & 0 \\ s_{13} & s_{23} & s_{33} & 0 & 0 & 0 \\ 0 & 0 & 0 & s_{44} & 0 & 0 \\ 0 & 0 & 0 & 0 & s_{55} & 0 \\ 0 & 0 & 0 & 0 & 0 & s_{66} \end{pmatrix}$, 9	$\begin{bmatrix} \alpha_{11} & 0 & 0 \\ 0 & \alpha_{22} & 0 \\ 0 & 0 & \alpha_{33} \end{bmatrix}$, $\begin{pmatrix} \alpha_1 \\ \alpha_2 \\ \alpha_3 \\ 0 \\ 0 \\ 0 \end{pmatrix}$, 3

（续）

晶系	弹性柔度矩阵，柔度系数个数	热膨胀系数张量，矩阵，热膨胀系数个数
正方晶系	$$\begin{pmatrix} s_{11} & s_{12} & s_{13} & 0 & 0 & 0 \\ s_{12} & s_{11} & s_{13} & 0 & 0 & 0 \\ s_{13} & s_{13} & s_{33} & 0 & 0 & 0 \\ 0 & 0 & 0 & s_{44} & 0 & 0 \\ 0 & 0 & 0 & 0 & s_{44} & 0 \\ 0 & 0 & 0 & 0 & 0 & s_{66} \end{pmatrix},6$$	$$\begin{bmatrix} \alpha_{11} & 0 & 0 \\ 0 & \alpha_{11} & 0 \\ 0 & 0 & \alpha_{33} \end{bmatrix}, \begin{pmatrix} \alpha_1 \\ \alpha_1 \\ \alpha_3 \\ 0 \\ 0 \\ 0 \end{pmatrix},2$$
六方晶系	$$\begin{pmatrix} s_{11} & s_{12} & s_{13} & 0 & 0 & 0 \\ s_{12} & s_{11} & s_{13} & 0 & 0 & 0 \\ s_{13} & s_{13} & s_{33} & 0 & 0 & 0 \\ 0 & 0 & 0 & s_{44} & 0 & 0 \\ 0 & 0 & 0 & 0 & s_{44} & 0 \\ 0 & 0 & 0 & 0 & 0 & s_{66}=2(s_{11}-s_{12}) \end{pmatrix},5$$	$$\begin{bmatrix} \alpha_{11} & 0 & 0 \\ 0 & \alpha_{11} & 0 \\ 0 & 0 & \alpha_{33} \end{bmatrix}, \begin{pmatrix} \alpha_1 \\ \alpha_1 \\ \alpha_3 \\ 0 \\ 0 \\ 0 \end{pmatrix},2$$
三角晶系	$$\begin{pmatrix} s_{11} & s_{12} & s_{13} & s_{14} & 0 & 0 \\ s_{12} & s_{11} & s_{13} & -s_{14} & 0 & 0 \\ s_{13} & s_{13} & s_{33} & 0 & 0 & 0 \\ s_{14} & -s_{14} & 0 & s_{44} & 0 & 0 \\ 0 & 0 & 0 & 0 & s_{44} & 2s_{14} \\ 0 & 0 & 0 & 0 & 2s_{14} & s_{66}=2(s_{11}-s_{12}) \end{pmatrix},6$$	$$\begin{bmatrix} \alpha_{11} & 0 & 0 \\ 0 & \alpha_{11} & 0 \\ 0 & 0 & \alpha_{33} \end{bmatrix}, \begin{pmatrix} \alpha_1 \\ \alpha_1 \\ \alpha_3 \\ 0 \\ 0 \\ 0 \end{pmatrix},2$$
立方晶系	$$\begin{pmatrix} s_{11} & s_{12} & s_{12} & 0 & 0 & 0 \\ s_{12} & s_{11} & s_{12} & 0 & 0 & 0 \\ s_{13} & s_{12} & s_{11} & 0 & 0 & 0 \\ 0 & 0 & 0 & s_{44} & 0 & 0 \\ 0 & 0 & 0 & 0 & s_{44} & 0 \\ 0 & 0 & 0 & 0 & 0 & s_{44} \end{pmatrix},3$$	$$\begin{bmatrix} \alpha_{11} & 0 & 0 \\ 0 & \alpha_{11} & 0 \\ 0 & 0 & \alpha_{11} \end{bmatrix}, \begin{pmatrix} \alpha_1 \\ \alpha_1 \\ \alpha_1 \\ 0 \\ 0 \\ 0 \end{pmatrix},1$$
各向同性	$$\begin{pmatrix} s_{11} & s_{12} & s_{12} & 0 & 0 & 0 \\ s_{12} & s_{11} & s_{12} & 0 & 0 & 0 \\ s_{13} & s_{12} & s_{11} & 0 & 0 & 0 \\ 0 & 0 & 0 & s_{44}=2(s_{11}-s_{12}) & 0 & 0 \\ 0 & 0 & 0 & 0 & s_{44} & 0 \\ 0 & 0 & 0 & 0 & 0 & s_{44} \end{pmatrix},2$$	$$\begin{bmatrix} \alpha_{11} & 0 & 0 \\ 0 & \alpha_{11} & 0 \\ 0 & 0 & \alpha_{11} \end{bmatrix}, \begin{pmatrix} \alpha_1 \\ \alpha_1 \\ \alpha_1 \\ 0 \\ 0 \\ 0 \end{pmatrix},1$$

求解激光辐照下半导体材料温度升高引起的应力、应变及位移变化,需要求解的未知量有 6 个应力分量、6 个应变分量、3 个位移分量共计 15 个。上面给出的基本方程有 3 个平衡方程、6 个几何方程和 6 个物理方程。要获得特定物理问题的解还需要给定边界条件。常用的边界条件有应力边界和位移边界。

1. 应力边界条件

在边界 S_σ 处,给定面力分布 P_x、P_y、P_z。边界处的应力 σ_x、τ_{yx} 等应满足如下关系:

$$在 S_\sigma 上 \quad \begin{aligned} P_x &= \sigma_x l + \tau_{yx} m + \tau_{zx} n \\ P_y &= \tau_{xy} l + \sigma_y m + \tau_{zy} n \\ P_z &= \tau_{xz} l + \tau_{yz} m + \sigma_z n \end{aligned}$$

(7 – 39)

式中:l、m、n 为边界外法向与 x、y、z 坐标轴的夹角余弦。

激光辐照半导体器件时,辐照面处一般为自由表面,此表面上的分布力为 0。激光辐照面处可采用应力边界条件,且 P_x、P_y、P_z 都为 0。

2. 位移边界条件

在边界 S_u 处,给定位移。

$$在 S_u 上, \quad u_i = \bar{u}_i$$

其中 $\bar{u}_i$ 为边界上给定的 x、y、z 方向上的位移。

对于安装在热沉上的半导体探测器,如果热沉的刚度很大,可视为固壁,则安装面处可使用位移边界条件,且各方向的位移都为 0。

3. 混合边界条件

混合边界条件分为两种情况。一种情况是对所讨论的问题,一部分边界给定面力分布,采用应力边界条件。其他部分边界给定位移,采用位移边界条件。另一种情况则是在问题的同一段边界上,给定部分位移和部分应力,即给定位移与应力的混合边界条件。

对于由激光辐照半导体材料引起温度升高导致的力学响应,需要求解的有应力、应变及位移共计 15 个未知量。现在已有平衡方程、几何方程和物理方程共计 15 个方程。在给定的边界条件下应该能够求出激光辐照半导体材料引起的热应力变化。当半导体材料中的应力值较大、满足损伤准则时材料产生损伤,即造成了半导体材料的力学损伤。

然而,由于问题极为复杂,基本上无法给出激光辐照半导体材料引起的热应力解析解。对于相对简单的激光辐照立方晶系半导体材料问题,虽然热传导系数张量为球张量,热传导与各向同性材料中的热传导相同。并且热膨胀系数张量也是球张量,热膨胀引起的热应变与各向同性材料中的形式也相同,但立方晶系的弹性柔度张量则与各向同性材料中的不同,也进一步增加了求解激光辐照下半导体材料内热应力分布的复杂度。近年来,虽然有一些文献讨论了激光辐照半导体材料引起的热应力问题,但基本上都采用了各向同性物理方程[39-43]。

上面介绍的求解激光辐照半导体材料导致的热应力采用的是热学和力学解耦的方法,即先用 7.3 节给出的热传导方程求出激光辐照下半导体材料内的温度场,再用本节给出的热弹性力学方程计算热应力及变形,在计算热传导时不考虑变形的影响。实质上物体变形也是一种功能转换,由热力学第一定律可知,热和功是要综合考虑的。所以在热传导方程中也应把物体变形的影响考虑进来。考虑变形影响的热传导方程可表示为[44]

$$k_{ij} \frac{\partial^2 T}{\partial x_i \partial x_j} + g = \rho c \frac{\partial T}{\partial t} + T\beta_{ij} \frac{\partial \varepsilon_{ij}}{\partial t} \qquad (7-40)$$

式中:β_{ij} 为热力系数,代表温度增加单位值时应力的增加值。式(7-40)表明,耦合项是以应变率的形式出现的,所以对高速变形的情况,耦合项的影响比较显著。另外,式(7-40)中最后一项为非线性项,这更增加了求解难度。

7.4.2　激光辐照下半导体表面剧烈汽化的力学效应

连续激光辐照半导体材料时,激光功率密度一般不太高,激光对半导体的作用主要是加热使其温度升高,温度超过熔点、沸点时,半导体材料表面会产生熔化、汽化,但汽化不会太剧烈,蒸气压力很低,蒸气对半导体材料的力学作用可以忽略。而功率密度很高的脉冲激光辐照半导体材料时,如果半导体材料对入射激光的吸收系数很大,激光能量主要沉积在辐照面处的薄层内,将会引起半导体表面薄层材料的剧烈汽化,蒸气的压力较高,需要考虑蒸气对半导体材料的力学作用。图 7-10 和图 7-31 显示出的熔化物飞溅即是由于较高的蒸气压作用熔化物的结果。然而这方面对金属靶材的研究较多,其中包括等离子体的产生、发展、反冲动量以及它们与激光参数的关系。由于半导体材料本身的复杂性,这方面的研究较少。此处参考文献[31]简要给出用气体动力学方法得到的蒸气压力等结果。

蒸气的流动可用气体动力学方程来描述。气体动力学方程包括质量守恒方程、动量守恒方程和能量守恒方程,对于平面一维情形,可表示为

$$\begin{cases} \dfrac{\partial \rho}{\partial t} + \dfrac{\partial}{\partial x}(\rho u) = 0 \\[2mm] \dfrac{\partial}{\partial t}(\rho u) + \dfrac{\partial}{\partial x}(p + \rho u^2) = 0 \\[2mm] \dfrac{\partial}{\partial t}\left(\rho e + \dfrac{1}{2}\rho u^2\right) + \dfrac{\partial}{\partial x}\left[\rho u\left(e + \dfrac{1}{2}u^2 + \dfrac{p}{\rho}\right)\right] + \dfrac{\partial I}{\partial x} = 0 \end{cases} \qquad (7-41)$$

式中:t、x 分别为时、空坐标,原点位于汽化开始时的靶表面;ρ、u、p、e 分别为蒸气的密度、速度、压力和比内能;I 为入射后被介质吸收的光强。

如果激光功率密度超过蒸发阈值不很多,蒸气温度低于原子发生显著电离所需要的温度,蒸气中也没有显著的激光激发电离,这种情况下蒸气对于入射激

光来说实际是近乎透明的气体,方程式(7-41)中的吸收项 $\dfrac{\partial I}{\partial x}=0$。假定激光辐照下半导体材料的汽化为一定常过程,蒸气做等熵运动,流动区边界是凝聚态靶的汽化表面,以速度 U_v 向靶内推进,被此表面吸收的激光强度 I_1 为常数。不考虑克努森层(Knudsen layer)和非平衡过程,只简单地把汽化面视为无厚度的流体动力学强间断面,两边分别是凝聚态靶(下标0)和气体(下标1),由于凝聚物质的动能可以忽略或等于零,吸收的激光能量几乎完全用于气体内能和动能的增加。强间断面两侧应满足质量守恒、动量守恒和能量守恒条件:

$$\begin{cases} \rho_0 U_v = \rho_1(u_1 - U_v) \\ p_0 = p_1 + \rho_0 U_v u_1 \\ I_1 = \rho_0 U_v \left(e_1 + \dfrac{1}{2}u_1^2\right) + p_1 u_1 \end{cases} \tag{7-42}$$

另一个边界条件是假设蒸气前方为真空,压力 $p=0$。假定蒸气的物态方程是完全气体的物态方程。

式(7-42)是不完备的,必须补充汽化面的后退速度 U_v 和凝聚态靶表面压力 p_0 的条件。根据汽化运动为定常的要求,可以假定蒸气离开汽化面的相对速度正好等于其当地声速 c_1,即满足 Jouguet 条件

$$u_1 - c_1 = -U_v \tag{7-43}$$

根据汽化的物理机制估计,当 $U_v < 10^4 \sim 10^5\,\text{cm/s}$ 或 $I_1 < 10^9 \sim 10^{10}\,\text{W/cm}^2$ 时,汽化近似是定常和平衡的,靶表面温度在临界点以下,相变可以由克劳修斯-克拉珀龙方程描述,以面汽化为主要方式,饱和蒸气压力 p_s 和汽化面上的动压力相平衡为

$$p_0 = p_1 + \rho_0 U_v u_1 \approx p_s \tag{7-44}$$

上述给出了透明气体流动的数学描述,可以设想气体出流类似于高压气体向真空的出流,即类似于中心稀疏波。设方程组(7-41)的自相似变元为 $\xi = x/t\sqrt{L_v}$,L_v 是靶物质的汽化热。定义自相似解为

$$U(\xi) = u L_v^{-1/2} \qquad R(\xi) = \rho L_v^{3/2} I_1^{-1} \qquad P(\xi) = \rho L_v^{1/2} I_1^{-1} \tag{7-45}$$

式中 U、R、P 仅依赖于 ξ,利用式(7-45),方程组(7-41)可变换为

$$\begin{cases} \dfrac{d}{d\xi}(RU) - \xi \dfrac{dR}{d\xi} = 0 \\ (U-\xi)\dfrac{dU}{d\xi} + \dfrac{1}{R}\dfrac{dP}{d\xi} = 0 \\ (U-\xi)\dfrac{d}{d\xi}\left(\dfrac{P}{R}\right) + (\gamma-1)\dfrac{P}{R}\dfrac{dU}{d\xi} = 0 \end{cases} \tag{7-46}$$

式中:γ 为气体的等熵指数,气体的物态方程是 $e = L_v + p/(\gamma-1)\rho$。设定常运动的汽化面对应于自相似变元 $\xi = \xi_1$,气体—真空界面对应于 $\xi = \xi_2$,因此,$\xi_1 = U_v L_v^{-1/2}$。求出自相似解的形式为

$$\begin{cases} R(\xi) = R(\xi_1) \left(1 - \dfrac{\xi - \xi_1}{\xi_2 - \xi_1} \right)^{2/(\gamma-1)} \\[2mm] P(\xi) = R(\xi_1) \dfrac{(\gamma-1)^2 (\xi_2 - \xi_1)^2}{\gamma(\gamma+1)^2} \left(1 - \dfrac{\xi - \xi_1}{\xi_2 - \xi_1} \right)^{2\gamma/(\gamma-1)} \\[2mm] U(\xi) = \dfrac{2}{\gamma+1}\xi + \dfrac{\gamma-1}{\gamma+1}\xi_2 \end{cases} \qquad (7-47)$$

确定出待定参数 ξ_1、ξ_2 和 $R(\xi_1)$ 后,即可得到气体压力等物理量。利用间断面守恒条件式(7-42)和补充条件式(7-43)、式(7-44)可得

$$R(\xi_1) = \frac{\gamma+1}{(\gamma-1)\eta}\frac{\xi_1}{\xi_2-\xi_1} \qquad (7-48)$$

式中: $\eta = I_1/\rho_t L_v^{3/2}$。饱和蒸气压方程可表示为

$$\rho_s = \tilde{A}e^{-L_v/\rho_s p_s} \qquad (7-49)$$

式中: $\tilde{A}$ 为常数。设相变为等温过程,$p_s/\rho_s \approx p_1/\rho_1$,最后可得到求解 ξ_1 和 ξ_2 的超越方程为

$$\begin{cases} \dfrac{(\gamma+1)^2 \xi_1 [\xi_1 + (\gamma-1)\xi_2]}{(\gamma-1)^2 (\xi_2 - \xi_1)^2} = -\dfrac{\tilde{A}}{\rho_t} e^{\frac{\gamma(\gamma+1)^2}{(\gamma-1)^2(\xi_2-\xi_1)^2}} \\[3mm] \xi_1 \left[1 + \dfrac{\xi_1^{\,2}}{\gamma(\gamma+1)} + \dfrac{(\gamma-1)^2 \xi_2^{\,2}}{2(\gamma+1)} + \dfrac{(\gamma-1)\xi_1\xi_2}{\gamma(\gamma+1)} \right] = -\eta \end{cases} \qquad (7-50)$$

由于汽化面的运动速度比气体向真空中流出的速度慢得多,$|\xi_1| \ll |\xi_2|$,略去 ξ_1 的高阶项,得

$$\xi_1 = -B_2\eta, \quad \xi_2 = \frac{\gamma(\gamma+1)^2}{(\gamma-1)^2} \left[B_1 - \ln\left(\frac{\eta\rho_t}{A} \right) \right]^{-1/2} \qquad (7-51)$$

式中: $B_1 = \ln\left[\dfrac{(\gamma-1)^2 \xi_2^3}{2(\gamma+1)^3} + \dfrac{(\gamma-1)\xi_2}{(\gamma+1)^2} \right]$; $\quad B_2 = \ln\left[1 + \dfrac{(\gamma-1)^2 \xi_2^{\,2}}{2(\gamma+1)} \right]^{-1}$。

当 I_1 处于 $10^6 \sim 10^9 \text{W/cm}^2$ 范围时,B_1 近似为常数,B_2 的变化也不会超过 10%,因此可以认为式(7-51)就是 ξ_1 和 ξ_2 的近似解。把 ξ_1 和 ξ_2 代入式(7-47)、式(7-48),得到汽化面的气体状态:

$$\begin{cases} \rho_1 = \rho_t \dfrac{\gamma+1}{\gamma-1}\dfrac{\xi_1}{\xi_2} \approx \gamma^{-1/2} L_v^{-3/2} B_2 I_1 \left(B_1 - \ln\dfrac{\eta\rho_t}{\tilde{A}} \right)^{1/2} \\[3mm] p_1 = \rho_t L_v \dfrac{(\gamma-1)|\xi_1|\xi_2}{\gamma(\gamma+1)} \approx \gamma^{-1/2} L_v^{-1/2} B_2 I_1 \left(B_1 - \ln\dfrac{\eta\rho_t}{\tilde{A}} \right)^{-1/2} \\[3mm] u_1 = L_v^{1/2} \dfrac{(\gamma-1)\xi_2}{(\gamma+1)} \approx \gamma^{1/2} L_v^{1/2} \left(B_1 - \ln\dfrac{\eta\rho_t}{\tilde{A}} \right)^{-1/2} \\[3mm] T_1 = \dfrac{M_a L_v}{R_g} \dfrac{(\gamma-1)\xi_2^{\,2}}{\gamma(\gamma+1)} \approx \dfrac{M_a L_v}{R_g} \left(B_1 - \ln\dfrac{\eta\rho_t}{\tilde{A}} \right)^{-1} \end{cases} \qquad (7-52)$$

式中:M_a 为气体的相对原子量;R_g 为摩尔气体常数。汽化面的后退速度为

$$U_v = B_2 I_1 / \rho_0 L_v \qquad (7-53)$$

上述结果适用于蒸气对入射激光透明的情况。这一理论模型还可推广到蒸气发生电离、对激光有吸收的情形,具体参见文献[31]。

在解释图 7-39 中不同功率密度激光辐照 HgCdTe 样品导致的损伤时,提出了气体电离形成等离子体、等离子体屏蔽等因素对损伤的影响。高功率密度的激光辐照靶物质时,材料汽化速率很大,靶蒸气运动压缩其前方的环境气体,形成冲击波。靶蒸气进一步吸收激光能量升温,发生部分电离,进而通过热辐射使前方冷的环境气体也发生加热和电离,形成激光维持的燃烧波(LSC)。随着光强增大,LSC 吸收区运动加快,吸收加强,直至与前方冲击波汇合,这时冲击波阵面就是激光吸收区,形成激光维持的爆轰波(LSD)。LSD 也可能直接点燃,即认为靶表面局部层状缺陷迅速被加热到热电离温度,发射电子,引起靶表面环境气体的光学击穿。有关气体的电离机制、LSC 及 LSD 波的点燃及传播等问题可参考文献[31],不再详细介绍。

7.5 超短脉冲激光辐照半导体材料引起的热和力学损伤

近年来,有许多学者研究了飞秒(fs)、皮秒(ps)等超短脉冲激光对半导体材料的热和力学损伤,给出了损伤形貌。本节主要介绍近年来发表的超短脉冲激光辐照损伤半导体材料的实验结果。

7.5.1 超短脉冲激光对硅的热和力学损伤

在超短脉冲激光对半导体材料的损伤方面,研究最多的是 Si 材料的损伤。文献[45]在确定波长为 775nm 的超短脉冲激光对 Si 材料的损伤阈值时仍采用 7.2 节类似的方法,即将超短脉冲激光聚焦辐照 Si 样品,再用 He-Ne 激光作为探测光,根据从 Si 样品表面反射的 He-Ne 激光强度的变化判断是否产生了损伤。实验中使用的超短脉冲激光半高宽 FWHM 从 150fs ~ 5.5ps 可调,用焦距 1000mm 的透镜将超短脉冲激光聚焦到 Si 样品上,光斑半径为 130 ~ 150μm。通过二维平移台移动样品控制激光在样品上的辐照位置,采用 1-on-1 辐照模式,每一种激光能量下都进行约 200 次的辐照,研究单脉冲辐照对表面抛光(粗糙度约为 4.2nm)的 3mm 厚 Si 样品的损伤阈值。FWHM 分别为 180fs 和 3.4ps 的超短脉冲激光辐照下,不同能量密度激光对 Si 样品造成损伤的概率见图 7-62,图中误差条长度与相应能量密度区间内的辐照次数成反比。通过线性拟合外推确定 Si 样品的损伤阈值 F_{th}。对于半高宽 180fs 和 3.4ps 的超短脉冲激光 F_{th} 分别为 0.19J/cm^2 和 0.275J/cm^2。与纳秒、微秒等较长脉宽的激光相比,超短脉冲激光的损伤阈值明显较低。对于较长脉宽的脉冲激光来说,损伤阈值 $F_{th} \propto \sqrt{\tau}$($\tau$ 为

脉冲宽度），然而当脉宽小于 10ps 时则不再满足上述关系[46]。对于较长脉宽的激光，热扩散效应使得光斑外较大区域都得到了激光能量，随着脉宽变短，吸收的激光能量更多地集中在光斑范围内，导致超短脉冲激光的损伤阈值明显更低。

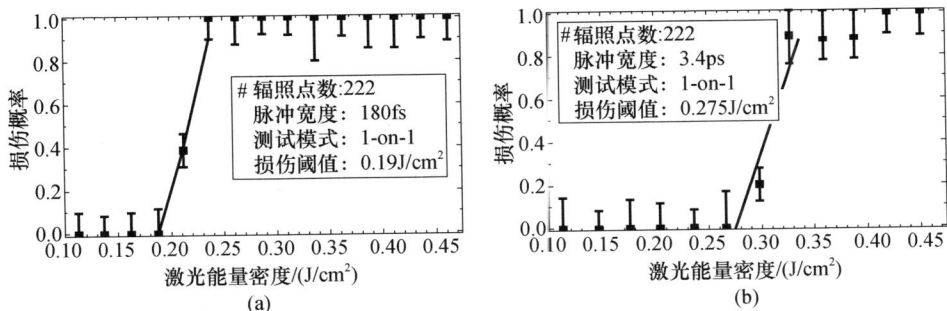

图 7-62 不同能量密度激光对 Si 样品的损伤概率（取自文献[45]）
（a）FWHM = 180fs；（b）FWHM = 3.4ps。

图 7-63 给出了在 1-on-1 辐照模式下，实验测得的不同半高宽的超短脉冲激光对 Si 样品的损伤阈值。图中竖直的误差条长度代表了损伤阈值的不确定度。虽然实验结果有一些分散起伏，但拟合的损伤阈值随脉冲半高宽的变化曲线有明显的渐近趋势。当能量密度低于某一值时，脉宽再短的激光也不会对 Si 样品造成损伤。

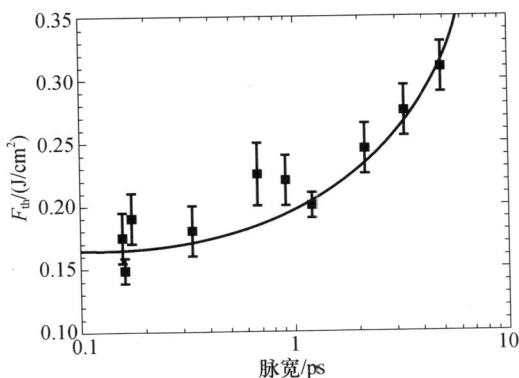

图 7-63 损伤阈值随超短脉冲激光脉宽的变化（取自文献[45]）

观察超短脉冲激光辐照 Si 材料造成的损伤形貌时采用的实验光路如图 7-64 所示。激光波长为 775nm，激光脉冲半高宽 FWHM = 150fs，重复频率为 250Hz。激光器输出的是 TEM_{00} 横模线偏振光，通过转动图中所示半波片和线偏振片衰减激光控制到靶能量，用机械快门控制辐照到样品上的脉冲数，再用 1/4 波片将线偏振光变为圆偏振光，最后用焦距 50mm 的透镜聚焦垂直辐照 Si 样品。样品

厚度有 $100\mu m$ 和 $460\mu m$ 两种。与前面将激光对半导体材料的损伤定义为其表面对探测光反射率下降 10% 不同,在此处只要辐照后通过光学显微镜或 SEM 显微镜可观察到 Si 样品表面出现了突然变化,即定义为激光对 Si 样品造成了损伤,此时样品表面可能并未出现熔化等热效应。

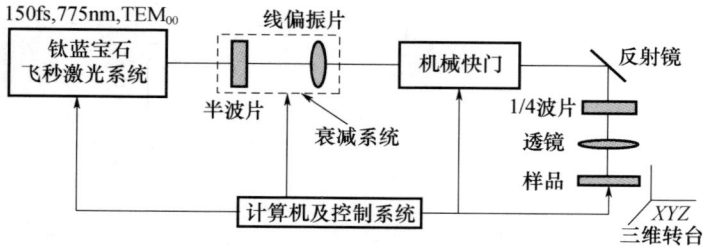

图 7 - 64 超短脉冲激光辐照 Si 样品光路示意图(取自文献[46])

辐照到 Si 样品上的单脉冲激光能量为 $0.24mJ$、光斑尺寸($1/e^2$ 直径)$1.4mm$、光斑中心的能量密度 $0.03J/cm^2$ 情况下,单脉冲辐照后用光学显微镜和 SEM 显微镜观察样品表面,都未发现任何变化,即单脉冲激光辐照未对样品造成损伤。不同个数的激光脉冲辐照后 Si 样品表面的 SEM 显微照片见图 7 - 65。

如图 7 - 65(a)所示,10 个脉冲辐照后 Si 的表面上没有显出损伤迹象,辐照后 SEM 图像与辐照前的相同。20 个脉冲辐照后 Si 表面出现轻微的损伤,见图 7 - 65(b)。辐照后的形貌与辐照前的差异很小,在 SEM 照片中不易分辨。然而,这种轻微的损伤对后续损伤的发展却有重要的作用。实验结果表明,单脉冲能量密度低于 Si 材料损伤阈值的多个脉冲辐照有明显的积累作用。

Si 样品表面出现损伤后,再增加激光脉冲的个数将使损伤变得更加严重。20 个激光脉冲辐照后,Si 样品表面的损伤在 SEM 照片中还不易观察。激光脉冲作用造成表面损伤后,样品物理性能特别是其对激光的吸收特性随之改变,50 个激光脉冲辐照后,在 SEM 照片中可以很容易观察到 Si 样品表面的损伤,如图 7 - 65(c)所示,样品表面还出现了裂纹。

继续增加辐照的激光脉冲个数,Si 样品表面的损伤区域扩大。图 7 - 65(d)和(e)分别给出了 100 个和 500 个激光脉冲辐照后 Si 样品表面形貌的 SEM 照片。由图 7 - 65(e)可见,500 个激光脉冲辐照后 Si 样品表面出现了许多小烧蚀坑。进一步增加辐照的激光脉冲个数,1000 个脉冲、2000 个脉冲和 5000 个脉冲辐照后 Si 样品表面损伤的 SEM 照片分别见图 7 - 65(f)、(g)和(h)。图中结果表明,裂纹处小坑的尺寸明显大于其他区域的小坑尺寸。5000 个脉冲辐照后,Si 样品表面的损伤主要表现为许多尺寸较大的烧蚀坑。然而有趣的是,光斑中心区域却几乎没有烧蚀坑。

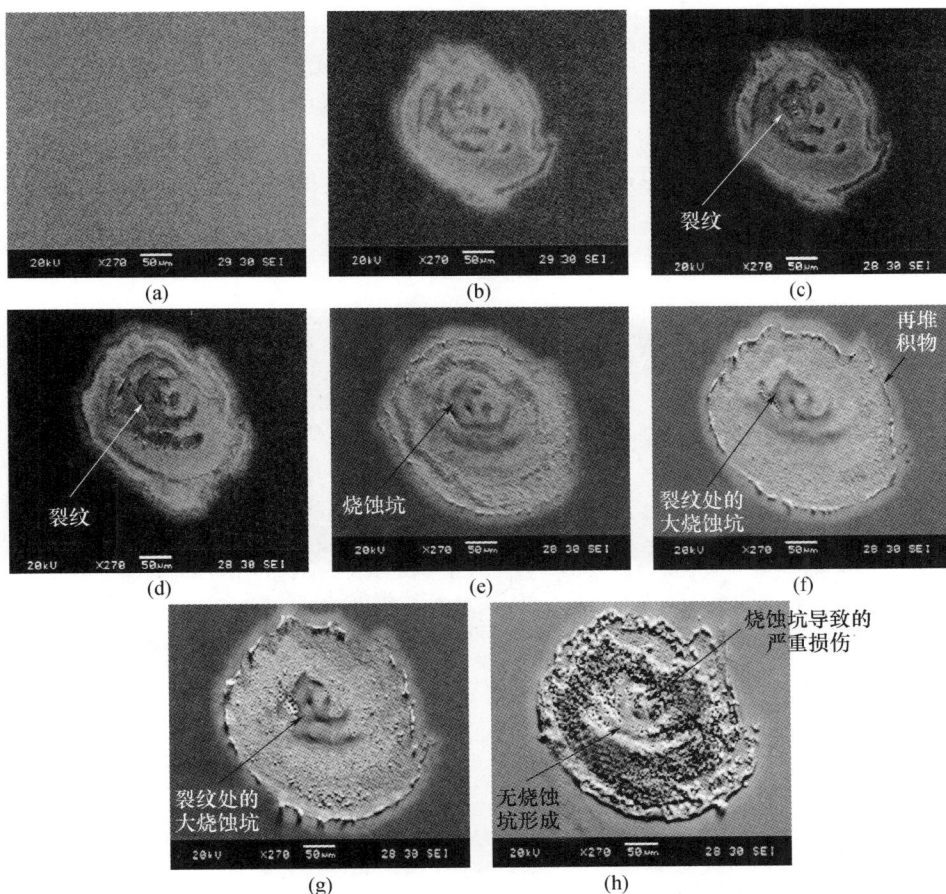

图 7-65　不同个数的激光脉冲辐照 Si 样品造成的损伤(取自文献[46])
(a)10 个脉冲;(b)20 个脉冲;(c)50 个脉冲;(d)100 个脉冲;(e)500 个脉冲;
(f)1000 个脉冲;(g)2000 个脉冲;(h)5000 个脉冲。

　　辐照到 Si 样品上的单脉冲激光能量为 0.36mJ、光斑尺寸 300μm、光斑中心能量密度 0.25J/cm² 情况下,单脉冲激光辐照 Si 样品也不会产生损伤。5 个激光脉冲辐照后 Si 样品表面的 SEM 显微照片见图 7-66(a),图中表明 5 个脉冲辐照后 Si 样品表面已产生了损伤,多个脉冲辐照有明显的积累效应。图 7-66(b)给出了 10 个脉冲辐照后 Si 样品表面形貌。与图 7-66(a)明显不同的是,10 个脉冲辐照后,损伤区域出现了周期性波纹结构 LIPSS,即表明圆偏振的激光辐照也可产生条纹状周期性结构。

　　保持上述光斑尺寸及能量密度,增加辐照的激光脉冲个数,50 个脉冲辐照后 Si 样品表面的 SEM 显微照片见图 7-67(a)。与图 7-66 相比,图 7-67(a)中的损伤形貌又有明显不同,损伤层次分明、面积增大。为了定性解释图 7-67(a)

273

的损伤,图 7-67(b)画出了各损伤区域示意图,并给出了不同损伤形态与高斯光斑内能量分布的对应关系。在光斑的中心区域激光能量密度最高,导致了此区域热熔融(Ablation)并产生了 LIPSS。从中心区域向外,有一个由中心熔化物再凝结堆积(Re-deposited Materials)形成的环状"边缘(rim)"。形成"边缘"的主要原因可能有两个:一是中心区域熔化物在表面汽化或环境气体的温升导致的高压气体作用下向周边流动;二是高温区表面张力较小使得熔化物向周边低温熔化区聚集。

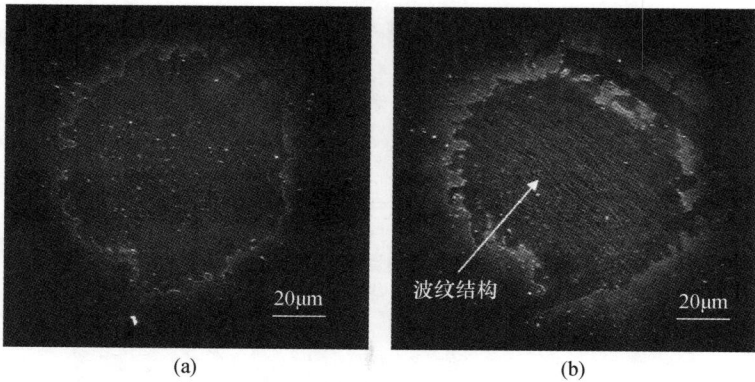

图 7-66　5 个和 10 个激光脉冲辐照 Si 样品造成的损伤(取自文献[47])
(a)5 个脉冲;(b)10 个脉冲。

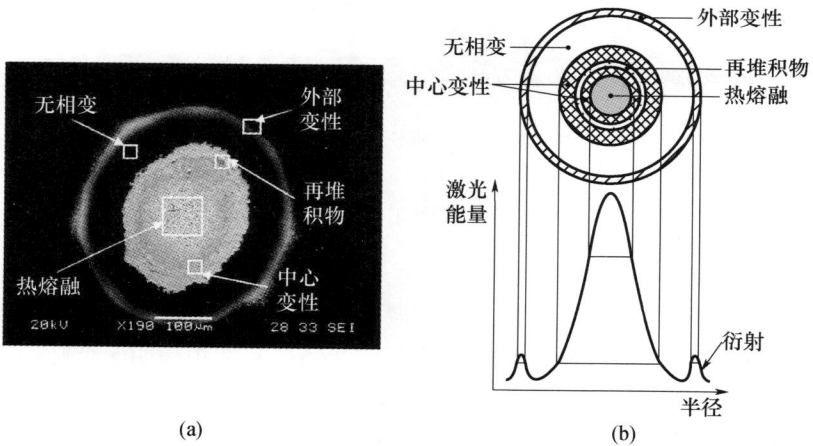

图 7-67　50 个激光脉冲辐照 Si 样品造成的损伤(取自文献[47])
(a)损伤形貌;(b)损伤形态与能量分布的对应关系。

紧邻着"边缘"的内外各有一圈变性区,统称为中心变性区(Central Modification),在 SEM 显微镜中观察时,这两个环状区域的反光特性与其他区域明显不同,认为这个区域是形成了非晶态或多晶硅状态。不论是较长脉冲还是超短脉冲激光辐照,在适当的能量密度条件下都可形成非晶态或多晶硅状态。单晶硅由于脉冲激光辐照形成非晶态或多晶硅状态的原因,可归结为从熔化状态急速再凝结的动态过程。由于凝结过程中的降温速率非常快(大约 10^{13}℃/s)[47],Si 材料来不及回归到单晶状态,因此形成了非晶态或多晶硅状态。这一变性过程仅在特定的能量密度范围内发生,能量密度高于这一范围时(如光斑中心区域),再凝结时的降温速率变慢使得能够从熔化状态再结晶。

再往外的环状区域没有相变发生,在 SEM 显微镜中观察这一区域的状态与辐照前的状态一致。虽然在多脉冲激光辐照过程中这一区域的能量也会有积累,但如图 7 – 67(b)所示,这一区域的能量密度较低,没有达到引起相变所需的阈值,所以没有产生相变。然而在这一区域外围又有一圈变性区,称之为外部变性区(Outer Modification),这一现象可用激光的衍射来解释。在一级衍射环的位置,激光能量密度超过了多脉冲辐照引发变性所需的阈值,产生了与中心变性区同样的变性。

再增加辐照的激光脉冲数,辐照后 Si 样品表面的形貌与图 7 – 67(a)相似。80 个和 150 个脉冲辐照后的损伤如图 7 – 68 所示,损伤形貌更加明显。激光脉冲增加到 150 个时,由于中心区域的熔化物质更多,再凝结堆积形成的环状"边缘(rim)"也更加明显。光斑外围的外部变性区和紧邻其内的无相变区的差异也更大。各种形态损伤的形成仍可像上面一样解释。

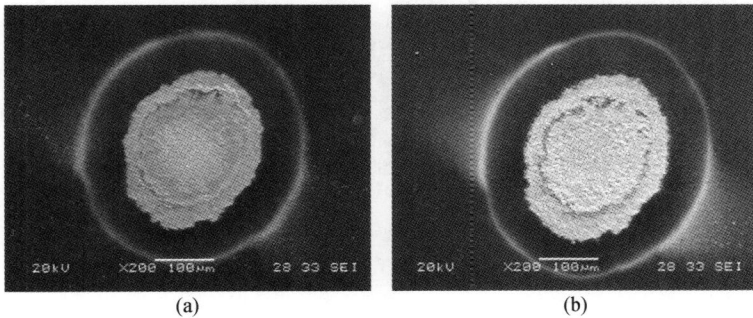

图 7 – 68　80 个和 150 个激光脉冲辐照 Si 样品造成的损伤(取自文献[47])
(a)80 个脉冲;(b)150 个脉冲。

能量密度较高的超短脉冲激光单脉冲辐照 Si 样品产生的损伤形貌见图 7 – 69,可见此时的损伤主要表现为光斑中心附近熔化物的飞溅,由此推断光斑中心附近的 Si 材料产生了剧烈的汽化,较高的汽化压力导致了熔化物剧烈飞溅。在光斑中心附近未见到 LIPSS,与图 7 – 65 ~ 图 7 – 68 所示能量密度较低的多脉冲辐照造成的损伤明显不同。

与上述激光波长相近的 806nm 超短脉冲激光辐照 Si 材料导致的损伤现象也相似。波长 806nm 激光的单脉冲能量为 50 ~ 55mJ,脉宽 110fs,重复频率

10Hz。806nm 的超短脉冲激光聚焦辐照 39mm 厚的 Si 样品，另用 He – Ne 激光聚焦在 806nm 的光斑处作为探测光，且 He – Ne 激光的光斑更小。仍将 Si 样品表面反射的 He – Ne 激光强度下降 10% 定义为 Si 的损伤。脉冲功率密度为 1.6 $\times 10^{14} W/cm^2$ 的激光辐照 10 个脉冲可导致 Si 样品的损伤，记此值为 F_{th}。光斑中心呈现的损伤形态为熔化，辐照后的损伤全貌见图 7 – 70(a)，图 7 – 70(b) 为光斑中心区域损伤形貌局部放大，表明光斑中心处熔化后形成了非晶态。在同样的脉冲功率条件下，增加辐照到 Si 样品上的脉冲个数，100 个脉冲辐照后的损伤形貌分布见图 7 – 71，可见辐照后光斑外围也形成了一圈明亮的环状损伤，这一环状区域也为非晶态，光斑中心处形成了周期性条纹结构 LIPSS。500 个脉冲辐照后的损伤形貌分布如图 7 – 72 所示，可见光斑中心处的 LIPSS 又出现了破碎。

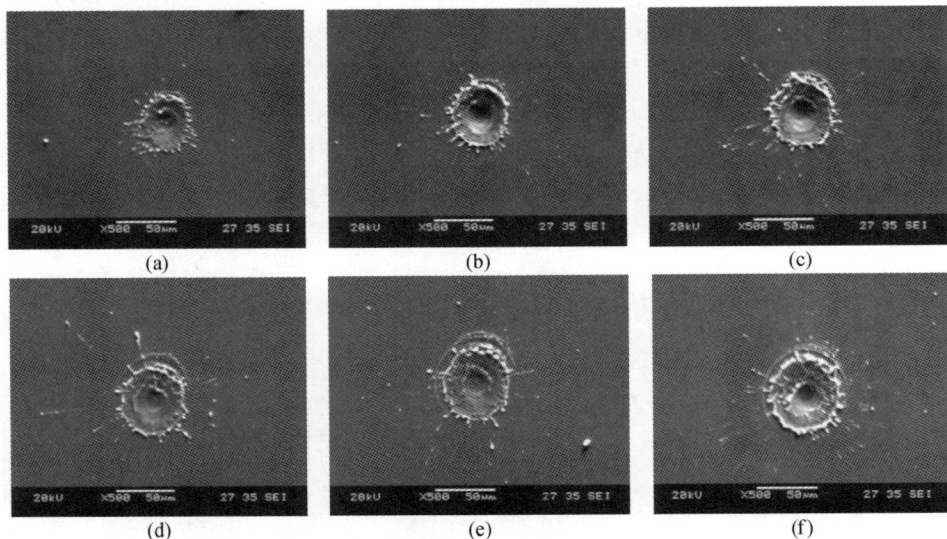

图 7 – 69　不同能量密度的单脉冲辐照 Si 样品造成的损伤(取自文献[46])
(a)13J/cm²；(b)17J/cm²；(c)22J/cm²；(d)26J/cm²；(e)28J/cm²；(f)33J/cm²。

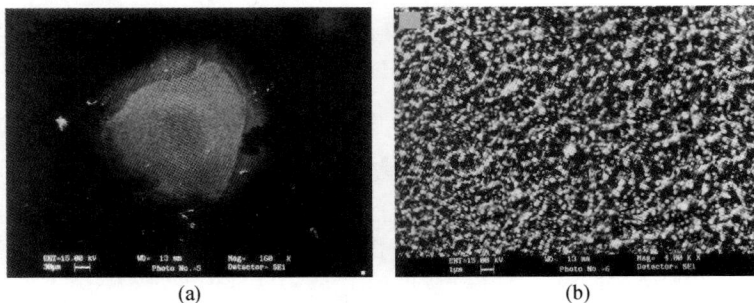

图 7 – 70　F_{th} 的 10 个脉冲辐照 Si 样品造成的损伤(取自文献[48])
(a)损伤全貌；(b)光斑中心处局部放大。

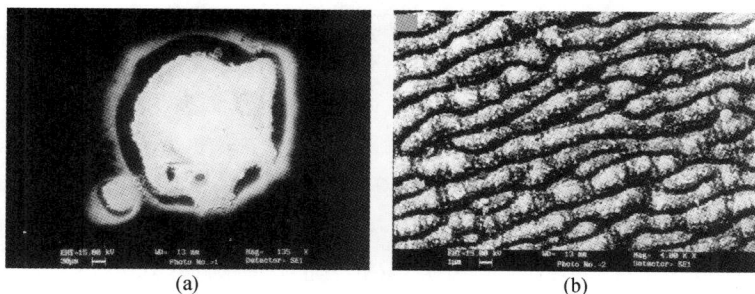

图 7-71 F_{th} 的 100 个脉冲辐照 Si 样品造成的损伤（取自文献[48]）

（a）损伤全貌；（b）光斑中心处局部放大。

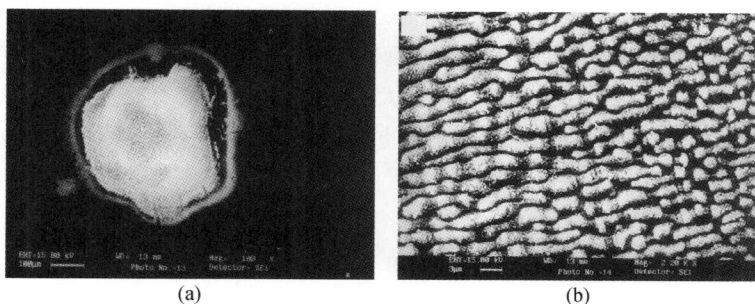

图 7-72 F_{th} 的 500 个脉冲辐照 Si 样品造成的损伤（取自文献[48]）

（a）损伤全貌；（b）光斑中心处局部放大。

将激光的脉冲功率密度增加到 $3F_{th}$，500 个脉冲辐照后 Si 样品表面的损伤形貌分布见图 7-73。可见光斑中心处形成了排列整齐的球状颗粒，颗粒的直径大约为 $5\mu m$。

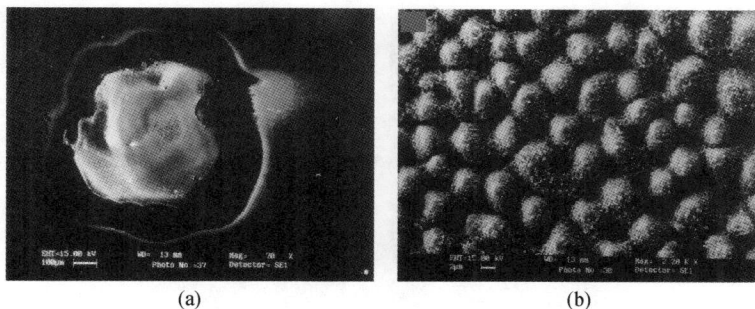

图 7-73 3 倍 F_{th} 的 500 个脉冲辐照 Si 样品造成的损伤（取自文献[48]）

（a）损伤全貌；（b）光斑中心处局部放大。

7.5.2 超短脉冲激光辐照其他半导体材料产生的热和力学损伤

本小节简要给出超短脉冲激光辐照其他半导体材料产生的损伤。研究超短脉冲激光对 GaAs 的损伤时使用的激光波长为 $1.06\mu m$，脉宽为 35ps，重复频率为

10Hz。高斯分布的 TEM_{00} 模垂直辐照表面抛光的 GaAs 样品,光斑尺寸(1/e^2 直径)约为 7mm。

脉冲功率密度为 $2 \times 10^{11} W/cm^2$、脉宽为 35ps 的激光单脉冲辐照下 GaAs 样品出现了损伤,将此功率密度记为 F_{th}。此时的损伤表现为光斑中心区域和损伤的外围产生了喷射,总体损伤概貌见图 7 - 74(a),图 7 - 74(b)给出的是损伤外围的局部放大。图中表明喷射形成了一些微坑,微坑排成了长链状的规则图案。

功率密度为 F_{th} 的 50 个脉冲辐照 GaAs 样品造成的损伤如图 7 - 74(c)所示。可见在聚焦的全部区域都形成了微坑状损伤,微坑的直径和深度都有所增加,相邻微坑的间距则有所减小。图 7 - 74(d)为光斑中心损伤区域的局部放大,可看到微坑的形状及形成的明亮边界,明亮边界为富 Ga 相(GaAs 分解后 As 元素升华)。50 个脉冲辐照后 GaAs 样品损伤外围区域的局部放大见图 7 - 74(e),从中可以看到微坑从形成到长大的不同状态。

保持功率密度仍为 F_{th},将激光脉冲数增加到 100 个,辐照后的损伤形貌见图 7 - 74(f)。与图 7 - 74(c)相比,图 7 - 74(f)的损伤程度似有明显降低,但实际上是前面激光脉冲辐照产生的富 Ga 相又被热解汽化产生质量迁移,样品表面又回到了正常的 GaAs 组分状态,呈现出黑色。后续的激光脉冲辐照 GaAs 样品又产生了新的微坑,新产生微坑处的局部放大见图 7 - 74(g)。

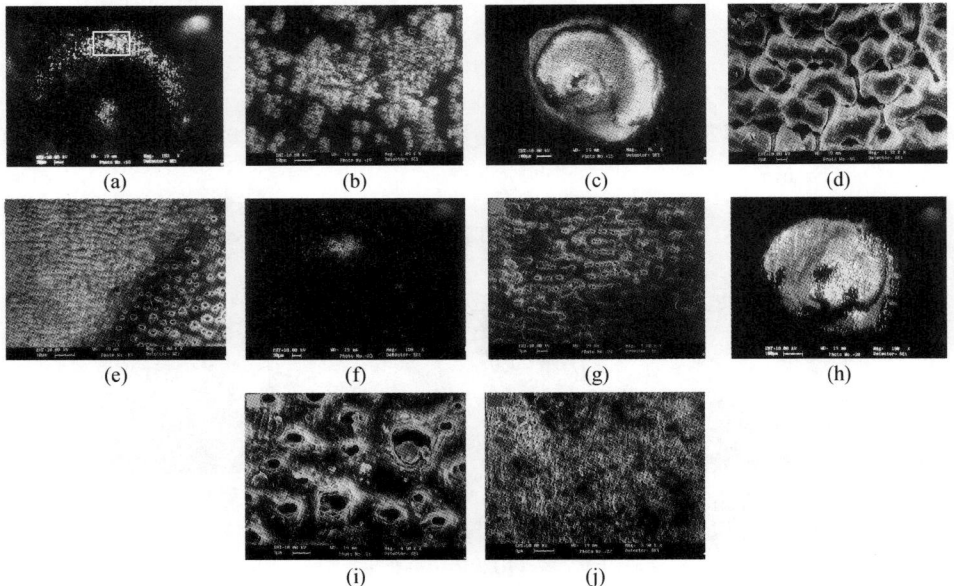

图 7 - 74 功率密度为 F_{th} 的脉冲激光辐照 GaAs 样品造成的损伤(取自文献[49])

(a)单脉冲辐照的损伤全貌;(b)单脉冲损伤外围局部放大;
(c)50 个脉冲辐照的损伤全貌;(d)50 个脉冲光斑中心处的损伤;(e)50 个脉冲光斑外围处的损伤;
(f)100 个脉冲辐照的损伤全貌;(g)100 个脉冲辐照新形成的微坑;(h)500 个脉冲辐照的损伤全貌;
(i)500 个脉冲光斑中心处的损伤;(j)500 个脉冲光斑外围区域局部放大。

对比单脉冲和 100 个脉冲辐照 GaAs 样品导致的损伤，微坑状损伤是相似的，不同的是 100 个脉冲辐照时已通过热解汽化移除了最表面的一层，新的微坑是在被移除层下面形成的，这实际上意味着再增加辐照的脉冲数，产生的损伤是类似的，只是 GaAs 样品表面一层一层地被剥离产生质量迁移。

进一步增加辐照的激光脉冲数到 500 个，GaAs 样品表面上聚焦光斑的全部区域再次形成了与图 7 - 74(c)中类似的微坑状损伤，只是微坑的直径和深度都较小，损伤全貌如图 7 - 74(h)所示。微坑处的局部放大照片见图 7 - 74(i)，图中还可看到富 Ga 相的白色溅射滴状物。图 7 - 74(h)中损伤外围区域的局部放大照片见图 7 - 74(j)，由于白色对应富 Ga 相，从中可以看到不同 Ga 和 As 比例的差异。

增加脉冲激光功率密度到 $3F_{th}$，100 个脉冲辐照后 GaAs 样品的损伤全貌如图 7 - 75(a)所示。与前面介绍的功率密度 F_{th} 的多脉冲辐照只产生微坑和表面质量迁移不同，增加激光功率密度后多脉冲辐照在样品表面产生了较大的裂纹或断裂。图 7 - 75(b)给出的是损伤区域外围的局部放大照片，从中可看到微坑形成的链状结构。

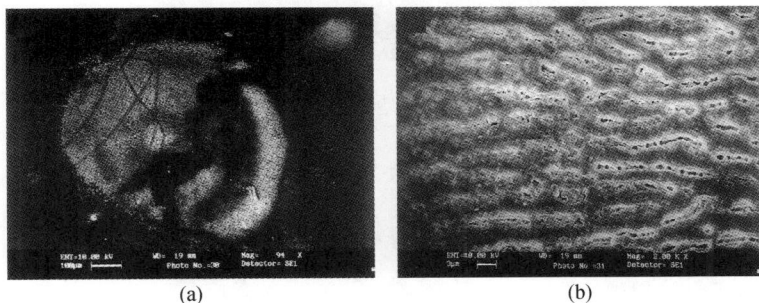

(a) (b)

图 7 - 75　$3F_{th}$ 的 100 个脉冲辐照 GaAs 样品造成的损伤(取自文献[49])

(a)损伤全貌；(b)外围区域局部放大。

研究超短脉冲激光对锗的辐照效应时使用的激光波长为 806nm，脉宽为 110fs，重复频率为 10Hz，单脉冲能量为 50 ~ 55mJ。TEM_{00} 模激光经焦距为 750mm 的透镜聚焦辐照精细抛光的 Ge 样品。使用中性衰减片及调整 Ge 样品与聚焦透镜间的距离改变辐照到样品上的激光功率密度。样品的光斑尺寸用裂缝扫描技术实际测量。另用一束 He - Ne 激光作为探测光聚焦在 Ge 样品上，超短脉冲激光辐照 Ge 样品造成损伤后其对探测光的反射率将发生变化，探测光的光斑小于超短脉冲激光的光斑以避免测量反射率时未损伤表面的影响。将超短脉冲激光辐照 Ge 样品导致其对 He - Ne 激光反射率下降 10% 定义为样品的损伤。由于测量 Ge 样品对 He - Ne 激光的反射率是在短脉冲激光辐照结束几秒后进行的，所以此处所说的损伤为永久损伤。

实验结果表明，不论是线偏振光还是圆偏振光，单脉冲激光辐照表面抛光的

Ge 样品导致损伤所需的超短脉冲激光功率密度阈值 F_{th} 相同。功率密度为 F_{th} 的单脉冲线偏振激光辐照 Ge 样品造成的损伤见图 7 – 76。由图可见,围绕损伤区域形成了一个很细但明显的环,这个环由非晶态的 Ge 构成。在损伤区域下部靠外围处有明显的再结晶现象。

在同样的激光功率密度下,将辐照的激光脉冲增加到 100 个,辐照后 Ge 样品的损伤形貌见图 7 – 77。图 7 – 77(a)为损伤全貌,图 7 – 77(b)为损伤中心区域的局部放大,可见中心区域的损伤主要表现为微坑和波纹结构。

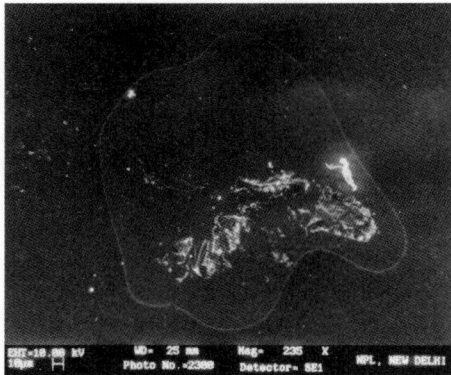

图 7 – 76 F_{th} 的单个偏振激光脉冲线辐照 Ge 样品造成的损伤(取自文献[50])

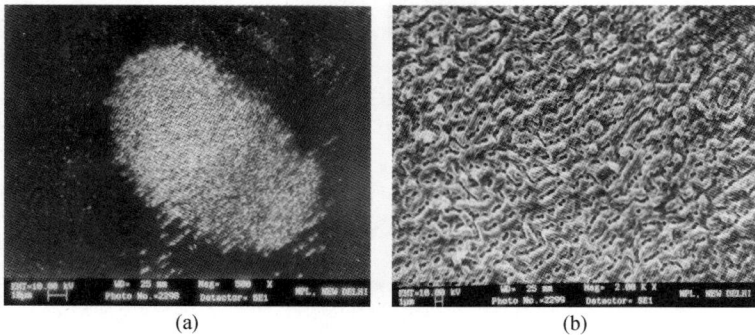

| (a) | (b) |

图 7 – 77 F_{th} 的 100 个线偏振激光脉冲辐照 Ge 样品造成的损伤(取自文献[50])

(a)损伤全貌;(b)中心区域局部放大。

将辐照的激光功率密度增加到 $2F_{th}$,单脉冲辐照仍会导致 Ge 样品上出现再结晶。100 个脉冲辐照后光斑中心处的损伤也还是微坑以及波纹结构,损伤全貌如图 7 – 78(a)所示。损伤区域外围左侧稍偏上处出现了明显的再结晶现象,此处的局部放大见图 7 – 78(b)。

再继续增加辐照的激光功率密度到 $3F_{th}$,单脉冲线偏振激光辐照 Ge 样品导致的损伤见图 7 – 79。图 7 – 79(a)为损伤全貌,可见在损伤区域外围形成了较大面积的再结晶区。图 7 – 79(b)为损伤外围再结晶区域的局部放大。

同样功率密度的单脉冲圆偏振激光辐照 Ge 样品造成的损伤如图 7 - 80 所示。图 7 - 80(a)、(b)分别为损伤全貌和外围再结晶区域的局部放大。对比图 7 - 79 和图 7 - 80,可见在这样的激光功率密度下,线偏振光和圆偏振光造成的损伤没有明显差异。

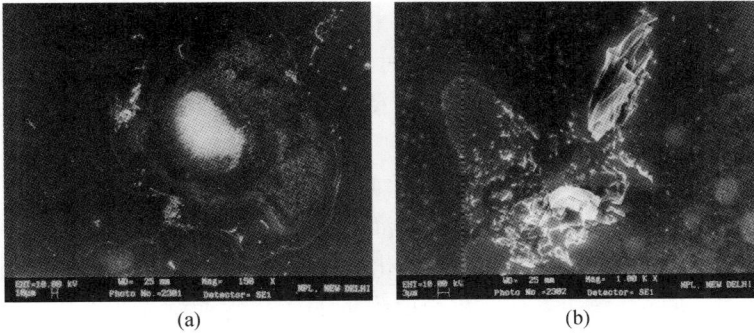

(a)　　　　　　　　　　　　　　　(b)

图 7 - 78　$2F_{th}$ 的 100 个线偏振激光脉冲辐照 Ge 样品造成的损伤(取自文献[50])

(a)损伤全貌;(b)外围再结晶处局部放大。

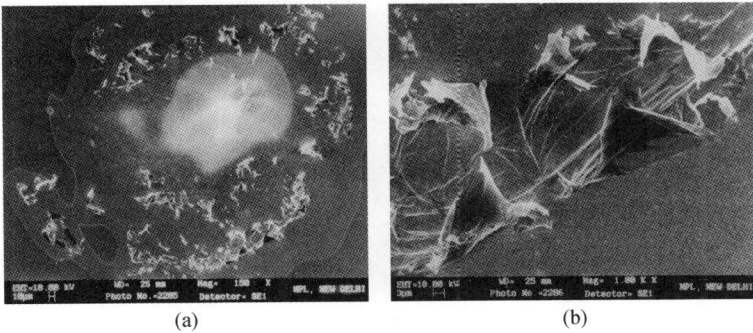

(a)　　　　　　　　　　　　　　　(b)

图 7 - 79　$3F_{th}$ 的单个线偏振激光脉冲辐照 Ge 样品造成的损伤(取自文献[50])

(a)损伤全貌;(b)外围再结晶区域局部放大。

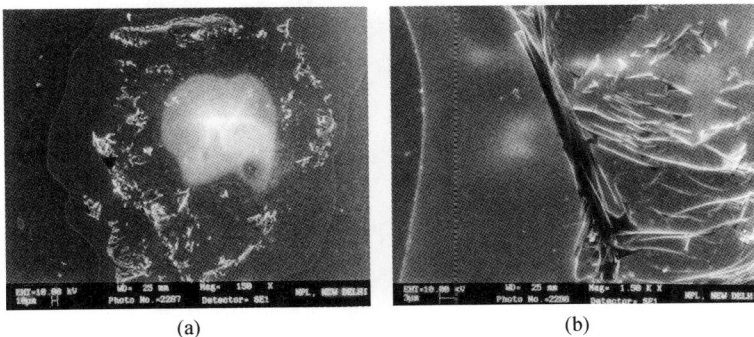

(a)　　　　　　　　　　　　　　　(b)

图 7 - 80　$3F_{th}$ 的单个圆偏振激光脉冲辐照 Ge 样品造成的损伤(取自文献[50])

(a)损伤全貌;(b)外围再结晶区域局部放大。

半导体材料和器件的激光辐照效应

激光功率密度 $3F_{th}$ 的 100 个激光脉冲辐照 Ge 样品造成的损伤见图 7-81。图 7-81(a)对应的是圆偏振光,图 7-81(b)对应线偏振光,$3F_{th}$ 的 100 个脉冲辐照下线偏振光与圆偏振光导致的损伤也没有太大差异。图 7-82 给出了 $3F_{th}$ 的 100 个圆偏振激光脉冲造成损伤的中心区域与外围区域局部放大。由图 7-82(a)可见,光斑中心区域形成了许多球状的颗粒,颗粒直径约几微米,这与激光功率密度 F_{th} 及 $2F_{th}$ 的 100 个脉冲辐照 Ge 样品造成的微坑及波纹结构损伤明显不同。在图 7-82(b)中左侧显示的损伤为微坑以及波纹结构,右侧可见飞溅物的再凝结。

功率密度较高($2F_{th}$ 及 $3F_{th}$)的多脉冲辐照 Ge 样品造成损伤的特征是表面质量迁移。不论是 F_{th}、$2F_{th}$ 还是 $3F_{th}$ 的激光辐照造成的损伤中都可看到熔化再结晶。因此,此处给出的损伤阈值是熔化对应的阈值而非质量迁移对应的阈值。超快 X 射线实验结果表明,在熔化阈值附近的飞秒脉冲激光辐照下,Ge 样品表面产生的是热熔化过程,脉冲能量被热载流子快速传递分配,熔化仅由吸收的总能量决定。

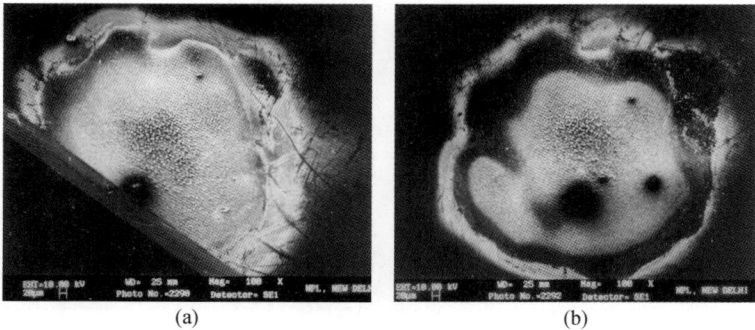

(a)　　　　　　　　　　　　(b)

图 7-81　$3F_{th}$ 的 100 个激光脉冲辐照 Ge 样品造成的损伤全貌(取自文献[50])

(a)圆偏振光;(b)线偏振光。

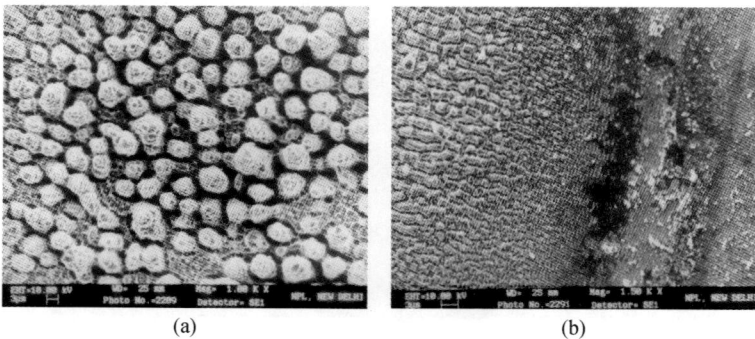

(a)　　　　　　　　　　　　(b)

图 7-82　$3F_{th}$ 的 100 个圆偏振激光脉冲辐照 Ge 造成损伤的局部放大(取自文献[50])

(a)中心区域;(b)外围局部放大。

282

7.5.3　超短脉冲激光辐照半导体材料产生的周期状波纹

超短脉冲激光辐照半导体材料也会产生周期状表面结构。实验研究超短脉冲激光辐照 Si 材料产生周期性结构时使用的激光波长为 775nm,激光脉冲半高宽 FWHM = 150fs,重复频率为 1kHz。用焦距为 75mm 的透镜将激光束聚焦到表面抛光的 Si 样品表面,样品上的光斑近似为直径 150μm 的圆形。通过旋转 1/4 波片改变辐照到样品上的激光偏振状态。在实验中使用的激光脉冲能量远小于产生质量迁移所需的阈值。在样品上的每一个辐照位置都重复辐照 1000 个激光脉冲。单脉冲能量为 80nJ、光斑内平均能量密度约为 $0.453mJ/cm^2$ 时,1000 个 p 偏振激光脉冲辐照 Si 样品造成的损伤见图 7 - 83。由图可见,单脉冲能量远低于损伤阈值的多个超短脉冲辐照 Si 样品,样品表面形成的损伤形貌在中心和"边缘(rim)"部位有明显不同。"边缘"区域和中心区域的局部放大图片分别见图 7 - 83(b)和图 7 - 83(c)。由图可见,虽然中心和"边缘"部位都形成了周期性的表面结构,但这两个区域的条纹又有明显不同。"边缘"部位的条纹表现为长长的贯穿"边缘"损伤区域的近似平行线。中心区域的周期性结构也有长的近似平行线,同时伴随由小深洞排连形成的短的弯曲线,小深洞排连成的短线基本上与上述长平行线垂直。

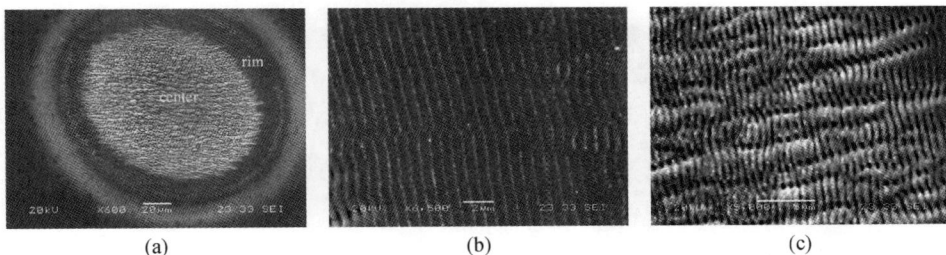

图 7 - 83　80nJ 的 p 偏振激光脉冲辐照 Si 样品造成的损伤(取自文献[51])
(a)损伤全貌;(b)边缘区域局部放大;(c)中心区域局部放大。

利用原子力显微镜对损伤区域"边缘"部位的波纹横断面进行测量,单脉冲能量为 100nJ 的 1000 个 s 偏振激光脉冲辐照 Si 样品形成波纹的横断面见图 7 - 84。实测的波纹间距分布在 720 ~ 750nm,略小于辐照的激光波长。

改变辐照激光的能量密度,对单脉冲能量分别为 70nJ、80nJ、90nJ、100nJ 的 s 偏振激光辐照 Si 样品产生的波纹横断面进行测量,结果表明,改变激光能量密度只影响波纹的深度而不影响波纹的间距。1000 个 s 偏振激光脉冲辐照 Si 样品产生的波纹深度随单脉冲能量的变化如图 7 - 85 所示。由图可见,随着单脉冲能量的增加,波纹深度呈非线性增长。

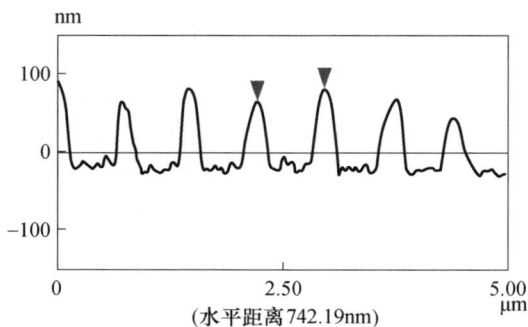

图 7 - 84　100nJ 的 s 偏振光辐照产生的波纹横断面（取自文献[51]）

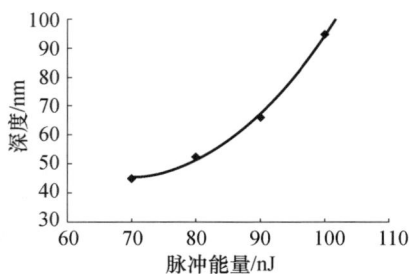

图 7 - 85　s 偏振光辐照产生的波纹深度随单脉冲能量的变化（取自文献[51]）

　　不同偏振状态的超短脉冲激光辐照 Si 样品都会产生周期性波纹结构,单脉冲能量 100nJ 的 1000 个脉冲辐照 Si 样品产生的波纹照片及原子力显微横断面图片如图 7 - 86 所示。图中结果表明,线偏振光辐照 Si 样品产生的波纹方向基本与偏振方向垂直,圆偏振光导致的波纹方向与水平方向呈 45°夹角。不同偏振激光导致的波纹间距没有明显差异,都约为 750nm。但 s 偏振激光导致的波纹深度比 p 偏振的深约 40% 。

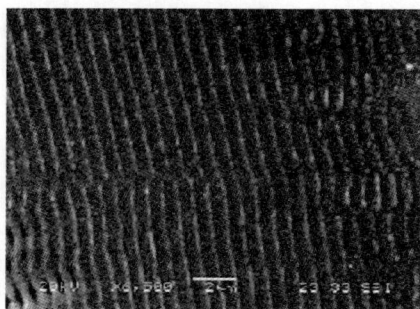

(a)

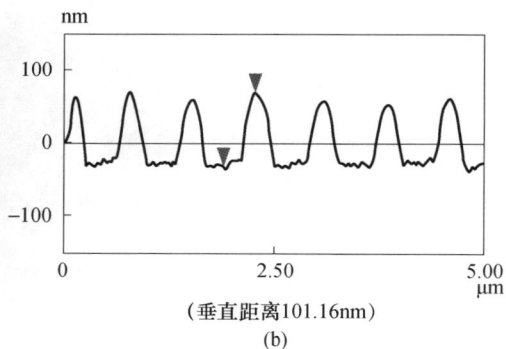

（垂直距离101.16nm）

(b)

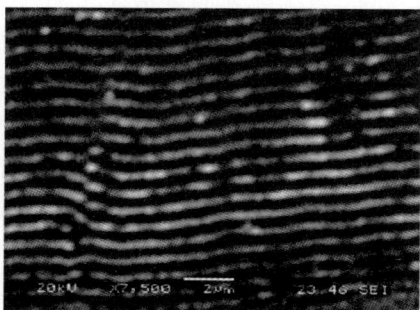

(c)

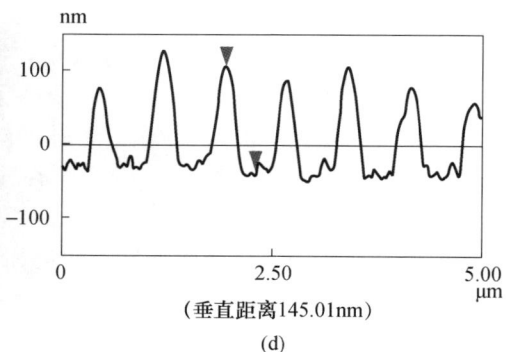

（垂直距离145.01nm）

(d)

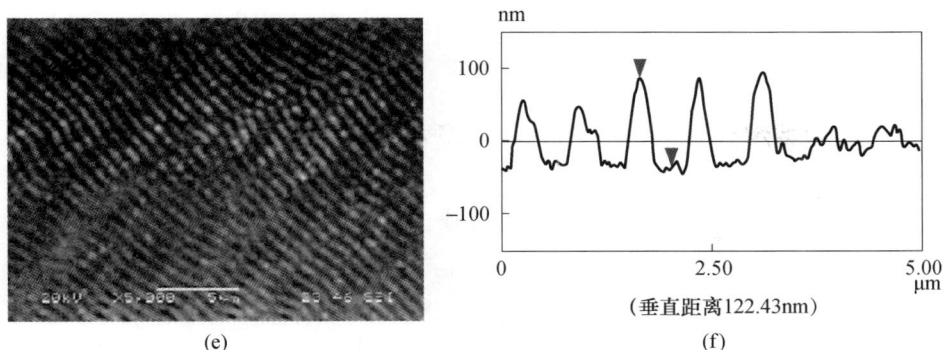

(e) (f)

(垂直距离122.43nm)

图 7 - 86 100nJ 的不同偏振激光脉冲辐照 Si 样品产生的波纹结构(取自文献[51])

(a)p 偏振激光的波纹;(b)p 偏振激光的波纹横断面;(c)s 偏振激光的波纹;

(d)s 偏振激光的波纹横断面;(e)圆偏振激光的波纹;(f)圆偏振激光的波纹横断面。

仍用上述实验系统研究高重频超短脉冲激光辐照 Si 样品产生的周期性表面结构。激光脉冲半高宽为50fs,重复频率为80MHz,辐照到样品表面的单脉冲激光能量为1.6nJ。辐照到样品表面的脉冲数分别为800M 和1600M 时,不同偏振激光产生的损伤和表面波纹结构见图 7 - 87。可见单脉冲能量很低的高重频超短脉冲激光辐照 Si 样品也可产生损伤及周期性结构,损伤形貌及波纹特征与上述 1kHz 超短脉冲激光的辐照结果相似。

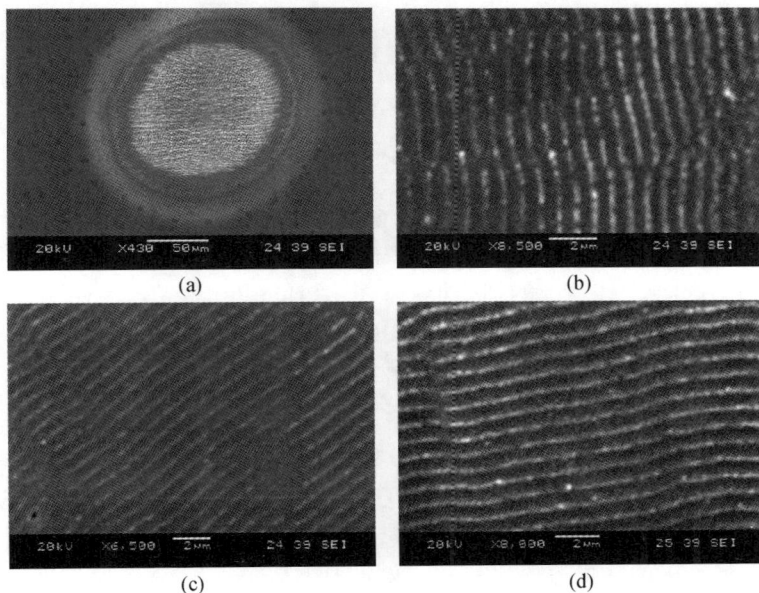

(a) (b)

(c) (d)

图 7 - 87 高重频超短脉冲激光辐照 Si 样品产生的损伤及波纹结构(取自文献[51])

(a)p 偏振、800M 脉冲、损伤全貌;(b)p 偏振、800M 脉冲、波纹结构;

(c)圆偏振、1600M 脉冲、波纹结构;(d)s 偏振、800M 脉冲、波纹结构。

研究波长为 800nm、脉宽为 120fs 的超短脉冲激光辐照 GaAs 和 Si 样品产生的周期性表面结构 LIPSS 时,使用焦距为 150mm 的透镜聚焦垂直辐照样品,在重复频率 10Hz 的条件下辐照 0.1～2min,在样品表面形成的熔化区尺寸为 200～400μm。大多情况下,样品表面产生的波纹间距在 750～650nm,略短于辐照的激光波长,LIPSS 主要出现在熔化区的边缘附近。图 7－88 给出了超短脉冲激光辐照 GaAs 和 Si 样品的一些典型损伤。

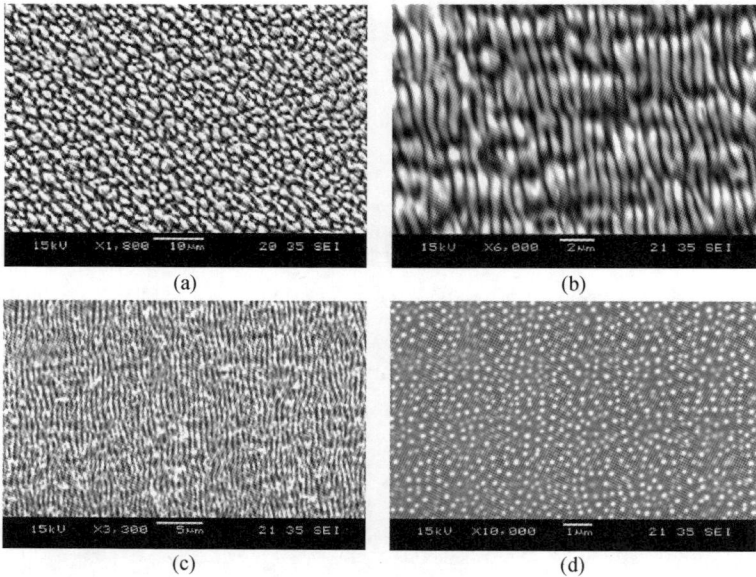

(a)

(b)

(c)

(d)

图 7－88　超短脉冲激光辐照 GaAs 和 Si 样品产生的典型损伤(取自文献[52])
(a)GaAs 样品熔化区中心的损伤形貌;(b)GaAs 样品熔化区边缘的损伤形貌;
(c)线偏振光辐照 Si 产生的波纹结构;(d)圆偏振光辐照 Si 产生的点状结构。

波长为 806nm、脉宽为 110fs、重复频率为 10Hz 的超短脉冲激光辐照 GaAs 样品还可产生不同于上述情况的损伤形貌。仍用 He－Ne 激光作为探测光,确定出单脉冲损伤 GaAs 样品的激光功率密度阈值 F_{th}。功率密度为 F_{th} 的 500 个线偏振激光脉冲辐照 GaAs 样品造成的损伤见图 7－89。由图 7－89 可见,损伤区域中心处形成了左侧较暗右侧较亮的明显对比。图 7－90 为损伤中心处的局部放大,在左侧较暗区域可见波纹结构,右侧较亮区域则由一些花朵样的图案组成。进一步放大右侧较亮区域见图 7－90(b),可见花朵样图案又由小的柱状波纹组成。

超短脉冲激光辐照半导体材料引起的周期性表面结构 LIPSS 现象十分复杂,不同文献给出的结果也不尽相同。例如,图 7－66(b)显示损伤区域中心处会形成 LIPSS,图 7－65 中则看不到 LIPSS,而图 7－70～图 7－73 给出了随着激光能量密度的增加,损伤中心区域从非晶态无 LIPSS、形成 LIPSS、LIPSS 破碎以及最后形成球状颗粒的过程。再如,图 7－86 和图 7－87 表明圆偏振激光辐照

Si 会产生波纹结构,且波纹间距与线偏振激光的基本相同,而图 7 - 88(d)同样是圆偏振激光辐照 Si 样品的结果,产生的损伤形貌却是点状结构。鉴于超短脉冲激光辐照半导体材料引起的周期性表面结构问题的复杂性,尚没有统一的理论模型能够很好地解释各种实验现象。

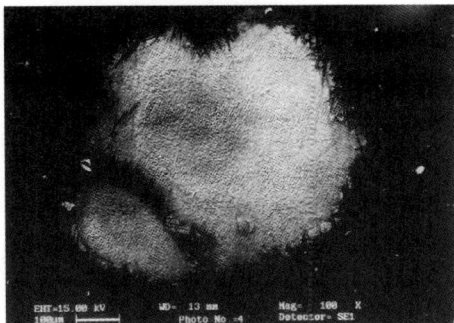

图 7 - 89　F_{th} 的 500 个线偏振脉冲辐照 GaAs 造成的损伤(取自文献[53])

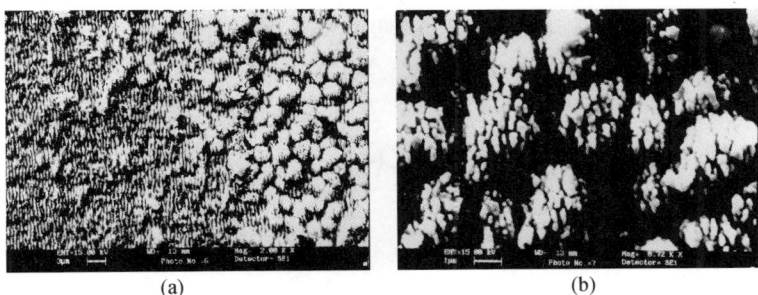

(a)　　　　　　　　　　　　　　(b)

图 7 - 90　F_{th} 的 500 个线偏振脉冲对 GaAs 造成损伤的局部放大(取自文献[53])
(a)明暗交界处局部放大;(b)右侧较亮区域局部放大。

7.6　超短脉冲激光损伤半导体材料的理论模型简介

超短脉冲激光损伤半导体材料涉及的物理过程非常复杂,虽然有许多学者对此问题开展了研究,但目前仍难以准确地确定超短脉冲激光辐照下半导体材料的熔化或损伤阈值,不同文献给出的结果有较大的分散性。这一方面,由于对于各计算模型缺乏准确的输入参数;另一方面,什么是超短脉冲激光损伤半导体材料的评判准则等基本问题还有待理清。例如,长脉冲或连续激光辐照半导体材料造成熔化的热损伤判据非常明确,即当半导体材料的温度达到其熔点时就会开始出现熔化,即使是由于材料过热导致熔点升高这也依然是一个热过程。而在超短脉冲激光辐照半导体材料时情况会有根本性的变化,超短脉冲激光作用期间,大量的电子吸收激光能量从价带跃迁到导带,导带内产生很高密度电子的非平衡过程会导致半导体材料产生固液相变,引发半导体晶体的超快无序化。本节简要介绍几个典型的超短脉冲激光损伤半导体材料的理论模型。

7.6.1 超短脉冲激光对半导体材料的损伤模型

目前,用来分析半导体材料损伤阈值的理论方法大致有以下两种[54]:①单速率方程理论[55],以导带中的电子密度为判据,当导带中电子密度超过某个临界值时,即认为熔融损伤已产生;②自洽模型(Self – consistent Model)[54],同时求解速率方程和双温模型温度方程,得到导带中电子密度、载流子温度和晶格温度。用来评价损伤的参量可以是电子密度,也可以是晶格温度。

1. 单速率方程理论

在超短脉冲激光作用过程中,由于入射激光的功率密度非常高,入射激光的电场强度非常大,非线性的电子雪崩电离和多光子吸收等机制成为激光对半导体材料损伤的主要机制。雪崩电离的过程:在半导体中总会有少数的自由电子,通过逆轫致辐射过程吸收入射激光的能量,这些自由电子又称为种子电子。当种子电子的动能大于束缚电子的电离势时,种子电子与原子碰撞会发生碰撞电离并产生两个较低动能的自由电子。新产生的自由电子再吸收激光能量使得这一碰撞过程重复发生导致雪崩电离。多光子吸收是指半导体的禁带较宽时,价带中的电子吸收单个光子不能从价带跃迁到导带,在超短脉冲激光作用下,半导体材料的价带电子可以同时吸收多个光子获得高于带隙的能量跃迁到导带。多光子吸收概率与光强 I 的 m 次方成正比,m 为价带电子跃迁至导带需要同时吸收的最少光子数。

依据 Stuart 等的工作,材料内自由电子密度的变化过程可以用如下的速率方程来描述[56]:

$$\frac{\partial n}{\partial t} = \alpha n I + \beta I^m - \frac{n}{\tau_{rel}} - \gamma \nabla^2 n \qquad (7-54)$$

式中:n 为电子密度;I 为脉冲光强;α 为表征雪崩电离过程的常数;β 为表征多光子吸收过程的常数;τ_{rel} 为自由电子密度的弛豫时间;γ 为自由电子扩散系数。m 为整数,表明该多光子吸收过程是一个 m 光子的吸收过程。

方程式(7-54)右边的第一项表征雪崩电离过程,第二项表征多光子吸收过程,第三项为弛豫项,第四项为扩散项。

如果在超短脉冲激光作用期间,扩散项的作用很小以至于可以忽略,则速率方程可简化为

$$\frac{dn}{dt} = \alpha I n + \beta I^m - \frac{n}{\tau_{rel}} \qquad (7-55)$$

由于单速率方程理论仅以导带中的电子密度判断半导体材料是否发生了损伤,对于给定的入射激光脉冲波形 $I = I(t)$,求解式(7-55)即可得到电子密度随

时间的变化。对于比较简单的激光脉冲波形，可以得到电子密度的解析解。例如，文献[56]在忽略弛豫项的近似下，对于双曲正割脉冲 $I(t) = I_0 \mathrm{sech}^2(t/T_0)$，给出的电子密度随时间变化为

$$n = D\exp\left[\alpha I_0 \mathrm{th}\left(\frac{t}{T_0}\right)\right] - \left(\frac{\beta I_0^{m-1}}{\alpha}\right)\sum_{j=0}^{m-1}\left\{C_{m-1}^j \frac{(-1)^j}{(\alpha I_0 T_0)^{2j}}\sum_{k=0}^{2j}\frac{\left[\alpha I_0 T_0 \mathrm{th}\left(\frac{t}{T_0}\right)\right]^k}{k!}\right\}$$

$$(7-56)$$

其中，积分常数

$$D = \left\{n_0 + \left(\frac{\beta I_0^{m-1}}{\alpha}\right)\sum_{j=0}^{m-1}\left[C_{m-1}^j \frac{(-1)^j(2j)!}{(\alpha I_0 T_0)^{2j}}\sum_{k=0}^{2j}\frac{(-\alpha I_0 T_0)^k}{k!}\right]\right\}e^{\alpha I_0 T_0}$$

对于一般形式较为复杂的激光脉冲，难以给出电子密度的解析解，此时可采用数值方法求解。例如将式(7-55)进行差分得到差分方程，求解差分方程即可得到电子密度的数值解。

当电子密度达到某一临界值时即认为半导体材料发生了损伤，但这一临界值具体取多大不同文献中并不统一。从文献[57]的介绍看，有的学者认为半导体材料损伤的电子密度临界值约为 $10^{22}\mathrm{cm}^{-3}$，也有学者给出的临界值约为 $10^{20}\mathrm{cm}^{-3}$，一般的计算中多取约 $10^{21}\mathrm{cm}^{-3}$。

2. 自洽模型

文献[54]基于弛豫时间近似的玻耳兹曼方程，给了一个比较完整的自恰模型，考察的参量有电子和空穴两类载流子的密度、密度流、能流密度、载流子温度和晶格温度等。

超短脉冲激光辐照半导体材料引发的超快输运动力学过程：超短脉冲激光作用时，在半导体材料体内的电子吸收光子能量从价带跃迁到导带。根据光子能量 $h\nu$ 和禁带宽度 E_g 的不同，这一吸收过程可以是单光子吸收，也可以是多光子吸收。单光子或多光子吸收的结果是形成导带中电子和价带中空穴对。随着电子—空穴对的时空演化，一部分电子和空穴可能通过三体俄歇过程(Auger Process)复合，也可能通过碰撞电离产生新的电子和空穴对。跃迁到导带的电子吸收的光子能量中，超过导带与价带之间能量差 E_g 的部分成为电子动能，将引起载流子的温度升高。在 $10^{-13}\mathrm{s}$ 的时间尺度范围内，载流子之间通过碰撞完成热弛豫，载流子的分布遵从费米-狄拉克分布。尽管电子和空穴的分布可以具有不同的准费米能级，但它们之间具有相同的温度。随后在载流子和晶格之间的热交换机制作用下，载流子与晶格之间的热平衡状态得以建立。

在考虑半导体材料中的载流子和声子时，由于被考虑对象数目巨大，必须采用统计力学原理对其化简，而相应的非热平衡过程，可以采用局域化的统计参量(local value)来描述。基于上述思想，在 Goldsmid、van Driel 等学者的工作基础

上,从玻耳兹曼方程的弛豫时间近似条件出发,J. K. Chen 建立了超短脉冲激光辐照下半导体材料中的超快输运动力学过程自恰模型[54]。

载流子的密度方程为

$$\frac{\partial n}{\partial t} = \frac{\alpha I(x,t)}{h\nu} + \frac{\beta I^2(x,t)}{h\nu} - \gamma n^3 + \theta n - \nabla \cdot \bar{J} \qquad (7-57)$$

式中:右边第一项代表线性的单光子吸收;第二项代表非线性的双光子吸收;后面三项依次代表俄歇复合、碰撞电离和载流子扩散损耗;$\bar{J}$ 为载流子对的数目流。

载流子的能量方程为

$$c_{e-h}\frac{\partial T_e}{\partial t} = (\alpha + \Theta n)I(x,t) + \beta I^2(x,t) - \nabla \cdot \overline{W} - \frac{c_{e-h}}{\tau_e}(T_e - T_1) -$$

$$\frac{\partial n}{\partial t}\left\{ E_g + \frac{3}{2}k_B T_e\left[H_{1/2}^{3/2}(\eta_e) + H_{1/2}^{3/2}(\eta_h) \right] \right\} - n\left[\frac{\partial E_g}{\partial n}\frac{\partial n}{\partial t} + \frac{\partial E_g}{\partial T_1}\frac{\partial T_1}{\partial t} \right]$$

$$(7-58)$$

式中:$c_{e-h} = \partial U/\partial T_e |_n$ 为电子空穴对的比热容;Θ 为自由载流子对入射激光的吸收系数;T_e、T_1 分别为载流子和晶格的温度。式(7-58)右端的第一项代表单光子吸收和自由载流子吸收,第二项代表双光子吸收,第三项代表的是载流子系统内的热扩散,第四项代表载流子和晶格之间的热交换。而最后两项分别是由于载流子密度变化和禁带宽度变化导致的载流子能量密度改变。

材料晶格的热传导方程为

$$c_l\frac{\partial T_l}{\partial t} = \nabla \cdot (k_l \nabla T_l) + \frac{c_{e-h}}{\tau_e}(T_e - T_1) \qquad (7-59)$$

式中:右端的第一项代表晶格热传导;第二项代表载流子和晶格之间的热交换。

当半导体材料的准费米能级远低于其导带能级但又很高于其价带的能级时,其简约的费米能级为一个绝对值足够大的负数,此时所有的费米积分均与非简并能级条件下的麦克斯韦 – 玻耳兹曼假设相一致。载流子对的数目流 $\bar{J}$、载流子对的能流矢量 $\overline{W}$ 等可简化为

$$\bar{J} = -D\left(\nabla n + \frac{n}{2k_B T_e}\nabla E_g + \frac{2n\,\nabla T_e}{T_e} \right) \qquad (7-60)$$

$$\overline{W} = (E_g + 4k_B T_e)\bar{J} + (\kappa_e + \kappa_h)\nabla T_e \qquad (7-61)$$

$$c_{e-h}\frac{\partial T_e}{\partial t} = (\alpha + \Theta n)I(x,t) + \beta I^2(x,t) - \nabla \cdot \overline{W} - \frac{c_{e-h}}{\tau_e}(T_e - T_1) -$$

$$\frac{\partial n}{\partial t}\{ E_g + 3k_B T_e \} - n\left[\frac{\partial E_g}{\partial n}\frac{\partial n}{\partial t} + \frac{\partial E_g}{\partial T_1}\frac{\partial T_1}{\partial t} \right] \qquad (7-62)$$

式中:$D = D_0 = \dfrac{2k_B T_e}{q}\dfrac{\mu_e^0 \mu_h^0}{\mu_e^0 + \mu_h^0}$;$c_{e-h} = 3nk_B + n\dfrac{\partial E_g}{\partial T_e}$。

通过联立求解载流子的密度方程式(7-57)、载流子的能量方程(载流子的温度方程)式(7-62)和材料晶格的热传导方程式(7-59),可以得到载流子的密度、温度以及晶格的温度。对半导体材料硅和锗,计算中所需的参数见表7-3。

表 7-3　硅和锗材料的自洽模型参数

参　　数	Si	Ge
$K_1/(\mathrm{W}/(\mathrm{cm}\cdot\mathrm{K}))$	$1585T_1^{-1.23}$	$675T_1^{-1.23}$
$C_1/(\mathrm{J}/\mathrm{cm}^3)$	$1.978+3.54\times10^{-4}T_1-3.68T_1^{-2}$	$1.7\cdot(1+T_1/6000)$
$K_e/(\mathrm{eV}/(\mathrm{s}\cdot\mathrm{A}\cdot\mathrm{K}))$	$-3.47\times10^8+4.45\times10^6T_e$	$-3.58\times10^9+6.49\times10^6T_e$
$\tau_e/(\mathrm{fs})$	$240\cdot(1+n/6.0\times10^{20}\mathrm{cm}^{-3})$	$300\cdot(T_1/T_m)^{-2.5}$
$\gamma/(\mathrm{cm}^6/\mathrm{s})$	3.8×10^{-31}	2.0×10^{-31}
$\theta/(\mathrm{s}^{-1})$	$3.6\times10^{10}e^{-1.5E_g/k_BT_e}$	
$D_0/(\mathrm{cm}^2/\mathrm{s})$	$18\cdot(T_{rm}/T_1)$	$65\cdot(T_1/T_{rm})^{-1.5}$
E_g/eV	$1.16-7.02\times10^{-4}T_1^2/(T_1+1108)-1.5\times10^{-8}n^{1/3}$	$0.803-3.9\times10^{-4}T_1$
R	$0.37+5\times10^{-5}\cdot(T_1-T_m)$	0.45
$\alpha/(\mathrm{cm}^{-1})$	$5.02\times10^3e^{T_1/430}$	$6.0\times10^3e^{T_1/430}$
$\beta/(\mathrm{cm}/\mathrm{GW})$	2.0	
Θ/cm^2	$5.1\times10^{-18}\cdot(T_1/T_m)$	
m_e^*	0.33	0.22

考虑单光子和双光子吸收以及自由载流子吸收效应,在各吸收系数都为常数的情况下,透射进入半导体材料内激光强度随穿透深度的变化可表示为

$$I(x,t)=\frac{(\alpha+\Theta n)I_0e^{-(\alpha+\Theta n)x}}{(\alpha+\Theta n)+\beta I_0[1-e^{1-(\alpha+\Theta n)x}]} \qquad (7-63)$$

式中:I_0 为入射表面($x=0$)处的激光强度。

对于高斯形式的激光脉冲,I_0 可表示为

$$I_0(t)=\sqrt{\frac{\omega}{\pi}}\frac{(1-R)\phi}{t_p}e^{-\omega[(t-t_m)/t_p]^2} \qquad (7-64)$$

式中:t_p 为表征激光脉冲作用时间的参数。具体计算时,假定 $t=0$ 激光开始辐照,到 $t=t_m=3t_p$ 时,激光强度达到最大,到 $t=6t_p$ 时,激光辐照结束。

如果光斑尺寸远大于横向热扩散的距离,且光斑内分布均匀,则光斑中心区域可简化为一维问题。取初始条件为 $n(x,0)=10^{12}\mathrm{cm}^{-3}$,$T_e(x,0)=T_1(x,0)=300\mathrm{K}$,在边界 $x=0$ 和 L 处的边界条件为 $J(x,t)=0$,$W(x,t)=0$,热流密度 $q_1(x,t)=0$。

脉宽参数 $t_p=500\mathrm{fs}$、能量密度 $\phi=0.005\mathrm{J}/\mathrm{cm}^2$ 的激光辐照厚度为 $20\mu\mathrm{m}$ 的硅膜时,激光辐照表面处的电子温度、晶格温度和电子密度随时间的变化见图7-91(a)。由图可见,电子的温度在辐照开始后很快(0.68ps)就达到了最大值,明显

早于激光强度最大值的时刻(1.5ps)。而电子密度达到最大的时刻相对较晚(2.21ps)。电子温度达到最大时,激光强度仅为最大值的0.06%,为什么仅吸收很少的激光能量电子温度就达到了最大值呢?结合电子温度方程式(7-58)分析,在激光脉冲辐照的初期,虽然硅膜吸收的激光能量很少,但由于此时载流子的密度很低,载流子的热容量非常小,导致载流子温度快速上升。随着辐照时间的增加,硅膜吸收大量激光能量后载流子密度显著增大,载流子与晶格相互作用将能量传递给晶格,电子温度达到最大值后,尽管硅膜仍在大量吸收激光能量,电子的温度反而有所降低。激光辐照结束后,电子温度和晶格温度快速趋于一致。由于激光能量密度很低,晶格的温升不明显。能量密度 $\phi = 0.15J/cm^2$ 的激光辐照下,硅膜受辐照表面处的电子温度、晶格温度和电子密度随时间的变化见图7-91(b)。可见,电子的温度在辐照开始时迅速升高,稍微降低后又快速升高达到了很高的值。激光辐照结束后,电子温度和晶格温度趋于一致,此时晶格有了明显的温升。

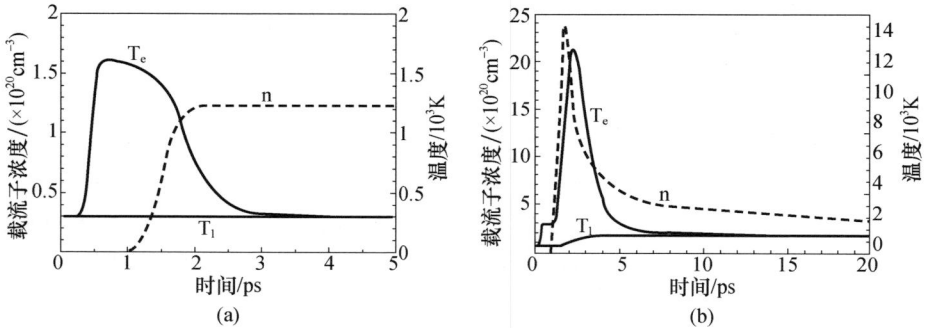

图7-91 电子温度、晶格温度和电子密度随时间的变化(取自文献[54])

(a) $\phi = 0.005J/cm^2$;(b) $\phi = 0.15J/cm^2$。

仍以Si膜中的载流子密度达到某一临界值作为是否产生损伤的判据,J. K. Chen对单速率方程模型,取Si产生损伤的临界载流子密度为 $2.74 \times 10^{21} cm^{-3}$,对自洽模型,取Si损伤的临界载流子密度为 $2.60 \times 10^{21} cm^{-3}$,使得对脉宽500fs的激光脉冲计算得到的损伤阈值相等。图7-92(a)给出了计算得到的Si的损伤阈值随脉冲宽度 t_p 的变化。显然,用自洽模型计算得到的结果与实验值相符得更好。只有在脉宽 $t_p < 1ps$ 时,单速率方程模型的计算结果才与实验结果相符。

对单速率方程模型,取Ge产生损伤的临界载流子密度为 $2.32 \times 10^{21} cm^{-3}$,对自洽模型,取Ge损伤的临界载流子密度为 $2.15 \times 10^{21} cm^{-3}$,计算得到的Ge损伤阈值随脉冲宽度 t_p 的变化见图7-92(b)。可见,也是自洽模型与实验结果相符得更好。在脉宽 $t_p < 1ps$ 时,单速率方程模型才与实验结果很好地相符。

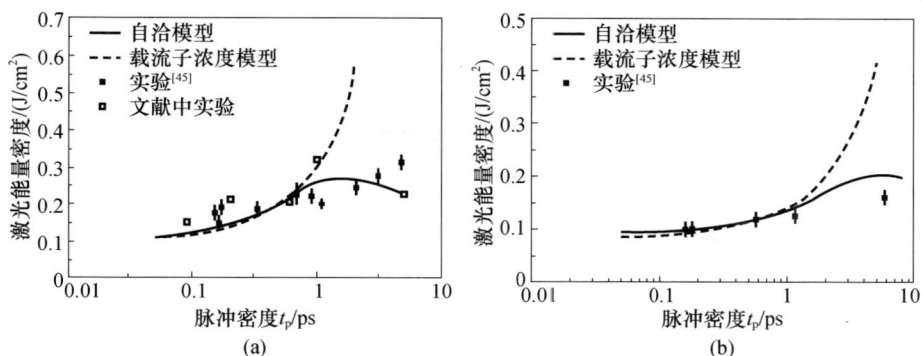

图 7-92　半导体材料损伤阈值随激光脉冲宽度 t_p 的变化(取自文献[54])

(a)Si;(b)Ge。

石颖等采用 J. K. Chen 等建立的上述自洽模型,采用有限差分法,数值求解了脉宽 500fs 的激光脉冲辐照 2μm 厚硅膜导致的表面载流子浓度、载流子温度、晶格温度等的变化,详细讨论了电子温度方程式(7-58)中各项随时间的变化[58],载流子温度方程中单光子吸收、载流子—晶格能量交换和载流子能流变化率对载流子温升影响较大。郑楠等利用上述模型计算给出了硅膜内不同位置处自由电子温度、晶格温度等随时间的变化[59],整个脉冲激光辐照过程中,不同位置处的载流子温差不大。

Bernd Hüttner 等采用自洽模型研究超短脉冲激光对硅的损伤阈值时,所取的 E_g 的表达式与表 7-3 中有所不同,其他参数基本一致[57]。利用自洽模型既可以描述由晶格温度超过熔点导致的热损伤,也可描述由电子密度超过临界值导致的损伤。取 Si 产生损伤的临界载流子密度分别为 $n_{cr} = 2.74 \times 10^{21} \text{cm}^{-3}$ 和 $0.5 n_{cr}$ 时,计算得到的 Si 损伤阈值随脉冲宽度的变化如图 7-93 所示。图中表明,当 $t_p > 20\text{ps}$ 时,由此时硅的熔化是由晶格温度超过熔点导致的,临界载流子密度取 n_{cr} 和 $0.5 n_{cr}$ 得到的损伤阈值没有差异。

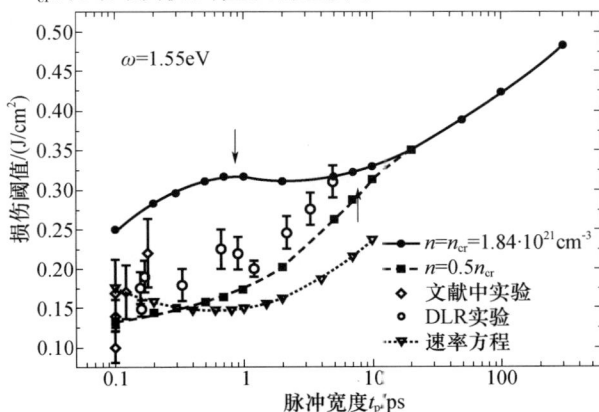

图 7-93　半导体材料损伤阈值随激光脉冲宽度 t_p 的变化(取自文献[57])

解释超短脉冲激光损伤半导体材料的理论模型还有库仑爆炸模型[60,61]。价带中的电子吸收光子能量跃迁到导带,吸收的能量中超过导带与价带之间能量差 E_g 的部分成为电子动能,当导带中的电子动能足够大时,这些电子将会挣脱晶格的束缚逃逸出去,在材料的表层就会形成一个带正电的离子区。带正电离子区的离子将会受到本身的库仑排斥力作用,排斥力大于晶格的束缚力时,这些离子也会变成自由粒子逃逸出晶格,即发生库仑爆炸。目前研究库仑爆炸的理论大体上可分为两类:一类是采用团簇理论,将固体材料看成一个原子团簇,超短脉冲激光的外光电效应导致部分电子逃逸,带正电团簇内部的库仑斥力导致团簇半径变化,使材料发生库仑爆炸;另一类是宏观漂移—扩散模型,该模型认为由于超短脉冲激光的作用,在半导体材料中形成一个自洽的电场,跃迁到导带的电子在这个电场中漂移、扩散,部分电子获得了可以解脱束缚的动能离开晶格,导致材料本身不再保持电中性,库仑斥力的作用使材料发生库仑爆炸。有关超短脉冲激光损伤半导体材料的库仑爆炸模型的详细介绍,可参考文献[60,61]等相关文献。

7.6.2 超短脉冲激光辐照下半导体材料的超快动力学响应

有许多文献研究了超短脉冲激光辐照固体材料引起的热应力问题,这些文献使用的理论模型可大概分为三种[62]:①经典的热弹性理论;②一般性的热弹性理论(a generalized thermo – elasticity);③双温模型的热弹性理论。前两种基本都是基于单温模型,假定在脉冲激光辐照加热固体材料时,电子和晶格瞬间就达到了热平衡,电子和晶格可作为同一相处理,它们具有同样的温度。而双温模型的热弹性理论分别将电子和晶格作为不同的子系统处理,每一子系统都有自己的温度。一般来说,上述理论模型的主要不同就在于采用了不同的方式处理传热过程。这里只参考文献[62,63]给出的超短脉冲激光辐照金属膜引发的热弹性波计算模型,简要给出无限大光斑辐照各向同性无限大金属薄膜的一维应变情形下的双温模型热应力方程。主要方程有[62]

$$c_e \frac{\partial T_e}{\partial t} = -\frac{\partial \boldsymbol{q}_e}{\partial x} - G(T_e - T_1) + g(x,t) \tag{7-65}$$

$$\tau_e \frac{\partial \boldsymbol{q}_e}{\partial t} + \boldsymbol{q}_e = -k_e \frac{\partial T_e}{\partial x} \tag{7-66}$$

$$c_1 \frac{\partial T_1}{\partial t} = -\frac{\partial \boldsymbol{q}_1}{\partial x} + G(T_e - T_1) - (3\lambda + 2\mu)\alpha T_1 \frac{\partial \varepsilon_{kk}}{\partial t} \tag{7-67}$$

$$\tau_1 \frac{\partial \boldsymbol{q}_1}{\partial t} + \boldsymbol{q}_l = -k_1 \frac{\partial T_1}{\partial x} \tag{7-68}$$

$$\rho \frac{\partial^2 u_x}{\partial t^2} = \frac{\partial \sigma_{xx}}{\partial x} + \Lambda \frac{\partial T_e^2}{\partial x} \tag{7-69}$$

式中:c 为比热容;T 为温度;q 为热流矢量;τ 为热弛豫时间;k 为热传导系数;分别用下标 e 和 l 代表上述各量是电子的还是晶格的;G 为电子—声子耦合系数;g 是体热源;λ、μ 为拉梅系数;α 为热膨胀系数;$\varepsilon_{kk} = \varepsilon_{xx} + \varepsilon_{yy} + \varepsilon_{zz}$ 为体应变;ρ 为密度;u_x 为 x 方向的位移;σ_{xx} 为正应力;Λ 为热电子爆炸压力系数。

如果近似认为电子和晶格可以瞬间达到热平衡,$T_e = T_1 = T$,且不考虑热电子爆炸压力,取 $\Lambda = 0$,则上述双温热弹性模型可退化为一种一般性的热弹性理论,Lord – Shulman 理论。主要方程为

$$c\frac{\partial T}{\partial t} = -\frac{\partial q}{\partial x} - (3\lambda + 2\mu)\alpha T\frac{\partial \varepsilon_{kk}}{\partial t} + g(x,t) \qquad (7-70)$$

$$\tau\frac{\partial q}{\partial t} + q = -k\frac{\partial T}{\partial x} \qquad (7-71)$$

$$\rho\frac{\partial^2 u_x}{\partial t^2} = \frac{\partial \sigma_{xx}}{\partial x} \qquad (7-72)$$

式中:$c = c_e + c_1$;$q = q_e + q_1$;$\tau = \tau_e + \tau_1 \approx \tau_1$;$k = k_e + k_1$。如果再进一步近似认为热弛豫时间 $\tau = 0$,则 Lord – Shulman 理论退化为经典的热弹性理论。

固体材料的热传导系数 k 是电子热传导系数 k_e 和晶格热传导系数 k_1 之和,对纯金属,$k_e \gg k_1$,而对非金属材料,k 则主要由 k_1 决定。

对于高斯形式的激光脉冲,一维情形下的体热源 $g(x,t)$ 可表示为

$$g(x,t) = \sqrt{\frac{\omega}{\pi}}\frac{(1-R)I_0}{t_p x_s}e^{-\left(\frac{x}{x_s}\right)-\omega\left(\frac{t-2t_p}{t_p}\right)^2} \qquad (7-73)$$

式中:R 为固体材料表面反射率;I_0 为入射表面($x=0$)处的激光强度;t_p 为表征激光脉冲作用时间的参数,具体计算时,取 $t=0$ 时激光开始辐照,$t=2t_p$ 时激光强度达到最大,$t=4t_p$ 时激光辐照结束。x_s 为穿透深度。

一维应变情形下,$\varepsilon_{xx}(x,t) \neq 0$,$\varepsilon_{yy} = \varepsilon_{zz} = \varepsilon_{xy} = \varepsilon_{yz} = \varepsilon_{zx} = 0$。对于各向同性固体材料,则

$$\sigma_{xx} = (\lambda + 2\mu)\varepsilon_{xx} - (3\lambda + 2\mu)\alpha(T_1 - T_0) \qquad (7-74)$$

$$\sigma_{yy} = \sigma_{zz} = \lambda\varepsilon_{xx} - (3\lambda + 2\mu)\alpha(T_1 - T_0) \qquad (7-75)$$

式中:T_0 为参考温度(初始温度)。

利用上述方程结合适当的初始、边界条件,即可求解超短脉冲激光辐照各向同性固体材料产生的热—力学响应。对于 $t_p = 0.1\text{ps}$、$I_0 = 0.4\text{J/cm}^2$ 的激光辐照 200nm 厚固体薄膜的问题,取初始温度为 300K,初始的位移、速度及应力都为 0,薄膜的两个表面都为自由、绝热边界。除非特别说明,计算中忽略晶格的热传导,即取 $k_1 = 0$,计算中采用的主要参数:$\rho = 1930\text{kg/m}^3$,$G = 2.6 \times 10^{16}\text{W/(m}^3 \cdot \text{K)}$,$R = 0.93$,$x_s = 15.3\text{nm}$,$k = 315\text{W/(m} \cdot \text{K)}$,$\Lambda = 70\text{J/(m}^3 \cdot \text{K}^2)$,$E = 74.9\text{GPa}$,$\alpha = 14.2 \times 10^{-6}\text{K}^{-1}$。

图 7 – 94 给出了不同时刻固体薄膜内的电子温度分布。在 $t = 0.2827\text{ps}$ 时

（略大于激光辐照强度达到的最大时刻 $2t_p = 0.2\text{ps}$），激光辐照表面处的电子温度达到最高，在随后的过程中，由于表面处电子吸收的激光能量少于传递给晶格及深层电子的能量，表面处电子温度下降，薄膜内不同深度处的电子温度趋于一致。到20ps时，薄膜内的电子温度已基本相同。

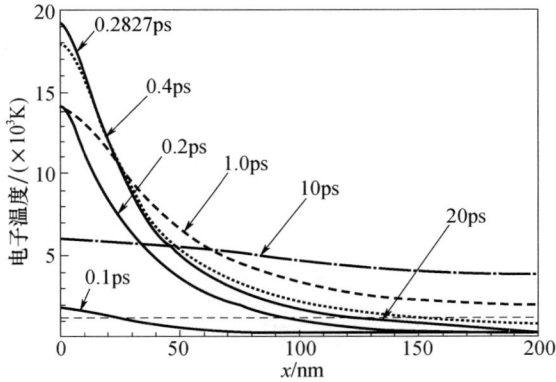

图7-94　不同时刻固体薄膜内的电子温度分布（取自文献[62]）

不同时刻固体薄膜内的晶格温度分布见图7-95(a)，与电子的温升过程对比，晶格的温度升高非常缓慢，到21.65ps时激光辐照表面的晶格温度才达到最高，且晶格的最高温度远低于电子的最高温度。图7-94和7-95(a)的显著差异揭示了电子和晶格间的非平衡瞬态过程。图7-95(a)中5ps、10ps、20ps时的温度分布上都可见到有小的峰丘，分析表明，这些小峰丘是热—力耦合效应造成的。如果去除晶格热传导方程中的热—力耦合项，则计算结果中不再有小的峰丘。对于非金属材料，晶格热传导效应不可忽略。取晶格热传导系数 $K_1 = 315\text{W}/(\text{m}\cdot\text{k})$，计算得到的不同时刻薄膜内的晶格温度分布如图7-95(b)所示。在这种情况下，在 $t = 17.2\text{ps}$ 时辐照表面的晶格温度达到了最大值。

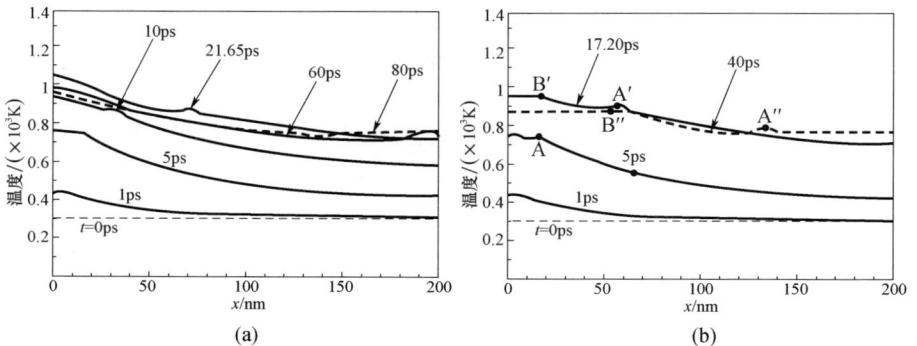

(a)　　　　　　　　　　　　　　(b)

图7-95　不同时刻固体薄膜内的晶格温度分布（取自文献[62]）

(a) $K_1 = 0$；(b) $K_1 = 315\text{W}/(\text{m}\cdot\text{k})$。

不同时刻薄膜内应力 σ_{xx} 的分布如图 7-96 所示,从图中可看到应力波的传播过程。在辐照后的早期,薄膜内靠近辐照面处形成了压应力脉冲,从 1~5ps,辐照表面附近的压应力有了明显的增加,而在 $x>50$nm 区间应力逐渐降低。产生这种差异的主要原因是在 $x>50$nm 的区间内,压应力是由晶格温度升高导致的,而在激光辐照表面附近,压应力的急剧增加是由热电子的爆炸压力和晶格的非均匀温升共同作用造成的。压应力脉冲向薄膜的后表面传播,计算中所用材料的声速为 3.14km/s,应力波从前表面传播到后表面所需的时间约为 63ps。按照弹性波理论,压应力波经自由表面反射后变为反向传播的拉应力波,所以图 7-96 中相隔约 63ps 的应力分布基本反向对称。

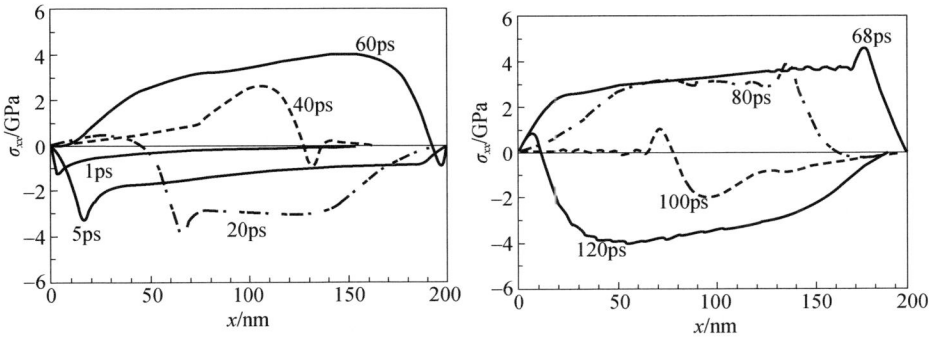

图 7-96 不同时刻固体薄膜内的应力 σ_{xx} 的分布(取自文献[62])

图 7-97 给出了采用前面所述的两种单温模型计算得到的不同时刻的温度分布。在单温模型中,电子温度和晶格温度相同,对比图 7-97 和图 7-94、图 7-95 可知,在早期单温模型给出的电子温度过低而晶格温度太高。用单温模型计算得到的不同时刻的应力分布如图 7-98 所示。对比图 7-98 和图 7-96 可知,单温模型计算得到的应力远高于双温模型的结果。

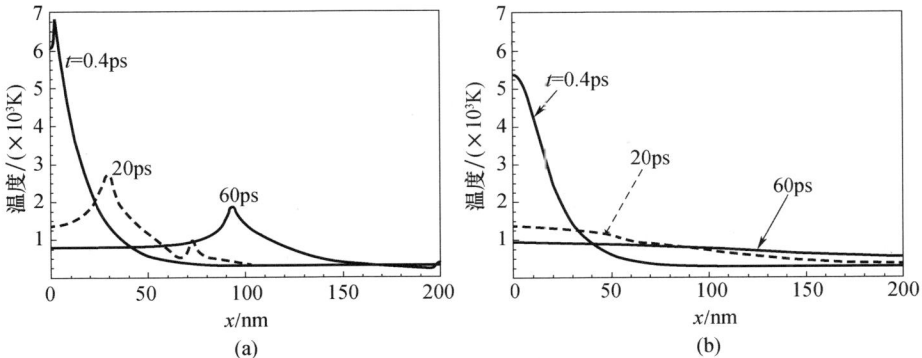

图 7-97 单温模型计算得到的不同时刻晶格温度分布(取自文献[62])

(a)Lord-Shulman 理论;(b)经典的热弹性理论。

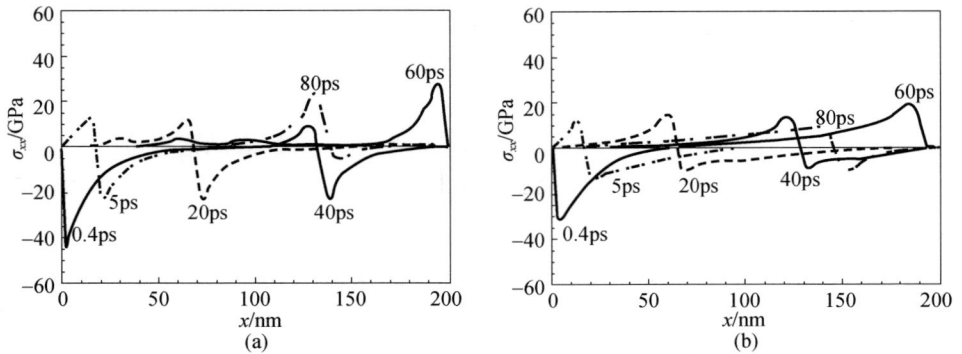

图 7 - 98　单温模型计算得到的不同时刻应力分布(取自文献[62])
(a) Lord - Shulman 理论;(b) 经典的热弹性理论。

　　本小节简要介绍了计算超短脉冲激光辐照各向同性固体材料引发热应力的双温模型,利用文献[62]发表的计算结果,分析了超短脉冲激光引发的应力波分布、传播特征。

　　下面分析该双温模型对各向异性半导体晶体的适用性。式(7-65)和式(7-66)表示的是金属材料中电子气的能量守恒,相应的半导体材料中载流子的能量守恒可仍用式(7-62)表示,式(7-62)中的载流子系统内热扩散及载流子和晶格之间的热交换分别对应式(7-65)等号右侧的前两项,式(7-62)中其他项可并入体热源项。但式(7-62)中没有考虑电子热弛豫的影响,需要考虑时可参考式(7-66)在式(7-62)中作相应的修改。式(7-67)和式(7-68)表示的是晶格的能量守恒,对比 7.6.1 节中材料晶格的热传导方程式(7-59)可知,在式(7-59)中也没有考虑晶格热弛豫的影响,要考虑时仍可参考式(7-68)修改。另外,式(7-67)中等号右侧最后一项代表的是变形对热传导的影响,对各向异性的半导体材料应有不同的表达形式。对比式(7-40)可知,对于一维应变情形仅有 $\varepsilon_{xx} \neq 0$,此项仍可表示为常数与温度及应变率的乘积。对各向异性的半导体晶体,热传导系数为二阶张量,虽然仅有 x 方向的温度梯度,热流矢量的方向可能并不沿 x 方向,但如果将式(7-67)和式(7-68)中的 q_1、k_1 分别视为热流矢量在 x 方向的分量及 x 方向的热传导系数,则可保持公式的形式不变。式(7-69)表示的是晶格的动量守恒,与晶格的属性无关,适用于各向异性的半导体晶体,但与激光辐照金属材料时自由电子的数量基本不变不同,激光辐照半导体材料时,通过单光子吸收和双光子吸收等机制会新产生大量的载流子,载流子密度产生很大变化,因此,式(7-69)中的热电子爆炸压力项可能需作相应变化。由半导体材料的热弹性物理方程式(7-38),对立方、正方、正交等晶系,在一维应变情形下可得到与式(7-74)和式(7-75)类似的应力、应变、温度之间的关系。上述分析表明,对于超短脉冲激光以无限大光斑辐照各向异性的半导体晶体薄膜的情形,仍可得到形式上与式(7-65)~式(7-69)、式(7－74)和式(7－75)类似的一组控制方程,因此可参考上述双温模型进行计算分析。

　　文献[75]基本采用上述双温模型,计算了脉宽500fs的激光辐照2000nm厚硅薄膜产生的热—力响应,但对硅材料采用的是各向同性热弹性本构模型。

参考文献

[1] Qi Haifeng,Wang Qingpu,Li Yongfu,et al. Thermal process and surface damage of GaAs induced by 532 nm continuous laser[J]. Applied Surface Science,2007,254:1373－1376.

[2] 祁海峰. 连续及纳秒激光对砷化镓材料的损伤研究[D]. 济南:山东大学,2008.

[3] 舒柏宏,侯静,陆启生,等. 砷化镓材料与激光相互作用的实验研究[J]. 红外与激光工程,1999,28(1):40－42.

[4] Zhao Jianhua,Li Xiangyang,Liu Hua,et al. Damage threshold of HgCdTe induced by continuous－wave CO_2 laser[J]. Appl. Phys. Lett. ,1999,74(8):1081－1083.

[5] 倪晓武,沈中华,陆建. 强激光对光电器件及半导体材料的破坏研究[J]. 光电子·激光,1997,8(6):487－490.

[6] 刘烨,周新玲. 不同波长激光对半导体Si表面的损伤机制[J]. 上海工程技术大学学报,2008,22(2):104－108.

[7] 戚树明. 不同波长脉冲激光与半导体材料HgCdTe和Si相互作用研究[D]. 济南:山东师范大学,2009.

[8] Vohrat Alka,Bansalt S K,Sharmats R K,et al. Surface effects on laser－induced damage in Si[J]. J. Phys. D:Appl. Phys. ,1990,23:56－66.

[9] Wang X,Zhu D H,Shen Z H,et al. Surface damage morphology investigations of silicon under millisecond laser irradiation[J]. Applied Surface Science, 2010, 257:1583－1588.

[10] Garg Amit,Kapoor Avinashi,Tripathi K N. Laser－induced damage studies in GaAs[J]. Optics & Laser Technology,2003,35:21－24.

[11] Huang Austin L,Becker Michael F,Walser Rodger M. Laser－induced damage and ion emission of GaAs at 1.06 μm[J]. APPLIED OPTICS,1986,25(21):3864－3870.

[12] Sardar Dhirai K,Becker Michael F,Walser Rodger M. Multipulse laser damage of GaAs surfaces[J]. J. Appl. Phys. ,1987,62(9):3688－3693.

[13] Qi Haifeng,Wang Qingpu,Zhang Xingyu,et al. Theoretical and experimental study of laser induced damage on GaAs by nanosecond pulsed irradiation[J]. Optics and Lasers in Engineering,2011,49:285－291.

[14] Fedorov V A,Kuznetsov P M,Boytsova M V,et al. Action of laser radiation on crystals of gallium arsenide[J]. Materials physics and mechanics,2012,13:48－50.

[15] 曾交龙,陆启生,舒柏宏,等. 1.06 μm连续与脉冲激光对GaAs材料的联合破坏效应[J]. 强激光与粒子束,1998,10(2).

[16] Garg Amit,Kapoor Avinashi,Tripathi K N. Comparative study of evolution of laser damage in HgCdTe,CdTe & CdZnTe with nanosecond 1.06 μm wavelength multiple pulses[C]. Proc. of SPIE,2004,5273:122－128.

[17] 戚树明,陈传松,周新玲,等. 准分子激光辐照HgCdTe半导体材料的损伤机理研究[J]. 量子光学学报,2009,15(1):76－83.

[18] Chen C S,Liu A H,Sun G,et al. Analysis of laser damage threshold and morphological changes at the surface of a HgCdTe crystal[J]. J. Opt. A:Pure Appl. Opt. ,2006,8:88 − 92.

[19] Garg Amit,Tripathi K N,Kapoor Avinashi. Evolution of laser damage in Indium Antimonide(InSb) at 1. 06μm wavelength[C]. Proc. of SPIE,2005,5629:361 − 368.

[20] Kuanr A V,Bansal S K,Srivastava G P. Laser − induced damage in InSb at 1. 06 pm wavelength − a comparative study with Ge,Si and GaAs[J]. Optics & Laser Technology,1996,28(5):345 − 353.

[21] Lefranc S,Autric M. Pulsed CO_2 laser induced damage mechanisms in semiconductors[C]. Proc. of SPIE,1998,3343:546 − 557.

[22] Lv G H,Man B Y,Zhang Y H,et al. Analysis of surface damage and plasma properties of pulsed laser ablation of GaAs[J]. Optik,2004,115(8):347 − 350.

[23] 吕国华. 脉冲激光与半导体材料 HgCdTe 和 GaAs 相互作用研究[D]. 济南:山东师范大学,2005.

[24] 袁永华,刘颂豪,孙承纬,等. 激光辐照硅、锗材料形成表面波纹的实验研究[J]. 中国激光,2004,31(3):273 − 276.

[25] 袁永华,刘颂豪,孙承纬,等. 脉冲激光辐照硅材料引起表面波纹的特性研究[J]. 光学学报,2004,24(2):239 − 242.

[26] Young Jeff F,Preston J S,van Driel H M,et al. Laser − induced periodic surface structure. II. Experiments on Ge,Si,Al,and Brass[J]. Physical Review B,1983,27(2):1155 − 1172.

[27] Young Jeff F,Sipe J E,van Driel H M. Laser − induced periodic surface structure. III. Fluence regimes,the role of feedback,and details of the induced topography in germanium[J]. Physical Review B,1984,30(4):2001 − 2015.

[28] Zhou Guosheng,Fauchet P M,Siegman A E. Growth of spontaneous periodic surface structures on solids during laser illumination[J]. Physical Review B,1982,26(10):5366 − 5381.

[29] Young Jeff F,Preston J S,Sipe J E,et al. Time − resolved evolution of laser − induced periodic surface structure on germanium[J]. Physical Review B,1983,27(2):1424 − 1427.

[30] 奥齐西克 M N. 热传导[M]. 北京:高等教育出版社,1983.

[31] 孙承纬,陆启生,范正修,等. 激光辐照效应[M]. 北京:国防工业出版社,2002.

[32] 胡汉平. 热传导理论[M]. 合肥:中国科学技术大学出版社,2010.

[33] Jevti M M,Sepanovi M J. Melting and Solidification in Laser − Irradiated HgCdTe − A Numerical Analysis[J]. Appl. Phys. ,1991,A53:332 − 338.

[34] Wang X,Shen Z H,Lu J,et al. Laser − induced damage threshold of silicon in millisecond,nanosecond,and picosecond regimes[J]. J. Appl. Phys. ,2010,108:033103.

[35] Sadd Martin H. Elasticity Theory,Applications,and Numerics[M]. Amsterdam:Elsevier Butterworth − Heineman,2004.

[36] 严宗达,王洪礼. 热应力[M]. 北京:高等教育出版社,1993.

[37] 陈纲,廖理几. 晶体物理学基础[M]. 北京:科学出版社,1992.

[38] Ting T C T. Anisotropic Elasticity − Theory and Applications[M]. New York:Oxford University Press,1996.

[39] 冯津京,阎吉祥. 激光对半导体材料损伤的机理研究[J]. 光学技术,2007,33(5):643,644,647.

[40] 崔云霞,牛燕雄,王彩丽. 连续激光辐照锗材料损伤的数值模拟研究[J]. 应用光学,2011,32(2):267 − 271.

[41] 赵菲. 激光作用下硅材料的热应力分析[D]. 长春:长春理工大学,2010.

[42] 刘全喜,钟鸣,江东,等. 重频激光辐照半导体损伤的有限元分析[J]. 激光与红外,2006,36(8):670 − 674.

［43］段晓峰,牛燕雄,张雏.半导体材料的激光辐照效应计算和损伤阈值分析［J］.光学学报,2004,24
（8）:1057 - 1061.

［44］王洪纲.热弹性力学概论［M］.北京:清华大学出版社,1989.

［45］Allenspacher P,Hüttne B,Riede W. Ultrashort pulse damage of Si and Ge semiconductors［C］. Proc. of
SPIE,2003,4932:358 - 365.

［46］Tran D V,Lam Y C,Zheng H Y,et al. Femtosecond laser processing of crystalline silicon［C］. IMST(Inno-
vation in Manufacturing System and Tschnology) 2005 - 1.

［47］Tran D V,Zheng H Y,Lam Y C,et al. Femtosecond laser - induced damage morphologies of crystalline sili-
con by sub - threshold pulses［J］. Optics and Lasers in Engineering,2005,43:977 - 986.

［48］Amit Pratap Singha,Kapoor Avinashi,Tripathi K N,et al. Laser damage studies of silicon surfaces using ul-
tra - short laser pulses［J］. Optics & Laser Technology,2002,34:37 - 43.

［49］Amit Pratap Singh,Kapoor Avinashi,Tripathi K N. Thermal and mechanical damage of GaAs in picosecond
regime［J］. Optics & Laser Technology,2001,33:363 - 369.

［50］Amit Pratap Singh,Kapoor Avinashi,Tripathi K N. Recrystallization of germanium surfaces by femtosecond
laser pulses［J］. Optics & Laser Technology,2003,35:87 - 97.

［51］Tan B,Venkatakrishnan K. A femtosecond laser - induced periodical surface structure on crystalline silicon
［J］. J. Micromech. Microeng. ,2006,16:1 - 6.

［52］Ganeev R A,Baba M,Ozaki T,et al. Long - and short - period nanostructure formation on semiconductor
surfaces at different ambient conditions［J］. J. Opt. Soc. Am. B,2010,27(5):1077 - 1082.

［53］Amit Pratap Singh,Kapoor Avinashi,Tripathi K N. Ripples and grain formation in GaAs surfaces exposed to
ultrashort laser pulses［J］. Optics & Laser Technology,2002,34:533 - 540.

［54］Chen J K,Tzou D Y,Beraun J E. Numerical investigation of ultrashort laser damage in semiconductors［J］.
International Journal of Heat and Mass Transfer,2005,48:501 - 509.

［55］Sokolowski - Tinten K,von der Linde D. Generation of dense electron - hole plasmas in silicon［J］.
Phys. Rev. B,2000,61:2643 - 2650.

［56］赵刚.飞秒脉冲激光对固体材料热损伤的研究［D］.成都:四川大学,2007.

［57］Bernd Hüttner,CPhys FInstP. Ultrashort pulse damage of semiconductors［C］. Proc. of SPIE,2004,5273:
493 - 500.

［58］石颖,郑楠,梁田.亚皮秒脉冲激光辐照硅薄膜热效应的模拟研究［J］.光子学报,2008,37(1):
6 - 10.

［59］郑楠,梁田,石颖.超短脉冲激光辐照硅膜升温效应的模拟研究［J］.强激光与粒子束,2008,20(3):
353 - 357.

［60］Dachraoui H,Husinsky W,Betz G. Ultra - short laser ablation of metals and semiconductors:evidence of ul-
tra - fast Coulomb explosion［J］. Appl. Phys. A,2006,83,333 - 336.

［61］肖威,林晓辉.超短脉冲激光辐射固体材料的库仑爆炸烧蚀模型研究［J］.机械制造与研究,2010,
39(2):24 - 27.

［62］Chen J K,Beraun J E,Tham C L. Ultrafast thermoelasticity for short - pulse laser heating［J］. International
Journal of Engineering Science,2004,42:793 - 807.

［63］Chen J K,Beraun J E,Tzou D Y. Thermomechanical response of metals heated by ultrashort - pulsed lasers
［J］. Journal of Thermal Stresses,2002,25:539 - 558.

［64］杨卫.宏微观断裂力学［M］.北京:国防工业出版社,1995.

［65］季振国.半导体物理［M］.杭州:浙江大学出版社,2005.

［66］袁春.不同气流环境下 DF 激光对45#钢靶的辐照效应研究［D］.长沙:国防科学技术大学,2011.

［67］ 王丽梅 . 飞秒激光烧蚀硅的分子动力学模拟［D］. 长沙:国防科学技术大学,2008.

［68］ 汤文辉,冉宪文,徐志宏,等 . 强激光对靶材烧蚀效应的数值模拟研究［J］. 航天器环境工程,2010, 27(1):32 − 34.

［69］ Tamma K K,Zhou X. Macroscale and microscale thermal transport and thermo − mechanical interactions: some noteworthy perspectives［J］. Journal of Thermal Stresses,1998,21:405 − 449.

［70］ 张浙,刘登瀛 . 非傅里叶热传导研究进展［J］. 力学进展,2000,30(3):446 − 456.

［71］ 蒋方明,刘登瀛 . 非傅里叶导热的最新研究进展［J］. 力学进展,2002,32(1):128 − 140.

［72］ Tzou D Y. A unified field approach for heat conduction from macro − to micro − scales［J］. Transactions of ASME − Journal of Heat Transfer,1995,117:8 − 16.

［73］ 刘静 . 微米/纳米尺度传热学［M］. 北京:科学出版社,2001.

［74］ 蒋方明,刘登瀛 . 非傅里叶导热现象的双元相滞后模型剖析［J］. 上海理工大学学报,2001,23(3): 197 − 200.

［75］ 郭春凤,齐文宗,王德飞 . 飞秒激光作用下硅材料的热力响应［J］. 激光与红外,2009,39(3): 260 − 263.

附录 A
非各向同性介质中介电张量与折射率

在非各向同性晶体中晶体的能量密度由下式表示：

$$2\omega_e = \frac{D_x^2}{\varepsilon_{xx}} + \frac{D_y^2}{\varepsilon_{yy}} + \frac{D_z^2}{\varepsilon_{zz}} \qquad (A-1)$$

式中：ω_e 为电场的能量密度；ε_{xx}、ε_{yy}、ε_{zz} 分别为介电张量 ε 的三个主轴对角元；D_x、D_y、D_z 为电位移矢量 D 在三个介电张量主轴上的分量。为了与折射率椭球相一致，因此改写方程（A-1）为

$$2\omega_e\varepsilon_0 = \frac{D_x^2}{\varepsilon'_{xx}} + \frac{D_y^2}{\varepsilon'_{yy}} + \frac{D_z^2}{\varepsilon'_{zz}} \qquad (A-2)$$

式中

$$\varepsilon'_{ii} = \varepsilon_{ii}/\varepsilon_0 = n_{ii}^2 (i = x,y,z) \qquad (A-3)$$

式中：ε_0 为真空介电常数；ε'_{ii} 为相对介电常数。只要定义 $r = D/\sqrt{2\omega_e\varepsilon_0}$，方程式（A-2）改写成

$$\frac{x^2}{n_{xx}^2} + \frac{y^2}{n_{yy}^2} + \frac{z^2}{n_{zz}^2} = 1 \qquad (A-4)$$

方程式（A-4）称为折射率椭球。方程式（A-1）中使用了电场 E 与电位移矢量 D 的关系式

$$D = \varepsilon \cdot E \qquad (A-5)$$

式中：ε 为介电矩阵（或称介电张量），它是一个算符，作用在电场矢量 E 上，生成电位移矢量 D。它的逆可写为

$$E = g \cdot D \qquad (A-6)$$

式中

$$g = \varepsilon^{-1}$$

以上讨论仅适用于未受扰动的晶体，在介电主轴系统中，无论是 g 还是 ε 都已对角化。当电光效应或弹光效应等扰动出现时，原已对角化的 g 或 ε 将产生非对角元，如电光效应，它对介电张量的影响可由下式表示：

$$\frac{1}{\varepsilon'_{ij}(E_0)} = \left(\frac{1}{\varepsilon'_{ij}}\right)_0 + r_{ijk}E_{ok} + p_{ijkl}E_{ok}E_{ol} + \cdots \qquad (A-7)$$

式中:r_{ijk}为线性电光张量元;p_{ijkl}为二阶电光张量元,其中已默认 k 和 l 指标从 1 到 3 求和。由于 $\left(\dfrac{1}{\varepsilon'_{ij}}\right)_0 = 0\,(i \neq j)$,一般可将式(A-7)右边第一项以后各项看成为微扰,就有 $\varepsilon'_{ij}(i \neq j) \ll \varepsilon'_{ii}$ 成立。根据式(A-3),也有 $\varepsilon_{ij}(i \neq j) \ll \varepsilon_{ii}$ 成立,式(A-7)可用矩阵元近似表示为[1]

$$g_{ii} = \varepsilon_{ii}^{-1}$$

$$g_{ij} \approx -\frac{\varepsilon_{ji}}{\varepsilon_{ii}\varepsilon_{jj}} = -\frac{\varepsilon_{ij}}{\varepsilon_{ii}\varepsilon_{jj}} \qquad (A-8)$$

式中已用了矩阵元之间的对称性 $\varepsilon_{ij} = \varepsilon_{ji}$。综合以上各式,利用未受扰动的晶体介电主轴系描述受扰动的介电椭球方程为

$$\frac{x^2}{\varepsilon'_{xx}} + \frac{y^2}{\varepsilon'_{yy}} + \frac{z^2}{\varepsilon'_{zz}} - \frac{2\varepsilon'_{zy}yz}{\varepsilon'_{zz}\varepsilon'_{yy}} - \frac{2\varepsilon'_{zx}zx}{\varepsilon'_{zz}\varepsilon'_{xx}} - \frac{2\varepsilon'_{yx}yx}{\varepsilon'_{yy}\varepsilon'_{xx}} = 1 \qquad (A-9)$$

相应的折射率椭球方程也可写成

$$\left(\frac{1}{n^2}\right)_{xx}x^2 + \left(\frac{1}{n^2}\right)_{yy}y^2 + \left(\frac{1}{n^2}\right)_{zz}z^2 + 2\left(\frac{1}{n^2}\right)_{yz}yz + 2\left(\frac{1}{n^2}\right)_{xz}xz + 2\left(\frac{1}{n^2}\right)_{xy}xy = 1$$

$$(A-10)$$

比较式(A-9)和式(A-10)可以得到介电张量元与折射率椭球的各个元素的关系为

$$\left(\frac{1}{n^2}\right)_{ii} = \varepsilon'^{-1}_{ii}$$

$$\left(\frac{1}{n^2}\right)_{ij} = -\frac{\varepsilon'_{ij}}{\varepsilon'_{ii}\varepsilon'_{jj}},\,(i \neq j) \qquad (A-11)$$

存在扰动的情况下,$\boldsymbol{\varepsilon}$ 有九个分量,它们不全是相互独立的,它们的实数部分是对称的,总可以找到一套主介电轴,可以使实介电张量对角化。它的虚数部分也是对称的,也可以对角化,但是这二者的介电主轴在非正交晶系的固体内是不重合的,对 $\boldsymbol{\varepsilon}$ 作对角化运算时,实数和虚数应分别进行;而在正交晶系的固体内这二者又确实是重合的,可以直接开展复介电张量的对角化运算。在《光学原理》[2]一书的晶体光学部分也介绍了这个概念,并申明在《光学原理》一书中所有的运算均认为介电张量的实数和虚数两个主轴是重合的,显然对于两个主轴不重合的讨论是很困难的。

式(A-11)描写的是,在未受扰动的介电张量(折射率椭球)主轴系中,受了扰动的介电张量元和对应的折射率元之间的关系。在未受扰动的介电张量(折射率椭球)主轴系中,表述扰动后介质的各个物性参数没有明确的物理意义。由于扰动后的折射率和吸收(或增益)系数只能定义在扰动后的介电张量(折射率椭球)新主轴上。只有当式(A-9)和式(A-10)对角化,形成新的包含扰动的介电张量(或折射率椭球)主轴系以后,其介电张量对角元的开方才能表

示对应轴上的复折射率,它的正实数是介质与光耦合以后影响光的传播速度的一个量,它具有折射率的意义,它的虚数部分正比于吸收或增益。在未受扰动的介电张量(折射率椭球)主轴系中,式(A-11)中各量描述了介质受到外界扰动以后产生的效应,它们改变了新折射率主轴的方向,在改变其方向的同时,与介质本身共同铸就了新主轴系统的新折射率。综上所述,折射率只能根据新的折射率主轴系定义,正文中的式(2-3)只能在新的折射率主轴系中计算才有意义。也许由于这些原因,到目前为止,只有沈元壤先生在他的《非线性光学原理》[1]一书中非常谨慎地将 n_{ij}^{-1} 定义为折射率张量,在其他的光学和光电子学名著,例如《光学原理》[2] 和《量子电子学》[3] 中均用折射率椭球来表述。

参考文献

[1] Shen Y R. The Principles of Nonlinear Optics[M]. Hoboken:John Wiley & Sons,1984.

[2] Max Born,Emil Wolf. Principles of Optics[M]. 7th Edition. Cambridge:Cambridge,1999.

[3] Amnon Yariv. Quantum Electronics[M]. 3rd Edition. New York:John Wiley & Sons,1989.

附录 B

特 殊 函 数

Γ - 函数：

$$\Gamma(z) = \int_0^{+\infty} u^{z-1} e^{-u} du \quad \mathrm{Re}(z) > 0$$

Γ - 函数有如下公式：

（1） $\qquad \Gamma(z+1) = z\Gamma(z) \quad \mathrm{Re}(z) > 0$

（2） $\qquad \Gamma(n+1) = n! \quad n$ 为正整数

特别地，$\Gamma(1) = \Gamma(2) = 1$，$\Gamma\left(\dfrac{1}{2}\right) = \sqrt{\pi}$。对于 Γ - 函数更多的性质可参考相关数学文献。

附录 C
一些积分表达式的计算

1. $\iint e_k(e_k \cdot a)\sin\theta \mathrm{d}\theta \mathrm{d}\varphi$ 的计算(a 为常矢量)

建立如图 C-1 所示的坐标系,选常矢量 a 的方向为坐标轴的 z 轴。在球坐标系下单位矢量 e_k 可表示为

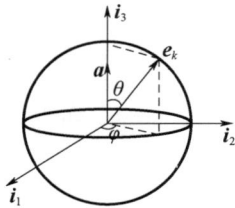

图 C-1 球坐标系

$$e_k = \sin\theta\cos\varphi i_1 + \sin\theta\sin\varphi i_2 + \cos\theta i_3$$

则

$$\iint e_k(e_k \cdot a)\sin\theta \mathrm{d}\theta \mathrm{d}\varphi$$

$$= \iint (\sin\theta\cos\varphi i_1 + \sin\theta\sin\varphi i_2 + \cos\theta i_3)a\cos\theta\sin\theta \mathrm{d}\theta \mathrm{d}\varphi$$

$$= a\int_0^\pi \cos^2\theta\sin\theta \mathrm{d}\theta \int_0^{2\pi} \mathrm{d}\varphi$$

$$= \frac{4\pi}{3}a$$

2. 积分 $\int_{E_c}^{+\infty} \dfrac{\partial f_0}{\partial E}(E - E_c)^{v_n}\mathrm{d}E$ 的计算

$$\int_{E_c}^{+\infty} \frac{\partial f_0}{\partial E}(E - E_c)^{v_n}\mathrm{d}E = f_0(E - E_c)^{v_n}\Big|_{E_c}^{+\infty} - v_n\int_{E_c}^{+\infty} f_0(E - E_c)^{v_n-1}\mathrm{d}E$$

$$= -v_n\int_{E_c}^{+\infty} \frac{(E - E_c)^{v_n-1}}{\mathrm{e}^{\frac{E-E_{fn}}{k_B T_n}} + 1}\mathrm{d}E$$

令 $\xi = \dfrac{E - E_c}{k_B T_n}, \eta_c = \dfrac{E_{fn} - E_c}{k_B T_n}$

则

$$\int_{E_c}^{+\infty} \frac{\partial f_0}{\partial E}(E-E_c)^{\upsilon_n}\mathrm{d}E = -\upsilon_n(k_B T_n)^{\upsilon_n}\int_0^{+\infty}\frac{\xi^{\upsilon_n-1}}{\mathrm{e}^{\xi-\eta_c}+1}\mathrm{d}\xi$$

$$= -\upsilon_n(k_B T_n)^{\upsilon_n}\Gamma(\upsilon_n)F_{\upsilon_n-1}(\eta_c)$$

3. 积分 $\int_{E_v}^{-\infty}\frac{\partial f_0}{\partial E}(E_v-E)^{\upsilon_p}\mathrm{d}E$ 的计算

$$\int_{E_v}^{-\infty}\frac{\partial f_0}{\partial E}(E_v-E)^{\upsilon_p}\mathrm{d}E = f_0(E_v-E)^{\upsilon_p}\Big|_{E_v}^{-\infty} + \upsilon_p\int_{E_v}^{-\infty}f_0(E_v-E)^{\upsilon_p-1}\mathrm{d}E$$

$$= \upsilon_p\int_{E_v}^{-\infty}\frac{(E_v-E)^{\upsilon_p-1}}{\mathrm{e}^{\frac{E_{fp}-E}{k_B T_p}}+1}\mathrm{d}E$$

令 $\quad \xi = \dfrac{E_v-E}{k_B T_p}, \eta_v = \dfrac{E_v-E_{fp}}{k_B T_p}$

则

$$\int_{E_v}^{-\infty}\frac{\partial f_0}{\partial E}(E_v-E)^{\upsilon_p}\mathrm{d}E = -\upsilon_p(k_B T_p)^{\upsilon_p}\int_0^{+\infty}\frac{\xi^{\upsilon_p-1}}{\mathrm{e}^{\xi-\eta_v}+1}\mathrm{d}\xi$$

$$= -\upsilon_p(k_B T_p)^{\upsilon_p}\Gamma(\upsilon_p)F_{\upsilon_p-1}(\eta_v)$$

4. $F_{\upsilon}(\eta) \triangleq \dfrac{\int_0^{+\infty}\dfrac{\xi^{\upsilon}}{\mathrm{e}^{\xi-\eta}+1}\mathrm{d}\xi}{\Gamma(\upsilon+1)}$

当 $\xi \gg \eta$ 时,$F_{\upsilon}(\eta)=\mathrm{e}^{\eta}$。

附录 D
能量平衡模型中主要物理量的推导

1. 电流密度矢量

半导体内部电子电流密度矢量的定义为

$$\boldsymbol{J}_n = \frac{-q}{4\pi^3} \iiint_\Omega f(\boldsymbol{r}, \boldsymbol{k}) \boldsymbol{v}_k \mathrm{d}\boldsymbol{k} \tag{D-1}$$

将弛豫时间近似下玻耳兹曼方程的一阶近似解代入式(D-1),并注意到热平衡时半导体内部电流密度为 0,则

$$\boldsymbol{J}_n = \frac{q}{4\pi^3} \iiint_\Omega \boldsymbol{v}_k \tau_e (\boldsymbol{v}_k \cdot \nabla_r f_0 + \dot{\boldsymbol{k}} \cdot \nabla_k f_0) \mathrm{d}\boldsymbol{k} \tag{D-2}$$

电子热平衡时服从费米 – 狄拉克统计规律,其热平衡分布函数为

$$f_0 = \frac{1}{\mathrm{e}^{[(E-E_{fn})/k_B T_n]} + 1} \tag{D-3}$$

从而

$$\nabla f_0 = \frac{\partial f_0}{\partial E} \nabla E + \frac{\partial f_0}{\partial E_{fn}} \nabla E_{fn} + \frac{\partial f_0}{\partial T_n} \nabla T_n \tag{D-4}$$

其中

$$\frac{\partial f_0}{\partial E} = -\frac{\partial f_0}{\partial E_{fn}}, \frac{\partial f_0}{\partial T_n} = -\frac{\partial f_0}{\partial E} \frac{E - E_{fn}}{T_n} \tag{D-5}$$

将式(D-5)代入式(D-4),得

$$\nabla f_0 = \frac{\partial f_0}{\partial E} \Big(\nabla E - \nabla E_{fn} - \frac{E - E_{fn}}{T_n} \nabla T_n \Big) \tag{D-6}$$

又有

$$\nabla_k f_0 = \frac{\partial f_0}{\partial E} \nabla_k E = h \boldsymbol{v}_k \frac{\partial f_0}{\partial E} \tag{D-7}$$

将式(D-6)、式(D-7)代入式(D-2),得

$$\boldsymbol{J}_n = -\frac{q}{4\pi^3} \iiint_\Omega \frac{\partial f_0}{\partial E} \tau_e \boldsymbol{v}_k \boldsymbol{v}_k \cdot \Big(\nabla E_{fn} + \frac{E - E_{fn}}{T_n} \nabla T_n \Big) \mathrm{d}\boldsymbol{k} \tag{D-8}$$

定义电子的普朗克势为 $\eta_c = \dfrac{E_{fn} - E_c}{k_B T_n}$,则有

$$\nabla E_{\text{fn}} = \nabla E_{\text{c}} + k_{\text{B}}T_{\text{n}}\nabla \eta_{\text{c}} + \eta_{\text{c}}\nabla k_{\text{B}}T_{\text{n}} \qquad (\text{D}-9)$$

将式(D–9)代入式(D–8),可得

$$
\begin{aligned}
\boldsymbol{J}_{\text{n}} &= -\frac{q}{4\pi^3}\iiint_{\Omega}\tau_{\text{e}}\frac{\partial f_0}{\partial E}\boldsymbol{v}_k\boldsymbol{v}_k \cdot \left(\nabla E_{\text{c}} + k_{\text{B}}T_{\text{n}}\nabla\eta_{\text{c}} + \frac{E - E_{\text{c}}}{T_{\text{n}}}\nabla T_{\text{n}}\right)\text{d}\boldsymbol{k} \\
&= -\frac{q}{4\pi^3}\iiint_{\Omega}\tau_{\text{e}}\frac{\partial f_0}{\partial E}\frac{1}{3}v_k^2\text{d}\boldsymbol{k}(\nabla E_{\text{c}} + k_{\text{B}}T_{\text{n}}\nabla\eta_{\text{c}}) - \\
&\quad \frac{q}{4\pi^3}\frac{\nabla T_{\text{n}}}{T_{\text{n}}}\iiint_{\Omega}\tau_{\text{e}}\frac{\partial f_0}{\partial E}\frac{1}{3}v_k^2(E - E_{\text{c}})\text{d}\boldsymbol{k} \qquad (\text{D}-10)
\end{aligned}
$$

定义迁移率张量:

$$\boldsymbol{\mu}_{\text{n}} = -\frac{q}{4\pi^3 n}\iiint_{\Omega}\tau_{\text{e}}\frac{\partial f_0}{\partial E}\boldsymbol{v}_k\boldsymbol{v}_k\text{d}\boldsymbol{k}$$

在等能面为球面(抛物线能带结构)的近似下,迁移率张量可用标量表示:

$$\mu_{\text{n}} = -\frac{q}{4\pi^3 n}\iiint_{\Omega}\tau_{\text{e}}\frac{\partial f_0}{\partial E}\frac{1}{3}v_k^2\text{d}\boldsymbol{k} \qquad (\text{D}-11)$$

则式(D–10)右边第一项可写为

$$-\frac{q}{4\pi^3}\iiint_{\Omega}\tau_{\text{e}}\frac{\partial f_0}{\partial E}\frac{1}{3}v_k^2\text{d}\boldsymbol{k}(\nabla E_{\text{c}} + k_{\text{B}}T_{\text{n}}\nabla\eta_{\text{c}}) = \mu_{\text{n}}n(\nabla E_{\text{c}} + k_{\text{B}}T_{\text{n}}\nabla\eta_{\text{c}})$$

$$(\text{D}-12)$$

由关于弛豫时间的假设,电子弛豫时间 τ_{e} 满足

$$\tau_{\text{e}} = \tau_0(E - E_{\text{c}})^{v_{\text{n}}} \qquad (\text{D}-13)$$

另外,由抛物线能级结构假设,可得

$$E = E_{\text{c}} + \frac{\hbar^2 k^2}{2m_{\text{n}}^*} \qquad (\text{D}-14)$$

将式(D–13)、式(D–14)代入迁移率的表达式(D–11),可得

$$
\begin{aligned}
\mu_{\text{n}} &= -\frac{q}{4\pi^3 n}\iiint_{\Omega}\tau_0(E - E_{\text{c}})^{v_{\text{n}}}\frac{\partial f_0}{\partial E}\frac{1}{3}v_k^2\text{d}\boldsymbol{k} \\
&= -\frac{q}{4\pi^3 n}\int_0^{+\infty}\tau_0(E - E_{\text{c}})^{v_{\text{n}}}\frac{\partial f_0}{\partial E}\frac{1}{3}\left(\frac{1}{\hbar}\frac{\partial E}{\partial k}\right)^2 4\pi k^2\text{d}k \\
&= \frac{q}{4\pi^3 n}\tau_0\frac{4\pi}{3}\frac{1}{m_{\text{n}}^*}\left(\frac{2m_{\text{n}}^*}{\hbar^2}\right)^{3/2}\int_{E_{\text{c}}}^{+\infty}\frac{\partial f_0}{\partial E}(E - E_{\text{c}})^{v_{\text{n}}+3/2}\text{d}E \\
&= \frac{q}{4\pi^3 n}\tau_0\frac{4\pi}{3}\frac{1}{m_{\text{n}}^*}\left(\frac{2m_{\text{n}}^*}{\hbar^2}\right)^{3/2}\left(v_{\text{n}} + \frac{3}{2}\right)(k_{\text{B}}T_{\text{n}})^{v_{\text{n}}+3/2}\Gamma\left(v_{\text{n}} + \frac{3}{2}\right)F_{v_{\text{n}}+1/2}(\eta_{\text{c}})
\end{aligned}
$$

$$(\text{D}-15)$$

与迁移率的表达式(式(D–15))的推导类似,式(D–10)右边第二项可写为

$$- \frac{q}{4\pi^3} \frac{\nabla T_n}{T_n} \iiint_\Omega \tau_e \frac{\partial f_0}{\partial E} \frac{1}{3} v_k^2 (E - E_c) \, \mathrm{d}\boldsymbol{k}$$

$$= \frac{q}{4\pi^3} \tau_0 \frac{4\pi}{3} \frac{1}{m_n^*} \left(\frac{2m_n^*}{h^2}\right)^{3/2} \frac{\nabla T_n}{T_n} \left(v_n + \frac{5}{2}\right) (k_B T_n)^{v_n+5/2} \Gamma\left(v_n + \frac{5}{2}\right) F_{v_n+3/2}(\eta_c)$$

$$= \mu_n n \left(v_n + \frac{5}{2}\right) \frac{F_{v_n+3/2}(\eta_c)}{F_{v_n+1/2}(\eta_c)} \nabla k_B T_n$$

这样,电子电流密度矢量可写为

$$\boldsymbol{J}_n = \mu_n n \left[k_B T_n \nabla \eta_c + \nabla E_c + \left(v_n + \frac{5}{2}\right) \frac{F_{v_n+3/2}(\eta_c)}{F_{v_n+1/2}(\eta_c)} \nabla k_B T_n\right] \quad (\mathrm{D}-16)$$

与电子电流密度矢量的推导方法完全类似,下面直接给出空穴电流密度矢量的表达式:

$$\boldsymbol{J}_p = \mu_p p \left[\nabla E_v - k_B T_p \nabla \eta_v - \left(v_p + \frac{5}{2}\right) \frac{F_{v_p+3/2}(\eta_v)}{F_{v_p+1/2}(\eta_v)} \nabla k_B T_p\right] \quad (\mathrm{D}-17)$$

其中,空穴迁移率为

$$\mu_p = \frac{q}{4\pi^3 p} \tau_0 \frac{4\pi}{3} \frac{1}{m_p^*} \left(\frac{2m_p^*}{\hbar^2}\right)^{3/2} \left(v_p + \frac{3}{2}\right) (k_B T_p)^{v_p+3/2} \Gamma\left(v_p + \frac{3}{2}\right) F_{v_p+1/2}(\eta_v)$$

$$(\mathrm{D}-18)$$

空穴的普朗克势的定义为

$$\eta_v = \frac{E_v - E_{fp}}{k_B T_p} \quad (\mathrm{D}-19)$$

载流子的普朗克势的空间梯度又可表示为[28]

$$\nabla \eta_{c,v} = \frac{F_{1/2}(\eta_{c,v})}{F_{-1/2}(\eta_{c,v})} \left(\frac{1}{n,p} - \frac{3}{2} T_{n,p} \nabla T_{n,p} - \frac{3}{2} \nabla \ln(m_{n,p}^*)\right) \quad (\mathrm{D}-20)$$

将式(D-20)代入式(D-16)、式(D-17)可进一步将电流密度矢量写为

$$\boldsymbol{J}_n = \mu_n k_B T_n \frac{F_{1/2}(\eta_c)}{F_{-1/2}(\eta_c)} \nabla n + \mu_n n \nabla E_c - \frac{3 k_B T_n}{2} \mu_n \frac{F_{1/2}(\eta_c)}{F_{-1/2}(\eta_c)} n \nabla \ln m_n^* +$$

$$\mu_n n \left[\left(\frac{5}{2} + v_n\right) \frac{F_{3/2+v_n}(\eta_c)}{F_{1/2+v_n}(\eta_c)} - \frac{3}{2} \frac{F_{1/2}(\eta_c)}{F_{-1/2}(\eta_c)}\right] \nabla k_B T_n \quad (\mathrm{D}-21)$$

$$\boldsymbol{J}_p = -\mu_p k_B T_p \frac{F_{1/2}(\eta_v)}{F_{-1/2}(\eta_v)} \nabla p + \mu_p p \nabla E_v + \frac{3 k_B T_p}{2} \mu_p \frac{F_{1/2}(\eta_v)}{F_{-1/2}(\eta_v)} p \nabla \ln m_p^* -$$

$$\mu_p p \left[\left(\frac{5}{2} + v_p\right) \frac{F_{3/2+v_p}(\eta_v)}{F_{1/2+v_p}(\eta_v)} - \frac{3}{2} \frac{F_{1/2}(\eta_v)}{F_{-1/2}(\eta_v)}\right] \nabla k_B T_p \quad (\mathrm{D}-22)$$

2. 能流密度矢量

电子能流密度矢量的定义为

$$\boldsymbol{S}_n = \frac{1}{4\pi^3} \iiint_\Omega f(\boldsymbol{r}, \boldsymbol{k}) \boldsymbol{v}_k E \mathrm{d}\boldsymbol{k} \quad (\mathrm{D}-23)$$

式（D-23）可分解为两项，即

$$S_n = \frac{1}{4\pi^3} \iiint\limits_\Omega f(\boldsymbol{r},\boldsymbol{k}) \boldsymbol{v}_k (E - E_c) \mathrm{d}\boldsymbol{k} + \frac{1}{4\pi^3} \iiint\limits_\Omega f(\boldsymbol{r},\boldsymbol{k}) \boldsymbol{v}_k E_c \mathrm{d}\boldsymbol{k}$$

$$= \frac{1}{4\pi^3} \iiint\limits_\Omega f(\boldsymbol{r},\boldsymbol{k}) \boldsymbol{v}_k (E - E_c) \mathrm{d}\boldsymbol{k} + \frac{E_c \boldsymbol{J}_n}{-q} \qquad (\mathrm{D}-24)$$

将弛豫时间近似下分布函数的一阶近似表达式代入式（D-24）右边第一项，并仿照电子电流密度的相关推导，可得

$$\frac{1}{4\pi^3} \iiint\limits_\Omega f(\boldsymbol{r},\boldsymbol{k}) \boldsymbol{v}_k (E - E_c) \mathrm{d}\boldsymbol{k}$$

$$= \frac{1}{4\pi^3} \iiint\limits_\Omega \tau_e \frac{\partial f_0}{\partial E} (E - E_c) \boldsymbol{v}_k \boldsymbol{v}_k \left(\nabla E_c + k_B T_n \nabla \eta_c + \frac{E - E_c}{T_n} \nabla T_n \right) \mathrm{d}\boldsymbol{k}$$

$$= \frac{1}{4\pi^3} \iiint\limits_\Omega \tau_e \frac{\partial f_0}{\partial E} (E - E_c) \frac{1}{3} v_k^2 \mathrm{d}\boldsymbol{k} (\nabla E_c + k_B T_n \nabla \eta_c) +$$

$$\frac{1}{4\pi^3} \iiint\limits_\Omega \tau_e \frac{\partial f_0}{\partial E} (E - E_c)^2 \frac{1}{3} v_k^2 \mathrm{d}\boldsymbol{k} \frac{\nabla T_n}{T_n} \qquad (\mathrm{D}-25)$$

式（D-25）式右边第一项：

$$\frac{1}{4\pi^3} \iiint\limits_\Omega \tau_e \frac{\partial f_0}{\partial E} (E - E_c) \frac{1}{3} v_k^2 \mathrm{d}\boldsymbol{k} (\nabla E_c + k_B T_n \nabla \eta_c)$$

$$= \frac{1}{4\pi^3} \tau_0 \frac{4\pi}{3} \frac{1}{m_n^*} \left(\frac{2m_n^*}{h^2} \right)^{3/2} \int_{E_c}^{+\infty} \frac{\partial f_0}{\partial E} (E - E_c)^{\upsilon_n + 5/2} \mathrm{d}E (\nabla E_c + k_B T_n \nabla \eta_c)$$

$$= -\frac{1}{4\pi^3} \tau_0 \frac{4\pi}{3} \frac{1}{m_n^*} \left(\frac{2m_n^*}{h^2} \right)^{3/2} (k_B T_n)^{\upsilon_n + 5/2} \left(\upsilon_n + \frac{5}{2} \right)$$

$$\Gamma\left(\upsilon_n + \frac{5}{2} \right) F_{\upsilon_n + 3/2}(\eta_c) \cdot (\nabla E_c + k_B T_n \nabla \eta_c)$$

$$= -\mu_n \frac{n}{q} k_B T_n \left(\upsilon_n + \frac{5}{2} \right) \frac{F_{\upsilon_n + 3/2}(\eta_c)}{F_{\upsilon_n + 1/2}(\eta_c)} (\nabla E_c + k_B T_n \nabla \eta_c) \qquad (\mathrm{D}-26)$$

式（D-25）右边第二项：

$$\frac{1}{4\pi^3} \iiint\limits_\Omega \tau_e \frac{\partial f_0}{\partial E} (E - E_c)^2 \frac{1}{3} v_k^2 \mathrm{d}\boldsymbol{k} \frac{\nabla T_n}{T_n}$$

$$= \frac{1}{4\pi^3} \tau_0 \frac{4\pi}{3} \frac{1}{m_n^*} \left(\frac{2m_n^*}{h^2} \right)^{3/2} \int_{E_c}^{+\infty} \frac{\partial f_0}{\partial E} (E - E_c)^{\upsilon_n + 7/2} \mathrm{d}E \frac{\nabla T_n}{T_n}$$

$$= -\frac{1}{4\pi^3} \tau_0 \frac{4\pi}{3} \frac{1}{m_n^*} \left(\frac{2m_n^*}{h^2} \right)^{3/2} (k_B T_n)^{\upsilon_n + 7/2} \left(\upsilon_n + \frac{7}{2} \right) \Gamma\left(\upsilon_n + \frac{7}{2} \right) F_{\upsilon_n + 5/2}(\eta_c) \cdot \frac{\nabla T_n}{T_n}$$

$$= -\mu_n \frac{n}{q} k_B T_n \left(\upsilon_n + \frac{7}{2} \right) \left(\upsilon_n + \frac{5}{2} \right) \frac{F_{\upsilon_n + 5/2}(\eta_c)}{F_{\upsilon_n + 1/2}(\eta_c)} \nabla k_B T_n \qquad (\mathrm{D}-27)$$

将式（D-26）、式（D-27）代入式（D-24）、式（D-25）可得电子能流密度矢量

的表达式：

$$S_n = -\mu_n \frac{n}{q} k_B T_n \Big[\Big(v_n + \frac{5}{2} \Big) \frac{F_{v_n+3/2}(\eta_c)}{F_{v_n+1/2}(\eta_c)} (\nabla E_c + k_B T_n \nabla \eta_c) + $$

$$\Big(v_n + \frac{7}{2} \Big) \Big(v_n + \frac{5}{2} \Big) \frac{F_{v_n+5/2}(\eta_c)}{F_{v_n+1/2}(\eta_c)} \nabla k_B T_n \Big] + \frac{E_c \boldsymbol{J}_n}{-q} \qquad (D-28)$$

与电子能流密度矢量的推导方法完全类似,可得空穴能流密度的表达式：

$$S_p = \mu_p \frac{p}{q} k_B T_p \Big[\Big(v_p + \frac{5}{2} \Big) \frac{F_{v_p+3/2}(\eta_v)}{F_{v_p+1/2}(\eta_v)} (\nabla E_v - k_B T_p \nabla \eta_v) - $$

$$\Big(v_p + \frac{7}{2} \Big) \Big(v_p + \frac{5}{2} \Big) \frac{F_{v_p+5/2}(\eta_v)}{F_{v_p+1/2}(\eta_v)} \nabla k_B T_p \Big] + \frac{E_v \boldsymbol{J}_n}{-q} \qquad (D-29)$$

将载流子普朗克势的空间梯度表达式式(D-20),代入能流密度矢量式(D-28)、式(D-29),可进一步得

$$S_n = -\Big(\frac{5}{2} + v_n \Big) \frac{F_{3/2+v_n}(\eta_c)}{F_{1/2+v_n}(\eta_c)} \mu_n \frac{k_B T_n}{q} \Big\{ k_B T_n \frac{F_{1/2}(\eta_c)}{F_{-1/2}(\eta_c)} \nabla n + n \nabla E_c - $$

$$\frac{3}{2} k_B T_n n \frac{F_{1/2}(\eta_c)}{F_{-1/2}(\eta_c)} \nabla \ln m_n^* + n \Big[\Big(\frac{7}{2} + v_n \Big) \frac{F_{5/2+v_n}(\eta_c)}{F_{3/2+v_n}(\eta_c)} - $$

$$\frac{3}{2} \frac{F_{1/2}(\eta_c)}{F_{-1/2}(\eta_c)} \Big] \nabla k_B T_n \Big\} + \frac{E_c \boldsymbol{J}_n}{-q} \qquad (D-30)$$

$$S_p = -\Big(\frac{5}{2} + v_p \Big) \frac{F_{3/2+v_p}(\eta_v)}{F_{1/2+v_p}(\eta_v)} \mu_p \frac{k_B T_p}{q} \Big\{ k_B T_p \frac{F_{1/2}(\eta_v)}{F_{-1/2}(\eta_v)} \nabla p - p \nabla E_v - $$

$$\frac{3}{2} k_B T_p p \frac{F_{1/2}(\eta_v)}{F_{-1/2}(\eta_v)} \nabla \ln m_p^* + p \Big[\Big(\frac{7}{2} + v_p \Big) \frac{F_{5/2+v_p}(\eta_v)}{F_{3/2+v_p}(\eta_v)} - $$

$$\frac{3}{2} \frac{F_{1/2}(\eta_v)}{F_{-1/2}(\eta_v)} \Big] \nabla k_B T_p \Big\} + \frac{E_v \boldsymbol{J}_p}{-q} \qquad (D-31)$$

3. 能量密度

电子能量密度的一般性定义为

$$\mu_n = \frac{1}{4\pi^3} \iiint_\Omega f(\boldsymbol{r}, \boldsymbol{k}) E \mathrm{d}\boldsymbol{k} \qquad (D-32)$$

将式(D-32)分解为两项,即

$$\mu_n = \frac{1}{4\pi^3} \iiint_\Omega f(\boldsymbol{r}, \boldsymbol{k}) (E - E_c) \mathrm{d}\boldsymbol{k} + \frac{1}{4\pi^3} \iiint_\Omega f(\boldsymbol{r}, \boldsymbol{k}) E_c \mathrm{d}\boldsymbol{k}$$

$$= \frac{1}{4\pi^3} \iiint_\Omega f_0(E) (E - E_c) \mathrm{d}\boldsymbol{k} + n E_c \qquad (D-33)$$

载流子浓度为

$$n = \frac{1}{4\pi^3} \iiint_\Omega f(\boldsymbol{r}, \boldsymbol{k}) \mathrm{d}\boldsymbol{k} = \frac{1}{2\pi^2} \Big(\frac{2m_n^*}{h^2} \Big)^{3/2} \int_{E_c}^{+\infty} f_0 \cdot (E - E_c)^{1/2} \mathrm{d}E$$

$$= \frac{1}{2\pi^2}\left(\frac{2m_n^*}{h^2}\right)^{3/2}(k_B T_n)^{3/2} F_{1/2}(\eta_c)\, \Gamma\left(\frac{3}{2}\right) \quad (D-34)$$

式(D-33)右边第一项：

$$\frac{1}{4\pi^3}\iiint\limits_{\Omega} f_0(E)(E-E_c)\,\mathrm{d}\boldsymbol{k} = \frac{1}{2\pi^2}\left(\frac{2m_n^*}{h^2}\right)^{3/2}\int_{E_c}^{+\infty} f_0(E-E_c)^{3/2}\mathrm{d}E$$

$$= \frac{3}{2}nk_B T_n \frac{F_{3/2}(\eta_c)}{F_{1/2}(\eta_c)} \quad (D-35)$$

从而电子能量密度可写为

$$\mu_n = n\left(\frac{3}{2}k_B T_n \frac{F_{3/2}(\eta_c)}{F_{1/2}(\eta_c)} + E_c\right) \quad (D-36)$$

同理可得空穴的能量密度的表达式：

$$\mu_p = p\left(\frac{3}{2}k_B T_p \frac{F_{3/2}(\eta_v)}{F_{1/2}(\eta_v)} - E_v\right) \quad (D-37)$$

4. 费米–狄拉克统计下的爱因斯坦关系

由电流密度矢量的表达式(D-21)、式(D-22)不难看出,右边第一项表示由于载流子浓度在空间分布不均匀而引起的扩散电流,右边第二项表示空间存在电场而引起的漂移电流,第三项表示由于载流子有效质量空间梯度分布而产生的电流项,第四项为空间温度分布的不均匀而引起的热扩散电流(传统的漂移—扩散模型中并不包括这一项)。比较浓度扩散电流项和漂移电流项,可得出在费米–狄拉克统计下的爱因斯坦关系式：

$$\mu_{n,p} k_B T_{n,p} \frac{F_{1/2}(\eta_{c,v})}{F_{-1/2}(\eta_{c,v})} = q D_{n,p} \quad (D-38)$$

在玻耳兹曼统计下,式(D-38)简化为

$$\frac{D_{n,p}}{\mu_{n,p}} = \frac{k_B T_{n,p}}{q} \quad (D-39)$$

式中：$D_{n,p}$为载流子的浓度扩散系数。

附录 E

式(4 - 102)的推导

以空穴浓度 p 为例,由式(4 - 100)第一式,假设在 $[x(i),x(i+1)]$ 区间内,电场强度、电流密度和空穴的迁移率均为常数,在 $[x(i),x(i+1)]$ 区间对空穴浓度 p 积分后,得

$$p(x) = A e^{\theta E[x-x(i)]} + \frac{J(j)}{q \mu_p(j) E} \qquad (E-1)$$

式中:E 为电场强度;A 为待定系数。将 A 用 $p(i)$ 代替,得

$$p(i+1) = p(i) e^{\theta E h(j)} + \frac{J(j)}{q \mu_p(j) E}(1 - e^{\theta E h(j)}) \qquad (E-2)$$

于是

$$J(j) = -\frac{q \mu_p(j) E}{1 - e^{\theta E h(j)}}[p(i) e^{\theta E h(j)} - p(i+1)] \qquad (E-3)$$

将 E 用 $[\psi(i) - \psi(i+1)]/h(j)$ 代替,并令 $\beta(j) = \theta E h(j) = \theta[\psi(i) - \psi(i+1)]$,即可得

$$J_p(j) = \frac{q}{h(j)}[\lambda_{p1}(j)p(i) + \lambda_{p2}(j)p(i+1)] \qquad (E-4)$$

其中

$$\lambda_{p1}(j) = \mu_p(j) \frac{\psi(i) - \psi(i+1)}{1 - e^{-\beta(j)}}, \lambda_{p2}(j) = \mu_p(j) \frac{\psi(i) - \psi(i+1)}{1 - e^{\beta(j)}}$$
$$(E-5)$$

附录 F
CCD 输出波形参考电压值的推导

在图 F-1 所示的结构中，V_1 控制着开关 K 的开合；V_1 仅有 V_{1H} 和 V_{1L} 两个取值；取前者时，K 闭合，取后者时，K 断开。

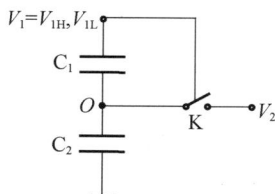

图 F-1　复位脉冲对输出波形影响的原理图

首先令

$$V_1 = V_{1H} \qquad\qquad (F-1)$$

有

$$V_0 = V_2 \qquad\qquad (F-2)$$

设 O 点的总电荷量 Q 分为两部分，一部分属于电容 C_1，一部分属于电容 C_2，分别记为 Q_1 和 Q_2，则有

$$Q_1 = C_1(V_2 - V_{1H}) \qquad\qquad (F-3)$$
$$Q_2 = C_2 V_2 \qquad\qquad (F-4)$$

在这个状态的基础上，令

$$V_1 = V_{1L} \qquad\qquad (F-5)$$

则 K 断开。此时，O 点的电荷总量 Q 不变，即

$$Q = Q_1 + Q_2 = V_2(C_1 + C_2) - V_{1H}C_1 \qquad\qquad (F-6)$$

但在 C_1、C_2 上的电荷量配分发生变化，记 C_1、C_2 上此时的电荷量分别为 Q_1' 和 Q_2'，有

$$Q_1' + Q_2' = Q = V_2(C_1 + C_2) - V_{1H}C_1 \qquad\qquad (F-7)$$

由于电荷量发生改变，则 O 点电压也发生变化，设此时的 O 点电压为 V_0'，则有

$$Q_1' = C_1(V_0' - V_{1L}) \qquad\qquad (F-8)$$
$$Q_2' = C_2 V_0' \qquad\qquad (F-9)$$

联立方程式(F-7)、式(F-8)和式(F-9),可求得

$$V_0' = V_2 - \frac{C_1}{C_1 + C_2}(V_{1H} - V_{1L}) \tag{F-10}$$

在 CCD 检测电荷的浮置扩散放大器中,浮置扩散的 FD 区即相当于图 F-1 中的 O 点。FD 区的等效电容 C_{FD} 即图中 C_1、C_2 之和,其中复位电极与 FD 区的耦合电容 C_{RF} 相当于 C_1;复位时钟的高低电压 Φ_{RG-h}、Φ_{RG-1} 分别相当于 V_{1H} 和 V_{1L}。复位端的直流偏置 V_{REF} 相当于 V_2。在 CCD 的复位过程中,相当于式(F-1),此时 FD 区的电压 V_{FD} 有

$$V_{FD} = V_{REF} \tag{F-11}$$

复位后保持复位电压的阶段,相当于式(F-5),此时有

$$V_{FD-ref} = V_{REF} - \frac{C_{RF}}{C_{FD}}(\Phi_{FG-h} - \Phi_{RG-1}) \tag{F-12}$$

所以,CCD 输出波形中的尖峰是复位时钟的交变引起的,峰值和复位电压之差等于 $\beta \dfrac{C_{RF}}{C_{FD}}(\Phi_{RG-h} - \Phi_{RG-1})$,其中 β 为片上放大器的增益。

附录 G
体沟道 CCD 包含信号电荷状态的一维解析模型

CCD 单元的一维结构模型,如图 G-1 所示。图中自左向右分别为导体栅极、二氧化硅绝缘层、N 型掺杂硅单晶和 P 型掺杂硅单晶。其中,在存储信号后,N 型掺杂层内部形成一块中性区,该中性区将 N 型耗尽层分割为两部分。绝缘层及 N 型掺杂硅的厚度分别为 d、t,而 P 型衬底层的厚度可视为无穷大。以 $SiO_2 - Si$ 界面为原点、垂直界面指向衬底的方向为 x 轴正方向建立一维坐标系。SiO_2 绝缘层左右表面的位置坐标分别为 $-d$、0;N 型掺杂硅的左右表面位置坐标分别为 0、t;P 型掺杂硅的左右表面位置坐标分别为 t、$+\infty$。

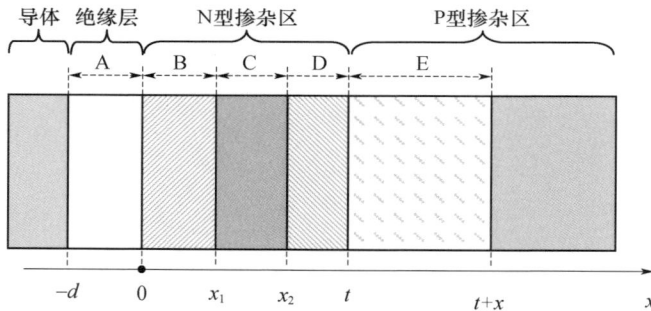

图 G-1　含信号电荷的体沟道 CCD 单元一维结构模型

为简化分析并实现解析计算,对该模型做如下假设或近似:

(1)理想绝缘层假设,即 SiO_2 层中无电荷,平带电压为零。

(2)掺杂均匀假设,即 N 型掺杂区内施主浓度及 P 型掺杂区内的受主浓度为常数,分别设为 N_D、N_A。

(3)耗尽近似,即空间电荷区中的电子或空穴已全部耗尽,电荷全部由电离的施主或受主组成。

N 型和 P 型掺杂硅单晶内部空间电荷区边缘位置坐标为 x_{n1}、x_{n2} 和 x_p,其中前两者也是电荷存储区的左右边缘位置坐标。

将 $-d < x < 0$、$0 < x < x_{n1}$、$x_{n1} < x < x_{n2}$、$x_{n2} < x < t$、$t < x < t + x_p$ 五大区域分别标记为 A、B、C、D、E。根据前面介绍得到各区域内的电荷密度:$\rho_A = 0$、$\rho_B = qN_D$、

$\rho_C = 0 \, \text{、} \rho_D = qN_D \, \text{、} \rho_E = -qN_A$，其中 q 为单位电荷电量绝对值。

根据泊松方程,由上述电荷密度分布可以写出各区域的电压分布如下:

$$V_A = A_1 x + A_0 \text{、} \quad V_B = -\frac{qN_D}{2\varepsilon_{si}} x^2 + B_1 x + B_0 \text{、} \quad V_C = C_1 x + C_0 \text{、}$$

$$V_D = -\frac{qN_D}{2\varepsilon_{si}} x^2 + D_1 x + D_0 \text{、} \quad V_E = \frac{qN_A}{2\varepsilon_{si}} x^2 + E_1 x + E_0$$

上述公式中 $A_0 \text{、} A_1 \text{、} B_0 \text{、} B_1 \text{、} C_0 \text{、} C_1 \text{、} D_0 \text{、} D_1 \text{、} E_0 \text{、} E_1$ 为待定的常数。由于电荷存储区 $x_{n1} < x < x_{n2}$ 为半导体内的电中性区,其电势为常数,故 $C_1 = 0$。以 P 型硅单晶的中性区的电压为参考基准,利用边界条件,确定以上其他九个待定系数。

(1) $x = -d$ 为 SiO_2 绝缘层与导体栅极的边界。由电压连续性,得

$$V_A \big|_{x=-d} = V_G \qquad\qquad (G-1)$$

式中:V_G 为栅极电压。

(2) $x = 0$ 为 $SiO_2 - Si$ 边界。根据电压连续性,有

$$V_A \big|_{x=0} = V_B \big|_{x=0} \qquad\qquad (G-2)$$

又根据电位移边界条件,得

$$\varepsilon_{OX} \frac{dV_A}{dx} \Big|_{x=0} = \varepsilon_{Si} \frac{dV_B}{dx} \Big|_{x=0} \qquad\qquad (G-3)$$

(3) $x = x_{n1}$ 为 N 型掺杂硅耗尽层与电荷存储中性区边界。由电位移边界条件,得

$$\varepsilon_{Si} \frac{dV_B}{dx} \Big|_{x=x_{n1}} = 0 \qquad\qquad (G-4)$$

联系式(E-1)～式(E-4),得

$$A_0 = V_G + \frac{qN_D d}{\varepsilon_{OX}} x_{n1} \text{、} \quad A_1 = \frac{qN_D d}{\varepsilon_{OX}} \text{、} \quad B_0 = A_0 \text{、} \quad B_1 = \frac{qN_D}{\varepsilon_{Si}} x_{n1}$$

(4) $x = x_{n2}$ 为 N 型掺杂硅耗尽层与电荷存储中性区的另一个边界。由电位移边界条件,得

$$\varepsilon_{Si} \frac{dV_D}{dx} \Big|_{x=x_{n2}} = 0 \qquad\qquad (G-5)$$

(5) $x = t$ 为硅晶体的 N 型掺杂区与 P 型掺杂区的分界面。其电压连续条件为

$$V_D \big|_{x=t} = V_E \big|_{x=t} \qquad\qquad (G-6)$$

(6) $x = t + x_p$ 为 P 型掺杂层的耗尽区与中性区的边界。由电压连续性条件,得

$$V_E \big|_{x=t+x_p} = 0 \qquad\qquad (G-7)$$

由电位移边界条件:

$$\frac{dV_E}{dx} \Big|_{x=t+x_p} = 0 \qquad\qquad (G-8)$$

联立式（G-5）~式（G-8），得

$$D_0 = q\frac{N_A x_p(t+x_p) - N_D t x_{n2}}{2\varepsilon_{Si}}, D_1 = q\frac{N_D x_{n2}}{\varepsilon_{Si}},$$

$$E_0 = \frac{qN_A}{2\varepsilon_{Si}}(t+x_p)^2, E_1 = -\frac{qN_A}{\varepsilon_{Si}}(t+x_p)$$

再利用边界 $x = x_{n1}$ 和 $x = x_{n2}$ 上的电压连续性条件：

$$V_B\big|_{x=x_{n1}} = V_C\big|_{x=x_{n1}} = V_C\big|_{x=x_{n2}} = V_D\big|_{x=x_{n2}} \qquad (G-9)$$

得

$$C_0 = q\frac{N_D}{2\varepsilon_{Si}}x_1^2 + q\frac{N_D}{\varepsilon_{OX}}dx_1 + V_G = q\frac{N_D}{2\varepsilon_{Si}}x_2^2 + q\frac{N_A x_p(t+x_p) - N_D t x_2}{2\varepsilon_{Si}}$$

$$(G-10)$$

在上述求得的 A_0、A_1、B_0、B_1、C_0、C_1、E_0、E_1 表达式中含有耗尽层边缘位置坐标 x_{n1}、x_{n2} 和 x_p，而这三个坐标是电荷存储量的函数。

设电荷存储量绝对值为 Q_S，由于电荷存储区为电中性区，所以有关系式

$$Q_S = qN_D(x_{n2} - x_{n1}) \qquad (G-11)$$

成立。根据电荷存储区右侧耗尽层中的电中性条件可得

$$N_D(t - x_{n2}) = N_A x_p \qquad (G-12)$$

联立式（G-10）、式（G-11）与式（G-12），消去 x_1、x_2，化简得到关于 x_p 的一元二次方程如下：

$$x_p^2 + 2\left(t - \frac{Q_S}{qN_D} + \frac{\varepsilon_{Si}}{\varepsilon_{OX}}d\right)x_p$$

$$- \frac{N_D}{N_A}\left[\left(t - \frac{Q_S}{qN_D}\right)^2 + \frac{2\varepsilon_{Si}d}{\varepsilon_{OX}}\left(t - \frac{Q_S}{qN_D}\right)\right] - \frac{2\varepsilon_{Si}V_G}{qN_A} = 0 \qquad (G-13)$$

由于 x_p 为 P 型硅单晶耗尽区右侧边缘的位置坐标，故式（G-13）得解为正值，得

$$x_p = \sqrt{\left(1 + \frac{N_D}{N_A}\right)\left(t - \frac{Q_s}{qN_D}\right)^2 + 2\frac{\varepsilon_{Si}d}{\varepsilon_{OX}}\left(1 + \frac{N_D}{N_A}\right)\left(t - \frac{Q_s}{qN_D}\right) + \left(\frac{\varepsilon_{Si}d}{\varepsilon_{OX}}\right)^2 + 2\frac{\varepsilon_{Si}V_G}{qN_A}} -$$

$$\left(t - \frac{Q_s}{qN_D}\right) - \frac{\varepsilon_{Si}d}{\varepsilon_{OX}} \qquad (G-14)$$

联立式（G-11）和式（G-12），得

$$x_{n1} = t - \frac{N_A}{N_D}x_p - \frac{Q_s}{qN_D} \qquad (G-15)$$

$$x_{n2} = t - \frac{N_A}{N_D}x_p \qquad (G-16)$$

利用所求得的 A_0、A_1、B_0、B_1、C_0、C_1、D_0、D_1、E_0、E_1 系数表达式及变量 x_{n1}、x_{n2} 和 x_p 关于信号电荷量绝对值 Q_S 的函数关系式，可以方便地写出上述一维模型

中各位置处的电压关于信号电荷量绝对值的函数关系。写出比较重要的两个位置处的电压函数如下：

沟道电压 $V_{\max}$（即电荷存储区电压 $V_C = C_0$）：

$$V_{\max} = \frac{qN_A}{2\varepsilon_{Si}N_D}(N_A + N_D)x_p^2 \qquad (G-17)$$

表面电压 V_S（即 $V_B|x=0| = B_0$）：

$$V_S = V_G + \frac{qN_D d}{\varepsilon_{OX}}x_{n1} \qquad (G-18)$$

以上所得的式（G-14）~式（G-18）是分析大量存储信号电荷存在时耗尽层宽度变化及沟道电压变化的依据。令 $Q_S = 0$，以上公式可以转化为现有文献所给出的体沟道 CCD 物理模型中结果。

关于上述公式的应用，需要注意如下几点：

（1）在上述推导中，做了 SiO_2 绝缘层中无电荷的假设，而实际上有多种电荷存在于其中；这些电荷将引起半导体内能带的弯曲，若使半导体内处于平带状态，需要在栅极上施加一个补偿电压；这个补偿电压称为平带电压，记为 V_{FB}。在考虑绝缘层中电荷影响的情形下，只需将上述公式中的 V_G 更换为 $V_G - V_{FB}$ 即可。

（2）必须注意，当电荷存储区刚刚接触硅和二氧化硅的界面时，即 $x_{n1} = 0$ 时，存储电荷量 Q_S 继续增加，则界面处将有电荷积累，边界条件式（E-3）将有所变化，从而上述公式也不能继续使用。

（3）当信号电荷量（Q_S）极小时，信号电荷存储区将不能视为中性区，但此时信号电荷的存在对有效电容值的影响也可以忽略，从而沟道电压值随信号电荷量的变化情况可以用等效电容模型来计算。

附录 H
重频激光引起 CCD 视频图像中次光斑漂移运动规律

设相机的场频为 n_F，即单位时间读出转移动作出现的次数。在信号传输的图像期间，传输动作发生频率为 n_V，即单位时间内信号电荷向下传输 n_V 个像素。单场图像中一列有 n_V 个像素，则一个图像时间内需含有 n_V 次传输动作才能将一整场信号完全输出。在消隐期间内无传输动作，设垂直消隐时间为 T_{V-Blk}，则 n_F 与 n_V 满足

$$T_f = 1/n_F = T_V + T_{V-Blk} = N_V/n_V + T_{V-Blk} \qquad (H-1)$$

式中：T_f 为场周期；T_V 为其中的图像期间。

设激光脉冲重复频率为 n_L，则激光脉冲出现的周期为

$$T_L = 1/n_L \qquad (H-2)$$

则以像素数表示的单场图像中相邻次光斑的距离为

$$N_J = n_V T_L = n_V/n_L \qquad (H-3)$$

它由激光重频数和 CCD 传输频率所决定。

对于特定的激光与 CCD，次光斑间距为一个常数。因此，描述次光斑的运动，仅需描述其中一个次光斑与主光斑距离的变化情形即可。

假设主光斑中仅有一个像素存在溢出电流，以该像素代表主光斑的中心位置，考察读出转移动作（为了分析的简单，假设读出转移时刻与传输图像时间的开始时刻重合）发生后入射的第一个激光脉冲所形成的次光斑。它是主光斑中心位置上游的第一个次光斑（实际的图像中，它通常被主光斑区域所覆盖），下文称之为正一号次光斑。

如图 C-1 所示，第 n 次读出转移后经 $\Delta t_n (\Delta t_n < T_L)$ 时间，开始有激光脉冲入射至 CCD 并产生溢出信号，它形成第 n 场图像的 1 号次光斑。它与主光斑中心的间距（以像素数表示）为

$$\Delta N_n = \Delta t_n n_V \qquad (H-4)$$

类似的，第 $n+1$ 次读出转移后，经 Δt_{n+1} 时间第一个激光脉冲辐照产生第 $n+1$ 帧图像的次光斑，它与主光斑的中心间距为

$$\Delta N_{n+1} = \Delta t_{n+1} n_V \qquad (H-5)$$

由于 CCD 视频图像中主光斑中心位置是固定的,一号次光斑与主光斑中心间距 ΔN 的变化规律即次光斑的运动规律。由于 CCD 传输频率 n_V 为常数,由式(H-4)和式(H-5)可知,间距 ΔN 的变化由 Δt 的变化所决定。

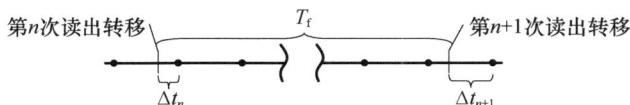

图 H-1 读出转移时刻与激光脉冲入射时刻的关系

特殊情况下,若 CCD 的场周期 T_f 能够被激光脉冲周期 T_L 所整除,则恒有

$$\Delta t_n = \Delta t_{n+1} \qquad (H-6)$$

在这种条件下,次光斑与主光斑中心的间距固定不变,则次光斑静止不动。

一般情况下,总存在正数 $\alpha = z + \beta$ 使

$$T_f = \alpha T_L = (z + \beta) T_L \qquad (H-7)$$

成立,其中 z 为非负整数,β 为小数,满足 $0 < \beta < 1$。讨论 Δt 的变化趋势,即从 Δt_n 到 Δt_{n+1} 的变化情况如下:

$$\Delta t_{n+1} = \begin{cases} \Delta t_n + (1-\beta)T_L & \Delta t_n < \beta T_L \\ \Delta t_n - \beta T_L & \Delta t_n > \beta T_L \end{cases} \qquad (H-8)$$

由式(H-8)可知:

(1) 当 $\Delta t_n < \beta T_L$ 时,$\Delta t_{n+1} > \Delta t_n$,$\Delta t$ 增大,下一场图像中,主光斑上游次光斑与主光斑中心间距加大,故本次移动朝上。

(2) 当 $\Delta t_n > \beta T_L$ 时,$\Delta t_{n+1} < \Delta t_n$,$\Delta t$ 减小,下一场图像中,主光斑上游次光斑与主光斑中心的间距降低,故本次移动向下。

① 如果 $\beta > 1/2$,即使 Δt_n 较大满足条件(2),根据式(H-8),得

$$\Delta t_{n+1} = \Delta t_n - \beta T_L < T_L - \beta T_L < T_L - T_L/2 = T_L/2 < \beta T_L$$

此即条件(1)。即次光斑下移一次即转为向上运动,再由式(3-14)

$$\Delta t_{n+1} = \Delta t_n + (1-\beta)T_L$$

可知,β 越大,每次运动 Δt_n 增幅越小,条件(1)越难以打破,连续上移的次数越多。这使得次光斑在视觉上循环向上移动。

② 如果 $\beta < 1/2$,即使 Δt_n 很小而满足条件(1),则根据式(H-8),总有

$$\Delta t_{n+1} = \Delta t_n + (1-\beta)T_L > \Delta t_n + T_L/2 > \beta T_L$$

此即条件(2),即次光斑上移一次即转化向下运动,再由式(H-8):

$$\Delta t_{n+1} = \Delta t_n - \beta T_L$$

可知,βT_L 越小,每次运动使 Δt_n 降低的量越小,条件(2)就越难以被打破,连续下移的次数就越多。这使次光斑在视觉效果上呈循环下移的状态。

③ 若 $\beta \approx 1/2$,则次光斑呈上下晃动状态。

一般来说,所有次光斑的间距是固定的。但由于传输消隐期间内传输势阱

静止,入射的激光脉冲因不被转移而与主光斑信号重合,故不形成次光斑。这样,1 号次光斑与光斑中心下游第一个次光斑(− 1 号次光斑)的间距不一定符合式(H − 3),而受消隐时间 T_{V-Blk} 与激光脉冲 T_L 的关系所影响。

总存在正数 $\alpha' = z' + \beta'$,使

$$T_{V-Blk} = \alpha' T_L = (z' + \beta') T_L \qquad (H − 9)$$

成立,其中 z' 为非负整数,β' 为小数,满足 $0 < \beta' < 1$,则正负一号次光斑间距为

$$N_J' = \begin{cases} n_V(1 - \beta) T_L & \Delta t_n > \beta T_L \\ n_V(2 - \beta) T_L & \Delta t_n < \beta T_L \end{cases} \qquad (H − 10)$$

由式(H − 10)可知,主光斑上下两侧的次光斑在某些时刻存在一次相对抖动。从另一个角度来讨论主光斑上、下两侧次光斑之间的运动关系如下:

衔接第 n 场图像的顶边和第 $n + 1$ 场图像的底边来拼接两幅图像,如图 H − 2 所示。第 n 场图像中主光斑上游的次光斑与第 $n + 1$ 场图像中主光斑下游的次光斑是由在同一个传输图像时间内入射的一组激光脉冲所形成,它们的相邻间距恒为常数 $N_J = n_V T_L = n_V / n_L$,这说明,第 $n + 1$ 场图像中主光斑下侧的次光斑与第 n 帧图像中主光斑上侧的次光斑运动趋势是完全相同的。

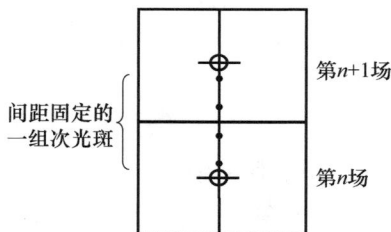

图 H − 2　相邻两场 CCD 图像的时序衔接图

但当激光重频数很高,乃至超过 CCD 的传输频率时,因为次光斑间距不足一个像素,次光斑不可分辨而形成连续串扰线。当然,还有一种情况,即激光脉宽很大,占空比很高,使脉冲之间的间隔小于传输动作的一个周期,即使激光重复频率不是很高,次光斑还是连缀成线。单脉冲入射时,除非入射时刻位于 CCD 传输的消隐期间,从理论上说,总会存在一个次光斑。但如果入射时刻与读出转移时刻太近,则次光斑有可能被主光斑淹没。

附录 I
动态电子快门中主光斑振荡与稳定的条件分析

基于动态电子快门技术,如果视频信号太大,则通过缩减积分时间来减弱曝光;如果视频信号太弱,则通过增加积分时间来增强曝光;视频信号强度适中,则积分时间不再改变。假设第三种情况对应的总曝光量为 w_m,则有

$$T_m = w_m/I_n \qquad (I-1)$$

式中: I_n 为入射光通量; T_m 为积分时间。前者越高,后者越小。

重复频率为 n_L 的脉冲激光入射,每个激光脉冲的能量为 w_L,则平均光通量 $\overline{I_n}$ 为

$$\overline{I_n} = n_L w_L \qquad (I-2)$$

将其代入式(I-1),求得

$$\overline{T_m} = w_m/(n_L w_L) = T_L w_m/w_L \qquad (I-3)$$

式中: $T_L = 1/n_L$ 为激光脉冲周期。由于激光强度很大,此处忽略了环境光的影响。

对于脉冲激光,其平均功率与瞬时功率有很大不同,在激光脉冲期间 τ_{Lp},瞬时功率高于平均功率;在脉冲间隔期间 τ_{Lg},瞬时功率为零。根据 $\overline{I_m}$ 与激光脉冲周期 T_L 的关系,讨论这种脉冲激光平均功率与瞬时功率的区别所带来的影响如下:

总存在正数 $\alpha = z + \beta$ 使下式成立,即

$$\overline{T_m} = \alpha T_L = (z + \beta)T_L \qquad (I-4)$$

式中: z 为非负整数; β 为非负小于一的小数,即 $0 < \beta < 1$。

讨论积分期间 $\overline{T_m}$ 内入射脉冲个数如下:

若积分期间 $\overline{T_m}$ 内的最后一个激光脉冲与读出转移时刻的时间差 $\Delta t < \beta T_L$,则积分期间 $\overline{T_m}$ 内入射脉冲个数为 $z+1$;若 $\Delta t \geqslant \beta T_L$,则积分期间 $\overline{T_m}$ 内入射的脉冲个数为 z。 Δt 由激光脉冲周期与场周期(读出转移时刻的发生周期)的关系及其初始值决定。①如果场周期为激光脉冲周期的整数倍, Δt 恒等于其初始值, $\overline{T_m}$ 内入射的脉冲个数不变,等于 $z+1$ 或 z;②如果场周期不能被激光脉冲周期整除,则 Δt 将不断变化,关系 $\Delta t < \beta T_L$ 与 $\Delta t > \beta T_L$ 将按一定的场数相互切换,从而导致 $\overline{T_m}$ 内激光脉冲数也按一定的场数在 $z+1$ 与 z 之间切换。

在第①种情况下, $\overline{T_m}$ 内的曝光量为 $(z+1)w_L$ 或 zw_L。而根据式(I-3)和

式(I-4)可知

$$w_{\mathrm{m}} = w_{\mathrm{L}}\,\overline{T_{\mathrm{m}}}/T_{\mathrm{L}} = (z + \beta)w_{\mathrm{L}} \qquad (\mathrm{I}-5)$$

曝光量$(z+1)w_{\mathrm{L}}$与zw_{L}皆非适度曝光,前者大于适度曝光量w_{m}引起积分时间缩减,后者小于适度曝光量,引起积分时间的增加。但由于各激光脉冲时刻与读出转移时刻在时间轴上相对位置的固定不变,积分时间如果能连续调整,总可以恰好包含$z+\beta$个激光脉冲,使积分时间与输出视频稳定。积分时间能连续调整的条件是最后一个快门脉冲在垂直消隐期间内,即积分时间小于垂直消隐期间$T_{\mathrm{V-B}}$(这里近似认为读出转移脉冲与消隐期之末),则由$w_{\mathrm{m}}/\overline{I_{\mathrm{n}}} < T_{\mathrm{V-B}}$得

$$w_{\mathrm{L}} > w_{\mathrm{m}}/(n_{\mathrm{L}}T_{\mathrm{V-B}}) \qquad (\mathrm{I}-6)$$

当关系式(I-6)不满足时,积分时间以水平扫描周期为单位进行跳跃式的变化。在这种情况下,使积分时间恰好含有$z+\beta$个激光脉冲是小概率事件,可以认为不可能发生。也就是说曝光量不可能稳定在适度量$w_{\mathrm{m}}=(z+\beta)w_{\mathrm{L}}$上。这将引起积分时间和视频强度的振荡现象。

第②种情况下,由于各激光脉冲时刻与读出转移时刻在时间轴上的相对位置不断变化,每个场周期的积分时间内恰好包含$z+\beta$个激光脉冲是不可能的。即使积分时间保持为$\overline{T_{\mathrm{m}}}$不变,曝光量也将在$zw_{\mathrm{L}} < w < (z+1)w_{\mathrm{L}}$范围内变化。所以,这种情况下,视频信号和积分时间都将产生振荡现象。

不论是第①种情况还是第②种情况,当$\beta = 0$,即由平均功率$\overline{I_{\mathrm{n}}}$所决定的$\overline{T_{\mathrm{m}}}$恰好能被激光脉冲周期所整除,则$\overline{T_{\mathrm{m}}}$时间内总能入射$z$个脉冲,此时

$$w_{\mathrm{m}} = zw_{\mathrm{L}} \qquad (\mathrm{I}-7)$$

所以,视频信号与积分时间将保持稳定。当然,$\overline{T_{\mathrm{m}}}$也必须限制在相机积分时间可以连续的范围,即脉冲能量必须满足关系式(I-6)。否则,相机积分时间在跳跃式调节的范围内恰好等于$\overline{T_{\mathrm{m}}}$是小概率事件,认为不可能发生。

特别是,当$z = 0$,且$\overline{T_{\mathrm{m}}} = \beta T_{\mathrm{L}} < \tau_{\mathrm{Lg}}$时,则在视频振荡的过程中会出现无光斑的图像场,称之为主光斑丢失现象。

综上所述,在动态电子快门的影响下,重复频率脉冲激光入射面阵CCD时,视频信号(激光光斑)要保持稳定的条件是非常苛刻的:首先单脉冲能量必须满足式(I-6),在此基础上,场周期或者由激光平均功率所决定的稳定积分时间$\overline{T_{\mathrm{m}}}$必须能被激光脉冲周期所整除。

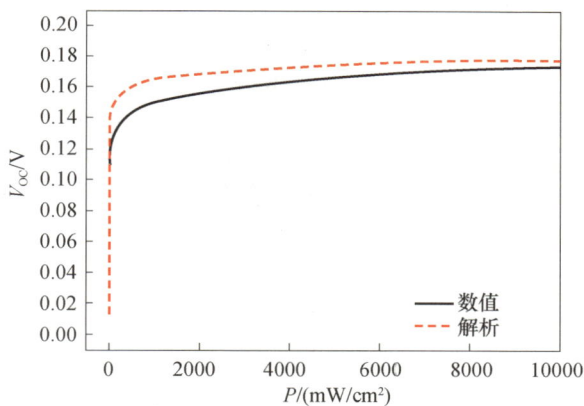

图 5 - 19 输出光生电动势与输入光功率的数值模拟结果与解析解的对比

图 5 - 41 HgCdTe 探测器损伤后在显微镜下的图像(电极脱落)

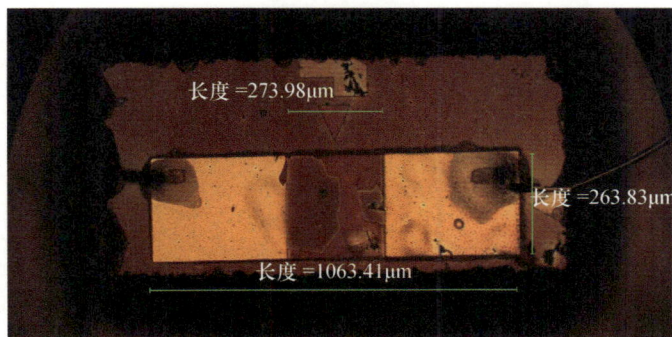

图 5 - 42 HgCdTe 探测器损伤后在显微镜下的图像(材料熔化)

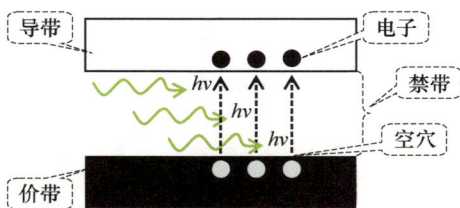

图 6-2　内光电效应示意图

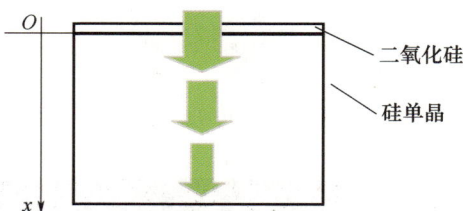

图 6-3　硅晶体对光的吸收状态示意图

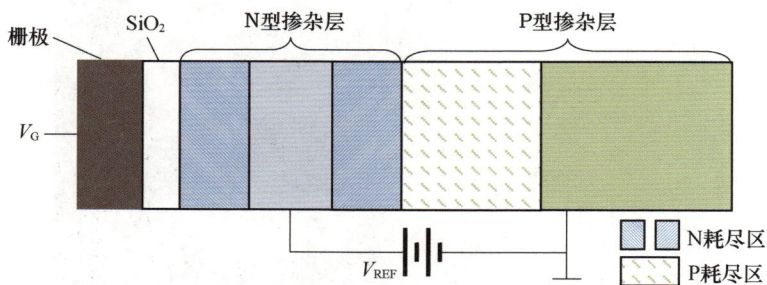

图 6-5　CCD 体内势阱形成原理示意图

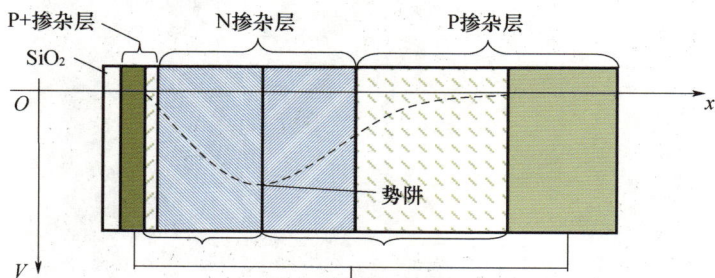

图 6-7　掩埋型光电二极管内的存储势阱

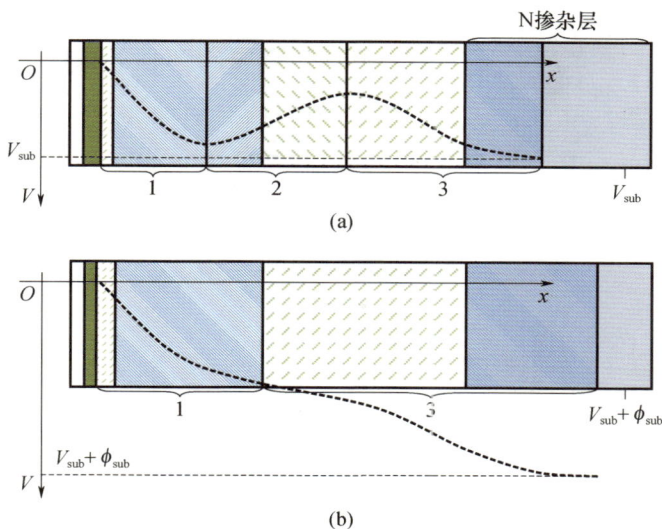

图 6 - 8　防饱和与电子快门技术示意图

(a)防饱和;(b)电子快门。

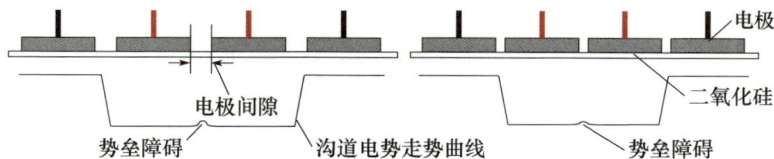

图 6 - 9　势阱耦合及势垒障碍示意图

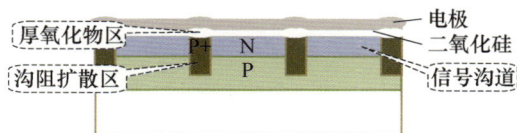

图 6 - 12　CCD 信号沟道和沟阻的横截面示意图

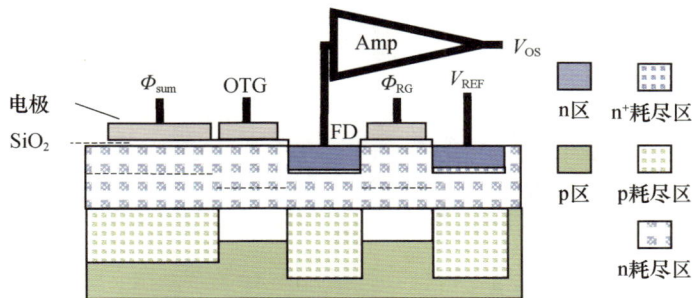

图 6 - 13　CCD 浮置扩散放大器输出结构

半导体材料和器件的激光辐照效应　彩三

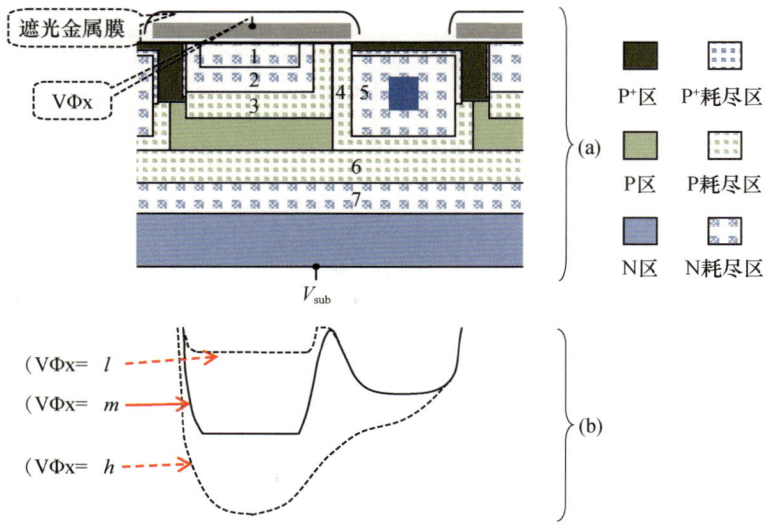

图 6-16　行间 CCD 典型像素结构及信号读出转移

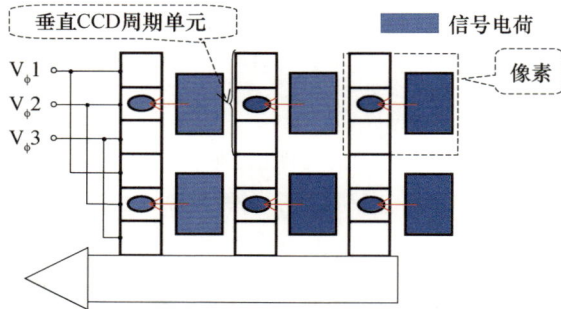

图 6-19　全像素读出方式

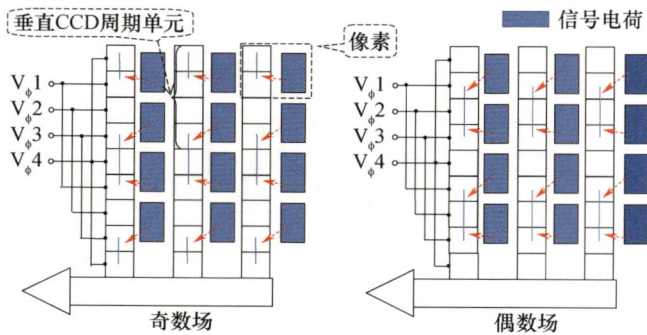

图 6-20　场读出方式

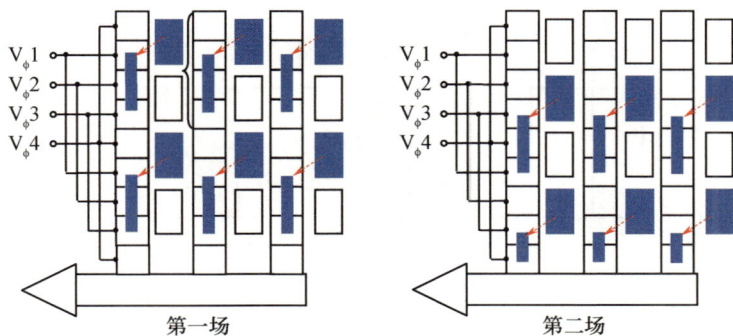

图 6 - 21   帧读出方式

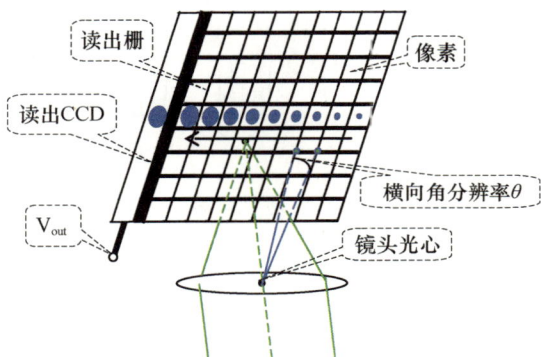

图 6 - 24   TDI - CCD 的结构和累加积分原理示意图

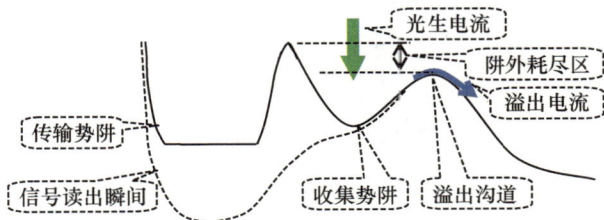

图 6 - 27   防饱和溢出示意图

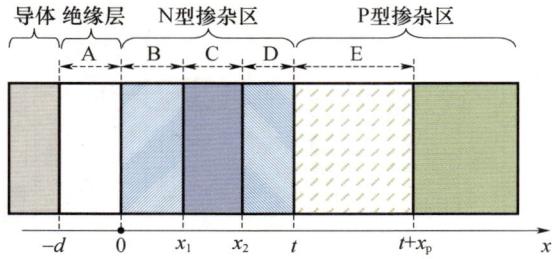

導体 絶缘层　　N型掺杂区　　　　P型掺杂区

图 6-31　含信号电荷的体沟道 CCD 单元一维模型

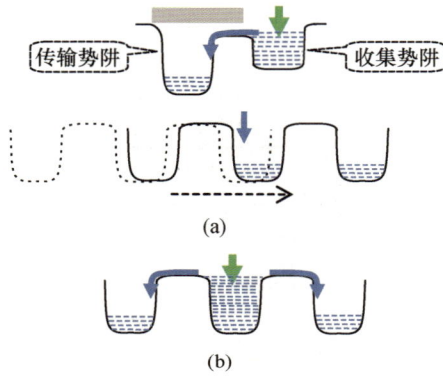

传输势阱　　　　　　　　收集势阱

(a)

(b)

图 6-33　两类溢出串扰机制示意图

（a）第一类溢出串扰；（b）第二类溢出串扰。

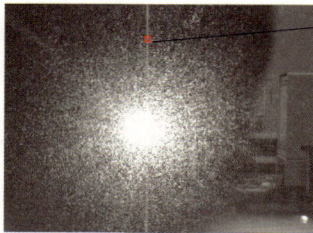

107	119	135	143	131	114	103
114	115	126	143	131	121	111
98	119	140	145	136	118	112
90	97	125	150	149	126	100
105	100	119	146	140	119	93
107	98	118	143	133	112	101

图 6-34　632.8nm CW 激光辐照 Sony ICX405AL 型 CCD 的

第一类串扰现象

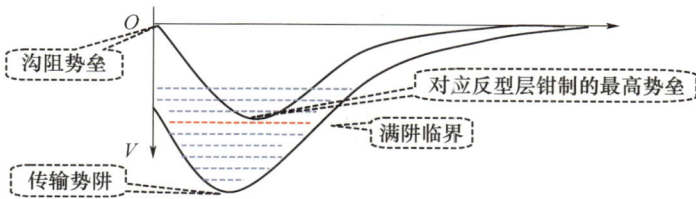

图 6 - 39　体沟道 CCD 的最高势垒与满阱溢出状态

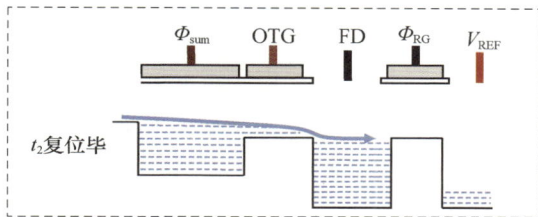

图 6 - 40　过饱和状态下的载流子运动特征示意图

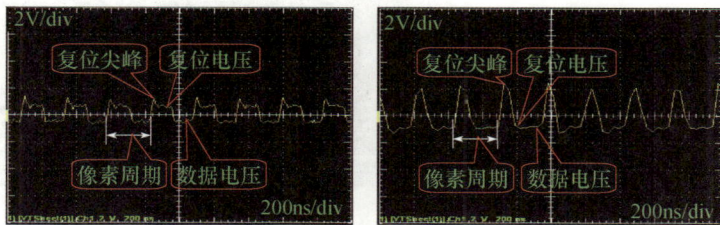

图 6 - 41　DALSA IL – P3 CCD 的正常、过饱和波形[17,18]

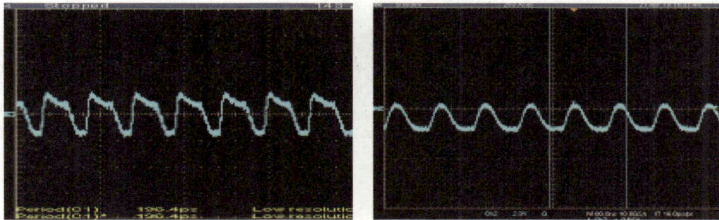

图 6 - 42　面阵 ICX 405AL CCD 的饱和、过饱和波形

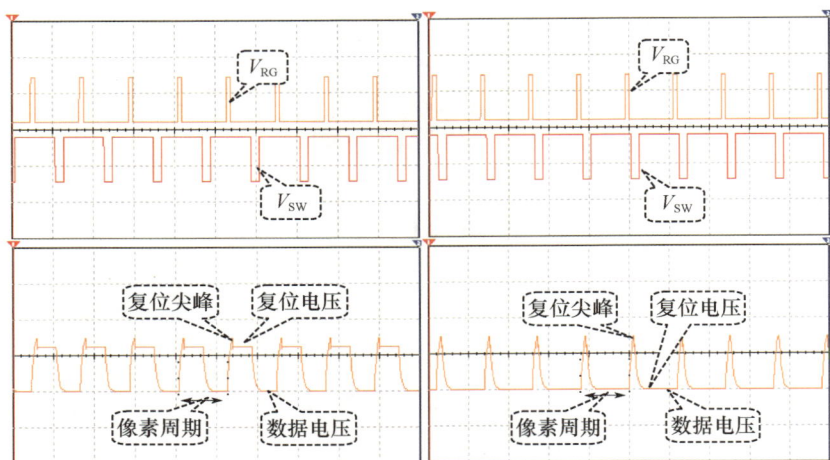

图 6-46　CCD 正常、过饱和波形的仿真结果

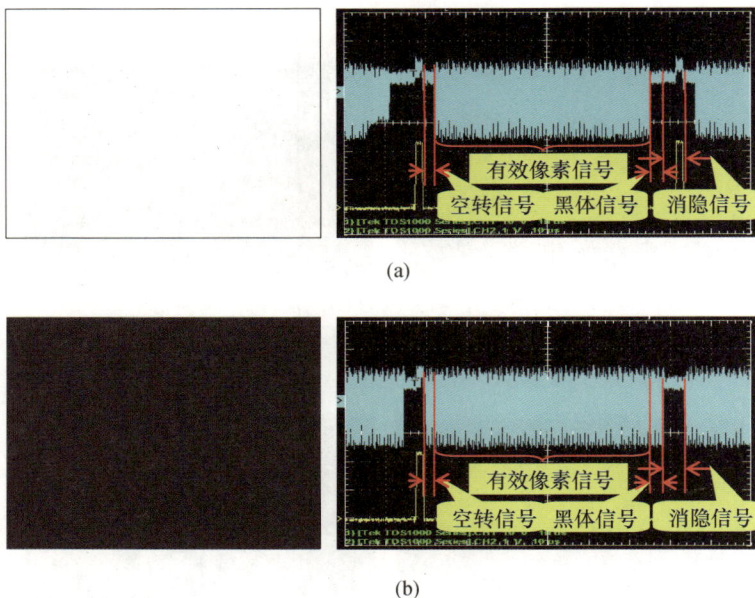

(a)

(b)

图 6-49　Sony ICX 405AL 型 CCD 光学黑体信号的势阱被填满

　　（a）全白屏饱和（1.4mW 激光）；（b）伪过饱和现象（2.2mW 激光）。

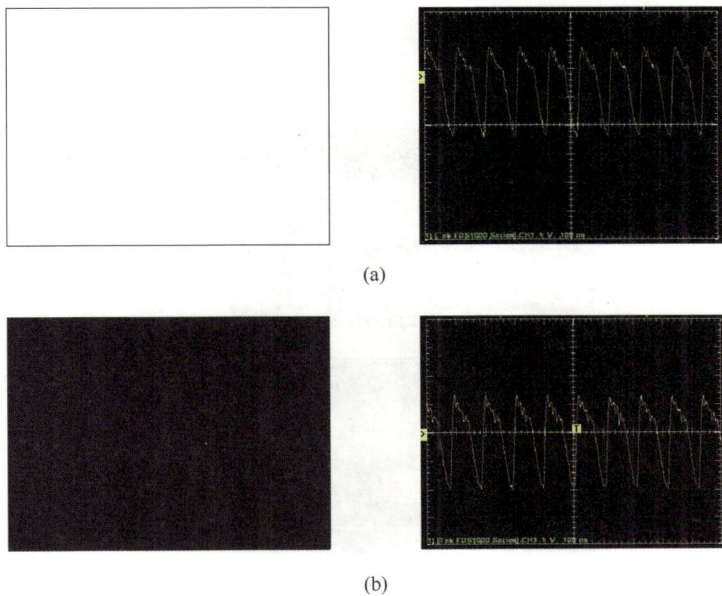

图 6-50　Sony ICX 405AL 型 CCD 伪过饱和的波形细节

(a)全白屏饱和(1.4mW 激光)；(b)伪过饱和现象(2.2 mW 激光)。

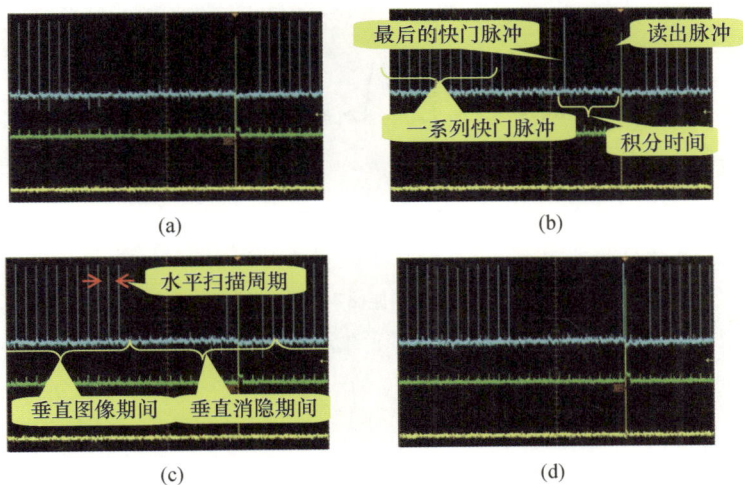

图 6-51　CCD 的动态电子快门脉冲与读出转移脉冲

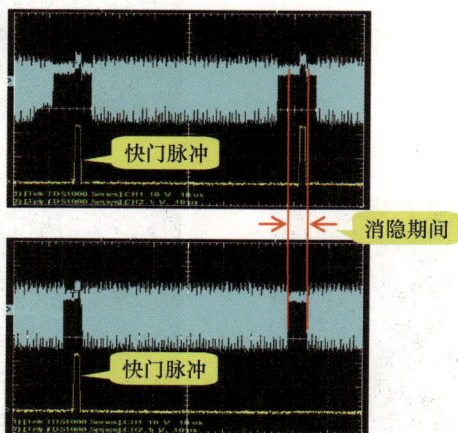

图6-52　伪过饱和状态及全白屏饱和状态对应的电子快门脉冲数量对比

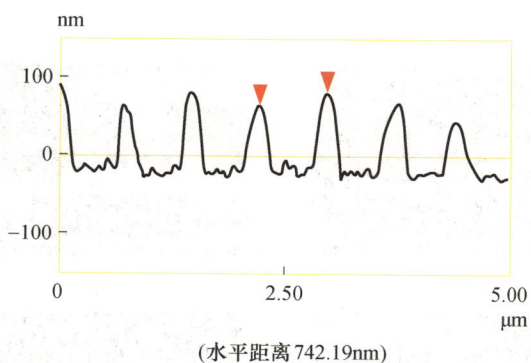

(水平距离742.19nm)

图7-84　100nJ 的 s 偏振光辐照产生的波纹横断面(取自文献[51])

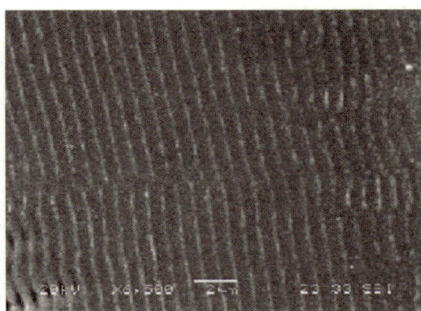

(a)

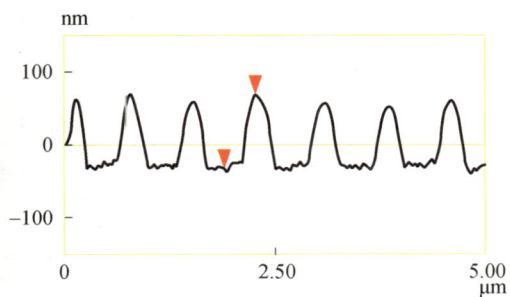

（垂直距离101.16nm）

(b)

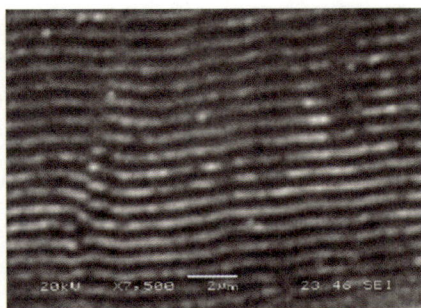

(c)

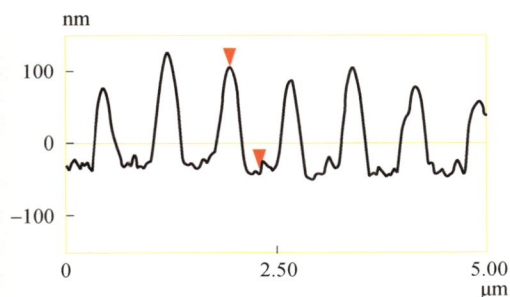

（垂直距离145.01nm）

(d)

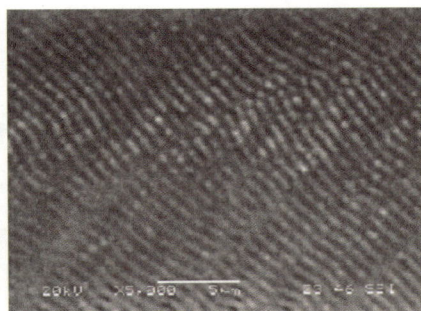

(e)

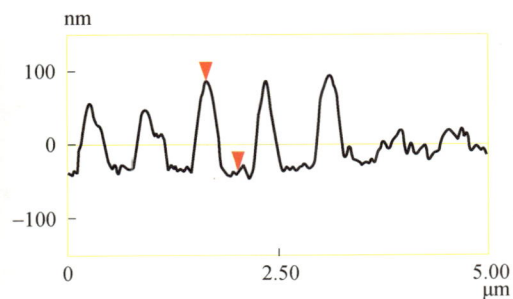

（垂直距离122.43nm）

(f)

图 7 - 86　100nJ 的不同偏振激光脉冲辐照 Si 样品产生的波纹结构（取自文献［51］）
　　　（a）p 偏振激光的波纹；（b）p 偏振激光的波纹横断面；（c）s 偏振激光的波纹；
（d）s 偏振激光的波纹横断面；（e）圆偏振激光的波纹；（f）圆偏振激光的波纹横断面。

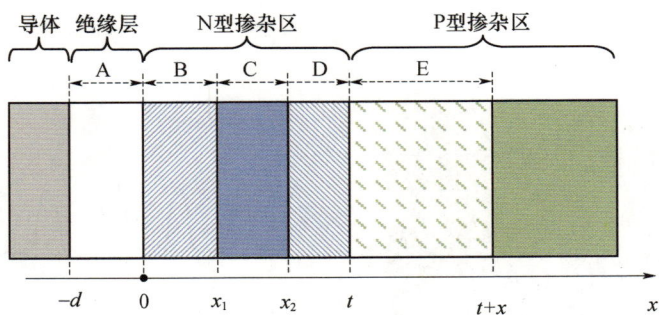

图 G-1　含信号电荷的体沟道 CCD 单元一维模型